Web 2.0

Gianfranco Walsh • Berthold H. Hass
Thomas Kilian

Herausgeber

Web 2.0

Neue Perspektiven für Marketing und Medien

Zweite, vollständig überarbeitete und erweiterte Auflage

 Springer

Herausgeber
Prof. Dr. Gianfranco Walsh
Universität Koblenz-Landau
Institut für Management
Universitätsstraße 1
56070 Koblenz
Deutschland
walsh@uni-koblenz.de

Dr. Thomas Kilian
Universität Koblenz-Landau
Institut für Management
Universitätsstraße 1
56070 Koblenz
Deutschland
kilian@uni-koblenz.de

Prof. Dr. Berthold H. Hass
Universität Flensburg
Internationales Institut für Management
Munketoft 3b
24937 Flensburg
Deutschland
berthold.hass@uni-flensburg.de

ISBN 978-3-642-13786-0   e-ISBN 978-3-642-13787-7
DOI 10.1007/978-3-642-13787-7
Springer Heidelberg Dordrecht London New York

Die Deutsche Nationalbibliothek verzeichnet diese Publikation in der Deutschen Nationalbibliografie;
detaillierte bibliografische Daten sind im Internet über http://dnb.d-nb.de abrufbar.

Einbandentwurf: WMXDesign GmbH, Heidelberg

Gedruckt auf säurefreiem Papier

Springer ist Teil der Fachverlagsgruppe Springer Science+Business Media (www.springer.com)

Vorwort der Herausgeber

Unser Buch „Web 2.0: Neue Perspektiven für Marketing und Medien" hat nach seinem Erscheinen im Jahre 2008 eine große und positive Resonanz erfahren. Da das Thema Web 2.0 zwei Jahre nach der Erstauflage nicht an Aktualität eingebüßt hat, gibt es auch relevante Weiterentwicklungen und Veränderungen, die eine überarbeitete und erweiterte 2. Auflage sinnvoll erscheinen lassen. Wir haben uns deshalb gezielt bemüht, neue Beiträge in das Buch zu integrieren, die – zusammen mit den überarbeiteten Beiträgen – einen aktuellen und umfassenden Überblick über Entwicklungen und praktische Anwendungen im Web 2.0 geben. Als Herausgeber danken wir den vielen Lesern und Rezensenten für ihre konstruktive Kritik und ihr Lob, die in der Überarbeitung mit eingeflossen sind. Die vorliegende 2. Auflage stellt wieder eine Synopsis aus wissenschaftlichen Erkenntnissen und der Expertise von Praktikern auf dem Gebiet des Web 2.0 dar.

Wie bereits in der ersten Auflage unseres Buchs konstatiert, hat sich der Begriff des „Web 2.0" in den letzten Jahren nicht nur zu einem neuen Hype sondern auch zu einem festen Begriff entwickelt. Ein Grund hierfür ist, dass Phänomene, die üblicherweise mit Web 2.0 umschrieben werden, einen wesentlichen Wendepunkt in der Entwicklung des Internet markieren und gleichzeitig auf gravierende Änderungen im Verhalten von Konsumenten hindeuten.

Das Web 2.0 besitzt damit grundsätzlich das Potenzial, über eine veränderte Kommunikation viele Wirtschafts- und Lebensbereiche zu beeinflussen. Besonders spannend sind dabei schon jetzt die Auswirkungen für die Bereiche Marketing und Medien, die wir deshalb in den Mittelpunkt des vorliegenden Bandes gestellt haben: So können sich Konsumenten auf Web 2.0-Plattformen austauschen und dadurch gegenüber Unternehmen kompetenter auftreten, zugleich aber auch individueller angesprochen werden. Insofern bedroht das Web 2.0 klassische Formen der Kundenkommunikation, bietet aber zugleich Chancen für ein verändertes, interaktives Marketing.

Gleichermaßen ergeben sich auch im Medienbereich Chancen und Risiken. So stellen beispielsweise professionelle aber auch Hobby-Journalisten, die im Rahmen von Blogs veröffentlichen, zunehmend eine ernstzunehmende Konkurrenz für Medienunternehmen dar. Jedoch bietet das Web 2.0 auch die Möglichkeit, Rezipienten schneller, facettenreicher und interaktiver zu erreichen und dadurch neue Märkte zu erschließen.

Obwohl also Web 2.0 in aller Munde ist, steht die systematische Auseinandersetzung mit diesem Phänomen noch immer am Anfang. Dieses Buch verfolgt daher das Ziel, den State-of-the-art der bisherigen Forschung zum Thema zu bündeln, um einen ersten Schritt auf dem Weg zu einem einheitlichen Verständnis der Herausforderungen rund um den Begriff Web 2.0 zu gehen.

Wie das Beispiel der New Economy zeigt, werden die Konsequenzen neuer Technologien kurzfristig nicht selten überschätzt, wohingegen die langfristigen Konsequenzen häufig unterschätzt werden. Dementsprechend konnten sich viele Startups aus dem ersten Internet-Boom nicht dauerhaft etablieren. Zugleich ist die Internet-Nutzung geschäftlich wie privat heute eine Selbstverständlichkeit. Deshalb versucht dieser Band, die Auswirkungen des Web 2.0 vor dem Hintergrund längerfristiger Entwicklungen mit Augenmaß zu betrachten – ohne jedoch die Chancen außer Acht zu lassen, die sich im Zeitablauf durch neue Technologien und verändertes Nutzungsverhalten ergeben.

Dieses Buch ist deshalb unverzichtbar für Führungskräfte, aber auch Wissenschaftler und Studierende, die sich mit der Entwicklung von Marketing und Medien unter dem Einfluss von Web 2.0 beschäftigen. Dabei zeichnet es sich durch folgende Merkmale aus:

- *Anwendungs- statt Technologieorientierung*
  Im Gegensatz zu vielen anderen Beiträgen zum Web 2.0 fokussiert der vorliegende Band in umfassender Weise auf Anwendungen, nicht auf Technologien. Zwar sind Technologien Enabler für Veränderungen und müssen sinnvoll implementiert werden. Für die hier angestrebte strategisch-ökonomische Betrachtung ist die Anwendungsorientierung jedoch wichtiger: Kunden begeistern sich für Anwendungen, nicht für Technologien.
- *Evolution statt Revolution*
  Wie schon während des ersten Internet-Hypes neigt die öffentliche Diskussion auch im Kontext des Web 2.0 bisweilen zu Übertreibungen und prophezeit eine Revolution in der Kommunikation und damit einhergehend das Ende des klassischen Marketings oder das Ende der klassischen Medien. Die hier versammelten Beiträge zeichnen sich hingegen durch realistische Konzepte und Beispiele aus der Praxis aus, die zeigen, wie das Web 2.0 klassische Marketinginstrumente und Medienprodukte ökonomisch sinnvoll ergänzen kann.
- *Kontextbezug statt Patentrezepte*
  Die Begeisterung für neue Technologien verführt nicht selten dazu, sie unreflektiert und ohne Berücksichtigung des entsprechenden Kontexts einzusetzen. Gerade ein nutzergetriebenes Medium wie das Web 2.0 lässt sich jedoch nur erfolgreich etablieren, wenn den individuellen und organisatorischen Rahmenbedingungen Rechnung getragen wird. Deshalb berücksichtigen die Beiträge dieses Sammelwerks explizit die für den Erfolg von Web 2.0-Anwendungen maßgebliche Aspekte der Motivation (der Nutzer) sowie der organisatorischen Einbettung (in Unternehmen).

Im Sinne einer solch grundlegenden Betrachtung ist auch die zweite Auflage in vier Teile untergliedert: Grundlagen, Instrumente, Anwendungen im Marketing und Anwendungen in den Medien.

Teil 1 widmet sich den *Grundlagen* von Web 2.0. *Gianfranco Walsh, Thomas Kilian* und *Berthold H. Hass* analysieren Ursprünge und Treiber des Web 2.0 und diskutieren Relevanz und Forschungsbedarf der Thematik. *Stefan Berge* und *Arne Büsching* entwickeln einen Bezugsrahmen zur Kategorisierung von Web 2.0-Anwendungen und thematisieren insbesondere die Strategie von Communities. *Tobias Kollmann* und *Christoph Stöckmann* diskutieren die Relevanz der kritischen Masse als Erfolgsgarant für Web 2.0-Dienste und ermitteln Implikationen für den Aufbau von Web 2.0-Plattformen. *Kai Sassenberg und Annika Scholl widmen* sich der Frage, wie sich einmal gewonnene Nutzer und Gruppen dauerhaft an Web 2.0-Angebote binden lassen. *Michael H. Breitner*, *Karsten Sohns*, *Jon Sprenger* und *Christian Zietz* schließlich diskutieren geschäftsprozessbegleitendes Lernen und Wissensmanagement in Unternehmen mit Hilfe von Web 2.0-Anwendungen.

Teil 2 stellt die wichtigsten *Instrumente* des Web 2.0 in unterschiedlichen Anwendungskontexten vor. *Petra Cyganski* und *Berthold H. Hass* zeigen auf, welche Potenziale soziale Netzwerke (wie z. B. *Xing*) für Unternehmen besitzen und welche organisatorischen Anpassungen zu deren Realisierung notwendig sind. Darauf aufbauend beschäftigt sich *Jan Schmidt* mit Weblogs und diskutiert deren Einsatzmöglichkeiten im Rahmen der Unternehmenskommunikation. *Ayelt Komus* und *Franziska Wauch* zeigen in ihrem Beitrag anhand von Beispielen die verschiedenen Anwendungsfelder von Wikis. *Alexander Deseniss* stellt Podcasts als Kommunikationsinstrument vor und präsentiert potenzielle Anwendungsfelder im Marketing.

Teil 3 fokussiert auf *Anwendungen von Web 2.0 im Marketing*. Im ersten Beitrag diskutiert *Gunnar Bender*, wie sich durch Web 2.0 die Anforderungen an das Kundenbeziehungsmanagement verändern. *Christian Erhard* stellt am Beispiel von *eBay* das Internet Marketing eines Online Marktplatzes in Zeiten des Web 2.0 dar und arbeitet insbesondere die Bedeutung des Suchmaschinenmarketing heraus. *Sven Dörrenbacher* stellt am Beispiel von *Mercedes-Benz* die Anforderungen an moderne Kommunikation im Web 2.0 dar und plädiert für eine Kommunikation, die sich auf authentische Markenwelten stützt. *Martin Fabel* und *Martin Sonnenschein* beschreiben mit dem Konzept der „Customer Energy" die Rolle des Konsumenten als Wertschöpfungspartner von Unternehmen. *Klaus-Peter Wiedmann, Sascha Langer* und *Nadine Hennigs* widmen sich dem Phänomen des Open Source Marketings und untersuchen insbesondere die motivationalen Faktoren, die die freiwillige Beteiligung an Open Source-Projekten erklären. *Sebastian Schulz, Gunnar Mau* und *Stella Löffler* untersuchen das Konzept des viralen Marketing und präsentieren eine empirische Studie zur Frage, warum Internetuser Videos weiterleiten und damit Teil einer Marketingkampagne werden.

Teil 4 betrachtet schließlich ausgewählte *Anwendungen in der Medienbranche*. *Thomas Pleil* skizziert, wie Unternehmen angesichts fragmentierter Öffentlichkeiten und neuer Kanäle und Kommunikationsnetze im Web 2.0 ein professionelles Public-Relations-Management betreiben können. *Eva Blömeke, Alexander Braun* und *Michel Clement* betrachten Methoden der Kundenintegration in Wertschöpfungsprozesse am Beispiel von Online-Kundenrezensionen im Buchmarkt, die sich aber grundsätzlich auch auf andere hedonische Güter übertragen lassen. *Martin Huber* und *Matthias Möller* untersuchen, inwiefern klassische Printmedien durch das Web 2.0 bedroht werden. Sie kommen zum Schluss, dass sich klassische und neue Medien sinnvoll ergänzen und plädieren daher am Beispiel von *myheimat.de* für konvergente Angebote. *Gianfranco Walsh, Thomas Kilian* und *René Zenz* zeigen in ihrem Beitrag am Beispiel von Kinofilmen, wie die Mundwerbung im Web 2.0 den Erfolg von Medienprodukten positiv beeinflussen kann. *Thomas Schinabeck, Benedikt von Walter und Jürgen Hopfgartner befassen sich in ihrem Beitrag mit* Web 2.0-Anwendungen und deren Auswirkung auf die digitale Distribution von Inhalten. *Ansgar Scherp, Simon Schenk, Carsten Saathoff* und *Steffen Staab* schließlich stellen mit SemaPlorer eine innovative Anwendung vor, die es Usern erlaubt, einen verteilten, sehr großen Datensatz gemischter Qualität und von heterogener Semantik in Echtzeit zu explorieren und zu visualisieren.

Ein solcher Sammelband ist naturgemäß „Crowdsourcing", also eine Gemeinschaftsleistung. Unser Dank gilt deshalb zunächst unseren Autoren für ihr Engagement bei der inhaltlichen Arbeit wie auch ihre Geduld bei Layout und Formalia. Auch dieses Mal danken wir Katharina Wetzel-Vandai und Gabriele Keidel vom Springer-Verlag für die angenehme Zusammenarbeit.

Koblenz und Flensburg,   Gianfranco Walsh
Mai 2010   Berthold H. Hass
                                                            Thomas Kilian

Inhalt

Teil I
Grundlagen

Grundlagen des Web 2.0

Gianfranco Walsh, Thomas Kilian und Berthold H. Hass

Inhalt

1   Problemstellung

Das Web 2.0 hat die Rolle des Internetnutzers neu definiert: vom weitgehend passiven Empfänger von Informationen und Verwender standardisierter Web-Angebote hin zum aktiven Kommunikator und Gestalter (Shuen 2008). Diese Kernidee des Web 2.0, den Konsumenten Raum zu geben, sich zu präsentieren und miteinander zu kommunizieren, erfreut sich sowohl nutzer-, als auch angebotsseitig noch immer zunehmender Beliebtheit. Portale wie *YouTube* oder *Flickr*, bei denen die User ihre persönlichen Videos oder Bilder für Fremde verfügbar machen, funktionieren ausschließlich aufgrund von aktiver User-Partizipation. So laden Nutzer beispielsweise bei *YouTube* in jeder Minute 13 h an Videoaufnahmen hoch (Berg 2008). Diese nutzergenerierten Inhalte sind für Millionen von Rezipienten so attraktiv, dass *YouTube* mittlerweile auch für die Werbeindustrie ein interessantes Portal geworden ist. Vor allem aus diesem Grund hat *Google*, der größte Anbieter von Online-Werbung, Ende 2006 für 1,3 Mrd. € *YouTube* gekauft.

G. Walsh (✉)
Institute for Management, Chair of Marketing and Electronic Retailing,
University of Koblenz-Landau, Universitaetsstrasse 1, 56070 Koblenz, Deutschland
E-Mail: walsh@uni-koblenz.de

G. Walsh et al. (Hrsg.), *Web 2.0*,
DOI 10.1007/978-3-642-13787-7_1, © Springer-Verlag Berlin Heidelberg 2011

Dieses Beispiel zeigt, dass das Internet sich im Rahmen des Web 2.0 weg von einer starren Informationsquelle, hin zu einem interaktiven Mitmachmedium entwickelt. Projekte wie *Wikipedia, MySpace* oder *del.icio.us* haben in kürzester Zeit Millionen von Nutzern gefunden, die wiederum die Netzwerke ausbauen, bereichern und so für alle Nutzer attraktiver machen (Van Eimeren u. Frees 2006).

Die langfristigen ökonomischen und gesellschaftlichen Konsequenzen einer solchen Entwicklung sind naturgemäß nur schwer prognostizierbar. Die Erfahrungen der New Economy lassen die Vermutung zu, dass nicht alle Anwendungen, die während der „Experimentierphase" eines solchen Wandels oftmals technologiegetrieben auf den Markt gebracht werden, die unvermeidliche folgende Konsolidierung überstehen werden (Hass 2002). Zugleich bergen die letztlich erfolgreichen Applikationen nicht selten das Potenzial für eine nachhaltige Transformation ganzer Branchen – wenn auch nicht immer so schnell, wie in der ersten Euphorie vorhergesagt. Aus diesem Grunde sind die Entwicklungen des Web 2.0 ein hochgradig spannendes Diskussions- und Untersuchungsfeld.

Der Erfolg des Begriffs Web 2.0 ist dabei jedoch in gewisser Hinsicht eher hinderlich als förderlich. So fehlt aufgrund der rasanten Entwicklung und der vielfältigen Diskussion in Wirtschaft, Wissenschaft und Öffentlichkeit oftmals ein gemeinsames Verständnis dessen, was unter Web 2.0 eigentlich zu verstehen ist (Alby 2008 sowie Stanoevska-Slabeva 2008).

Dieser Beitrag bemüht sich deshalb um ein gemeinsames Verständnis des Begriffs Web 2.0. Dazu werden zunächst in Abschn. 2 die Ursprünge und Treiber des Web 2.0 herausgearbeitet. Darauf aufbauend werden in Abschn. 3 die unterschiedlichen Ausprägungen des Web 2.0 erläutert. Abschnitt 4 skizziert Implikationen von Web 2.0 für Forschung und Praxis. Der Beitrag schließt mit einem Ausblick in Abschn. 5.

2   Prinzipien des Web 2.0

2.1   Ursprünge des Web 2.0

Geprägt und popularisiert wurde die Bezeichnung Web 2.0 maßgeblich von Tim O'Reilly, der damit auf die Veränderungen des Internets seit dem Crash der so genannten New Economy hinweisen wollte (O'Reilly 2005; Bulik 2006). O'Reilly selbst blieb bei der Beschreibung von Web 2.0 – vielleicht bewusst – unpräzise:

> Like many important concepts, Web 2.0 doesn't have a hard boundary, but rather, a gravitational core. You can visualize Web 2.0 as a set of principles and practices that tie together a veritable solar system of sites that demonstrate some or all of those principles, at a varying distance from that core (O'Reilly 2005).

Um sich dem Umfang des Web 2.0 zu nähern, hat O'Reilly in einem ersten Schritt typische Web 2.0-Dienste klassischen Internet-Anwendungen und -Angeboten zugeordnet, die jeweils denselben Zweck erfüllen, wenn auch z. T. auf unterschiedliche Weise (siehe Abb. 1).

Web 1.0		Web 2.0
DoubleClick	➡	Google AdSense
Page views	➡	„Cost per click"
Britannica Online	➡	Wikipedia
Content Management	➡	Wikis
Directories (taxonomy)	➡	Tagging („folksonomy")
Mp3.com	➡	Napster
Akamai	➡	BitTorrent
Personal websites	➡	Blogs, Social Networks
Publishing	➡	Participation
Screen scraping	➡	Web services
Stickiness	➡	Syndication

So dienen die Angebote von *DoubleClick* und *Google AdSense* beide der Vermarktung von Internet-Werbung. Während *DoubleClick* jedoch klassischerweise Werbeflächen wie Banner etc. ohne größere Anpassung an die jeweiligen Besucher einer Website vermarktet hat, basiert *Google AdSense* auf Suchbegriffen der Nutzer und ermöglicht damit ein kontextabhängiges Marketing mit entsprechend höherer Erfolgswahrscheinlichkeit. Damit einher geht ein Übergang von der Abrechnung nach Seitenaufrufen (Page Impressions) zur erfolgsabhängigen Abrechnung („Cost per click"). Vergütet wird also nicht mehr (wie in klassischen Medien üblich) die Nutzerzahl, sondern nur die Zahl der erfolgreichen Weiterleitungen auf das Angebot des Werbetreibenden (vgl. Walsh et al. 2009).

Allerdings beschränkt sich Interaktivität im Web 2.0 nicht nur auf einfache Auswahlentscheidungen wie dem Klicken auf Links oder Anzeigen. Vielmehr ist dem *Prinzip der Kundenintegration* folgend grundsätzlich auf jeder Stufe der Wertschöpfungskette eine Einbindung des Nutzers möglich (Bruns 2008). Dieses zentrale Merkmal findet seinen Ausdruck auch in Kunstbegriffen wie dem „Prosumenten" (Toffler 1980), der sich als produzierender Konsument charakterisieren lässt. Besonders augenfällig wird diese intensive Kundenintegration in Wikis wie *Wikipedia*. Diese Systeme ermöglichen zeitlich und räumlich verteilten Autoren die gemeinsame Erstellung und Bearbeitung von Dokumenten. Die Qualität des so entstehenden User-generated Content ist naturgemäß uneinheitlich, insgesamt aber gleichwohl erstaunlich hoch und vor allem ungleich aktueller als die Artikel einer klassischen Enzyklopädie (Komus u. Wauch 2010).

In der Partizipation räumlich getrennter User kommt zugleich ein weiteres Merkmal von Web 2.0 zum Ausdruck: das *Prinzip der Verteilung oder Dezentralität. Mp3.com* war z. B. ein klassisches zentrales Musikangebot, bei dem sich Nutzer von einer Website Musik herunterladen konnten. Mit *Napster* und seinen Nachfolgern erfolgte ein Übergang von einer zentralen Website hin zu einem Peer-to-Peer-Angebot, bei dem jeder Nutzer zugleich Anbieter von Musikdateien war oder zumindest sein konnte (Walsh u. Mitchell 2010). Dass sich damit insbesondere große Dateien (etwa für Videoinhalte) dezentral kostensparender bereitstellen lassen als über zentrale Dienste, zeigt nicht zuletzt der Erfolg der *BitTorrent*-Technologie. Aber auch andere neue Web 2.0-Angebote folgen dem Netzwerkprinzip. Im Kontext der jüngsten Finanzkrise hat sich in den USA im Finanzdienstleistungsbereich das junge Unternehmen *Prosper.com* in relativ kurzer Zeit etabliert. Das Internetunternehmen vermittelt private Kredite zwischen Bürgern, wobei die Kreditzinsen über Auktionen festgelegt werden. Die Prosper-Community zählt bereits fast 1 Mio. Mitglieder (Rappold 2008).

Damit ein dezentrales Netzwerk funktionieren kann, ist es notwendig, dass die einzelnen Knoten effizient miteinander kommunizieren können. Dazu bedarf es entsprechender Standards. Beispielsweise erfüllen private Blogs und Social Networks wie *Xing* und *MySpace* in vieler Hinsicht ähnliche Zwecke wie klassische Homepages und haben diese zwischenzeitlich vielfach ersetzt (Krasser u. Foerster 2007). Durch Konventionen hinsichtlich der Gestaltung sind diese Web 2.0-Angebote jedoch deutlich stärker strukturiert und damit leichter navigierbar. Im Bereich der Social Networks erhöht die Möglichkeit, die persönlichen Daten wahlweise freizugeben oder auch ganz oder teilweise zu verbergen, die Bereitschaft, diese Daten überhaupt erst einmal einzustellen. Bei Blogs erleichtern Standardbausteine die Gestaltung der jeweiligen Seiten und die Veröffentlichung der eigenen Inhalte. Durch Permalinks ist es überdies möglich, dauerhafte Querverweise zwischen verschiedenen Blogs zu setzen und sie damit zu vernetzen. Umgekehrt lassen sich durch Webservices auch externe Anwendungen wie Nachrichten, Wettermeldungen und Suche in die eigene Website integrieren. Dieses *Prinzip der Offenheit bzw. Interoperabilität* auf Basis gemeinsamer Standards erlaubt nicht zuletzt die Kreation sogenannter Mash-Ups, also der Kombination zweier Dienste zu einem neuen Angebot. So lassen sich z. B. Bilder in der Foto-Community *Flickr* mit Geodaten versehen, die den Ort der Aufnahme beinhalten. Diese Geodaten lassen sich über offene Schnittstellen mit der interaktiven Weltkarte *Google Earth* verknüpfen. Dadurch ist es möglich, einen Ort in *Google Earth* anzufliegen und sich dort in der Umgebung aufgenommene und in *Flickr* abgelegte Fotos anzeigen zu lassen (Vossen u. Hagemann 2007).

Zusammenfassend lässt sich festhalten: Das Web 2.0 umfasst Internet-Anwendungen und -Plattformen, die die Nutzer aktiv in die Wertschöpfung integrieren – sei es durch eigene Inhalte, Kommentare, Tags oder auch nur durch ihre virtuelle Präsenz. Wesentliche Merkmale der Wertschöpfung sind somit Interaktivität, Dezentralität und Dynamik. Zugleich wird jedoch durch gemeinsame Standards und Konventionen die Interoperabilität sichergestellt und damit die Zusammenarbeit räumlich und zeitlich verteilter Nutzer überhaupt erst ermöglicht.

2.2 Treiber des Web 2.0

Die vorangegangenen Ausführungen werfen zwangsläufig die Frage auf, inwieweit sich das Web 2.0 vom Web 1.0 unterscheidet. So stellte etwa Tim Berners-Lee, der

Erfinder des World Wide Web, die These auf, dass das Web 2.0 nichts grundlegend Neues sei, sondern nur die fortschreitende Realisierung des ursprünglichen Zieles von Web 1.0 – nämlich der Vernetzung von Menschen – darstelle (IBM 2006). Insbesondere der Gemeinschaftsaspekt lässt sich noch weiter zurückverfolgen. So stammt die klassische Definition virtueller Communities von Howard Rheingold aus dem Jahre 1993; sie lässt sich jedoch nahtlos auf viele heutige Web 2.0-Angebote anwenden:

> Virtual communities are social aggregations that emerge from the Net when enough people carry on those public discussions long enough, with sufficient human feeling, to form webs of personal relationships in cyberspace (Rheingold 1993).

Und in der Tat kommt ja bereits im Begriff „Web 2.0" der Gedanke einer inkrementellen Innovation zum Ausdruck – keine grundsätzliche Revolution, sondern vielmehr eine evolutionäre Fortentwicklung. Dieses zeigt sich nicht zuletzt auch darin, dass viele, wenn nicht die meisten Anwendungen des Web 2.0 in technischer Hinsicht vergleichsweise einfach sind. Dementsprechend hätten derartige Plattformen bereits während der New Economy aufgebaut werden können. Teilweise war dies sogar der Fall, jedoch nicht mit dem durchschlagenden Erfolg, wie dies heute häufig zu beobachten ist. Es ist also nicht die Technik des Internets, die den Unterschied ausmacht – sie ist grundsätzlich für beide Versionen des Web gleich. Programmiersprachen, Server, Datenbanksysteme und Entwicklungsmethoden haben sich zwar mit der Zeit weiterentwickelt, sind aber nicht grundlegend neu. Das Web 2.0 ist daher keine neue „Software-Version" des Internet, sondern ein Begriff, mit dem sich neuartige Kommunikationsmöglichkeiten und -muster über elektronische Netze bzw. ein veränderter Umgang mit dem Internet beschreiben lässt.

Insofern ist das Web 2.0 in der Tat nichts völlig Neues – zu den Treibern „technologische Entwicklung" kommen deshalb andere Treiber. Zu nennen sind hier vor allem die weiter sinkenden Kosten der Onlinenutzung, die voranschreitende soziale Integration von Usern, die verbesserte Usability von Web 2.0-Angeboten und die steigende User-Partizipation.

2.2.1 Technologische Entwicklung und sinkende Kosten der Internetnutzung

Die technologische Entwicklung ist ein wesentlicher Treiber des Web 2.0. Durch die weite Diffusion von Breitbandanschlüssen werden immer mehr Haushalte mit schnellen Internetzugängen ausgestattet. Im Jahr 2007 nutzten über 94 % der Internetuser in Deutschland den Breitbandanschluss DSL (Bundesnetzagentur 2009). Erst eine solche technische Ausstattung erlaubt es, multimediale Dienste wie *YouTube* zu nutzen, bei denen relativ große Datenmengen übertragen werden.

Durch die Unterstützung oder Substitution von Textmitteilungen durch Video- und Audiobotschaften erreicht die Kommunikation im Web 2.0 eine höhere Reichhaltigkeit. In Videochats oder Podcasts lassen sich Emotionen des Gegenübers erkennen, wodurch die Semantik der Nachricht wesentlich unterstützt wird (Döring

2003). Durch eine Kommunikation in Echtzeit, die nun zumindest teilweise auch durch Bild und Ton unterstützt wird, kann der Empfänger sich der Kommunikation nicht so einfach entziehen oder verweigern, wie er dies bei E-Mail- oder Chat-Kommunikation tun könnte.

Mit der zunehmenden Verfügbarkeit von Breitbandanschlüssen wählen immer mehr Nutzer Flatrates statt zeitabhängiger Tarife. Dies erlaubt einerseits die kostengünstige Mitwirkung an reinen Online-Applikationen wie Wikis. Anderseits erhöht sich der Nutzen gerade sozialer Netzwerke in dem Maße, wie andere Nutzer permanent im virtuellen Raum erreichbar sind. Die Internetnutzung ist damit keine temporäre Aktivität mehr, sondern wird – insbesondere bei der jüngeren Generation – zum festen Bestandteil des täglichen Lebens.

2.2.2 Soziale Integration von Usern

Im Rahmen des Web 2.0 haben sich bei Akteuren der Kommunikation fundamentale Änderungen ergeben: Während Kommunikationsinhalte zu Zeiten des Web 1.0 primär von Providern, Unternehmen, öffentlichen Institutionen oder technisch einigermaßen versierten Individuen zur Verfügung gestellt wurden, haben nunmehr alle Web 2.0 Nutzer die Möglichkeit, ohne besondere technische Vorkenntnisse Informationen zu erzeugen und anderen zugänglich zu machen (Schipul 2006; Bruns 2008). Die klassische „Ein-Weg-Kommunikation" des Web 1.0, bei der die Anbieter Content produzieren und die Konsumenten diesen lediglich abrufen, ist größtenteils Geschichte. Das Web 2.0 zeichnet sich somit durch eine Veränderung der Sender-Empfänger-Struktur aus. Der User – z. B. als Blogger oder als Konsument, der einen Beitrag für eine Consumer Community verfasst – kommuniziert hier nicht mehr nur an einen Empfänger gerichtet, sondern teilt sich gleichzeitig Vielen mit. Der Einzelne wird somit zum „Broadcaster" (Grimm 2005).

Wenn auf diese Weise der Nutzer nicht nur Empfänger, sondern (zumindest potenziell) zugleich Produzent ist, dann bedarf es dazu gleichwohl eines Mediums im Sinne eines vermittelnden Elementes (Hass 2002). Feldmann u. Zerdick (2003) haben hierfür noch vor Aufkommen des Web 2.0 den übergreifenden Begriff „Mesomedien" vorgeschlagen. Mesomedien vereinen in hohem Maße die Reichweite der klassischen Massenkommunikation mit der Reichhaltigkeit der Individualkommunikation. In der Folge verändert sich auch die Rolle der Medienunternehmen. Klassischerweise bestand ihre Rolle in der Kreation und Redaktion von Medieninhalten (Hass 2002). Im Web 2.0 werden diese Aktivitäten teilweise oder ganz von den Nutzern übernommen. Web 2.0-Unternehmen kreieren zumeist keinen Content und übernehmen auch kaum redaktionelle Aufgaben. Sie stellen aber die Plattform zur Verfügung und definieren letztlich, welche Module das Angebot enthält und welche grundlegenden Regeln die Nutzer zu beachten haben. Dies gilt de jure wie de facto trotz des bei Web 2.0-Nutzern quasi selbstverständlich vorausgesetzten Mitspracherechts hinsichtlich „ihrer" Community.

2.2.3 Usability und User-Partizipation

Die im Rahmen von Web 2.0-Angeboten eingesetzte Technologie ist in den Augen der meisten Nutzer zweitrangig. Sie ist jedoch essentiell, wenn es darum geht, die Partizipation so einfach und intuitiv wie möglich zu gestalten. Dementsprechend war die einfache Nutzung („Usability") Voraussetzung für den Erfolg des Web 2.0. Darüber hinaus sind Interoperabilität und Vernetzung von entscheidender Bedeutung. Erst dadurch wird eine isolierte Anwendung zu einer offenen Plattform. Dies erhöht nicht nur den Nutzen der Teilnehmer, sondern schafft zudem eine ungleich höhere Sichtbarkeit und damit Aufmerksamkeit (Erhard 2008).

Darüber hinaus ist der Erfolg derartiger Angebote abhängig von der Bereitschaft der Nutzer, sich daran zu beteiligen. Insofern ist neben den technischen Möglichkeiten auch eine entsprechende Kultur der Partizipation erforderlich (Cripe u. Weckerle 2009). Im Web 2.0 ist hierbei das Entstehen einer neuen Generation von Internetnutzern zu beobachten, die einerseits als kritische Konsumenten in Meinungsplattformen Produkte und Unternehmen bewerten und andererseits durchaus exhibitionistische Tendenzen zeigen und sich selbst im Netz präsentieren (Selbstoffenbarung). Damit gibt der User häufig freiwillig persönliche Informationen über sich preis, um in Erscheinung zu treten (Döring 2003). Beispiele finden sich überall im Web 2.0: Das eigene Karaoke-Video bei *YouTube*, das persönliche Online-Tagebuch in Form eines Blogs, die Photos der letzten Party im *studiVZ*, die Angabe der Hobbies in sozialen Netzwerken wie *Xing* oder die Bekanntgabe von aktuellem Aufenthaltsort und Aktivität im Mikro-Blogging-Dienst *Twitter*, der im Jahre 2008 einen Traffic-Zuwachs von 600 % (Salt 2009) aufwies.

Durch das aktive Verhalten der User im Web 2.0 verwandelt sich das Internet in eine Plattform, auf der Content jeder Art (vom einfachen Kommentar bis zu Video-Blogs) erstellt, gemeinsam benutzt, bearbeitet und anderen Internet-Nutzern zugänglich gemacht wird (Karpinski 2006). Das Web 2.0 ist demzufolge im Vergleich zum Vorgänger „Web 1.0" interaktiver, individueller, sozial- und medienintensiver (Hof 2006; Skiba 2006) und verwirklicht damit viele Ideen, die schon im ersten Internetboom entwickelt, aber nur teilweise realisiert worden sind.

Durch Vernetzung, Interaktivität und Offenheit wird außerdem die Ausbildung einer kollektiven Intelligenz gefördert (Tapscott u. Williams 2006). Der Webnutzer 2.0 ist nicht mehr lediglich passiver Konsument, sondern er verändert und bereichert das Web und wird aktiv als Produzent von Inhalten – etwa indem er durch sein eigenes Wissen das Online-Lexikon *Wikipedia* weiterentwickelt oder als „iReporter" Nachrichteninhalte für Sender wie CNN liefert. Ein weiterer Beleg für die Nutzung gemeinsamen Wissens ist die Open Source-Struktur vieler Web 2.0-Projekte. So können Quellcodes populärer Anwendungen häufig kostenlos, ohne Restriktionen heruntergeladen und editiert werden, Programme werden gemeinsam verbessert und erweitert. Durch definierte Schnittstellen ist es möglich, dass verschiedene Seiten kooperieren und Services plattformübergreifend genutzt werden können (Möller 2006). So stellt *Flickr* beispielsweise PlugIns zur Verfügung, die es Bloggern ermöglichen, Bilder aus ihrem *Flickr*-Album direkt in ihrem Blog anzuzeigen.

Auch wenn das Web 2.0 seine Wurzeln im E-Commerce-Bereich hat – *eBay* und *Amazon* bieten im Rahmen der Bewertung von Artikeln bzw. Verkäufern seit jeher Communityelemente – finden sich Web 2.0 Anwendungen in immer mehr Internetangeboten wieder. Es gibt nahezu keine Institution, deren Webseite nicht über ein Forum, Board, Wiki o. ä. verfügt, in dem die jeweilige Zielgruppe miteinander kommuniziert. Web 2.0 verbreitet sich damit in allen Teilen des Internet und hat den E-Commerce Bereich längst hinter sich gelassen. Mehr noch: Zunehmend werden Web 2.0-Applikationen sogar im Offline-Bereich integriert. So bieten z. B. viele Rundfunkunternehmen mittlerweile Sendungen als PodCast an, Zeitungen verweisen in ihren Online-Ausgaben kontextabhängig auf *Wikipedia* und Unternehmen nutzen Blogs zur internen und externen Kommunikation. Die entsprechenden Anwendungen werden dadurch weiter popularisiert, wodurch sich ihre Akzeptanz und damit ihr Erfolg weiter erhöhen.

Wie in jeder Euphorie ist jedoch auch aktuell die Gefahr groß, derartige Anwendungen zu implementieren, ohne den entsprechenden Kontext zu berücksichtigen. So erlaubt z. B. User-generated Content die Nutzung der kollektiven Intelligenz und damit die Aktivierung einer breiteren Wissensbasis. Zugleich sinkt damit jedoch die Kontrollierbarkeit durch den jeweiligen Plattformbetreiber. Wird als Reaktion darauf jedoch der Nutzerzugang beschränkt (z. B. durch Registrierungszwang und Passwortschutz), reduziert sich die Akzeptanz seitens der Nutzer und die Plattform läuft Gefahr, mangels Content zu scheitern. Für den Erfolg von Web 2.0-Anwendungen ist ein kontextabhängiger Einsatz folglich essentiell. Im folgenden Abschnitt werden daher die wichtigsten Anwendungen charakterisiert.

3   Populäre Anwendungen im Web 2.0

Gemeinsames Merkmal nahezu aller Web 2.0-Dienste ist der Community-Gedanke (Skiba 2006), also die Idee der kommunikativen Vernetzung der Nutzer durch ein Internetangebot. Nichtsdestotrotz unterscheiden sich die einzelnen Web 2.0-Anwendungen hinsichtlich Inhalt, Medienformat und ihrer Kommunikationsintensität. Ein weiteres wichtiges Differenzierungskriterium ist darüber hinaus, ob die Plattform auf bestimmten Inhalten und Themen basiert oder ob die Nutzer im Sinne eines sozialen Netzwerks selbst im Fokus der Plattform stehen.

In *Weblogs* (kurz: *Blogs*) treffen sich Internetuser in themenspezifischen Communities. Weblogs waren ursprünglich reine Online-Tagebücher. Die zugrundeliegende Software erlaubt es, Texte mit wenig Aufwand zu veröffentlichen und Leser diese Artikel kommentieren zu lassen. Weblogs sind zum Teil schlicht private Aufzeichnungen für den Freundeskreis, zum Teil aber durchaus ambitionierte Publikationsprojekte, die von den Betreibern als alternative journalistische oder literarische Form verstanden werden (z. B. *Bildblog.de* oder *Spreeblick.com*). Mittlerweile offenbart sich ein besonderes Charakteristikum von Blogs, ihre Vernetzung im Rahmen der so genannten Blogosphäre, also der Gesamtheit aller Blogs im Internet: Wer einen Blog betreibt, liest in der Regel auch thematisch verwandte

Blogs, setzt Links zu diesen und tauscht sich mit anderen Bloggern aus. Durch die umfangreichen Bezüge aufeinander, verbreiten sich Meldungen in der Blogosphäre teilweise schlagartig, was häufig auch in den klassischen Massenmedien nicht unbemerkt bleibt (O'Reilly 2005; Bleicher 2006). Dadurch, dass Leser Weblogs kommentieren können, heben sie sich von persönlichen Webseiten ab. Durch die starke Partizipation der Blogleser wird ein Blog zu einem gemeinschaftlichen Produkt, bei dem Kommunikation, Interaktivität und die gemeinschaftliche Produktion von Content im Mittelpunkt steht. Eine interessante Entwicklung in Bezug auf Blogs ist, dass zunehmend Bloginhalte von Mainstream-Medien aufgegriffen und übernommen werden. Beispielsweise ist der satirisch-politische Blog von Beppo Grillo seit Jahren der meistbesuchte und -gelesene Blog Italiens, dessen Inhalte regelmäßig Gegenstand der Berichterstattung von nationalen und internationalen Zeitungen und Fernsehsendern sind. Neuere Untersuchungen zeigen zudem, dass die Anzahl der Blog-Einträge (sog. Posts) zu neuen Medienprodukten wie Filmen oder Musikalben positiv mit dem Erfolg dieser Produkte korreliert (z. B. Dhar u. Chang 2009). In Plattformen wie *MySpace*, *studiVZ* oder *Xing* steht das Networking, also die Generierung und Pflege von Kontakten, im Mittelpunkt (*Social Networks*). International ist *Facebook* die wohl populärste Plattform, unter der sich weltweit 200 Mio. registrierte Nutzer tummeln. Während *MySpace* (weltweit 130 Mio. User) in den USA noch immer Marktführer ist, verzeichnet Facebook derzeit die größten Zuwachsraten (Waters 2009 sowie Woelfel 2009). Ähnlich wie auch bei dem deutschsprachigen Angebot von *studiVZ* können Nutzer Profilseiten anlegen, mit Bildern, Videos, Musik oder Texten dekorieren und die eigene Seite mit der von Freunden und Bekannten verknüpfen. Während die genannten Angebote eher privater Natur sind, stehen bei *Business Communities* wie *Xing* oder *LinkedIn* der Aufbau, Pflege und Nutzung von Geschäftskontakten im Vordergrund.

Der Tausch von Mediadateien hat Angebote wir *Flickr*, *YouTube* oder *MyVideo* populär gemacht (*File Sharing Communities*). *Flickr* ist eine Foto-Community in der Nutzer Bilder einstellen und mit Schlagworten, so genannten „Tags", versehen können (Schipul 2006). Bei den Terroranschlägen in der Londoner U-Bahn, dem Hurrikan „Katrina" oder den Anti-Regime-Demonstrationen im Iran wurden *Flickr*, *YouTube* und *Twitter* zu einem Paradebeispiel für den sogenannten „Citizen journalism": Die veröffentlichten Bilder und Botschaften von den Ereignissen wurden sehr schnell auch von den klassischen Massenmedien übernommen (Holtz 2006; Lee 2009). Bei *YouTube* stellen Nutzer Videos online. Der Community-Gedanke wird bei diesen Plattformen vor allem dadurch bewahrt, dass eingestellte Dateien kommentiert und bewertet werden. Im Fokus des Medieninteresses stehen insbesondere Video-Communities, da Nutzer hier oftmals urheberrechtlich geschütztes Material zugänglich machen.

Bei *Wikis* und bei Bookmarking-Diensten wie *Del.icio.us* erfolgt die gemeinschaftliche Erstellung und Sammlung von Wissen durch die Benutzer der Plattformen (*Knowledge Communities*). Die klassische Wissenscommunity ist *Wikipedia*, das bekannte Online-Lexikon, das ausschließlich aus Beiträgen von Nutzern besteht. Hierbei können alle Beiträge weiter entwickelt, verändert, korrigiert und editiert werden (Bleicher 2006; Möller 2006). Mittlerweile werden Wikis auch von

Institutionen wie Universitäten (www.uni-koblenz.de/unipedia) und von Unternehmen zur internen Generierung und Verbreitung von Wissen genutzt (Hof 2006; Krasser u. Foerster 2007). Angebote wie *Del.icio.us* sind Online-Bookmark-Sammlungen mit Community-Eigenschaften. Angemeldete Nutzer können Webadressen speichern, mit Schlagworten, so genannten „Tags" (Vossen u. Hagemann 2007) versehen und anderen Benutzern zugänglich machen. Thematisch verwandte Internetseiten werden folglich durch die Community gruppiert. User mit ähnlichen Interessen können einander damit auf Interessantes hinweisen. Besonders wichtig ist das Tagging, weil es in Suchmaschinen wie Google die „Linkpopularität" erhöht. Letztlich werden dadurch Webseiten, die häufig „getagged" wurden, von Suchmaschinen wie Google leichter gefunden und erreichen eine bessere Platzierung als ohne Tags.

Der Austausch von spezifischem Wissen über Produkte und Dienstleistungen erfolgt bei Angeboten wie *Ciao* oder *E-pinion* (*Consumer Communities*). Bei Consumer Communities handelt es sich um Online-Meinungsportale auf denen Benutzer die Möglichkeit haben, ihre Erfahrungen mit Unternehmen oder Produkten zu beschreiben (Hennig-Thurau u. Walsh 2003). Sie bieten damit anderen Nutzern die Möglichkeit, an ihren Erlebnissen teil zu haben. Dabei können auch klare Empfehlungen oder Ablehnungen ausgesprochen werden. Der Online-Shop *Amazon* – obwohl eigentlich ein klassisches Web 1.0-Angebot – bietet bereits seit längerer Zeit ähnliche Funktionalitäten für die Rezension von Artikeln, und für den Online-Marktplatz *eBay* ist die Bewertung der Transaktionspartner essentiell für die Schaffung von Vertrauen (Bleicher 2006).

Schließlich finden auch Online-Spiele immer stärkere Beachtung. *Game Communities* wie *Gameduell.de* bieten klassische Karten- und Brettspiele in einer Online-Version an. Massive Multiplayer Online Role-Playing Games (MMPORG) wie *World of Warcraft* sind hingegen eigenständige Online-Rollenspiele, die tausende von Nutzern simultan zusammen über das Internet spielen. Letztlich nur eine Weiterentwicklung hiervon sind virtuelle Welten wie das vielzitierte *Second Life*, bei denen keine eigentliche Spielhandlung mehr existiert, sondern die Interaktion der Nutzer dominiert.

Wesentliche Anwendungen des Web 2.0 sind somit Weblogs (themenspezifische Communities), Social Networking Communities (privat oder geschäftlich), File Sharing Communities, Knowledge Communities (inkl. Wikis), Consumer Communities sowie Game Communities.

4 Implikationen für Forschung und Praxis

Angesichts scheinbar immer neuerer Technologien und Anwendungen, die in immer kürzeren Abständen vermarktet und in Forschung, Praxis, Medien und der Öffentlichkeit diskutiert werden, stellt sich bei einem Phänomen wie dem Web 2.0 unvermeidlich die Frage, ob es sich dabei um einen wirklichen „Megatrend" oder nur um eine Modeerscheinung handelt.

Da die Euphorie der „New Economy" und deren Ende in Form einer zerplatzen-den Börsenblase nur allzu gut in Erinnerung ist, ist diese Skepsis verständlich und auch nicht unberechtigt. Gerade diese Skepsis ist jedoch zugleich ein stabilisie-rendes Element der gegenwärtigen Entwicklung, da spektakuläre Börseneinführun-gen bislang ausgeblieben sind. Im Bereich der Unternehmenskäufe ist die Aktivität zwar höher – man denke etwa an die Übernahmen von *YouTube* durch *Google*, von *Flickr* durch *Yahoo*, *MySpace* durch die *NewsCorporation* und des *studiVZ* durch *Holtzbrinck* – aber gleichwohl ebenfalls noch überschaubar. Insofern ist das Ver-halten der Teilnehmer auf den Finanz- und Unternehmensmärkten zurückhaltender als während der „New Economy", wodurch die Gefahr eines „Hypes" gemindert wird.

Darüber hinaus sind die Anwendungen des Web 2.0 deutlich weniger technolo-giegetrieben, sondern vielmehr *sui generis* nutzerorientiert. Sie entsprechen damit weniger der Experimentierphase als vielmehr der Konsolidierungsphase eines Me-dienwandels (Hass 2002). Dafür spricht auch, dass Web 2.0-Angebote kein Privileg von jungen, technikaffinen Nutzern sind, sondern zwischenzeitlich in der Mitte der Bevölkerung angekommen sind. Ein Beispiel für diese Tendenz ist das soziale Netz-werk *wer-kennt-wen*, das bewusst auf Komplexität verzichtet und dadurch auch mit Erfolg IT-ferne Zielgruppen anspricht (Patalong 2008). Ebenfalls interessant ist der Fall des Microblogging-Dienstes *Twitter*, der schon in der Frühphase insbesonde-re auch von Nutzern jenseits der „Generation Internet" angenommen worden ist (Oreskovic 2009). Dies zeigt, dass das Web 2.0 zwischenzeitlich ein nachhaltiges Phänomen geworden ist.

Kritisch zu sehen ist allerdings die teilweise schlechte Erlössituation vieler An-gebote (mit Ausnahme der profitablen Game Communities und insbesondere Mas-sive Multiplayer Online Games). Wie jedes neue Medienprodukt konkurrieren Web 2.0-Dienste mit etablierten Angeboten um die Zahlungsbereitschaft und Aufmerk-samkeit von Rezipienten sowie um die Budgets von werbetreibenden Unternehmen (Hass 2003). Da die für die Medien verfügbaren Geld- und Werbebudgets ungefähr proportional zur gesamten Wirtschaft wachsen – in jedem Falle aber langsamer als die Zahl der verfügbaren Medienangebote – und das verfügbare Zeitbudget auf 24 h pro Tag beschränkt ist, steigt notwendigerweise die intermediale Konkurrenz (McCombs 1972; Brosius u. Haas 2006). Dementsprechend müssen Web 2.0-An-gebote zumindest teilweise auf Kosten klassischer Medien und Kommunikations-formen wachsen. Aber auch ein zunehmender Verdrängungswettbewerb innerhalb von Web 2.0-Angeboten ist zu beobachten – beispielsweise bei Social Networking Portalen. *Facebook* gewinnt mit Hilfe innovativer Features weltweit Nutzer hin-zu. Dieses Wachstum geht nicht nur zu Lasten vom Hauptwettbewerber *MySpace*, sondern auch von kleineren primär national agierenden Social Networking Porta-len. Beispielsweise arbeitet das deutsche Portal *StudiVZ* noch immer defizitär. Ende 2006 begann *StudiVZ mit der* Gründung von Ablegern im europäischen Ausland (z. B. *StudiLN* in Italien). Anfang 2009 wurden die Plattformen für Spanien, Italien, Frankreich und Polen eingestellt – das Unternehmen konzentriert sich nun auf den deutschsprachigen Raum (von der Burchard 2009) – nicht zuletzt aufgrund der in vielen Ländern dominanten Marktposition von *Facebook*.

Für den Erfolg des Web 2.0 spricht die seit Jahrzehnten feststellbare und fortschreitende konsumentenseitige Individualisierung. Im Bereich der Produktgestaltung zeigt sie sich als zunehmende Differenzierung bis hin zum Mass Customization (Pine 1993). In der Kundenkommunikation findet sie ihren Ausdruck im Trend zum One-to-One-Marketing (Peppers u. Rogers 1997) und auch im Medienbereich ist die zunehmende Fragmentierung der Aufmerksamkeit („Demassification") ein bereits länger andauerndes Phänomen (Redmond u. Trager 1998). Selbst die Integration des Kunden in die Produktion ist kein neues Konzept, sondern wurde bereits 1980 von Alvin E. Toffler vorweggenommen, der hierfür den Begriff des Kunden als „Prosument" prägte (Toffler 1980). Spannend bleibt jedoch für Forschung und Praxis, ob diese Entwicklung weiter fortschreiten wird oder ob es Grenzen der Individualisierung gibt, die gleichzeitig auch das Wachstum des Web 2.0 betreffen.

Hiervon hängt nicht zuletzt ab, ob Web 2.0-Angebote überwiegend eigenständige, profitable Dienste bleiben oder ob die einzelnen Anwendungen vielmehr als Zusatzfunktion in herkömmliche Angebote integriert werden. Wesentlich wird hierfür sein, welchen Nettonutzen die Plattformen ihren Anwendern und Werbekunden im Vergleich zu konkurrierenden Angeboten bieten können. Beispielsweise fürchten mittlerweile eine Reihe von TV-Sendern die Konkurrenz von *YouTube*, die im Netz Millionen selbstgedrehter Web 2.0-Videos vorhalten, die teilweise einen höheren Unterhaltungswert haben als einschlägige TV-Programme. Die große Popularität von Portalen wie *YouTube* führt dazu, dass Unternehmen wie *Pizza Hut* und *Monster* ihre Online-Werbebudgets zunehmend auf Social Networking Sites verlagern (Steel 2009). Ähnlich stellt sich *Starbucks* auf – das Unternehmen schafft für seine Kunden verschiedene „digital touch points" im Web 2.0. Dazu zählen vor allem eine *Facebook*-Seite, ein *Twitter*-Feed, ein *YouTube*-Kanal und eine kundenzentrierte Website (*MyStarbucksIdea.com*), auf der Kunden Ideen für neue Produkte und Dienstleistungen vorschlagen können (Quenqua 2010).

Überdies ist es aber auch möglich, dass vermehrt konvergente, crossmediale Dienste entstehen, die den Zusatznutzen interaktiver Angebote mit den Kosten- und Reichweitenvorteilen klassischer Medien kombinieren. Das Web 2.0 bietet hierbei die Chance, Nutzer selbst Inhalte produzieren zu lassen. Zugleich ist ein klassisches Medium wie eine Zeitung oder Zeitschrift für bestimmte Nutzungssituationen und Zielgruppen besser geeignet als eine Web 2.0-Plattform. Es kann sich deshalb lohnen, eine Auswahl der online produzierten Inhalte in einer Offline-Printversion zu verbreiten, um die Reichweite quantitativ und qualitativ zu maximieren (Huber u. Möller 2008). Wie bereits jetzt zu beobachten ist, wird das Web 2.0 kein isoliertes, webspezifisches Phänomen bleiben, sondern vielmehr auch die klassischen Medien verändern.

Die wirtschaftliche Nutzung des Web 2.0 stellt Unternehmen jedoch vor neue Herausforderungen. Interaktive Angebote mit hoher Kundenintegration basieren grundsätzlich auf Netzeffekten. Folglich ist eine kritische Masse von Nutzern erforderlich, damit das Angebot für neue Kunden attraktiv wird. Der Kundengewinnung durch ein Management dieser Netzeffekte kommt dementsprechend eine zentrale Bedeutung zu (Kollmann u. Stöckmann 2008).

Von besonderer Bedeutung ist dabei die Motivation der Kunden, sich selbst in das Angebot einzubringen – sei es durch das Anlegen eines Nutzerprofils, insbesondere aber auch durch eigene Beiträge in Form von User-generated Content. Da die klassische Konsumtheorie die Nutzung von Gütern, nicht aber deren Produktion in den Vordergrund stellt, ensteht in diesem Bereich ein vielversprechendes Forschungsfeld, das zugleich hohe Praxisrelevanz besitzt. Dies gilt umso mehr, da die Motivation zur Produktion von Inhalten in hohem Maße intrinsisch und damit nicht-monetär getrieben ist, sondern bspw. auf der Freude, Wissen weiterzugeben oder auf dem Aufbau von Reputation beruht (Stöckl et al. 2008). In diesem Kontext bietet die Theorie der Open Source-Netzwerke eine gute Basis, deren durchgehende Übertragbarkeit auf Contentformen jenseits von Programmcode und breitere Kundengruppen jedoch noch zu zeigen ist, (Wiedmann et al. 2007). Dies gilt neben der Nutzermotivation auch für weitere zentrale Fragen wie der Qualitätssicherung und dem Management von Urheberrechten.

Ebenso wichtig ist ein besseres Verständnis des Konsumentenverhaltens, um Web 2.0-Plattformen für die Unternehmenskommunikation nutzen zu können. Gerade virales Marketing und Mundwerbung basieren ganz wesentlich auf Glaubwürdigkeit und Authentizität (Schulz et al. 2008; Walsh u. Mitchell 2010). Mit der Stimulierung letztlich konsumentengetriebener Kommunikation muss das Unternehmen jedoch einen Kontrollverlust akzeptieren, wodurch die Werbebotschaft verwässert oder sogar konterkariert werden kann. Eine höhere Kontrolle wirkt sich jedoch negativ auf die Teilnahmebereitschaft der Kunden aus, die vielfach nicht als Werbemittel missbraucht werden wollen. Problematisch ist in diesem Zusammenhang auch die massive Kommerzialisierung von erfolgreichen Angeboten wie *My-Space*, die bereits zu Reaktanz und Abwanderung von Usern führt (Levy 2007). Es gilt also bei solchen Web 2.0-Angeboten das richtige Maß an sozialem Nutzen (für User) und ökonomischer Attraktivität (für Unternehmen) zu finden.

Überdies ist weiter zu erforschen, wie (Werbe-)Botschaften von Konsumenten auf andere Konsumenten wirken. Konsumenten sind bei ihren Konsumentscheidungen nicht mehr nur von Anbieterinformationen abhängig, sondern sind vielmehr durch Web 2.0-Angebote in der Lage, sich mittels Verbrauchermeinungen, Testberichten und Foren vor einer Kaufentscheidung umfassend und durchaus kritisch zu informieren, wie z. B. bei Online-Rezensionen im Buchmarkt (Blömeke et al. 2008). Kommentare von Konsumenten über Unternehmen oder deren Leistungen sind durch das Internet einer enormen Zahl an potenziellen Kunden zugänglich, was einen signifikanten Einfluss auf den Erfolg von Produkten und Dienstleistungen zur Folge haben kann (Hennig-Thurau u. Walsh 2003). Insgesamt ist aber zu vermuten, dass durch die zunehmende Vernetzung der Konsumenten im Rahmen von Produktcommunities ein Umdenken der Unternehmen notwendig sein wird. Produktcommunities, Meinungsportale und Blogs rücken daher auch zunehmend in den Fokus von Unternehmen, die dort nach neuen Ideen oder auch Themen von unternehmenskritischer Bedeutung Ausschau halten (Koller u. Alpar 2008). Inwieweit Unternehmen erfolgreiche Web 2.0-Angebote gestalten können, hängt ganz maßgeblich von ihrer Fähigkeit ab, Vertrauen bei Usern aufzubauen. Laut einer Umfrage sagen 77 % der Befragten, sie vertrauten E-Mails von Menschen die sie kennen, 46 % vertrauen Informationen aus Tageszeitungen und 39 % denen aus Magazinen. Lediglich 16 % der Befragten halten Unternehmens-Blogs für die vertrauenswürdigste Informationsquelle (Bernoff 2009). Insofern stellt die effektive Nutzung von „Social Media" als Teil von Kommunikationsstrategien eine Herausforderung dar.

Für die Konsumentenforschung insgesamt interessant ist das relativ hohe Maß an Selbstoffenbarung, das viele Konsumenten im Web 2.0 an den Tag legen. Zu fragen ist, ob dieses Phänomen der Selbstoffenbarung (bis hin zum Exhibitionismus) im Web 2.0 tatsächlich ein neues webspezifisches Phänomen darstellt oder ob es eine Begleiterscheinung der Entwicklung zu einer Wissens- und Mediengesellschaft ist. Weiterhin ist zu eruieren, inwiefern das Paradox, dass Konsumenten einerseits Datenschutz fordern, andererseits aber sorglos mit ihren Daten umgehen, (Norberg et al. 2007) mit diesem Phänomen einhergeht. Auch dürfte zukünftig mehr Forschung zur wechselseitigen Beeinflussung von Online- und Offline-Konsumentenverhalten zu erwarten sein. So wird zunehmend von Ausformungen des Konsumentenverhaltens berichtet, die sich als direkte Folge der Nutzung von Web 2.0-Angeboten ergeben. Ein kurioses Beispiel ist das eines britischen Ehepaars, das sich hat scheiden lassen, weil der Ehemann mit seinem Avatar im Online-Spiel *Second Life* einen Seitensprung mit einer Online-Prostituierten hatte. Der ertappte Ehemann rechtfertigte sein Verhalten damit, seine Ehefrau hätte zuviel Zeit mit dem Online-Rollenspiel *World of Warcraft* zugebracht (Morris 2008).

Die skizzierten Entwicklungen betreffen indes nicht nur die Kommunikation mit den Kunden, sondern ebenfalls andere Anspruchsgruppen außerhalb, aber auch innerhalb des Unternehmens. So bergen soziale Netzwerke wie *Xing* durchaus Potenziale für Unternehmen. Diese lassen sich jedoch nur realisieren, wenn die Mitarbeiter den dafür nötigen Freiraum erhalten (Cyganski u. Hass 2008). Analoges gilt für den internen Wissensaustausch z. B. über Wikis oder Blogs: Wenn Unternehmen die Chancen dieser neuen Medien nutzen möchten, dann wird dies nur mit einem Management möglich sein, das weniger an Hierarchien und dafür mehr an Kompetenz orientiert und insgesamt offener ist.

5   Fazit

Das Web 2.0 umfasst Internet-Anwendungen und -Plattformen, die die Nutzer aktiv in die Wertschöpfung integrieren – sei es durch eigene Inhalte, Kommentare, Tags oder auch nur durch ihre virtuelle Präsenz. Die konkreten Ausprägungen dieser Anwendungen sind außerordentlich vielgestaltig. Gemeinsame Merkmale der Wertschöpfung sind jedoch Interaktivität, Dezentralität und Dynamik.

Wie die Diskussion gezeigt hat, sind diese Charakteristika sowohl aus technologischer Sicht als auch im Hinblick auf Akzeptanz und Verbreitung bei den Nutzern Bestandteil längerfristiger Entwicklungen. Insofern ist das Web 2.0 bei aller Euphorie ein nachhaltiges Phänomen von entsprechend hoher Relevanz. Dies gilt in besonderem Maße für Medienunternehmen, deren Kernprodukt Information ist.

Darüber hinaus bietet das Web 2.0 aber für Unternehmen aller Branchen und Sektoren neue Chancen in der internen wie externen Kommunikation sowie in der Realisation von Umsatzpotenzialen.

Literatur

Alby T (2008) Web 2.0: Konzepte, Anwendungen, Technologien, 3. Aufl. Carl Hanser, München

Berg J (2008) M.planet 2008. Marketing news 15. Nov 2008, S 14

Bernoff J (2009) Blogs, marketing and trust. Marketing news 15. Feb 2009, S 17

Bleicher P (2006) Web 2.0 revolution: power to the people. Appl Clin Trials 18(8):34–36

Blömeke E, Braun A, Clement M (2008) Kundenintegration in die Wertschöpfung am Beispiel des Buchmarkts. In: Hass BH, Walsh G, Kilian T (Hrsg) Web 2.0: Neue Perspektiven für Marketing und Medien. Springer, Berlin, S 307–322

Brosius H-B, Haas A (2006) Das Prinzip der relativen Konstanz: Unter welchen Bedingungen steigt das Medienbudget deutscher Haushalte? In: Hess T, Doeblin S (Hrsg) Turbulenzen in der Telekommunikations- und Medienindustrie: Neue Geschäfts- und Erlösmodelle. Springer, Berlin, S 125–138

Bruns A (2008) Blogs, wikipedia, second life, and beyond: from production to produsage. Peter Lang, New York

Bulik BS (2006) Trying to define web 2.0. Advert Age 77(28):6

Bundesnetzagentur (2009) Breitbandanschlüsse insgesamt. www.bundesnetzagentur.de/media/archive/12489.pdf

Cripe B, Weckerle P (2009) Participation culture: opportunities and pitfalls. In: Casarez V, Cripe B, Sini J, Weckerle P (Hrsg) Reshaping your business with web 2.0: using the new collaborative technologies to lead business transformation. McGraw-Hill, New York, S 5–25

Cyganski P, Hass BH (2008) Potenziale sozialer Netzwerke für Unternehmen. In: Hass BH, Walsh G, Kilian T (Hrsg) Web 2.0: Neue Perspektiven für Marketing und Medien. Springer, Berlin, S 101–120

Dhar V, Chang EA (2009) Does chatter matter? the impact of user-Generated content on music sales. J Interact Market 23(4):300–307

Döring N (2003) Sozialpsychologie des Internet: Die Bedeutung des Internet für Kommunikationsprozesse, Identitäten, soziale Beziehungen und Gruppen, 2. Aufl. Hogreve Verlag für Psychologie, Göttingen

Erhard C (2008) Internet Marketing im Web 2.0 am Beispiel von eBay. In: Hass BH, Walsh G, Kilian T (Hrsg) Web 2.0: Neue Perspektiven für Marketing und Medien. Springer, Berlin, S 190–209

Feldmann V, Zerdick A (2003) E-Merging Media: Die Zukunft der Kommunikation. In: Zerdick A et al. (Hrsg) E-Merging Media: Kommunikation und Medienwirtschaft der Zukunft. Springer, Berlin, S 19–30

Grimm R (2005) Digitale Kommunikation. Oldenbourg Verlag, München

Hass BH (2002) Geschäftsmodelle von Medienunternehmen: Ökonomische Grundlagen und Veränderungen durch neue Informations- und Kommunikationstechnik. Deutscher Universitäts-Verlag, Wiesbaden

Hass BH (2003) Desintegration und Reintegration im Mediensektor: Wie sich Geschäftsmodelle durch Digitalisierung verändern. In: Zerdick A et al. (Hrsg) E-Merging Media: Kommunikation und Medienwirtschaft der Zukunft. Springer, Berlin, S 33–57

Hennig-Thurau T, Walsh G (2003) Electronic word of mouth: motives for and consequences of reading customer articulations on the Internet. Int J Electron Commerce 8:51–74

Hof R (2006) Web 2.0: The new guy at work. Business week 3989:58–59

Holtz S (2006) Communicating in the world of web 2.0. Communication world 23:24–27

Huber M, Möller M (2008) Hybride Medienplattformen am Beispiel von myheimat.de. In: Hass BH, Walsh G, Kilian T (Hrsg) Web 2.0: Neue Perspektiven für Marketing und Medien. Springer, Berlin, S 304–319

IBM (2006) DeveloperWorks Interviews: Tim Berners-Lee. http://www.ibm.com/ developerworks/podcast/dwi/cm-int082206.html. Zugegriffen: 19. Juni 2007

Karpinski R (2006) What exactly is web 2.0? B to B 91, No. 15, S 1–35

Koller P-J, Alpar P (2008) Die Bedeutung privater Weblogs für das Issue-Management in Unternehmen. In: Alpar P, Blaschke S (Hrsg) Web 2.0: Eine empirische Bestandsaufnahme. Vieweg+Teubner, Wiesbaden, S 17–52

Kollmann T, Stöckmann C (2008) Diffusion von Web 2.0-Plattformen. In: Hass BH, Walsh G, Kilian T (Hrsg) Web 2.0: Neue Perspektiven für Marketing und Medien. Springer, Berlin, S 39–56

Komus A, Wauch F (2010) Wikimanagement: Anwendungsfelder und Implikationen von Wikis. In: Walsh G, Hass BH, Kilian T (Hrsg) Web 2.0: Neue Perspektiven für Marketing und Medien, Springer, Berlin

Krasser N, Foerster M (2007) Web 2.0: Ein neuer Hype oder nachhaltiger Nutzen für Unternehmen? Inf Manage Consult 22:51–55

Lee D (2009) The rise of Iran's citizen journalists. http://news.bbc.co.uk/2/hi/8176957.stm. Zugegriffen: 30 Juli 2009

Levy S (2007) Losing touch. Newsweek, Juni 11, S 10

McCombs ME (1972) Mass Media in the Marketplace. Journalism Monogr 24:1–104

Möller E (2006) Die heimliche Medienrevolution: Wie Weblogs, Wikis und freie Software die Welt verändern, 2. Aufl. Heise Zeitschriften Verlag, Hannover

Morris S (2008) Second life affair leads to couple's real-life divorce. The Guardian 14. Dez. 2008, S 11

Norberg PA, Horne DR, Horne DA (2007) The privacy paradox: personal information disclosure intentions versus behaviors. J Consum Aff 41:100–126

O'Reilly T (2005) What is web 2.0: design patterns and business models for the next generation of software. http://www.oreillynet.com/pub/a/oreilly/tim/news/2005/09/30/what-is-web-20.html. Zugegriffen: 25. Dez 2006

Oreskovic A (2009) Twitter older than it looks. http://blogs.reuters.com/mediafile/2009/03/30/ twitter-older-than-it-looks/. Zugegriffen: 14. Sept 2009

Patalong F (2008) Social Network „Wer kennt wen?": Das Dieter-Birgit-Kevin-Netz. http://www. spiegel.de/netzwelt/web/0,1518,571489,00.html. Zugegriffen: 14. Sept 2009

Peppers D, Rogers M (1997) The one to one future: building relationships one customer at a time. Doubleday, New York

Pine BJ II (1993) Mass customization: the new frontier in business competition. Harvard Business School Press, Boston (MA)

Quenqua D (2010) Starbucks' own good idea. Marketing news 25. Feb 2010, S 23–25

Rappold D (2008) Das Web 2.0 ist aktueller denn je. http://www.welt.de/webwelt/article1950148/ Das_Web_2_0_ist_aktueller_denn_je.html. Zugegriffen: 05. Mai 2009

Redmond J, Trager R (1998) Balancing on the wire: the art of managing media organizations. Coursewise Publishing, Boulder (CO)

Rheingold H (1993) The virtual community: homesteading on the electronic frontier. Addison-Wesley, Reading

Salt S (2009) Track your success. Marketing news 15. Feb 2009, S 20

Schipul E (2006). The web's next generation: web 2.0. public relations tactics 13(3):23

Schulz S, Mau G, Löffler S (2008) Motive und Wirkungen im viralen Marketing. In: Hass BH, Walsh G, Kilian T (Hrsg) Web 2.0: Neue Perspektiven für Marketing und Medien. Springer, Berlin, S 249–268

Shuen A (2008) Web 2.0: A Strategy Guide. O'Reilly, Beijing

Skiba DJ (2006) Web 2.0: next great thing or just marketing hype? Nurs Educ Perspect 27(4):212–214

Stanoevska-Slabeva K (2008) Web 2.0: Grundlagen, Auswirkungen und zukünftige Trends. In: Meckel M, Stanoevska-Slabeva K (Hrsg) Web 2.0: Die nächste Generation Internet. Nomos, Baden-Baden, S 13–38

Steel E (2009) Marketers branch out placing search ads. Wall street journal europe, January 20, S 6

Stöckl R, Rohrmeier P, Hess, T (2008) Why customers produce user generated content. In: Hass BH, Walsh G, Kilian T (Hrsg) Web 2.0: Neue Perspektiven für Marketing und Medien. Springer, Berlin, S 271–287

Tapscott D, Williams AD (2006) Wikinomics: how mass collaboration changes everything. Portfolio, New York

Toffler A (1980) The third wave. William Morrow, New York

Van Eimeren B, Frees B (2006) Schnellere Zugänge, neue Anwendungen, neue Nutzer? Media Perspektiven 08/2006, S 402–415

Von der Burchard H (2009) Vergleich – Warum Facebook besser als das StudiVZ ist. http://www.welt.de/webwelt/article3350226/Warum-Facebook-besser-als-das-StudiVZ-ist.html. Zugegriffen: 10. März 2009

Vossen G, Hagemann S (2007) Unleashing web 2.0: from concepts to creativity. Elsevier, Amsterdam

Walsh G, Klee A, Kilian T (2009) Marketing – Eine Einführung auf Grundlage von Case Studies. Springer, Heidelberg

Walsh G, Mitchell V-W (2010) Identifying, segmenting and profiling online communicators in an internet music context. Int J Internet Market Advert 6(1):41–64

Waters D. (2009) Social Networks 'are new Email'. http://news.bbc.co.uk/2/hi/technology/7942304.stm. Zugegriffen: 15. März 2009

Wiedmann K-P, Langner S, Hennigs N (2007) Collaborated marketing: towards a multidimensional model of motivation in open source oriented marketing projects. In: Khilji SE, Teagarden MB, Ibrahim DN, Meng TT, Ahmend ZU (Hrsg) Advances in global business research 4, S 290–297

Woelfel J (2009) New MySpace CEO May Be Ex-Facebook Exec. http://www.thestreet.com/story/10490683/new-myspace-ceo-may-be-ex-facebook-exec.html. Zugegriffen: 05. Mai 2009

Strategien von Communities im Web 2.0

Stefan Berge und Arne Buesching

Inhalt

1   Einleitung

Web 2.0 ist ein Begriff, der sich aktuell sowohl in den Medien als auch in der Industrie großer Beliebtheit erfreut. Eine anerkannte, einheitliche Definition von Web 2.0 existiert jedoch bis jetzt nicht. So versteht der Begründer des Begriffs Web 2.0, Tim O'Reilly, darunter im Kern, dass der Internetnutzer wesentlich stärker als bisher partizipieren und mit geringem Aufwand selbst Inhalte generieren und mit anderen teilen kann (O'Reilly 2005). Im Ergebnis bilden sich so soziale Netzwerke im Internet, in denen Inhalte und Informationen zwischen verbundenen Nutzern ausgetauscht werden.

S. Berge (✉)
Greenwich Consulting Deutschland, Widenmayerstraße 16, 80538 München, Deutschland

G. Walsh et al. (Hrsg.), *Web 2.0*,
DOI 10.1007/978-3-642-13787-7_2, © Springer-Verlag Berlin Heidelberg 2011

Die starke Zunahme von Web 2.0-Angeboten ist primär durch drei Faktoren bestimmt: die verbesserte Verfügbarkeit von Web-Technologien, eine zunehmende Reife der technischen Infrastruktur und ein sich veränderndes Nutzungsverhalten.

- *Verbesserte Verfügbarkeit*: Viele der grundlegenden Technologien für Web 2.0-Angebote wurden bereits in den 1990er Jahren entwickelt. Hierbei handelt es sich beispielsweise um Web-Service-APIs (Application Programming Interface), AJAX (Asynchronous Javascript and XML) und Abonnement-Dienste wie RSS (Really Simple Syndication). Häufiger und öffentlichkeitswirksamer werden den Basistechnologien auch Lösungen für Blogs und Wikis zugerechnet. Im Kern ermöglichen diese Technologien eine deutlich vereinfachte Nutzung von Internetangeboten durch Konsumenten aber auch durch Anbieter.
- *Technische Infrastruktur*: Der zweite Faktor ist die Verbreitung breitbandiger Internetzugänge. Die Übertragung datenintensiver Inhalte wie z. B. Bilder, Videos und Musikdateien stellt kaum noch ein Nutzungshemmnis dar.
- *Nutzungsverhalten*: Zunehmend gehören die Nutzer der Generation an, die bereits stärker mit Computer und Internetzugang aufgewachsen ist. Sie ist an typische Funktionalitäten wie z. B. die Verlinkung von Artikeln gewöhnt und hat zu vielen Internetanbietern ein höheres Vertrauen entwickelt.

Als Folge der drei genannten Faktoren ist gerade in jüngerer Zeit eine Vielzahl neuer Web 2.0-Angebote entstanden. So sind die vier deutschen Webseiten mit den höchsten Wachstumsraten in 2006 dem Web 2.0 zuzurechnen (Nielsen NetRatings 2007).

2 Klassifikation von populären Web 2.0-Unternehmen

Unter den 100 meistbesuchten Internetseiten der Welt sind mittlerweile diverse Web 2.0-Anbieter (z. B. *YouTube, MySpace, Wikipedia, Blogger.com, Friendster, Digg.com*) zu finden. All diese Unternehmen ermöglichen ihren Nutzern, mit geringem Aufwand an sozialen Netzwerken im Internet zu partizipieren.

Bei genauer Analyse dieser Web 2.0-Anbieter lassen sich drei unterschiedliche Schwerpunktgruppen definieren:

- *Communities*: Bei Communities steht der Aufbau von Beziehungen der Nutzer untereinander im Vordergrund. Unterstützt wird ein sozialer Kontext, in dem Individuen Wünsche und Beiträge in eine Gruppe einbringen können. So steht bei den Angeboten von *MySpace* oder *Friendster* der Aufbau von sozialen Netzwerken im Fokus.
- *Entertainment-Anbieter*: Entertainment-Anbieter distribuieren vorrangig Nutzerinhalte (User Generated Content, UGC) und stellen die Unterhaltung in den Vordergrund. Beispiele sind *YouTube* und *Flickr*, bei denen Nutzer selbst erstellte Videos und Fotos konsumieren, kommentieren und anderen Nutzern präsentieren.

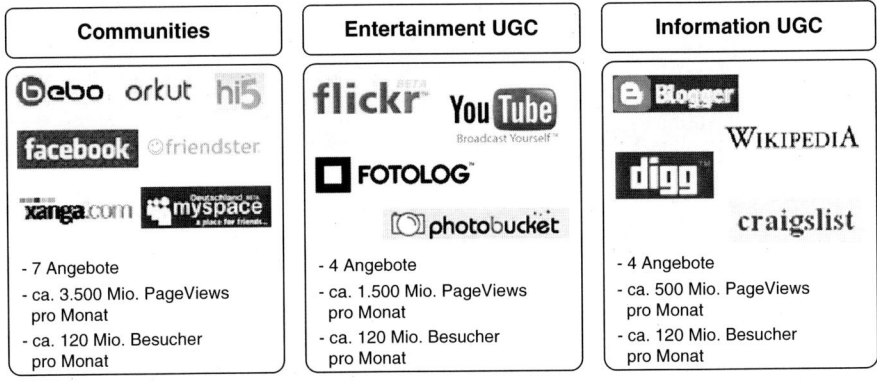

Abb. 1 Kategorien der 15 weltweit populärsten Web 2.0-Angebote

- *Informationsanbieter*: Im Fokus der dritten Gruppe stehen ebenfalls selbst generierte Inhalte, jedoch besitzen diese einen Informationscharakter. Hierzu gehören die Blogs, denen einfache Content Management Systeme (CMS) zu Grunde liegen. Damit wird eine Trennung von Layout und Inhalten ermöglicht. Eine weitere wichtige Untergruppe stellen die Wikis dar. Hier wird eine objektivere, von einer großen Gemeinschaft getragene Sichtweise erzeugt. Neben Blogs und Wikis gibt es Plattformen, auf denen Nutzer bestehende Inhalte lediglich verknüpfen, verschlagworten und bewerten.

Die von *Greenwich Consulting* erstellten Web 2.0-Cluster lassen sich auch anhand der genutzten Funktionsbausteine klar differenzieren (siehe Abb. 1). So liegt bei den Communities ein deutlicher Fokus auf Kommunikation, Information und Beziehungen, wogegen bei Entertainment UGCs Technik und Information im Vordergrund stehen (siehe Abb. 2).

Im Weiteren werden nur noch Communities betrachtet. Diese Gruppe weist unter den Top-15-Websites gegenüber den beiden anderen Gruppen sowohl die höchsten Nutzerzahlen als auch die höchste Anzahl von Seitenaufrufen auf – beides sind wichtige Größen für eine erfolgreiche Geschäftsentwicklung im Internet.

Communities weisen untereinander deutlich unterschiedliche Ausprägungen auf. Zu differenzieren ist insbesondere, inwieweit der Community-Gedanke das Kerngeschäft selbst darstellt oder ob die Community lediglich eine unterstützende Funktion in einer Website übernimmt, um die Verweildauer des Nutzers auf der Website zu erhöhen.

Viele Anbieter nutzen einen Community-Ansatz auch, um weitere Informationen von registrierten Nutzern zu erhalten und Profile anzureichern. Durch die Kenntnis des Nutzungsverhaltens der Seitenbesucher lassen sich Rückschlüsse auf deren Vorlieben ziehen. Als bekanntestes Beispiel sei hier *Amazon* genannt, das als eines der erfolgreichsten und ersten Unternehmen automatisiertes Empfehlungsmarketing auf Basis von Nutzerverhalten einsetzt.

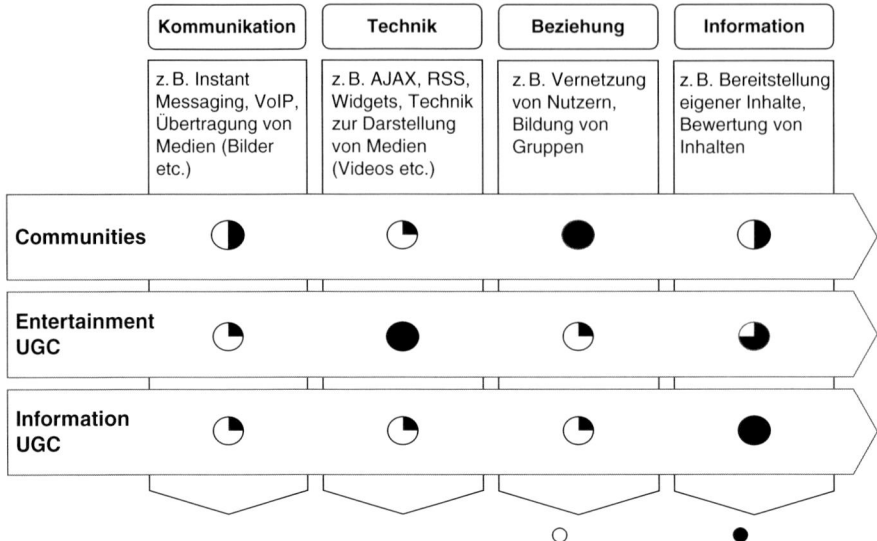

Abb. 2 Funktionsmatrix von Web 2.0-Angeboten

In der unten dargestellten Grafik ist zu erkennen, wie *Greenwich Consulting* vorhandene Angebote in einer Community-Matrix klassifiziert. Prinzipiell steigt der Wert eines Nutzers für einen Community-Anbieter, je mehr über dessen Identität bekannt ist und je stärker die Community ein Bestandteil des Kerngeschäfts ist: Nicht identifizierte Nutzer stellen somit einen geringen, registrierte einen mittleren und solche mit validierter Identität einen hohen Wert dar (siehe Abb. 3).

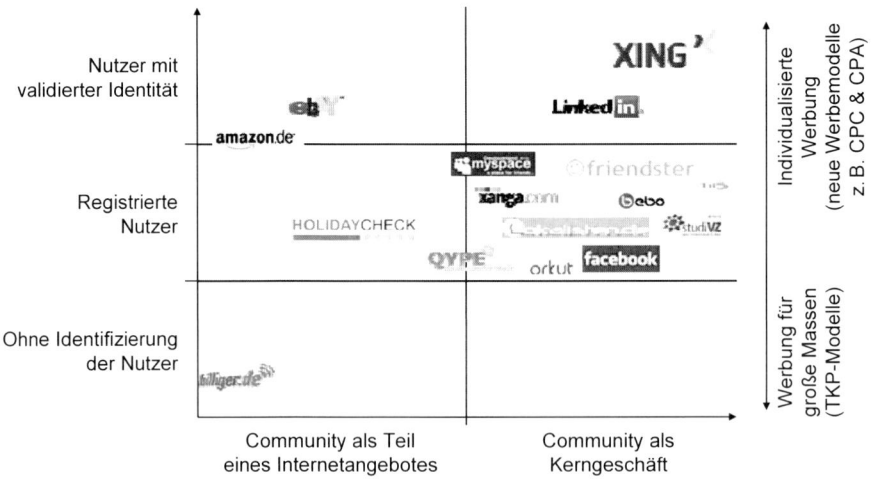

Abb. 3 Greenwich Consulting Community-Matrix

Zusammenfassend lässt sich festhalten, dass für Anbieter, die Communities als Kerngeschäft betrachten, insbesondere registrierte und validierte Nutzer wertvoll sind. Diese sind wiedererkennbar, weisen eine hohe Bindung auf und können direkt und indirekt, z. B. durch individualisierte Werbung, monetarisiert werden. Somit werden sich unsere Betrachtungen im Folgenden primär auf dieses Geschäftsmodell konzentrieren.

3   Geschäftsmodell Web 2.0-Community

Was macht Web 2.0-Community-Angebote erfolgreich? Um diese Frage zu beantworten, ist es sinnvoll zu betrachten, wie und für wen Web 2.0-Unternehmen einen Mehrwert schaffen und wie die Web 2.0-Unternehmen von diesem profitieren können.

Die typische Web 2.0-Community stellt sich als ein dreischichtiges Modell aus Nutzern, dem Community-Anbieter selbst und weiteren Unternehmen (so genannten 3rd Parties) dar (siehe Abb. 4).

Für eine Web 2.0-Community stellen sowohl Nutzer als auch 3rd-Party- Unternehmen potenzielle Kunden dar und sind somit für Geldströme und Erfolg ausschlaggebend.

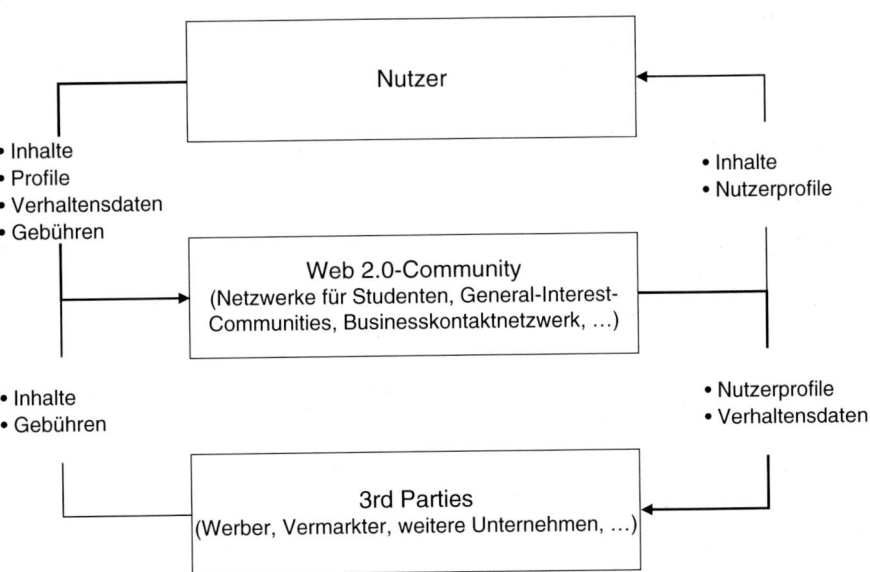

Abb. 4 Community-Modell

3.1 Nutzer

Communities geben den Nutzern die Möglichkeit, miteinander in Kontakt zu treten und sich auszutauschen. Frühe Internetapplikationen boten hier zumeist nur eine eindirektionale Kommunikation vom Angebotbetreiber zum Nutzer.

Im Gegensatz dazu bieten heutige Web 2.0-Communities den Vorteil, dass sich Nutzer direkt untereinander austauschen können. Kommunizierte früher eindirektional einer mit vielen (One to Many), so sind es heute viele die miteinander Kontakt pflegen können (Many to Many). Jeder Nutzer einer Community kann sich mit jedem anderen Nutzer austauschen.

3.2 Web 2.0-Community

Die klassischen Portale folgen der Praxis, Informationen nur von Drittanbietern zu beziehen und auf der Plattform zur Verfügung zu stellen. Dies ist zeit- und kostenintensiv und setzt redaktionelle Kompetenzen voraus.

Heutige Web 2.0-Communities beziehen stattdessen die Nutzer mit ein – wie z. B. bei *MySpace*. Die Inhalte werden von den Nutzern selbst erstellt und gewartet bzw. aktualisiert. Eine darüber hinausgehende Beschaffung von Inhalten im klassischen Sinne geschieht nahezu ausschließlich, um bestimmte Basisdaten bereitzustellen. So hat z. B. *Qype* als inhaltliche Basis die Telefonteilnehmerdaten der *Deutschen Telekom* herangezogen und lässt diese Einträge nun durch Nutzerbewertungen ergänzen und vervollständigen. Die Kosten zur Beschaffung von Informationen und Daten haben sich dadurch radikal reduziert. Die neuen Kernaufgaben lauten: markenzentriertes Nutzer- und Informationsmanagement mit dem Ziel, die Glaubwürdigkeit der Plattform zu erhalten und weiter auszubauen.

Auch bei der Bewerbung von Web 2.0-Communities werden heute andere Wege beschritten. So wird vermehrt auf so genanntes virales Marketing gesetzt, dessen Erfolgsgrundlage darin besteht, dass zufriedene Nutzer das entsprechende Angebot weiterempfehlen. Das Business-Netzwerk *XING* geht hierbei proaktiv auf seine Nutzer zu und ermuntert diese durch spezielle Anreize wie Gratis-Mitgliedschaften, neue Mitglieder zu werben und damit die Bekanntheit des Angebots zu erhöhen.

3.3 Third Party: Die interessierten Dritten

3rd-Party-Partner wie Werbetreibende, Vermarkter und sonstige Unternehmen spielten bereits im Zuge der ersten Internetwelle eine bedeutsame Rolle. Damals stellten diese Akteure meistens Informationen bzw. Daten zur Verfügung und nutzten die neuen Angebote als zusätzliche Werbeflächen und Vertriebskanäle.

Web 2.0-Communities ermöglichen diesen vorrangig kommerziell interessierten Partnern vielfältige neue Optionen: Zunächst werden inzwischen weitaus detailliertere Nutzerinformationen generiert. Diese erlauben gezieltere Werbemaßnahmen und Kundenansprachen. Das ist heute bereits auf der Plattform *XING* zu beobachten, die bestimmten Nutzern in einem gesonderten Bereich Produkte von Drittanbietern anbietet.

Einen weiteren Zusatznutzen aus Sicht der 3rd Parties bietet die Verwendung der nutzergenerierten Inhalte zur Vermarktung additiver Produkte (z. B. gedruckte Ausgaben von Restaurantführern auf Basis von Nutzerempfehlungen).

4 Erlösquellen und deren Erfolgsfaktoren

Ein Web 2.0-Community-Anbieter hat primär drei Quellen zur Umsatzgenerierung: Werbung, Gebühren und das so genannte Cross-Selling. Im Weiteren werden diese Quellen dargestellt, ihre Erfolgsfaktoren sind in der folgenden Tab. 1 dargestellt.

4.1 *Werbung*

Die bekannteste Einnahmequelle für Internetangebote ist die Finanzierung über Werbung.

Heute hat man erkannt, dass im Internet die Möglichkeit besteht, Werbung zielgerichteter als in klassischen Medien zu schalten, die nur im bisherigen TKP-Modell (Abrechnung auf Basis von Tausenderkontakten) abrechnen. Erste Schritte zur Nutzung neuer Optionen sind in der zunehmend eingesetzten kontextbezogenen Anzeige von Werbung zu erkennen. In Zukunft wird Werbung aber nicht nur auf den Kontext, sondern vor allem auch auf die Nutzerprofile bezogen sein. Hierin liegt die Stärke der Communities, die über eine große und detailreiche Menge einer klar geschnittenen Typ-Gruppe verfügen. Soweit dies von den Nutzern akzeptiert

Tab. 1 Erfolgsfaktoren

Erfolgsfaktoren für Werbung	Erfolgsfaktoren für Gebühren	Erfolgsfaktoren für Cross-Selling
Profiling von Nutzern	Profiling von Nutzern	Profiling von Nutzern
Die Möglichkeit, Werbung in Abhängigkeit der Nutzerpräferenzen anzuzeigen	Verhinderung der Abwanderung von Nutzern durch Inkompatibilität zu anderen Angeboten und hohe Daten-/Informationsqualität	Die Möglichkeit, Werbung in Abhängigkeit der Nutzerpräferenzen anzuzeigen
Hohe Reichweite und hohe Nutzerzahlen	Hohe Reichweite in der fokussierten Zielgruppe	Hohe Reichweite und hohe Nutzerzahlen
Sicherstellung, dass das Umfeld, in dem Werbung gezeigt wird, für den Werbenden nicht rufschädigend sein kann	Daten müssen für den Nutzer als relevante Informationen aufbereitet werden	

wird, können die Communities ihre hohen Nutzerzahlen deutlich effektiver monetarisieren.

Begleitend ist der Trend im Werbemarkt zur Entwicklung von neuen Abrechnungsmodellen: Unterschieden wird im Internet zwischen CPM (Cost per Million), CPC (Cost per Click) und zukünftig CPO (Cost per Order). Die verschiedenen Modelle ermöglichen den Werbetreibenden eine optimierte Messung der Werbewirksamkeit einzelner Maßnahmen. Diese wird bei einer genau adressierbaren Nutzergruppe einer Community effizient.

Werbemodelle werden heute von nahezu allen großen Communities eingesetzt. Zumeist wird hierbei auf eine Mischung aus Banner- bzw. Anzeigenwerbung und CPC-Modellen gesetzt. Beispiele für Unternehmen, die diese Möglichkeiten intensiv nutzen, sind unter anderem *MySpace, Flickr, MyVideo* und *Qype*.

Zukünftige Werbeabrechnungsmodelle werden voraussichtlich noch stärker auf eine optimierte Erfolgsmessung der Werbebotschaften und auf eine noch zielgenauere Platzierung von Werbung abzielen. Zielgenau bedeutet eine klare Ausrichtung an einer Person oder seiner pseudonymisierten Internet-Identität. Abzusehen ist hier bereits die Nutzung von CPA-Modellen (Click per Transaction) und dem Sponsored-Link-Modell ähnelnde Konzepte in Communites.

4.2   Gebühren

Gebührenmodelle haben sich in den vergangenen Jahren langsam im Internet etabliert. Zumeist steht bei den Nutzern jedoch noch immer der Gedanke im Vordergrund, dass alle Informationen im Internet gratis zur Verfügung gestellt werden sollten.

Erfolgreiche gebührenfinanzierte Communities sind dennoch vorhanden. Hier wird ein klares Angebot mit einem klaren dauerhaften Nutzen auf eine besonders geeignete Zielgruppe zugeschnitten. Die populärsten Beispiele sind *XING* und *LinkedIn*. Beiden Angeboten ist gemein, dass sie eine Basismitgliedschaft kostenfrei zur Verfügung stellen. Daneben bieten sie eine Premium-Mitgliedschaft an, die erweiterte Funktionen gegen eine Gebühr ermöglichen (Heires 2007).

Wesentlicher Erfolgsfaktor für dieses Modell ist eine zielgruppenspezifisch hohe Reichweite. Erreicht werden kann diese unter anderem durch Netzeffekte. Denn jeder Nutzer, der sich einer solchen Community anschließt, steigert den Wert des gesamten Netzwerks und des damit geschaffenen Informationspools für jeden einzelnen Teilnehmer.

Kritisch für den Erfolg eines Gebührenmodells ist zudem eine hohe Kundenbindung. Ähnlich wie in anderen Branchen, bspw. im Mobilfunkmarkt, gilt es auch für Internet-Communities, den Anteil der Kündigungen (Churn Rate) so niedrig wie möglich zu halten. Erreicht werden kann dies zum einen durch eine Kombination aus Inkompatibilität der Services (mit anderen Anbietern) und zum anderen durch ein überlegenes Angebot an Daten bzw. Community-spezifischen Informationen. Als Folge davon wird es wohl auf absehbare Zeit keine Community-übergreifenden Dienste geben, die zentral Nutzerprofile verwalten, da kaum eine Community Interesse daran hat, ihre Daten mit Konkurrenten zu teilen.

4.3   Cross-Selling

Die Erzeugung von Cross-Selling ist – wie die ersten beiden Umsatzquellen – ebenfalls ein bereits etabliertes Verfahren im Internet. Gerade Shopping- und Reiseanbieter nutzen diese Möglichkeit. Beispielsweise schlägt Amazon jedem Käufer nach dem abgeschlossenen Kaufvorgang weitere, ähnliche Artikel vor.

Die Erfolgsfaktoren entsprechen im Wesentlichen denen der Werbung: Vor allem ist ein Profiling der Nutzer notwendig, um ihnen Angebote in Abhängigkeit von ihren Präferenzen anzuzeigen.

4.4   Gegenüberstellung der Erlösquellen

Vieles spricht dafür, dass eine Community alle drei Einkommensströme für sich erschließen sollte. Damit wird einerseits die Abhängigkeit von einer einzelnen Quelle reduziert und andererseits kann auf diesem Weg der Nutzerbestand bestmöglich monetarisiert werden.

Für diese Strategie spricht auch eine Betrachtung der aktuell realisierbaren Werbe- und Gebührenumsätze. So ist es nur sehr großen Anbietern im Markt möglich, sich ausschließlich über Werbung zu finanzieren. Es werden bei einem Umsatz von 20 bis 30 € pro 1.000 Kontakte – unabhängig vom Abrechnungsmodus per Click oder per View – ca. 14 bis 21 Mio. Besucher pro Monat in der Community benötigt, um einen jährlichen Umsatz von ca. fünf Millionen Euro zu erzielen.

Ein vergleichbares Ergebnis ist über ein Gebührenmodell mit wesentlich weniger Nutzern realisierbar. So werden – bei einer angenommenen monatlichen Gebühr von sechs Euro ca. 70.000 zahlende Nutzer benötigt, um einen ebenso hohen jährlichen Umsatz zu erzielen. Geht man hierbei von einer Conversion Rate von zwölf Prozent aus, so benötigt man pro Monat ca. 600.000 Nutzer des gebührenfreien Angebots, um dieses Ziel zu erreichen (Open Business Club AG 2006). Allerdings ist hierbei zu berücksichtigen, dass es sich derzeit nur wenige Anbieter leisten können, ein entsprechend attraktives Angebot zu erstellen, welches eine Gebührenakzeptanz der Nutzer findet. Auch kann der akzeptierte Preis nur bedingt vorab bestimmt werden, da noch keine ausreichenden Erfahrungswerte für die Nutzerwahrnehmung der Wertigkeit existieren.

5   Allgemeine Erfolgsfaktoren

Eine hohe Reichweite bzw. eine große Nutzerzahl sind die Basis für alle diskutierten Modelle zur Einnahmenerzielung.

Zur Reichweitenerhöhung auf Basis des sogenannten viralen Marketing stehen heute erprobte Techniken wie RSS und Widgets zur Verfügung. Diese in der Implementierung wenig aufwändigen Technologien können auf anderen Webseiten eingebunden werden und dort Informationen des eigenen Dienstes anzeigen.

Zumeist werden RSS und Widgets in Blogs eingebunden. Da Blogs untereinander stark vernetzt sind, verbreiten sich positive wie negative Meldungen über dieses Medium in kurzer Zeit. Dies kann bei positiven Kommentaren als kostengünstiges Werbeinstrument gesehen werden – bei negativen Darstellungen hingegen kann es die Community schnell vor größere Herausforderungen stellen.

Eine weitere Möglichkeit des viralen Marketing ist die häufig anzutreffende Einladefunktion der Communities (Best Practice Business 2005). Diese Funktion dient dazu, die jeweilige Seite direkt weiterzuempfehlen und damit die Nutzerzahlen für dieses Angebot weiter zu steigern. Dem unterliegt der Kerngedanke, dass einer Einladung von einer persönlich bekannten Person eher gefolgt wird, als einer Anzeige in einem herkömmlichen Medium wie einem Fernsehprogramm oder einer Zeitschrift.

Ein noch nicht angesprochener Erfolgsfaktor ist die Einbindung der Nutzer in die Weiterentwicklung des Angebots. Nahezu alle Web 2.0-Communities bieten inzwischen die Möglichkeit, ein Feedback zu hinterlassen, neue Funktionen zu kritisieren und neue Features zu verlangen. Ein noch weitergehender Ansatz sieht die Offenlegung bestimmter Programmierschnittstellen (API) vor, welche es ermöglichen, auf bestimmte Funktionen Zugriff zu erhalten. Bei diesem Ansatz gilt es allerdings, die schwierige Balance zwischen gewünschter Offenheit des Angebots und dem notwendigen Schutz der gesammelten Daten zu finden.

6   Aktuelle Entwicklungen in Deutschland und Ausblick

Derzeit existieren auf dem deutschen Markt vor allem Web 2.0-Communities, die eine Kopie eines zumeist amerikanischen Vorbilds sind. Beteiligungen an diesen werden z. B. von *Burda Media, Holtzbrinck* und *SevenOne* gehalten. Bemerkenswert an der Beteiligungsstruktur ist, dass bereits eine relativ große Zahl an Medienunternehmen in deutsche Web 2.0-Communities investieren und Beteiligungen aufrechterhalten (siehe Tab. 2).

Angesichts der Entwicklung bei den werbefinanzierten Medien, welche durch eine immer stärker fragmentierte Medienlandschaft und damit auch einen fragmentierteren Markt für Werbeflächen gekennzeichnet ist, erscheint das hohe Interesse von etablierten Medienunternehmen an den neuen Web 2.0-Communities nicht ver-

Tab. 2 Übersicht Communities auf dem deutschen Markt

Community	Beteiligte Unternehmen/Investoren	Anzahl Nutzer	Gegründet	Vorbild
XING	Aktiengesellschaft	1,5 Mio.	2003	*LinkedIn*
Qype	Business Angels	20.000	April 2006	*Yelp*
studiVZ	Holtzbrinck	über 1 Mio.	Oktober 2005	*Facebook*
Lokalisten	European Founders (Samwer-Brüder); SevenOne (ProSiebenSat.1)	500.000	Mai 2005	*MySpace*

wunderlich. Bieten doch gerade soziale Plattformen mit ihren Möglichkeiten der Personalisierung ein sehr gutes Potenzial, zukünftige Verluste bei bestehenden Werbeformaten in Form von TV-Spots und Anzeigenwerbung auszugleichen. Darüber hinaus bieten sich durch eine soziale Plattform weitere Synergie- und Cross-Selling-Potenziale wie z. B. die Verwertung von Inhalten auf verschiedenen Medien für große Medienunternehmen.

Vor diesem Hintergrund sind nach Meinung von *Greenwich Consulting* Unternehmensakquisitionen wie der Kauf der Community *MySpace* durch das Medienunternehmen von Rupert Murdoch für 1,3 Mrd. $ (Computerwoche 2006) oder die Übernahme des Angebots *studiVZ* durch Holtzbrinck nachvollziehbar.

Eine ähnliche Motivation kann hinter der Übernahme von *YouTube* durch *Google* stehen. *Google* positioniert sich fortschreitend stärker als Werbeflächenvermarkter. Anfangs lediglich mit reinen Textanzeigen operierend hat *Google* sein Portfolio bereits auf Banner-Werbung erweitert. Ein nächster Schritt für *Google* besteht darin, auf Inhalte bezogene Werbung in Videos und TV-Sendungen anzeigen zu können. Um dazu über die Basistechnologie zu verfügen, hat *Google* z. B. *YouTube* akquiriert. Zusätzlich zu der Technologie hat sich *Google* so attraktiven Werbeplatz in einer hochfrequentierten Community gesichert (Schmidt 2007). Ähnlich dem Modell heutiger Werbevermarkter (z. B. *SevenOne Media*) scheint auch *Google* einen Weg einzuschlagen, bei dem Inhalt, Werbefläche und Werbevermarktung aus einer Hand angeboten werden sollen (FAZ 2007).

Ein weiterer Trend im Marktsegment der Communities wird durch die jüngsten Aktivitäten von *XING* deutlich. Anfang des Jahres als eines der ersten Web 2.0-Unternehmen an die Börse gegangen versucht *XING* derzeit vor allem durch Akquisitionen im europäischen Markt zu wachsen. Erkennbares Ziel dieser Strategie ist es, gegenüber *LinkedIn* auch international Marktanteile zu gewinnen. Notwendig ist dies – wie bereits oben gezeigt – um bei den Nutzern den notwendigen Kundenbindungseffekt zu erzielen und deren Abwanderung zu verhindern.

7   Fazit

Die wichtigsten Anbieter und Web 2.0-Plattformen sind unter der Gruppe der Communities zu finden, da diese die größte Nutzerinteraktion aufweisen und damit auch die größten Monetarisierungspotenziale haben. Folgt man dieser Betrachtung und fragt, wie hier das Potenzial gehoben werden kann, bieten sich bei großen Anbietern klassisch orientierte Werbemodelle an. Klarer auf bestimmte Gruppierungen fokussierte Unternehmen und Plattformen können auch Subskriptionsmodelle etablieren und benötigen somit nur eine geringere Nutzerzahl für vergleichbare Umsätze.

In beiden Fällen liegt der Schlüssel zum Erfolg in einer klaren Nutzerausrichtung dieser neuen Angebote sowohl in Angebotsmerkmalen, Interaktion, neuen Mehrwerten aber auch in der Werbung. Hierbei zeigt sich ein Trend, dem der Wandel des breitbandigen Internet zu Grunde liegt. Umsätze werden zukünftig verstärkt aus dem eigentlichen Netzgeschäft der Telekommunikationsanbieter und der darauf aufsetzenden Kernleistung „Internetzugang" und „Telefonie" auf die Ebene der zusätzlichen Dienste wandern. In dieser Ebene ist der Kunde (Vertragssicht) und der Nutzer (Nutzungssicht) neu zu binden. Hier stehen viele Anbieter um die Identitäten der Personen als Kunden und Nutzer im Wettbewerb und werden weiter dafür sorgen, dass Internetangebote und dazugehörige Wertschöpfungsketten noch stärker auf den Nutzer ausgerichtet werden.

Literatur

Best Practice Business (2005) OpenBC: Marktführer durch erfolgreiches Marketing. http://www. best-practice-business.de/index.php?cXBfYWN0aXZlPW5ld3MmcXBfaWRfY2F0ZWdvcnk 9MiZxcF9uaWQ9MTE1&PHPSESSID=4b5649ae6b7db7f9ea429bbd814038ee. Zugegriffen: 29. Mai 2007
Computerwoche (2006) Medienzar Murdoch legt Portalpläne vor. http://www. computerwoche. de/nachrichten/570705. Zugegriffen: 29. Mai 2007
FAZ (2007) Google kauft DoubleClick für 3,1 Milliarden Dollar. http://www.faz.net/s/RubC8BA 5576CDEE4A05AF8DFEC92E288D64/Doc~EDABE5E39E8646A08ECB40404A9BEFED- ~ATpl~Ecommon~Scontent.html. Zugegriffen: 29. Mai 2007
Heires K (2007) Business 2.0: why it pays to give away the store. http://money.cnn.com/magazines/ business2/business2_archive/2006/10/01/8387115/index.htm. Zugegriffen: 29. Mai 2007
Nielsen NetRatings (2007) Bis zu 600 % Wachstum für interaktive Websites: Analyse der Wachs- tumsstärksten Online-Brands 2006. http://www.netratings.com/pr/pr_061227_DE.pdf. Zuge- griffen: 29. Mai 2007
OPEN Business Club AG (2006) Geschäftsbericht 2006. http://corporate.xing.com/index. php?id=336. Zugegriffen: 14. März 2007
O'Reilly T (2005) What is web 2.0: design patterns and business models for the next generation of software. http://www.oreillynet.com/pub/a/oreilly/tim/news/2005/09/30/what-is-web-20.html. Zugegriffen: 14. März 2007
Schmidt H (2007) FAZ: Werbung in allen Videos im Internet. http://www.faz.net/s/RubE- 2C6E0BCC2F04DD787CDC274993E94C1/Doc~E23BC4DB4D1BE45A582BAAE15BCCF C841~ATpl~Ecommon~Scontent.html. Zugegriffen: 14. März 2007

Diffusion von Web 2.0-Plattformen

Tobias Kollmann und Christoph Stöckmann

Inhalt

1   Die kritische Masse als Erfolgsgarant?

Der Ausbau von elektronischen Datennetzen und die Nutzung von Informations-technologien zur Digitalisierung der Wertschöpfung führen zu einer neuen wirt-schaftlichen Dimension (Lumpkin u. Dess 2004). Diese neue, als Internetökonomie oder Net Economy bezeichnete Wertschöpfungsebene bildet den Raum für inno-vative Geschäftsideen und damit die Grundlage erfolgreicher Unternehmensgrün-dungen (Kollmann 2006). Immer mehr Unternehmen nutzen die wirtschaftlichen Potenziale des Internet, so dass der Konkurrenzaspekt und der daraus entstehende Wettbewerb zwischen den Akteuren zunehmend an Bedeutung gewinnen. In der Internetökonomie wird dabei davon ausgegangen, dass die Wettbewerber die Kon-kurrenzzone schnell verlassen und sich die Märkte in Gewinner und Verlierer auf-teilen, die dann einer gewissen Erfolgsstabilität unterliegen (exemplarisch Shapiro u. Varian 1999; Zerdick et al. 2001). Begründet wird dies mit Skaleneffekten, die sich in der Internetökonomie nicht abschwächen, sondern immer weiter zunehmen. Mit jedem neuen Nutzer steigt der Wert bzw. der Nutzen des Netzwerkes und somit

T. Kollmann (✉)
Lehrstuhl für E-Business und E-Entrepreneurship, Fachbereich Wirtschaftswissenschaften,
Universität Duisburg-Essen, Universitätsstr. 9, 45141 Essen, Deutschland
E-Mail: kontakt@ebusiness-lehrstuhl.de

G. Walsh et al. (Hrsg.), *Web 2.0*,
DOI 10.1007/978-3-642-13787-7_3, © Springer-Verlag Berlin Heidelberg 2011

die Attraktivität für weitere Nutzer, sich diesem Netzwerk ebenfalls anzuschließen, da sich mit der steigenden Nutzerzahl auch die Anzahl der möglichen Kommunikations- oder Transaktionsbeziehungen erhöht. Verdeutlichen lässt sich dies an zwei Beispielen: Je mehr Mitglieder eine „E-Community" (Kollmann 2010b) hat, desto höher ist die Wahrscheinlichkeit, Gleichgesinnte zu treffen oder Antworten auf eine gestellte Frage zu erhalten. Je mehr Nachfrager auf einem „E-Marketplace" (Kollmann 2010b) aktiv sind, desto höher ist die Wahrscheinlichkeit, dass sich jemand für die Ware eines Anbieters interessiert.

Eine besondere Bedeutung kommt vor diesem Hintergrund der *kritischen Masse* zu, die sich auf die subjektiv wahrgenommene Attraktivität der bereits in einem System (z. B. Community) vorhandenen Nutzerzahl bezieht. Wenn eine bestimmte Anwender- oder Teilnehmerzahl überschritten ist und der Nutzen eines Netzwerkes damit ein bestimmtes Niveau erreicht hat, ist zu erwarten, dass die Teilnehmer das Netzwerk auch in Zukunft nutzen werden und dass die Anzahl der Neukunden, die zusätzlich hinzukommen, stärker zunehmen wird (Kollmann 2001). Die Mindestzahl an Teilnehmern, die erforderlich ist, damit Systeme „einen ausreichenden Nutzen für eine langfristige Verwendung bei einem Anwenderkreis entwickeln können, wird als kritische Masse bezeichnet" (Weiber 1992, S 19).

Es kommt daher in vielen Bereichen, insbesondere bei jungen Unternehmen im Internet, zu einem intensiven Wettlauf um das Erreichen der kritischen Masse (Kollmann 2001). Wer diese schnell erreicht, kann darauf hoffen, kleinere Anbieter oder Nachahmer aus dem Markt zu drängen. Weiter verstärkt wird diese Auffassung im „Web 2.0" (O'Reilly 2005), das eine Abkehr von der Sichtweise des Kunden als passiven Informationskonsumenten hin zu einem Informationsanbieter und -editor einläutet (Wahlster 2006) und somit bereits per definitionem von der aktiven Teilnehmerzahl abhängig ist. Das schnelle Wachstum der Teilnehmerzahl avanciert somit zum kritischen Erfolgsfaktor, um die Konkurrenzzone als Gewinner zu verlassen. Gewinner können – basierend auf den Größenvorteilen der Netzwerke – sogar monopolartige Marktpositionen erreichen (Zerdick et al. 2001). Denn wenn jeder andere an dem Netzwerk teilnimmt, ist dies aus Kundensicht umso mehr ein Grund, sich auch anzuschließen.

Den vorangestellten Annahmen folgend sind für Kritische-Masse-Gewinner im Web 2.0 stetiges Wachstum und dauerhafter Unternehmenserfolg determiniert. In der Praxis zeigt sich jedoch, dass auch die scheinbaren Gewinner noch mit Problemen konfrontiert werden können, die ihre dominierende Marktstellung gefährden. So vermeldet der elektronische Marktplatz *eBay*, der sich im Wettbewerb um Auktionsmarktplätze im Internet durchgesetzt hat, zwar einerseits – im Einklang mit der Theorie – wachsende Nutzerzahlen sowie Umsatz- und Gewinnsteigerungen (eBay 2006). Andererseits ist derzeit auf dem E-Marketplace eine Welle von Insolvenzen von professionellen Händlern zu beobachten (Focus Online 2006), die auf steigende Teilnehmerzahlen auf der Anbieterseite und den resultierenden erhöhten Konkurrenzdruck zurückzuführen ist, der im Ergebnis sinkende Händlermargen und ruinöse Preiskämpfe verursacht. Es ist davon auszugehen, dass die zahlreichen Insolvenzen von professionellen Teilnehmern auch an dem Marktplatzbetreiber nicht schadlos vorbei gehen werden. Andere Kritische-Masse-Gewinner im Web 2.0, wie die Online-Community für Studierende *studiVZ*, das Community-Portal

MySpace oder die Video-Plattform *YouTube* rücken nicht nur durch ihr enormes Wachstum und ihren Erfolg in den Fokus der Betrachtung. Ebenso erregen aktuelle, kritische Meldungen Aufmerksamkeit, in denen Sicherheitslücken (Heise Online 2007a), Verletzungen von Copyrights (Spiegel Online 2007) oder die Möglichkeit, eine falsche Identität vorzutäuschen und damit Straftaten zu begehen (Heise Online 2007b), thematisiert werden. Ethisch und rechtlich fragwürdige sowie qualitativ minderwertige Inhalte beinhalten – wie auch das quantitative Missverhältnis von Informationsangebot und -nachfrage im Falle von *eBay* – das Potenzial zur Beeinträchtigung der Marktposition der Plattformen.

Die Zielsetzung dieses Beitrags besteht folglich zum einen in der Beantwortung der Frage, inwieweit quantitative, qualitative und ethisch-rechtliche Probleme Auswirkungen auf den Markterfolg von Web 2.0-Plattformen haben. Zum anderen werden Implikationen für den Wettbewerb der Plattformen und für das Verständnis der kritischen Masse als Erfolgsgarant in der Internetökonomie aufgezeigt.

2   Web 2.0-Plattformen in der Net Economy

In der Vergangenheit wurde das Internet als Technologie erlebt, die es erlaubt die verschiedensten Daten, Informationen und Medien zu publizieren und zu verteilen. Zugrunde lag eine zweiteilige Rollenverteilung der beteiligten Personen: Zum einen gab es aktive – teils private, teils kommerzielle – Ersteller von Webinhalten. Zum anderen gab es passive Konsumenten, die sich lediglich die bereitgestellten Inhalte ansahen und auch keine Möglichkeit hatten, aktiv auf die Inhalte Einfluss zunehmen. Im Jahr 2005 konnte ein Paradigmenwechsel hinsichtlich der Nutzung des Internet beobachtet werden. Unter dem Begriff Web 2.0 werden seitdem Konzepte subsumiert, die die klassische Unterscheidung zwischen Autoren und Konsumenten von Informationen auflösen und jedem Nutzer zu jeder Zeit die Gelegenheit geben, Content zu generieren und damit das Geschehen auf der Plattform zu beeinflussen. *User-generated content* avanciert zum Schlagwort im so genannten Mitmach-Web und die Basis innovativer Geschäftsideen im E-Business, an die vor einigen Jahren noch nicht zu denken war. Im Zentrum vieler Web 2.0-Geschäftsmodelle – bspw. der Networking-Plattform *Xing*, des Gesellschaftsportals *MySpace* oder der Video-Plattform *YouTube* – steht der Community-Gedanke. Nach Kollmann (2010b) ermöglicht eine *E-Community* „den elektronischen Kontakt zwischen Personen bzw. Institutionen über digitale Netzwerke". Damit erfolgt eine Integration von innovativen Informations- und Kommunikationstechnologien zur Unterstützung des Daten- bzw. Wissensaustauschs. Wenngleich damit die Kernaktivität der meisten Web 2.0-Geschäftsmodelle bereits erfasst ist, kann neben der reinen Vermittlung von Kontakten bzw. Informationen auch die Zusammenführung von Anbietern und Nachfragern zum Zwecke wirtschaftlicher Transaktionen (z. B. *E-Marketplace*, Kollmann 2010b) elementarer Bestandteil des Angebots sein.

Gemeinsam haben die Web 2.0-Plattformen, dass sie das unternehmerische Ziel verfolgen, Informationsanbieter und Informationsnachfrager für die eigene Vermittlungsplattform zu gewinnen und zwischen diesen eine Koordinationsleistung von

Angebot und Nachfrage durchzuführen (Kollmann 2006). Der Umstand, dass ein Webnutzer abwechselnd oder sogar parallel als Informationsanbieter und -nachfrager agieren kann, ist ein grundlegendes Gestaltungsmerkmal von Web 2.0-Modellen. Dennoch ist eine getrennte Betrachtungsweise notwendig, da sich ein Informationsangebot hinsichtlich Motivation und Akzeptanz von einer Informationsnachfrage unterscheidet (Kollmann 2001). Es ergibt sich somit eine tripolare Beteiligungsstruktur, bei der der Plattformbetreiber eine Vermittlungsleistung erbringt, die für das Zustandekommen eines Informationsaustauschs oder einer Geschäftstransaktion ausschlaggebend ist und die die Transaktionskosten verringert (Lee u. Clark 1996). Der Nutzen der Web 2.0-Plattform ist folglich nicht nur von der Leistungsbereitschaft und -fähigkeit des Betreibers abhängig, sondern ebenfalls von der Leistungsbereitschaft und -fähigkeit anderer, also von den Anbietern und Nachfragern (derivativer Leistungsaspekt). Nur wenn Informationsanfragen gestellt werden, kann der Plattformbetreiber vermitteln und je mehr Anfragen kommen, desto mehr Spielraum hat er für diese Vermittlung (Kollmann 2001). Die Web 2.0-Plattform ist also von der Teilnahmebereitschaft (Akzeptanz) anderer abhängig und erbringt unabhängig hiervon keine originäre Leistung. Am Ende steht somit die Vermittlung/Koordination als Erfolgskriterium im Mittelpunkt und die Aufbaubemühungen konzentrieren sich infolgedessen in erster Linie auf die Zielgröße *Matching* (Kollmann 2000a).

Am Anfang steht dabei die Frage, wie die Web 2.0-Betreiber die Koordinationsnachfrager auf ihre Plattform bekommen kann und welche Besonderheiten hinsichtlich dieser Einwerbung gelten. Zu diesem Zweck müssen die Betreiber ihre Matching-Plattform aus Kundensicht akzeptabel gestalten. Das entsprechende Konstrukt *Akzeptanz* (Kollmann 1998a) spielt im Marketing aufgrund der Entwicklungen im Telekommunikations- und Multimediabereich zunehmend eine herausragende Rolle (Kollmann 1999a, 2000b). Der Grund ist darin zu sehen, dass es bei den entsprechenden Technologien (z. B. interaktives Fernsehen, Internet, Mobilfunk) insbesondere auf die Art und Weise der Nutzung ankommt, während die reine Anschaffung der Produkte bzw. der Anschluss an das System allein nicht mehr den wirtschaftlichen Erfolg generiert (Kollmann 1998a). Auf elektronischen Web 2.0-Plattformen sind bezüglich des Koordinationsprozesses drei Phasen zu unterscheiden, die deren Nutzung charakterisieren. Es kann somit erst dann von Akzeptanz gesprochen werden, wenn diese drei Entscheidungstatbestände erfüllt sind:

1. *Anschlussakt* (Zugang zur Plattform): Die Teilnehmer müssen sich über Sicherungscodes (z. B. Log-in) oder entsprechend zur Verfügung gestellte Zugangssoftware Zutritt zu der Web 2.0-Plattform verschaffen. Die erstmalige Registrierung kann dabei dem Kaufakt gleichgesetzt werden.
2. *Nutzungsakt* (Abruf und Abgabe von Informationen): Die Teilnehmer müssen das Angebot der elektronischen Plattform nutzen, d. h. Informationen abrufen und einstellen, da erst über eine Informationsbereitstellung das Potenzial für ein Matching geschaffen wird.
3. *Interaktionsakt* (Abwicklung des Matching): Die Plattformteilnehmer müssen über kurz oder lang Interaktionen ausführen, da die Plattform ihre Aufgabe einer Zusammenführung von Informationsangebot und -nachfrage sonst nicht erfüllen kann.

Die Besonderheit der Koordinationsproblematik liegt darin begründet, dass die elektronische Plattform das gemeinsame Element aller Teilnehmer am System bildet (*n* Informationsanbieter, *m* Informationsnachfrager und Plattformbetreiber ohne zeitliche und räumliche Restriktionen, Kollmann 2001). Sämtlicher Informationsaustausch findet über die gemeinsame Plattform und nicht mehr isoliert zwischen zwei Teilnehmern statt, die getrennt vom übrigen Geschehen Informationen austauschen (Kollmann 1999b). Die aktive Vermittlungsleistung und somit der aktive Eingriff in die Abstimmung von Angebot und Nachfrage führt zu einer neuen Verantwortung des Plattformbetreibers, da sich das von ihm zustande gebrachte Vermittlungsergebnis über den Verbund der Teilnehmer übergreifend bemerkbar macht.

Die Attraktivität traditioneller Communities und Marktplätze wird in erster Linie durch die Anzahl der Teilnehmer und damit durch ein quantitatives Maß für die Erreichbarkeit anderer Teilnehmer determiniert. Im Mittelpunkt der Systemarchitektur steht daher die Menge von isolierten Verbindungen zwischen den einzelnen Teilnehmern (z. B. Messe oder Wochenmarkt). Dies bedeutet, dass eine Verbindung zwischen A und B in der Regel keinerlei direkte qualitative Auswirkungen auf den Nutzen von C beinhaltet, wenn man von so genannten technologischen externen Effekten, wie z. B. den alle Teilnehmer begünstigenden Netzeffekt beim Ausbau eines Telefonnetzes (Blankart u. Knieps 1992; Weiber 1992) oder von pekuniären externen Effekten (Sohmen 1976) absieht. Diese Interpretation eines quantitativen Betrachtungsfokus greift jedoch für die Attraktivitätsproblematik bei progressiven Internet-Plattformen zu kurz.

Bei Web 2.0-Systemen besteht die Verbundstruktur nicht aus einzelnen isolierten Datenleitungen; vielmehr stehen die E-Community oder der E-Marketplace als gemeinsame Plattform im Mittelpunkt der Systemarchitektur. Dabei stehen die Informationen in der Datenbank allen zur Verfügung und sind für jeden Teilnehmer frei einseh- und mitunter kommentierbar. Das gesamte Informationsangebot wird transparent, so dass ein Informationsaustausch zwischen A und B sehr wohl direkte Auswirkungen auf die qualitative Nutzenfunktion von C beinhalten können (Verbundeffekt; Kollmann 1999a). So kann in einer Community ein abfälliger oder auch zustimmender Kommentar von B zu einer Aussage von A die Einschätzung und Bewertung dieser Aussage von C beeinflussen. Bei einer Internet-Auktion wiederum können mehrere Nachfrager gleichzeitig um ein bestimmtes Objekt bieten und Gebote von A hätten direkte Auswirkungen auf die Nutzenfunktionen der anderen Bieter. In dem folgenden Abschnitt werden die auf diesen Erkenntnissen beruhenden Implikationen für die Diffusion von Web 2.0-Plattformen betrachtet.

3 Die Diffusion von Web 2.0-Plattformen

Die Diffusionsforschung dient der Beantwortung der Frage, welchen Ausbreitungsverlauf eine Innovation im Markt erfahren wird (Weiber 1992; Rogers 2003). Unter der Annahme, dass der Plattformbetreiber seine Web 2.0-Plattform als unternehmerisches Produkt offeriert, kann auch die Teilnahme an diesem „Produkt" diffusionstheoretisch untersucht werden. Dabei ist allerdings zu beachten, dass die Diffusion nicht im Hinblick auf ein Einmal-Ereignis (Produktkauf=Adoption), sondern als Mehrfach-Ereignis (wiederkehrende Nutzung=Akzeptanz) gesehen werden muss. Für den Ausbreitungsverlauf von Web 2.0-Plattformen sind in diesem Zusammenhang die folgenden Fragestellungen von besonderem Interesse:

• Welche Faktoren beeinflussen die Ausbreitung einer Web 2.0-Plattform im Markt?
• Mit welcher Geschwindigkeit erfolgt die Ausbreitung einer Web 2.0-Plattform im Markt?
• Welcher Ausbreitungsverlauf ist von der ersten bis zur letzten Übernahme durch die Mitglieder eines sozialen Systems zu erwarten?

Die Diffusion der Web 2.0-Plattform ist erreicht, wenn alle Interaktionen und damit das gesamte Volumen des Marktraums auf dieser abgewickelt werden. Für die Betrachtung der Diffusion ist der in dem letzten Abschnitt konstatierte Umstand von besonderer Bedeutung, dass auf Web 2.0-Plattformen zu der quantitativen Ausrichtung des Netzeffektes (höhere Teilnehmerzahl=höhere Wahrscheinlichkeit des Auffindens geeigneter Interaktionspartner) eine qualitative Ausrichtung des Verbundeffektes hinzutritt (Art, Ausmaß und Richtung der getätigten Transaktionen und deren Auswirkung auf das gesamte System). Vor dem Hintergrund von quantitativen Netzeffekten und qualitativen Verbundeffekten werden nachfolgend die Problemfelder der Diffusion sowie die Oszillationseffekte von Web 2.0-Plattformen betrachtet.

3.1 Problemfelder der Diffusion

Im Folgenden werden in diesem Abschnitt zunächst die Problemfelder der Diffusion von Web 2.0-Plattformen thematisiert. In Übereinstimmung mit den in Abschn. 1 identifizierten konkreten Problemen, werden quantitative, qualitative und ethisch-rechtliche Problemfelder diskutiert.

3.1.1 Quantitative Problemaspekte

Die Attraktivität einer Webplattform wird maßgeblich durch die Anzahl der Teilnehmer und damit durch ein quantitatives Maß für die Erreichbarkeit anderer Subjekte determiniert. Jedes Informationsangebot (z. B. ein eingestelltes Video) sowie jede Informationsnachfrage (z. B. eine persönliche) benötigt mindestens ein Äquivalent auf der anderen Seite, sonst kann der Plattformbetreiber ein vorliegendes Koordinationsproblem (Zuordnung von einem Informationsangebot zu einem -gesuch) nicht lösen. Die Vermittlungsleistung des Betreibers stiftet somit keinen direkten, sondern nur einen indirekten Nutzen, der sich erst aus der Inanspruchnahme einer Interaktionsbeziehung innerhalb eines Kommunikationssystems ergibt (derivativer Leistungsaspekt; Farrell u. Saloner 1985; Katz u. Shapiro 1985; Wiese 1990). Der Derivativnutzen aus der Inanspruchnahme eines derartigen Gutes steigt dann mit der Anzahl und der Nutzungsintensität der anderen Teilnehmer (Weiber 1992), so dass hier ein Netzeffekt wirksam wird. Typische Beispiele für Güter mit direkten Netzeffekten sind alle Arten von Telekommunikations- und Informationssystemen, in denen der Nutzen für jeden einzelnen Teilnehmer steigt, wenn ein weiterer Teilnehmer dem System beitritt und damit das bestehende Netzwerk vergrößert. Vor diesem Hintergrund und auf der Basis der bilateralen Kundenorientierung (Informationsanbieter und -nachfrager) aus der Sicht des Plattformbetreibers ergeben sich in jedem Entwicklungsstadium der Webplattform spezifische Charakteristika, die die Ausbreitung beeinflussen (Kollmann 2001, S 97 ff):

- *Chicken-and-Egg-Problem*: Eine Ursache der Koordinationsproblematik auf einer Web 2.0-Plattform besteht in dem so genannten Chicken-and-Egg-Problem (Durand 1983; Earston 1980). Dieses lässt sich anhand von zwei Aussagen verdeutlichen: Ist die Anzahl der Anbieter zu gering bzw. ist die Menge der Angebote nicht groß genug, kommen keine Nachfrager auf die Plattform. Ist die Anzahl der Nachfrager bzw. die der abgegebenen Gesuche zu gering, kommen keine Anbieter auf die Plattform. Die sich daraus ergebende Dilemmasituation, welche Kundenseite zuerst auf der Plattform vertreten sein muss, stellt ein Hemmnis für die Entwicklung der Institution dar.
- *Doppelte-Kritische-Masse-Problem*: Auf einer Web 2.0-Plattform entsteht aus Sicht des Betreibers aufgrund des bilateralen Koordinationsansatzes eine doppelte kritische Masse (Kollmann 1998b): Für die Anbieterseite muss eine bestimmte Menge an Nachfragern/Gesuchen vorhanden sein, damit sie den Marktplatz nutzen. Gleichzeitig muss eine bestimmte Menge an Anbietern/Angeboten gegeben sein, damit Nachfrager den Marktplatz nutzen. Dieses Problem wird dann gelöst, wenn auf beiden Kundenseiten die installierte Basis groß genug ist, damit der Derivativnutzen eine gewisse Schwelle überschritten hat.
- *Gleichgewichtsproblem*: Aus dem bilateralen Koordinationsansatz resultiert ebenfalls ein gegenseitiges Abhängigkeitsverhältnis der Anzahl von Anbietern und Nachfragern bzw. deren Angeboten und Nachfragen. Der Plattformbetreiber muss in der Konsequenz ständig darauf achten, dass sich die Anzahl der auf der Plattform vorhandenen Angebote und Gesuche in etwa ausgleicht (z. B. durch einen bilateralen Marketingansatz; Kollmann 1999b). Nur hierdurch partizipiert er an der grundsätzlichen Chance, möglichst alle Koordinationsanfragen zu befriedigen (ein Angebot=ein Gesuch).

3.1.2 Qualitative Problemaspekte

Entgegen der bisherigen Auffassung eines isolierten Nutzungsaktes zwischen Anbieter und Nachfrager beinhaltet die Interaktion als kritische Phase eines Koordinationsprozesses (siehe Abschn. 2) einen zusätzlichen Verbundeffekt der Interaktionsqualität, so dass die Anschluss- und Nutzungsentscheidung bezüglich der Erreichbarkeit um den Aspekt der interaktionsabhängigen Wirksamkeit der getätigten Transaktion erweitert werden muss (Kollmann u. Stöckmann 2007). Neben den quantitativen Voraussetzungen erweist es sich vor diesem Hintergrund als genauso wichtig, die qualitativen Anforderungen der Informationsanbieter und -nachfrager zu erfüllen. Nur wenn die Anbieter und Nachfrager erkennen, dass ihnen die Webplattform gute Aussichten auf die tatsächliche Erfüllung ihrer Interaktionswünsche bietet, werden sie die angebotenen Leistungen auch in Anspruch nehmen. Im Kern geht es deshalb um die Lösung der folgenden qualitativen Probleme (Kollmann 2001):

- *Vermittlungsleistungs-Problem*: Die reine Anzahl der Teilnehmer auf der Angebots- und Nachfrageseite sagt noch nichts über die Qualität der zugeordneten Interaktionspartner und einer Erfüllung deren Wünsche hinsichtlich des Informationsaustauschs aus. Somit spielt auch der Übereinstimmungsgrad mit dem die Interaktionswünsche befriedigt werden können eine bedeutende Rolle. Inwieweit die Anspruchsniveaus auf beiden Seiten befriedigt werden können, hängt maßgeblich von drei zentralen Bedürfnisbereichen (Informations-, Beziehungs- und Geschäftsbereich; Hagel u. Armstrong 1997) und dem eng damit in Verbindung stehendem Konzept der heterogenitätsabhängigen Bindungswirkung (Kollmann 2001) ab. Teilnehmer suchen auf Plattformen in erster Linie Gleichgesinnte und spezifische Inhalte zu ihrem Informationsbereich. Um neue Mitglieder zu akquirieren, müssen jedoch neue Diskussionsthemen aufgenommen werden, die weitere Interessensgebiete abdecken. Der Betreiber sieht sich folglich einer Dilemmasituation bezüglich der gegenläufigen Wirkung der Heterogenität der Themenbereiche auf die Zugangszahlen neuer Mitglieder und der Bindung derzeitiger Teilnehmer ausgesetzt (Kollmann 2007).
- *Realitäts-Problem*: Aufgrund der Gegebenheiten virtueller Plattformen kann in der Regel kein Abgleich zwischen der offerierten Information und der Realität vorgenommen werden. Zusätzlich bieten viele Kommunikationsplattformen die Möglichkeit, Informationen gänzlich anonym zu verbreiten. Nicht selten besteht eine Diskrepanz zwischen Information und Realität. In einigen Fällen entstehen diese Diskrepanzen versehentlich (z. B. eine ausbleibende Adressaktualisierung bei einem Umzug oder eine Falschinformation aufgrund eines schlechten Wissensstands); häufig jedoch auch mit Vorsatz, wobei das Kontinuum von harmlosen Schönungen des eigenen Profils bis hin zu Täuschungen mit kriminellen Intentionen (exemplarisch Heise Online 2007b) reicht. Unabhängig von dem Entstehen fällt ein *Realitäts-Gap* negativ auf die Webplattform zurück, der Teilnehmer von der erneuten Nutzung abhalten kann.

3.1.3 Ethisch-rechtliche Problemaspekte

Die in dem letzten Abschnitt diskutierte Vorspiegelung falscher Tatsachen ist nur ein Beispiel für eine Vielzahl von ethisch-rechtlichen Problemen, die sich bei durch

User generiertem Content zusätzlich zu den klassischen rechtlichen Problembereichen im Umfeld von Internetplattformen und deren Gründung (z. B. Domainnamenwahl, Kollmann u. Suckow 2007; für eine Übersicht zum Internetrecht vgl. Hoerer 2010) ergeben können. Vor dem Hintergrund vieler aktueller Gerichtsverfahren zu diesen Themen scheinen Fragen, inwieweit der Web 2.0-Betreiber für den auf seiner Plattform hinterlegten und verlinkten Content verantwortlich ist, wie er mit Rechtsverletzungen seitens der User umzugehen hat und welche weiteren Sorgfaltspflichten ihm obliegen (z. B. bei der Ankündigung einer Straftat eines Users in einem Forum), nicht endgültig geklärt. Fest steht jedoch, dass diese Fragestellungen die Ausbreitung von Web 2.0-Plattformen und deren zukünftige Entwicklung maßgeblich beeinflussen werden, weshalb an dieser Stelle zwei aktuelle Probleme diskutiert werden:

- *Probleme der Meinungsäußerung*: Auch wenn grundsätzlich jeder Mensch und damit jeder Teilnehmer das Recht auf eine freie Meinungsäußerung genießt, existieren – gesetzliche und ethische – Grenzen. Auf anonymen Kommunikationsplattformen im Internet werden diese Grenzen jedoch mitunter überschritten. Beleidigende, extremistische und sexistische Äußerungen in Foren oder Chats, dürfen von dem Betreiber nicht geduldet werden. Darüber hinaus hat dieser die Möglichkeit, weitere Kommunikationsinhalte als unerwünscht zu klassifizieren (z. B. Werbung). Als Grundlage der Kommunikation in Datennetzen dient die so genannte Netiquette (zusammengesetzt aus Net und Etiquette), deren Empfehlungen rechtlich zwar nicht bindend sind, aber zur Schaffung einer positiven Netzkultur beitragen und häufig Eingang in konkrete Verhaltensregeln der Plattformbetreiber finden. Regelverstöße werden mit der Schließung des Themas, dem Löschen einzelner Äußerungen oder sogar mit Ausschluss einzelner Teilnehmer geahndet, denn eine negative Kommunikationskultur kann die Akzeptanz der Plattform nachhaltig verringern.
- *Probleme durch die Übernahme fremder Inhalte*: Insbesondere auf Video-Plattformen werden von Usern immer wieder – unwissentlich oder vorsätzlich – rechtlich geschützte Inhalte anderer Webseiten oder realer Quellen eingestellt. Rechteinhaber setzen mittlerweile Agenturen (z. B. *copyrightcontrol. com*) ein, die ihre geschützten Inhalte im Web aufspüren. Dem Plattformbetreiber obliegt es, diese Verstöße seiner User zu ahnden und die geschützten Inhalte zu entfernen. Verhindern kann der Betreiber das Einstellen geschützter Inhalte in der Regel nicht, da der Verstoß gegen das Urheberrecht erst bekannt wird, wenn sich der geschützte Inhalt bereits auf der Plattform befindet. Diese reaktive Vorgehensweise hat neben dem Umstand, dass sie Sisyphos' Strafe gleicht, den rechtlichen Makel, dass trotz zeitnaher Löschung ein Rechtsbruch stattgefunden hat. Da es derzeit kein geeignetes proaktives Verfahren zur Verhinderung der Einstellung geschützter Inhalte gibt, streben große Plattformen breit angelegte Lizenzierungsvereinbarungen mit den Rechteinhabern an, die es ihnen erlauben, sowohl die Inhalte auf den Plattformen zu belassen als auch Klagen vorzubeugen und somit negative Einflüsse auf die Marktdurchsetzung zu verhindern.

3.2   Oszillationseffekte von Web 2.0-Plattformen

Während in der klassischen Diffusionstheorie, die für so genannte Singulärgüter entwickelt wurde, für die Diffusion der Kauf entscheidend ist, muss das Betrachtungsspektrum bei Kritische-Masse-Systemen zwingend um Anschluss- und Nutzungsakt als konstituierende Diffusionsdeterminanten erweitert werden (Weiber 1992). Während der Kauf eines klassischen Konsum- oder Investitionsgutes den Diffusionsverlauf in positiver Richtung beeinflusst und auch nicht mehr rückgängig gemacht werden kann, können Teilnehmeranschlüsse wieder abgemeldet werden (z. B. Telefonnetz), wodurch die Möglichkeiten zur Realisierung von Nachfragesynergien sinken. Durch den reversiblen Nutzungsakt kann es im Extremfall auch zu einem Rückgang der Diffusion kommen (Weiber 1992). Folglich muss sich der Diffusionsverlauf bei Kritische-Masse-Systemen im Gegensatz zur klassischen Diffusionstheorie nicht in einer monoton steigenden Kurve widerspiegeln; vielmehr ist ebenfalls eine fallende Diffusionskurve möglich.

3.2.1   Diffusionsverlauf

Für Web 2.0-Systeme ist eine zusätzliche Erweiterung vorzunehmen, da hier nicht der Anschluss für die Diffusion entscheidend ist, sondern lediglich eine notwendige Bedingung für die Adoption darstellt. Vielmehr wird der Markterfolg einer Web 2.0-Plattform direkt durch die kontinuierliche Nutzung und Interaktion auf der Plattform als hinreichende Bedingung für die Adoption – bzw. dadurch erweitert für die Akzeptanz – bestimmt (Kollmann 1998a). Nur bei einer entsprechenden Nutzungs- und Interaktionsdisziplin werden qualitative Informations- bzw. Wissenstransfers stattfinden, die sich positiv auf das gesamte Marktsystem und damit auf alle Teilnehmer auswirken. Ebenfalls führt erst die immer wiederkehrende Nutzung und Interaktion zu einer Realisierung eines kontinuierlichen Einnahmenflusses auf der Betreiberseite. Der Diffusionsbegriff ist folglich über die kaufabhängige quantitative Teilnehmerzahl um die nutzungs- und interaktionsabhängige qualitative Interaktionszahl zu erweitern (Kollmann 1998a). Dabei ist zu berücksichtigen, dass sowohl Nutzungs- als auch Interaktionsakt reversibel sind. Aufgrund des zeitlichen Horizonts einer Abfolge der drei Adoptions- bzw. Akzeptanzakte kommt es insbesondere zu einer Interpretation des Nutzungs- und Interaktionsaktes als diskontinuierliches Mehrfachereignis, welches ständigen Schwankungen unterliegt, so dass die Diffusion zum permanenten Ereignis mutiert. Es können somit nach Überschreiten der Marktsättigungsgrenze nicht nur negative Adoptions- bzw. Akzeptanzraten, sondern ebenfalls abwechselnd positive und negative Adoptions- bzw. Akzeptanzraten auftreten, d. h. es entsteht eine oszillierende Entwicklung um das Marktsättigungsniveau (siehe Abb. 1).[1]

---

[1] Weiber (1993) weist bereits für Systemgüter auf die theoretische Möglichkeit oszillierender Diffusionsverläufe hin.

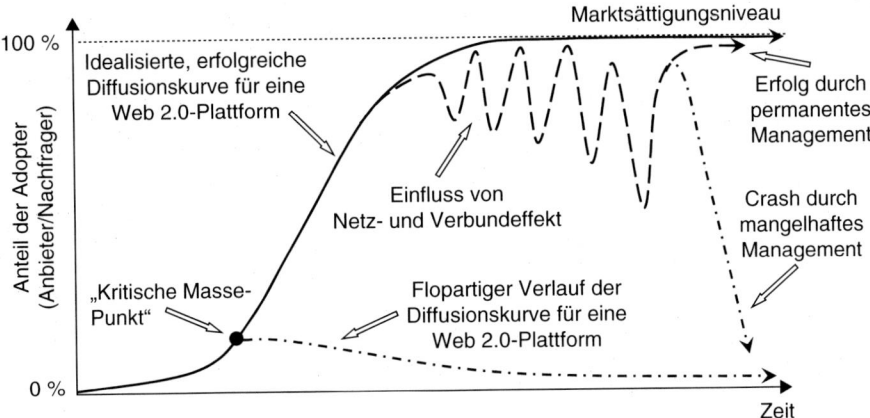

Abb. 1 Diffusionsverlauf von Web 2.0-Plattformen. (in Anlehnung an Kollmann u. Stöckmann 2007, S 587)

Verantwortlich für diesen Effekt ist die Tatsache, dass eine negative Nutzungs- und Interaktionsbeteiligung auch zu einer Abkehr bzw. Abmeldung von der Platt- form führen kann, so dass die ursprünglich positive Adoptionsentscheidung dadurch wieder zurückgenommen werden kann. Potenzielle Ursachen für eine Rücknahme sind in den Auswirkungen der quantitativen, qualitativen und ethisch-rechtlichen Problemaspekte auf die Interaktionsaktivitäten zwischen Informationsanbietern und -nachfragern zu sehen, die sich über die Verbundstruktur auf das gesamte Markt- system und somit auf die Nutzenfunktion jedes einzelnen Teilnehmers auswirken können. Vor diesem Hintergrund ist bei Web 2.0-Plattformen von dem in Abb. 1 dargestellten *oszillierenden Diffusionsverlauf* auszugehen.

Aus dem schwankenden Verlauf der Diffusionskurve ergeben sich folgenreiche Implikationen für das Management einer jeden Web 2.0-Plattform und für den Wett- bewerb zwischen Kommunikationsplattformen im Internet insgesamt. Diesen Aus- wirkungen, auch bezüglich des Verständnisses der kritischen Masse als Erfolgsga- rant in der Net Economy, wird in dem folgenden Abschnitt nachgegangen.

3.2.2 Diffusionswettbewerb

Für den Wettbewerb in der Net Economy ergibt sich die Konsequenz, dass aufgrund der Oszillation der Plattformnutzung, entgegen der verbreiteten Annahme, trotz des Erreichens der kritischen Masse keine automatische Erfolgsstabilität unterstellt wer- den kann (siehe Abb. 2). Folglich ergeben sich auch auf gesättigten bzw. scheinbar bereits entschiedenen Märkten Bedrohungen für Kritische-Masse-Gewinner und immer wieder neue Wettbewerbschancen für einstweilig unterlegene Wettbewerber oder innovative Unternehmensgründer.

So kann eine etablierte Web 2.0-Plattform, wie in Abschn. 3 gezeigt, durchaus einmal eingeworbene Teilnehmer wieder verlieren und damit im schlimmsten Fall

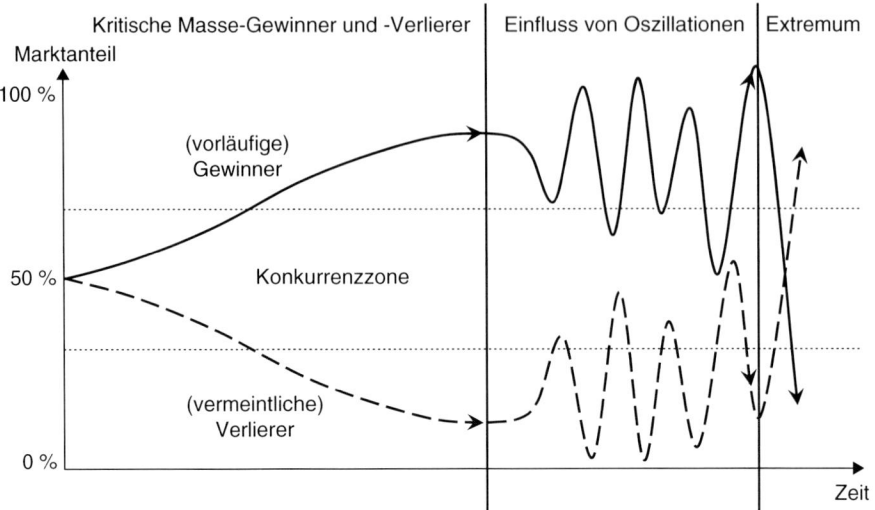

Abb. 2 Konkurrenzverhältnisse im oszillierenden Spannungsfeld. (in Anlehnung an Shapiro u. Varian 1999, S 177)

sogar einen Existenz bedrohenden Teufelskreis in Gang setzen (Kollmann u. Stöckmann 2007). Beispielsweise kann eine Reduktion der Teilnehmer auf der Anbieterseite die Anzahl von Informationsangeboten auf der Plattform deutlich senken. In der Folge können nicht mehr alle Informationsnachfragen erfüllt werden. Die Attraktivität für Nachfrager sinkt dauerhaft, da das dort vorzufindende Angebot nicht ihrem Anspruchsniveau bezüglich Auswahlmenge oder Qualität entspricht und sie verlassen die Plattform. Durch die niedrigere Anzahl an Interessenten sinkt wiederum die Attraktivität für Anbieter, Informationsangebote einzustellen. In einem solchen Fall mündet die Entwicklung der Plattform nicht in einer Oszillation, vielmehr wird ein stetiges Negativ-Wachstum in Gang gesetzt, in dem sich weder für Anbieter noch für Nachfrager Anreize ergeben, wieder vermehrt auf die Plattform zurückzukehren.

Die Zielsetzung der etablierten Plattform muss folglich in der Aufrechterhaltung des Gleichgewichts zwischen den bipolaren Gruppen sowie der Sicherstellung der Einhaltung qualitativer und ethisch-rechtlicher Anforderungen bestehen. Eine erfolgskritische Maßnahme besteht zweifelsohne darin, die Teilnehmer dauerhaft an die Plattform zu binden und gegenüber Wettbewerbern zu schützen. Das permanente Management der Webplattform avanciert vor diesem Hintergrund zu einem entscheidenden Erfolgsfaktor. Die vorläufigen Kritische-Masse-Gewinner dürfen sich daher nicht auf ihre erreichte Position verlassen, sondern müssen stetig die Marktsituation beobachten und im Rahmen von bilateralen Marketingmaßnahmen (Kollmann 1999b) proaktiv Einfluss auf die aktuelle Entwicklung im Netzwerk nehmen.

In den Schwächeperioden der Kritische-Masse-Gewinner ergeben sich für neue Unternehmen oder etablierte Wettbewerber bei vorhandener finanzieller Überlebensfähigkeit immer wieder Möglichkeiten, die Vormachtstellung der Marktführer zu attackieren und ihrerseits Marktanteile zu gewinnen (siehe Abb. 2). Dabei ist es in der Regel utopisch, dem Marktführer den gesamten Marktraum streitig machen zu wollen. Vielmehr kann eine Strategie schnellen Erfolg versprechen, in der mit einem innovativen Geschäftsmodell Nischen mit einer spezialisierten Zielgruppe adressiert werden – wie derzeit z. B. bei auf Studenten oder Schüler spezialisierten Communities beobachtet werden kann. Das Ziel muss darin bestehen, einen positiven Beziehungskreis in Gang zu setzen und die kritische Masse dauerhaft zu überwinden. Insbesondere für am Anfang stehende Gründungsunternehmen ist es schwierig, diese kritische Masse zu erreichen, können sie doch als unbekanntes Start-up-Unternehmen den ersten Mitgliedern nur eine begrenzte Netzwerkattraktivität bieten. Der Wert eines Netzwerkproduktes hängt jedoch nicht nur von der tatsächlichen Teilnehmerzahl ab, sondern wird zu einem großen Teil auch von den Erwartungen hinsichtlich ihrer zukünftigen Entwicklung beeinflusst (Zerdick et al. 2001). So können rechtzeitige und verheißungsvolle Vorankündigungen (Vapor-Marketing) im Rahmen des Managements von Erwartungen in Kombination mit weiteren Marketingmaßnahmen im Online- und Offline-Bereich zu der für die Durchsetzung des Start-ups notwendigen „massiven" Neukundengewinnung beitragen.

4   Fazit

Zusammenfassend ist zu konstatieren, dass die kritische Masse ihre bedeutsame Rolle für die Durchsetzung von Geschäftsmodellen im Internet auch im Zeitalter des Web 2.0 keinesfalls verliert. Doch zeigen die aktuellen Entwicklungen, dass auch jenseits dieses Erfolgskriteriums zahlreiche Probleme existieren, die die Unternehmensentwicklung bedrohen können und die bei dem Management einer Web 2.0-Plattform zu berücksichtigen sind. Insbesondere die permanente Beobachtung der Plattform hinsichtlich der Einhaltung quantitativer, qualitativer und ethisch-rechtlicher Anforderungen sowie der externen Marktsituation und die proaktive Einflussnahme bspw. im Rahmen eines bilateralen Marketingansatzes stellen Voraussetzungen für dauerhaften Erfolg in der Net Economy dar. Darüber hinaus ist festzuhalten, dass ein Markt niemals als endgültig entschieden betrachtet werden darf, da sich aufgrund der oszillierenden Marktplatzentwicklung immer wieder Chancen für Wettbewerber und Unternehmensgründer ergeben, den Markt zu erobern.

Literatur

Blankart CB, Knieps G (1992) Netzökonomik. Jahrbuch für Neue Politische Ökonomie 11:73–87
Durand P (1983) The public service potential of videotext and teletext. Telecomm Policy 7:149–162

Earston A (1980) Viewpoint. Telecomm Policy 4:220–225

eBay (2006) eBay Inc. Announces fourth quarter and full year 2005 financial results. http://investor.
  ebay.com/news/Q405/EBAY0118-123321.pdf. Zugegriffen: 31. März 2007

Farrell J, Saloner G (1985) Standardisation, compatibility and innovation. Rand J Econ 16:70–83

Focus Online (2006) Pleitewelle bei Ebay-Shops. http://focus.msn.de/digital/netguide/internet_
  nid_28164.html. Zugegriffen: 31. März 2007

Hagel J, Armstrong AG (1997) Net gain: Profit im Netz. Gabler, Wiesbaden

Heise Online (2007a) StudiVZ-Nutzerdaten ausgespäht. http://www.heise.de/newsticker/
  meldung/85970. Zugegriffen: 31. März 2007

Heise Online (2007b) US-Staaten wollen Zugriff auf soziale Netze einschränken. http://www.
  heise.de/newsticker/meldung/86525. Zugegriffen: 31. März 2007

Hoerer T (2010) Internetrecht. http://www.uni-muenster.de/Jura.itm/hoeren/materialien/Skript/
  Skript_Internetrecht_Februar%202010.pdf. Zugegriffen: 03. September 2010

Katz ML, Shapiro C (1985) Network externalities, competition, and compatibility. Am Econ Rev
  75:424–440

Kollmann T (1998a) Die Akzeptanz innovativer Nutzungsgüter und -systeme: Konsequenzen für
  die Einführung von Telekommunikations- und Multimediasystemen. Gabler, Wiesbaden

Kollmann T (1998b) Marketing for electronic market places: the relevance of two „critical points
  of success". Electron Mark 8:36–39

Kollmann T (1999a) Das Konstrukt der Akzeptanz im Marketing. Wirtschaftswissenschaftliches
  Studium 28:125–130

Kollmann T (1999b) Elektronische Marktplätze: Die Notwendigkeit eines bilateralen One-to-One
  Marketingansatzes. In: Bliemel F, Fassott G, Theobald A (Hrsg) Electronic Commerce: Herausforderungen, Anwendungen, Perspektiven. Gabler, Wiesbaden, S 191–211

Kollmann T (2000a) Competitive strategies for electronic marketplaces. Electron Mark 10:102–
  109

Kollmann T (2000b) Die Messung der Akzeptanz bei Telekommunikationssystemen. Journal für
  Betriebswirtschaft 50:68–78

Kollmann T (2001) Virtuelle Marktplätze: Grundlagen, Management, Fallstudie. Vahlen, München

Kollmann T (2006) What is e-entrepreneurship? Fundamentals of company founding in the net
  economy. Int J Technol Manag 33:322–340

Kollmann T, Stöckmann C (2007) Oszillationen bei der Diffusion von elektronischen Marktplätzen: Implikationen für den Wettbewerb jenseits der kritischen Masse. In: Schuckel M, Topo-
  rowski W (Hrsg) Theoretische Fundierung und praktische Relevanz der Handelsforschung.
  Gabler, Wiesbaden, S 579–594

Kollmann T, Suckow C (2007) eBranding: Auswahlprozess und Bewertungskriterien zum Unter-
  nehmensnamen in der Net Economy. Eigenverlag, Essen

Kollmann T (2010a) E-Entrepreneurship, 4. Aufl. Gabler, Wiesbaden

Kollmann T (2010b) E-Business: Grundlagen elektronischer Geschäftsprozesse in der Net Economy, 4. Aufl. Gabler, Wiesbaden

Lee HG, Clark TH (1996) Impacts of the electronic marketplace on transaction cost and market
  Structure. Int J Electron Commer 1:127–149

Lumpkin G, Dess G (2004) E-business strategies and internet business models: How the internet
  adds value. Organ Dyn 33:161–173

O'Reilly T (2005) What Is Web 2.0: Design patterns and business models for the next generation of software. http://www.oreillynet.com/pub/a/oreilly/tim/news/2005/09/30/what-is-web-
  20.html. Zugegriffen: 31. März 2007

Rogers EM (2003) Diffusion of Innovations, 5. Aufl. Free Press, New York

Shapiro C, Varian HR (1999) Information rules: a strategic guide to the network economy. Harvard
  Business School, Boston

Sohmen E (1976) Allokationstheorie und Wirtschaftspolitik. Mohr, Tübingen

Spiegel Online (2007) Viacom verklagt YouTube auf eine Milliarde Dollar. http://www.spiegel.
  de/netzwelt/web/0,1518,471495,00.html. Zugegriffen: 31. März 2007

Weiber R (1992) Diffusion von Telekommunikation. Gabler, Wiesbaden

Weiber R (1993) Chaos: Das Ende der klassischen Diffusionsmodellierung? Marketing ZFP 15:35–46

Wahlster W (2006) Web 3.0 = Semantisches Web + Web 2.0 http://www.gi-ev.de/fileadmin/redaktion/Presse/Statement-Wahlster-NFORMATIK2006.pdf. Zugegriffen: 31. März 2007

Wiese H (1990) Netzeffekte und Kompatibilität: Ein theoretischer und simulationsgeleiteter Beitrag zur Absatzpolitik für Netzeffekt-Güter. Poeschel, Stuttgart

Zerdick A, Picot A, Schrape K (2001) Die Internet-Ökonomie: Strategien für die digitale Wirtschaft, 3. Aufl. Springer, Berlin

Soziale Bindung von Usern an Web 2.0-Angebote

Kai Sassenberg und Annika Scholl

Inhalt

1   Einleitung

Web 2.0 ist durch die wachsende Abhängigkeit des wirtschaftlichen Erfolgs der Betreiber von privaten Online-Aktivitäten gekennzeichnet. *MySpace*, *YouTube* und ähnliche Portale könnten nicht ohne den Content existieren, der von Usern kostenlos zur Verfügung gestellt wird. Selbst *Second Life* ist von der großen Zahl von Usern abhängig, die (wenn auch nicht in jedem Fall unentgeltlich) an der Entwicklung des Contents mitarbeiten. Der Erfolg vieler Web 2.0-Produkte hängt also zentral von der aktiven Mitarbeit der User ab. Aufgrund dieser zentralen Rolle der User widmet sich dieser Beitrag der Bindung von Usern an ein Internetangebot, also der virtuellen Gemeinschaft, auf der ein Web 2.0-Produkt aufbaut.

K. Sassenberg (✉)
Knowledge Media Research Center, Konrad-Adenauer-Str. 40, 72072 Tübingen, Deutschland
E-Mail: k.sassenberg@iwm-kmrc.de

G. Walsh et al. (Hrsg.), *Web 2.0*,
DOI 10.1007/978-3-642-13787-7_4, © Springer-Verlag Berlin Heidelberg 2011

2   Gründe für die Verwendung von Internetangeboten

Eine naheliegende Motivation der User, im Kontext eines bestimmten Internetangebots aktiv zu werden, ist der von dieser Plattform angebotene primäre Nutzen,
z. B. die kostenlose Veröffentlichung von Materialien oder die Teilnahme an einem
Spiel. Da aber zumeist mehrere Unternehmen ein ähnliches Produkt anbieten – man
denke nur an die zahlreichen Online-Videoplattformen – reicht der primäre Nutzen
allein nicht aus, um User an ein spezielles Angebot zu binden. Ähnlich wie bei der
Kundenbindung in anderen Branchen stellt der Bedarf allein, sofern kein Monopol
besteht, somit nicht sicher, dass ein bestimmtes Unternehmen Kunden gewinnt und
hält.

Zur Userbindung an eine bestimmte Web 2.0-Plattform bedarf es daher – genau wie zur Kundenbindung – eines Zusatznutzens. Dieser Zusatznutzen kann sich
etwa auf die Plattform selbst beziehen: Je einfacher eine Plattform bedient werden
kann und je höher die Qualität der dort angebotenen Informationen und Systeme
ist, desto zufriedener sind die User mit dieser Plattform und desto loyaler stehen
sie ihr gegenüber (Lin 2008). Daneben könnten die Funktionen einer Plattform eine
Rolle spielen: Je mehr Funktionen eine Plattform bietet, desto größer ist der Nutzen für die User. Man könnte also vermuten, dass eine Plattform erfolgreicher ist,
deren Features und Usability über die der Konkurrenz hinausgehen. Empirische
Untersuchungen lassen jedoch bezweifeln, dass diese Aspekte wesentlich zur Differenzierung und damit zur User-Bindung beitragen. Ling et al. (2005) fanden beispielsweise heraus, dass die Betonung von Features und Usability im Kontext einer
Online-Filmbewertungs-Community nicht zu einer stärkeren Beteiligung führte.
Der relevante Zusatznutzen bestand in dieser Untersuchung vielmehr darin, dass
User durch mehr abgegebene Bewertungen interessengerechtere Empfehlungen
von Filmen erhalten würden.

Statt des persönlichen plattformbezogenen Nutzens hatten in den Experimenten
von Ling et al. (2005) ganz andere Faktoren eine positive Auswirkung auf die Beteiligung. Zum einen erhöhen zwei nicht-plattformspezifische Faktoren die Anzahl
der Beiträge: Die intrinsische Motivation (z. B. inwiefern User erwarten, bei der
Erstellung ihres Beitrages Freude zu haben) und die Wahrnehmung der Bedeutsamkeit des eigenen Beitrages für die Qualität der Bewertungen insgesamt (für ähnliche
Befunde im Kontext von *Wikipedia* siehe Schroer u. Hertel 2008). Zum anderen
hatte die Betonung des Nutzens von Beiträgen zur Community für andere User
genauso einen positiven Effekt wie die Vorgabe von Zielen, die eine Gruppe von
Usern gemeinsam erreichen sollte. Kein Einfluss ging von Zielen aus, die durch die
Plattform vorgegeben waren (z. B. eine bestimmte Zahl von Filmbewertungen pro
Monat abzugeben).

Insgesamt deuten die Befunde von Ling et al. (2005) darauf hin, dass soziale
Faktoren eine wesentlich größere Rolle für User spielen als der unmittelbare persönliche Nutzen. Damit übereinstimmend ergab eine direkte Befragung von Usern
nach dem Grund ihres Beitritts zu virtuellen Gemeinschaften, dass soziale Motive, wie die Suche nach Unterstützung, sehr bedeutungsvoll sind (Ridings u. Gefen

2004). Weitere Evidenz für die Bedeutung von sozialen Faktoren berichten Joyce u. Kraut (2006) für Newsgroups: Die Wahrscheinlichkeit, dass Personen einen zweiten Beitrag in derselben Newsgroup schreiben, stieg in ihrer Untersuchung um 12 %, wenn sie auf den vorangehenden Beitrag eine Reaktion erhielten. Dies galt auch, wenn es sich bei dem ersten Beitrag nicht um eine Frage handelte. Sogar für die Aufrechterhaltung eines Internetanschlusses ist sozialer Nutzen von Bedeutung: Neue Internet-User geben ihren Anschluss häufiger auf, wenn sie das Internet *nicht* zur interpersonalen Kommunikation wie z. B. für E-Mails verwenden (Kraut et al. 1999).

Dieser Beitrag beschäftigt sich deshalb mit der Frage, wie soziale Faktoren genutzt werden können, um die Bindung von Usern an eine Internetplattform zu steigern und damit den Erfolg von Web 2.0-Produkten zu sichern. Dazu wird zunächst ein Überblick über die psychologische Forschung zur Bindung an Gruppen im Allgemeinen (z. B. Organisationen oder Vereine) gegeben. Im Anschluss daran werden Befunde zu Faktoren zusammengefasst, die die Bindung an virtuelle Gemeinschaften steigern und die Bereitschaft, aktiv zu ihnen beizutragen, erhöhen. Darauf aufbauend werden abschließend Handlungsempfehlungen für die Praxis abgeleitet (für einen Überblick siehe Abb. 1).

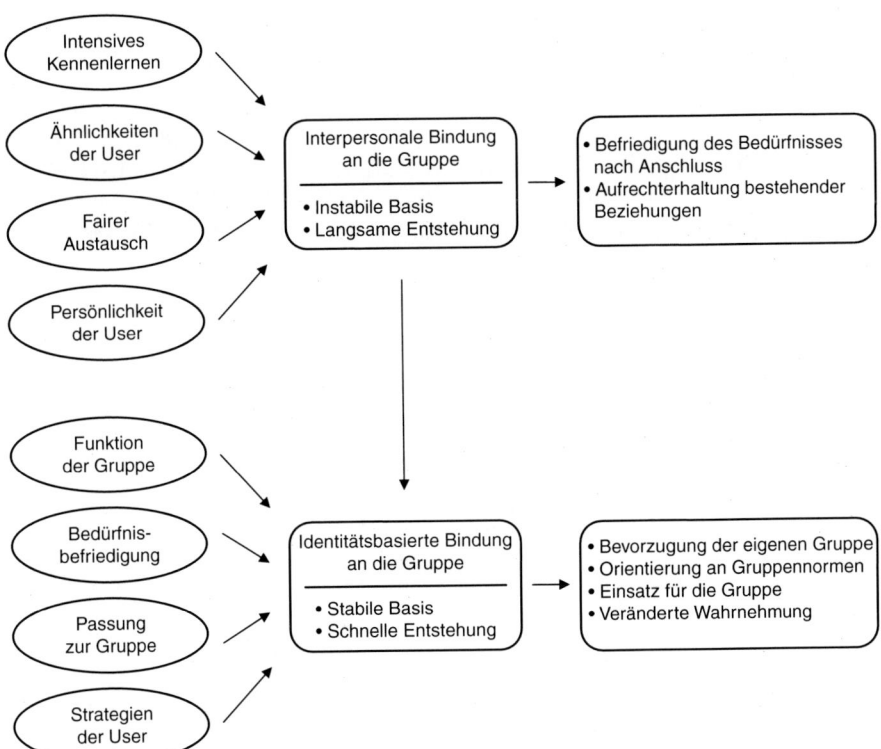

Abb. 1 Determinanten und Auswirkungen interpersonaler und identitätsbasierter Bindungen

3 Bindung an Gruppen

3.1 Interpersonale vs. identitätsbasierte Gruppen

In der Psychologie werden hinsichtlich der Bindung von Mitgliedern zwei Arten von Gruppen unterschieden: Prentice et al. (1994) führten die Unterscheidung in interpersonale Gruppen („common bond groups") und identitätsbasierte Gruppen („common identity groups") ein.

Der Zusammenhalt in *interpersonalen Gruppen* beruht auf den Bindungen der einzelnen Mitglieder untereinander. Lange Zeit dominierte diese Perspektive die Forschung zum Zusammenhalt von Gruppen unter dem Begriff „Kohäsion". Kohäsion wird definiert als „die Gruppeneigenschaft, die sich ableiten lässt aus der Anzahl und Stärke der gegenseitigen positiven Einstellungen zwischen Mitgliedern einer Gruppe" (Lott u. Lott 1961, S. 279, Übersetzung d. Verf.). In interpersonalen Gruppen ist die Bindung an die Gruppe also vom Ausmaß des gegenseitigen Kennens und Mögens abhängig. Da Menschen im Allgemeinen diejenigen attraktiver finden, die ihnen ähnlich sind, haben interpersonale Gruppen vor allem dann einen guten Zusammenhalt, wenn sie eine homogene Mitgliederstruktur aufweisen (für einen Überblick siehe Hogg 1992). Beispiele hierfür sind Stammtische oder Cliquen von Jugendlichen.

Zum Verständnis von *identitätsbasierten Gruppen* bedarf es eines anderen Bindungsbegriffs. Dieser beruht auf dem Ansatz der sozialen Identität (genauer zur Theorie der sozialen Identität: Tajfel u. Turner 1979; zur Selbstkategorisierungstheorie: Turner et al. 1987). Der Ansatz der sozialen Identität teilt das Bild, welches Menschen von sich selbst haben (das so genannte Selbstkonzept), in die personale Identität und die soziale Identität ein. Die personale Identität ist definiert als Gesamtheit aller Merkmale, die eine Person aus ihrer Sicht einzigartig und von anderen unterscheidbar machen. Der sozialen Identität werden hingegen Merkmale eines Menschen zugeordnet, die auf Gemeinsamkeiten mit anderen Menschen beruhen, vor allem Gruppenmitgliedschaften. Nach diesem Ansatz ist die Bindung an eine Gruppe unabhängig von den interpersonalen Bindungen der Mitglieder (Hogg u. Turner 1985). In identitätsbasierten Gruppen beruht die Bindung der Mitglieder an die Gruppe damit auf der Bindung an die Gruppe als solche und nicht auf der Bindung der Mitglieder untereinander. Die Ziele der Gruppe und der Zweck, zu dem die Gruppe gegründet wurde, sind somit von zentraler Bedeutung. Ein Beispiel sind etwa leistungsorientierte Sportmannschaften.

Empirische Evidenz belegt einerseits, dass diese beiden Arten von Gruppen offline und online auftreten (Prentice et al. 1994; Postmes u. Spears 2000; Sassenberg 2002; Utz u. Sassenberg 2002). Andererseits zeigen die Befunde auch, dass beide Arten von Gruppen in der Praxis selten in Reinform auftreten. Vielmehr weisen viele Gruppen sowohl eine interpersonale als auch eine identitätsbasierte Bindungsstruktur auf. Folglich ist es angemessener, die Ursachen und Auswirkungen der beiden Bindungsarten (interpersonale Bindung und identitätsbasierte Bindung) als Ausgangspunkt heranzuziehen (Sassenberg 2002). Deshalb werden im Folgenden die Determinanten und Konsequenzen von interpersonaler und identitätsbasierter *Bindung* diskutiert.

3.2 Determinanten interpersonaler und identitätsbasierter Bindung

Interpersonale Bindung entsteht langsam und setzt intensives gegenseitiges Kennenlernen voraus (Utz 2003; Walther 1992). Ähnlichkeit (z. B. in Bezug auf Erfahrungen und Interessen) ist dabei förderlich für die gegenseitige Attraktivität (Lott u. Lott 1961). Entscheidend für die Beziehungsqualität ist die Wahrnehmung eines ausgeglichenen und damit gerechten Verhältnisses von Beitrag und Nutzen (Rusbult u. Van Lange 2003).

Auch zeitüberdauernde persönliche Eigenschaften der User haben einen Einfluss auf den Aufbau von Beziehungen: Schüchterne oder sozial ängstliche User können dabei von den Rahmenbedingungen computervermittelter Kommunikation profitieren (McKenna u. Green 2002) und gehen häufiger interpersonale Beziehungen mit Menschen ein, die sie im Internet treffen, als mit Menschen, denen sie face-to-face gegenüberstehen (McKenna et al. 2002).

Identitätsbasierte Bindung an eine Gruppe entsteht im Gegensatz dazu sehr schnell. Menschen bevorzugen selbst dann eine eigene Gruppe gegenüber einer fremden, wenn sie dieser Gruppe kurz vorher zufällig zugeordnet worden sind (Tajfel et al. 1971). Für eine starke und langfristige Bindung an eine Gruppe ist aber selbstverständlich mehr notwendig als eine zufällige Zuweisung. Langfristige Bindungen an Gruppen entstehen bei zugewiesenen (d. h. nicht selbst gewählten) Gruppen etwa dann, wenn die Gruppe nicht verlassen werden kann. Dies gilt zum Beispiel für das Geschlecht oder die Ethnie (Deaux 1996).

Wichtiger für den hier im Mittelpunkt der Betrachtung stehenden Fall der virtuellen Gemeinschaft sind jedoch die Faktoren, die die Bindung an selbstgewählte Gruppen begünstigen. Einer dieser Faktoren ist, dass die Gruppe eine Funktion für das Mitglied hat (Deaux et al. 1999; Scheepers et al. 2007). Gruppen können zum einen temporär funktional sein, weil sie in einem bestimmten Moment helfen, ein persönliches Ziel zu erreichen (z. B. Informationen zu erlangen). Zum anderen können sie aber auch langfristig funktional sein, weil sie Kontakte ermöglichen oder es erlauben, immer wieder Erfahrungen auszutauschen und aus den Erfahrungen entstehende Unsicherheiten zu reduzieren (z. B. bei Mitgliedern stigmatisierter Gruppen).

Neben dem Erfüllen spezifischer Funktionen führt auch die Befriedigung von Bedürfnissen zu einer stärkeren Bindung an eine Gruppe. So können erfolgreiche eigene Gruppen einen wesentlichen Beitrag zum Selbstwert einer Person leisten (Tajfel u. Turner 1979), große Gruppen können das Bedürfnis nach Zugehörigkeit und kleine das Bedürfnis nach Unterschiedlichkeit befriedigen (Brewer 1991). Außerdem können Gruppen im Allgemeinen das Bedürfnis nach Sicherheit bedienen (Hogg 2000).

Zudem steigt die Bindung an Gruppen, wenn ein Mitglied eine Passung („fit")
zwischen sich selbst und der Gruppe bzw. deren prototypischen Mitgliedern erlebt (Oakes 1987; Sassenberg et al. 2007). Unter Passung ist die subjektiv wahrgenommene Übereinstimmung zwischen der eigenen Person und der entsprechenden
Gemeinschaft zu verstehen, z. B. aufgrund übereinstimmender Meinungen, Eigenschaften, Erlebnisse oder Verhaltensweisen.

Schließlich wird die Identifikation mit einer Gruppe auch durch die persönliche Strategie beeinflusst, die User beim Eintritt in eine Community verfolgen. Bei
einer Annäherungsstrategie zeigen Mitglieder gezielt Verhaltensweisen, die ihre
Integration in die Gruppe fördern (z. B. andere User in eigenen Beiträgen freund-
lich ansprechen). Im Gegensatz dazu versuchen sie bei einer Vermeidungsstrategie
Handlungen zu unterlassen, die von der Gruppe als unpassend erlebt würden (z. B.
angesehene Mitglieder zu kritisieren). Empirische Evidenz weist darauf hin, dass
User, die eine Annäherungsstrategie verfolgen, sich stärker an die Gruppe binden
(Matschke u. Sassenberg 2010).

Insgesamt entsteht interpersonale Bindung langsam, nachdem die Personen
gegenseitig Informationen ausgetauscht haben, auf deren Basis sie sich attraktiv
finden. Außerdem ist ein gerechtes Austauschverhältnis wichtig. Schüchternheit
ist unter den spezifischen Bedingungen des Internets anders als in face-to-face
Interaktionen kein Hindernis für den Aufbau interpersonaler Beziehungen. Identitätsbasierte Bindung hingegen entsteht sehr schnell und wird dadurch begünstigt, dass eine Gruppe für eine Person eine Funktion hat, ein Bedürfnis befriedigt
und die Person die Passung zur Gruppe erlebt. Personen, die beim Eintritt in die
Community eine Annäherungsstrategie verfolgen, bauen dabei nochmals stabilere
Bindungen auf. Welche Konsequenzen resultieren nun aus den beiden Arten der
Bindung?

3.3   Auswirkungen interpersonaler und identitätsbasierter Bindung

Interpersonale Bindungen stellen einerseits keine stabile Basis für den Zusammenhalt einer Gruppe dar, da Gruppen, die allein auf dieser Form der Bindung basieren,
durch Konflikte zwischen Personen oder durch den Weggang von einzelnen Personen an Attraktivität verlieren und im schlimmsten Fall zerfallen können (Prentice
et al. 1994). Andererseits befriedigen sie das menschliche Grundbedürfnis nach Anschluss (Baumeister u. Leary 1995) und sind deshalb sehr bedeutungsvoll.

Identitätsbasierte Bindungen stellen eine stabile Basis für Gruppen dar, weil der
Austritt einzelner Mitglieder wenig Auswirkung auf die Attraktivität der Gruppe
als solche hat (Prentice et al. 1994). Mit zunehmender identitätsbasierter Bindung
kommt es zu einer stärkeren Bevorzugung der eigenen gegenüber anderen Gruppen (Brown 2000), zu einer stärkeren Orientierung an Gruppennormen (Reicher
et al. 1995) und zu mehr Einsatz für die Gruppe (Riketta 2005). Daneben führt
identitätsbasierte Bindung auch zu veränderten Erwartungen und einer veränderten

Wahrnehmung: Von Mitgliedern der eigenen Gruppe wird Ähnlichkeit erwartet – in einem solchen Maße, dass sie subjektiv stärker wahrgenommen wird als sie tatsächlich besteht (Tajfel u. Turner 1979).

Insgesamt sind Gruppen, die auf identitätsbasierter Bindung beruhen, stabiler. Identitätsbasierte Bindung wirkt sich überdies positiv auf das Mitgliederverhalten aus (z. B. in Form von Engagement für die Gruppe). Dabei darf aber nicht übersehen werden, dass interpersonale Bindungen für das Gefühl eines persönlichen Kontaktes und des Anschlusses beim Entstehen von identitätsbasierten Bindungen von Bedeutung sind. Mitglieder großer Gruppen können sich sehr wohl unsicher und einsam fühlen, wenn sie nicht über interpersonale Kontakte verfügen (z. B. neue Mitglieder einer Organisation). Deshalb ist für die Entstehung sozialer Identifikation auch interpersonale Bindung wichtig (Eisenbeiss 2004; Postmes et al. 2005).

4 Bindung an und Beiträge zu virtuellen Gemeinschaften

4.1 Interpersonale Bindung online: Chancen und Gefahren

Lange Zeit lag der Fokus der psychologischen Forschung zu den Konsequenzen der Verwendung des Internets als Kommunikationsmittel auf den interpersonalen Bindungen (Sassenberg et al. 2003; für einen Überblick siehe Sassenberg 2004). Interpersonale Bindungen entstehen online nur sehr langsam, da sie gegenseitiges Wissen voraussetzen. Dieses Wissen wird über das Internet (verglichen mit Face-to-face-Kommunikation) nur verlangsamt übertragen, da das Medium die Übertragung (z. B. von nonverbaler Kommunikation) einschränkt (Walther 1992). Auf dieser Art der Bindung beruhender sozialer Einfluss fällt deshalb gering aus (zusammenfassend: Sassenberg u. Jonas 2007).

Andererseits werden die wenigen vorhandenen Informationen über andere Personen in sehr starkem Maße genutzt. Vertrauen (z. B. in Kompetenzen; Sassenberg et al. 2001), aber auch Konflikte (Jonas et al. 2002) entstehen sehr schnell, oft gar zu schnell auf der Basis minimaler Informationen. Empirische Untersuchungen dazu zeigten, dass bei computervermittelter Kommunikation der Mitglieder deutlich mehr Unstimmigkeiten innerhalb einer Gruppe auftraten als bei Face-to-face-Kommunikation (Straus 1997). Erschwerend kommt hinzu, dass auch geübte User sich der eingeschränkten Übertragbarkeit nonverbaler Hinweise über Medien oftmals nicht bewusst sind und ihre Möglichkeiten, dem Kommunikationspartner beispielsweise die Ironie einer Bemerkung per E-Mail zu vermitteln, deutlich überschätzen (Kruger et al. 2005). Daraus resultierende Missverständnisse verhindern den Aufbau interpersonaler Bindungen, weil sie dem Erleben von Gerechtigkeit entgegenwirken. Schließlich wird im Moment der Computernutzung die Aufmerksamkeit der User stark auf persönliche Vorstellungen und Werte fokussiert (sog. erhöhte private Selbstaufmerksamkeit). Als Konsequenz werden die Einflussnahme und damit auch die Entstehung von interpersonalen Bindungen erschwert (Sassenberg et al. 2005).

All diese Befunde weisen darauf hin, dass interpersonale Bindungen für virtuelle Gemeinschaften wenig geeignet sind. Demgegenüber steht, dass viele erfolgreiche virtuelle Gemeinschaften auf interpersonalen Netzwerken und Freundschaften aufbauen und auch sehr stabil sind (z. B. *studiVZ*). Anders als in der oben zusammengefassten Forschung bauen diese Gemeinschaften jedoch auf bereits *bestehenden* und nicht auf online *entstehenden* interpersonalen Bindungen auf. Sie beziehen ihre Stabilität also aus der Aufrechterhaltung bestehender interpersonaler Bindungen und nicht aus der Bildung neuer. Genau hierin besteht eine sehr erfolgversprechende Möglichkeit für die Bindung von Mitgliedern an virtuelle Gemeinschaften. Gleichzeitig ist mit diesem Vorgehen aber die Gefahr der Instabilität verbunden.

4.2   Identitätsbasierte Bindung online: Chancen und Gefahren

Auf der Basis der Forschung zu identitätsbasierten Bindungen sollte in virtuellen Gemeinschaften bei höherer Identifikation eine stärkere Beteiligung und eine höhere Stabilität zu erwarten sein. Nachdem identitätsbasierte Bindung in der Online-Forschung lange Zeit fast vollständig ignoriert wurde, konnten diese Annahmen inzwischen bestätigt werden. Identitätsbasierte Bindung erhöht bei virtuellen Gemeinschaften unterschiedlicher Art die Zahl der Beiträge zu den Gemeinschaften (Dholakia et al. 2004). Dieser Effekt tritt auch für sehr aufwendige Beiträge auf: Die identitätsbasierte Bindung an ein Open Source Software Projekt führt zur unentgeltlichen Übernahme von mehr Programmieraufträgen (Wodzicki et al. 2008).

Auch die Orientierung an Gruppennormen in Online-Gruppen hängt von der identitätsbasierten Bindung an die Gruppe ab. Identitätsbasierte Gruppen und in ihnen vor allem Personen mit starker identitätsbasierter Bindung zeigen mehr Konformität zu Gruppennormen (Sassenberg 2002). Schließlich gibt es auch Evidenz dafür, dass die identitätsbasierte Bindung dem Ausscheiden aus virtuellen Gruppen entgegenwirkt (Utz u. Sassenberg 2001).

Wie können nun virtuelle Gemeinschaften so gestaltet werden, dass sich User mit ihnen identifizieren und die positiven Konsequenzen der Identifikation nutzbar gemacht werden können? Zunächst einmal ist es möglich, im Bereich der identitätsrelevanten Bindungen ähnlich vorzugehen wie im Bereich der interpersonalen Bindungen. Virtuelle Gemeinschaften können also um bestehende, identitätsrelevante Gruppen aufgebaut werden. Dafür kamen in den frühen Tagen des Internets vor allem Gruppen in Frage, denen zwei zentrale Eigenschaften des Internets zugute kommen: Anonymität und räumliche Entkoppelung.

Von der Anonymität profitieren vor allem stigmatisierte Gruppen. Wer sich – aufgrund welcher gesellschaftlich geächteten Eigenschaft auch immer – lieber nicht mit seinen Vorlieben zu erkennen gibt, findet im Internet einen idealen Tummelplatz. Letztendlich kann eine virtuelle Gemeinschaft sogar helfen, die eigene identitätsbasierte Bindung an eine bereits zuvor bestehende Gruppe zu verstärken (McKenna u. Bargh 1998).

Die räumliche Entkoppelung hilft vor allem Menschen, die sich ohne die Hilfe des Internets nur schwer treffen können, weil sie z. B. ein seltenes Interesse verfolgen oder weit voneinander entfernt wohnen. Laut einer Studie von Moore (2000) berichteten User davon, Beziehungen mit Familienmitgliedern und Freunden, die nicht in unmittelbarer Nähe lebten, durch das Internet aufrechterhalten oder verstärkt zu haben. Um derartige Interessen sind in der Frühphase des Internets ebenfalls viele Gruppen entstanden.

Aber schon kurz nach der Entstehung des Internets wurden auch neue identitätsrelevante Gruppen online geformt. So hatten bereits textbasierte Online-Rollenspiele (sog. Multi User Dungeons, kurz: MUDs) genau wie Chats einen Einfluss auf das Selbstbild ihrer Teilnehmer (Sassenberg 2002; Utz 2003). Folglich besteht durchaus das Potenzial, identitätsbasierte Gruppen online zu formen.

Welche Rahmenbedingungen dies begünstigen, lässt sich aus den in Abschn. 3.2 genannten Determinanten der sozialen Identifikation ableiten: Funktion, Bedürfnisse und Passung. Grundsätzlich werden virtuelle Gemeinschaften eher langfristige Bindungen auslösen, wenn sie eine *Funktion* für die User haben oder eines ihrer Bedürfnisse erfüllen. Die Erfüllung von Funktionen wird dann zu einer besonders langfristigen Bindung an eine virtuelle Gemeinschaft führen, wenn es sich um eine Funktion handelt, die nicht nur in einem bestimmten Moment besteht und durch einen Besuch der Gemeinschaft zu erfüllen ist (z. B. das Erlangen einer bestimmten Information). Erfolgversprechender hinsichtlich der Bindung an eine virtuelle Gemeinschaft ist, wenn es sich um eine Funktion handelt, die langfristig immer wieder erfüllt werden muss. Diese Funktion kann nicht nur für die zuvor als Beispiel aufgeführten Mitglieder einer stigmatisierten Gruppe bestehen, sondern auch für Mitglieder beliebiger Gruppen mit einer geringen Interaktionsdichte im Austausch von Erfahrungen und Information oder allgemeiner Kommunikation. Ein Beispiel hierfür ist *Xing*.

Neben Gemeinschaften, die auf einer sehr allgemeinen sozialen Kategorie (z. B. Studierende bei *studiVZ*) aufbauen, sind natürlich auch Gemeinschaften denkbar, die bei spezifischeren Kategorien ansetzen, etwa den Nutzern eines bestimmten Produkts oder in einer bestimmten Lebenssituation (z. B. deutsche Akademiker im Ausland). Zwar steht bei diesen und anderen Beispielen die Kommunikation und Informationssuche aufgrund der Merkmale des Internets im Vordergrund. Das bedeutet aber nicht, dass dies die einzigen Funktionen sind, die eine virtuelle Gemeinschaft für User haben kann. Vielmehr kann die Informationssuche einen über das Internet hinausgehenden Zweck haben, der vom Produkterwerb bis zur Transzendenz (z. B. Religionsgemeinschaften mit Online-Aktivitäten) nahezu alles umfassen kann. Folglich sind den Funktionen von virtuellen Gemeinschaften keine Grenzen gesetzt. Sie hängen allein von der Kreativität der Gründer ab. Zu beachten ist allerdings, dass es sich um eine mit der Gemeinschaft verbundene und nicht allein erreichbare Funktion handeln muss. Ist beispielsweise der Produkterwerb zu gleichen Konditionen auch ohne die Gemeinschaft möglich, wird diese Funktion nicht zur Bindung an die Gemeinschaft beitragen.

Neben der Ausrichtung einer virtuellen Gemeinschaft auf Funktionen besteht auch die Möglichkeit zu deren Ausrichtung auf *Bedürfnisse*. Auf der einen Seite er-

schwert dies die Werbung für die entsprechende Gemeinschaft, weil keine bestimmte Gruppe umworben werden kann. Auf der anderen Seite ist das angesprochene
Userspektrum dadurch breiter.

Virtuelle Gemeinschaften können das Bedürfnis nach Differenzierung bedienen,
indem sie einen exklusiven Charakter haben. Ein gutes Beispiel hierfür ist *MySpace*.
Hier findet die Differenzierung nicht durch die Mitgliedschaft in der Gruppe statt,
sondern durch die Möglichkeit, sich selbst und seine Individualität zu präsentieren.
Gleichzeitig wird das Bedürfnis nach Zugehörigkeit durch die öffentlich sichtbare
Mitgliedschaft in der Gruppe befriedigt. Außerdem erlaubt diese Gemeinschaft die
Reduzierung von Unsicherheit. Die oft nicht ganz einfach zu beantwortende Frage
„Wer und wie bin ich?" wird durch die Mitgliedschaft z. B. bei *MySpace* in zwei-
facher Hinsicht berührt: Zum einen kann die Sammlung von Material für die eigene
Seite zur Identitätsfindung beitragen; zum anderen ist die Präsenz in den jeweils ak-
tuellsten Web 2.0-Diensten selbst ein Statement im Hinblick auf damit vermutlich
in Verbindung stehende Attributionen wie „up-to-date". Wenn auch nicht immer das
tatsächliche Selbstbild im Internet zur Schau gestellt wird, sondern vermutlich eher
das ideale Selbstbild, gewinnt der User bei der Gestaltung der Seite doch Sicherheit
über das eigene Selbst (Higgins 1987; Renner et al. 2005). In extremen Fällen kann
die Selbstpräsentation im Internet das Bedürfnis nach Differenzierung sogar so weit
bedienen, dass es wiederum die eigene Identität verändert (Gonzales u. Hancock
2008).

Schließlich kann auch das Bedürfnis der Mitglieder nach Selbstwert durch
Features einer virtuellen Gemeinschaft angesprochen werden. Indem User qualitativ hochwertige Informationen zur Verfügung stellen, von eigenen Erfahrungen berichten und die Bereitschaft signalisieren, anderen zu helfen, werden sie
von den übrigen Usern anerkannt und erlangen Respekt und einen hohen Status
in der Community (Lampel u. Bhalla 2007). Viele Gemeinschaften sprechen somit durch Quantifizierungen dieses Bedürfnis bei ihren Nutzern an. Die Zahl der
Freunde, die Anzahl und die Nützlichkeit von Beiträgen und viele Kennziffern
mehr sind Teil der meisten Nutzerprofile in virtuellen Gemeinschaften. Diese
Kennziffern und deren Verbesserung können einen Beitrag zum Selbstwert einer
Person leisten.

Die *Passung* kann über Bedürfnisbefriedigung und Funktionalität hinaus entstehen. Das Gefühl der Passung kann durch inhaltliche, technische, persönliche,
anspruchsbezogene und viele andere Übereinstimmungen hergestellt werden. Folglich wird ein Mitglied einer virtuellen Gemeinschaft dann Passung erleben, wenn
es seine Meinung und Einstellung in der Gemeinschaft wieder erkennt, wenn die
Benutzeroberfläche leicht zu bedienen oder den eigenen Bedürfnissen anzupassen
ist, wenn die anderen Mitglieder der Gemeinschaft sympathisch sind, wenn es die
vorliegenden Inhalte versteht und vieles mehr.

Wird eine Bindung auf der Basis von Funktionen, Bedürfnissen und Passung
erzeugt, löst dies die Bereitschaft aus, einen Beitrag zur virtuellen Gemeinschaft
zu leisten. Die Bereitschaft kann aber noch gesteigert werden, wenn interpersonale Faktoren hinzutreten. Diese Faktorenkombination wird im folgenden Abschnitt
näher erläutert.

4.3 Zusammenwirken interpersonaler und identitätsbasierter Bindung

Das Zusammenwirken interpersonaler und identitätsbasierter Bindung ist bisher wenig erforscht, wird aber in den letzten Jahren als zunehmend relevant angesehen (Otten 2002; Postmes u. Jetten 2006). Als eindeutig belegt gelten kann, dass interpersonale und identitätsbasierte Bindungen bei gleichzeitigem Auftreten eine besonders günstige Bedingung für das Engagement in einer Gruppe darstellen (Postmes et al. 2005). Dies setzt allerdings voraus, dass alle Mitglieder der Gruppe ein gemeinsames Ziel verfolgen (Sassenberg u. Boos 2003). Wecken die Rahmenbedingungen hingegen das Bedürfnis nach individueller Distinktheit, weil Gruppenmitglieder beispielsweise das Gefühl haben, besonders beobachtet oder anderweitig spezifisch behandelt zu werden, wirken interpersonale Beziehungen dem Engagement für die Gruppe entgegen (Sassenberg u. Postmes 2002).

Grundsätzlich kann die Bindung von Usern an eine virtuelle Gemeinschaft durch den schnellen Aufbau von interpersonalen Kontakten gefördert werden. Gerade in der Anfangsphase sind diese für die Bindung an die Gruppe von großer Bedeutung. Ihre Entstehung sollte deshalb durch die Gestaltung der Aufnahmeprozedur unterstützt werden (z. B. durch ein Mentorensystem oder die zufällige Zuweisung der ersten Kontakte).

Gleichzeitig sollte darauf geachtet werden, dass sich Neulinge nicht beobachtet fühlen. So muss bei E-Mail-Erinnerungen an die Mitglieder in einer virtuellen Gemeinschaft insbesondere in der Anfangsphase verhindert werden, dass diese als Beobachtung des Verhaltens (statt als reine Erinnerung) erlebt werden.

Eine positive Auswirkung von interpersonalen Kontakten ist über die Anfangsphase der Mitgliedschaft in einer virtuellen Gemeinschaft hinaus zu erwarten, wenn es zu Veränderungen im Alltag eines Nutzers kommt. So können interpersonale Bindungen helfen, die Mitgliedschaft in einer virtuellen Gemeinschaft wie z. B. *studiVZ* beim Übergang ins Berufsleben aufrechtzuerhalten. Zwar endet die Mitgliedschaft in der Gruppe (Studierende), die der virtuellen Gemeinschaft unterliegt; damit verändert sich aber auch die Identität der User. Die Gemeinschaft erleichtert aber das Aufrechterhalten von Kontakten und somit wird die Mitgliedschaft vermutlich nicht aufgegeben. Im Falle von *studiVZ* wurde bereits durch die Einrichtung eines Alumni-Status bzw. eines optionalen Wechsels zum damit verbundenen *meinVZ* eine Entsprechung für die Veränderung der sozialen Identität der User geschaffen.

5 Zusammenfassung

Die Bindung der User an eine virtuelle Gemeinschaft ist einer der zentralen Erfolgsfaktoren für ein Web 2.0-Angebot, deren User gleichzeitig wesentlich zum Content ihrer Internetangebote beitragen. Nicht nur die Bindung an die eigene Plattform, sondern auch Beiträge zu deren Ausgestaltung sind für den Erfolg dieser Unternehmen von großer Bedeutung. Beide Faktoren werden zentral durch den primären Nutzen (also die Funktion) der Internetplattform gefördert. Darüber hinaus entstehen rund um die entsprechenden Internetplattformen aber auch virtuelle Gemeinschaften. Die Bindung an diese Gemeinschaften kann interpersonal oder identitätsbasiert sein.

Interpersonale Bindung wird durch genaues Kennenlernen, wahrgenommene Ähnlichkeit und die Erfahrung eines fairen Austauschverhältnisses aufgebaut. Darüber hinaus gibt es Personeneigenschaften, die ihren Aufbau begünstigen. Im Falle von Online-Kommunikation ist Schüchternheit ein Beispiel für solch eine Eigenschaft. Diese Faktoren sind online nur schwer herzustellen. Außerdem sind Gruppen, die allein auf interpersonalen Bindungen beruhen, latent instabil. Folglich sind interpersonale Bindungen als alleinige Basis für eine virtuelle Gemeinschaft ungeeignet. Zugleich sorgen interpersonale Bindungen (oder zumindest interpersonale Kontakte) aber für das Erleben von Anschluss und verhindern Einsamkeitserleben. Deshalb sind sie in der Anfangsphase der Mitgliedschaft in einer virtuellen Gemeinschaft besonders wichtig.

Identitätsbasierte Bindungen hingegen führen zu stabileren Gruppen. Sie ziehen eine Orientierung an den Normen einer Gruppe und die Bereitschaft, sich für die Gruppe einzusetzen (d. h. auch Beiträge zu erstellen), nach sich. Identitätsbasierte Bindungen entstehen, wenn virtuelle Gemeinschaften langfristig eine Funktion für ihre Mitglieder haben, deren Bedürfnisse nach Selbstwert, Anschluss, Differenzierung und Sicherheit befriedigen, sowie wenn von den Usern eine Passung zwischen ihnen und der Gemeinschaft wahrgenommen wird. Schließlich bauen insbesondere Nutzer, die intrinsisch motiviert sind, Mitglied einer Gemeinschaft zu werden, und eine Annäherungsstrategie verfolgen, starke identitätsbasierte Bindungen auf.

Folglich sollten virtuelle Gemeinschaften im Kontext von Web 2.0 so konzipiert werden, dass die ihnen unterliegende Gruppe und nicht nur das Online-Angebot selbst eine Funktion für die User erfüllt. Darüber hinaus kann die Bindung an die Gruppe durch folgende Merkmale erhöht werden:

- Kennzahlen oder anderes positives Feedback zur Unterstützung des Selbstwerts (z. B. Anzahl der Kontakte oder der geschriebenen Beiträge)
- Raum für Individualität (zur Befriedigung des Bedürfnisses nach Differenzierung)
- Möglichkeiten, um auch Gemeinsamkeiten mit anderen sichtbar zu machen (zur Befriedigung des Bedürfnisses nach Zugehörigkeit)
- Chancen, etwas über die eigene Person zu lernen (zur Befriedigung des Bedürfnisses nach Unsicherheitsreduktion).

Darüber hinaus ist entscheidend, dass das Angebot inhaltlich, technisch, persönlich und anspruchsbezogen als passend erlebt wird. Dies ist nicht nur durch hohe Usability und Flexibilität zu realisieren. Auch die automatische Adaptation einer Web-Site an das User-Verhalten kann hier einen wesentlichen Beitrag leisten.

Auf der Basis der hier entwickelten Empfehlungen zur Gestaltung einer virtuellen Gemeinschaft allein lässt sich sicher keine neue Idee für ein Web 2.0-Angebot ableiten. Vielmehr sollten die hier präsentierten Ableitungen aus der psychologischen Literatur zu (virtuellen) Gemeinschaften dazu dienen, bestehende Angebote zu optimieren und neu entwickelte Angebote zu bewerten. In diesem Sinne angewandt stellen sie einen sinnvollen Kriterienkatalog dar.

Literatur

Baumeister RF, Leary MR (1995) The need to belong: desire for interpersonal attachments as a fundamental human motivation. Psychol Bull 117:497–529

Brewer MB (1991) The social self: on being the same and different at the same time. Pers Soc Psychol Bull 17:475–482

Brown R (2000) Social identity theory: past achievements, current problems and future challenges. Eur J Soc Psychol 30:745–778

Deaux K (1996) Social identification. In: Higgins ET, Kruglanski AW (Hrsg) Social psychology. Handbook of basic principles. Guilford Press, New York, S 777–798

Deaux K, Reid A, Mizrahi K, Cotting D (1999) Connecting the person to the social: the functions of social identification. In: Tyler TR, Kramer RM, John OP (Hrsg) The psychology of the social self. Erlbaum, London, S 91–113

Dholakia UM, Bagozzi AP, Pearo LK (2004) A social influence model of consumer participation in network and small-group-based virtual communities. Int J Res Mark 21:241–263

Eisenbeiss, K K (2004). A dynamic perspective on social identification: Pedictors and consequences of identification during group formation. Unveröffentlichte Dissertation, Universität Jena, Fakultät für Sozial- und Verhaltenswissenschaften. URL: http://deposit.d-nb.de/cgi-bin/dokserv?idn=973222816

Gonzales AL, Hancock JT (2008) Identity shift in computer-mediated environments. Media Psychol 11:167–185

Higgins ET (1987) Self-discrepancy: a theory relating self and affect. Psychol Rev 94:319–340

Hogg MA (1992) The social psychology of group cohesiveness: from attraction to social identity. Harvester Wheatsheaf, London

Hogg MA (2000) Subjective uncertainty reduction through self-categorization: a motivational theory of social identity processes. In: Stroebe W, Hewstone M (Hrsg) European review of social psychology, Bd 11. Wiley, Chichester, S 223–255

Hogg MA, Turner JC (1985) Interpersonal attraction, social identity and psychological group formation. Eur J Soc Psychol 15:51–66

Jonas KJ, Boos M, Sassenberg K (2002) Unsubscribe pleeezz!!! Management and training of media competence in computer-mediated communication. Cyberpsychol Behav 5:315–329

Joyce E, Kraut RE (2006) Predicting continued participation in newsgroups. J Comput Mediat Commun 11:723–747

Kraut R, Mukhopadhyay T, Szczypula J, Kiesler S, Scherlis B (1999) Information and communication: alternative uses of the internet in households. Inf Syst Res 10:287–303

Kruger J, Epley N, Parker J, Ng Z-W (2005) Egocentrism over e-mail: can we communicate as well as we think? J Pers Soc Psychol 89:925–936

Lampel J, Bhalla A (2007) The role of status seeking in online communities: giving the gift of experience. J Comput Mediat Commun 12:434–455

Lin H-F (2008) Antecedents of virtual community satisfaction and loyalty: an empirical test of competing theories. Cyberpsychol Behav 11:138–144

Ling K, Beenen G, Ludford P, Wang X, Chang K, Li X, Cosley D, Frankowski D, Terveen L, Rashid AM, Resnick P, Kraut R (2005) Using social psychology to motivate contributions to online communities. J Comput Mediat Commun 10:212–221

Lott AJ, Lott BE (1961) Group cohesiveness, communication level and conformity. J Abnorm Soc Psychol 62:408–412

Matschke C, Sassenberg K (2010) The supporting and impeding effects of group-related approach and avoidance strategies on newcomers' psychological adaptation. International Journal of Intercultural Relations, 34:465–474

McKenna KYA, Bargh JA (1998) Coming out in the age of the internet: identity ‚demarginalization‘ through virtual group participation. J Pers Soc Psychol 75:681–694

McKenna KYA, Green AS (2002) Virtual group dynamics. Group Dyn 6:116–127

McKenna KYA, Green AS, Gleason MEJ (2002) Relationship formation on the Internet: what's the big attraction? J Soc Issues 58: 9–31

Moore DW (2000) Americans say Internet makes their lives better. Gallup News Service. Zitiert nach McKenna KYA, Green AS (2002)

Oakes PJ (1987) The salience of social categories. In: Turner JC, Hogg MA, Oakes PJ, Reicher SD, Wetherell MS (Hrsg) Rediscovering the social group. A self-categorization theory. Blackwell, New York, S 117–141

Otten S (2002) 'Me and us' or 'us and them'? The self as a heuristic for defining minimal ingroups. In: Stroebe W, Hewstone M (Hrsg) European review of social psychology, Bd 13. Psychology Press, Hove, S 1–33

Postmes T, Jetten J (Hrsg) (2006) Individuality and the group: advances in social identity. Sage, London

Postmes T, Spears R (2000) Refining the cognitive redefinition of the group: deindividuation effects in common bond vs. common identity groups. In: Postmes T, Spears R, Lea M, Reicher S (Hrsg) SIDE effects centre stage: recent developments in studies of de-individuation in groups. KNAW, Amsterdam, S 63–78

Postmes T, Spears R, Lee AT, Novak RJ (2005) Individuality and social influence in groups: inductive and deductive routes to group identity. J Pers Soc Psychol 89:747–763

Prentice DA, Miller DT, Lightdale JR (1994) Asymmetries in attachments to groups and to their members: distinguishing between common-identity and common-bond groups. Pers Soc Psychol Bull 20:484–493

Reicher SD, Spears R, Postmes T (1995) A social identity model of deindividuation phenomena. Eur Rev Soc Psychol 6:161–198

Renner KH, Marcus B, Machilek F, Schütz A (2005) Selbstdarstellung und Persönlichkeit auf privaten Homepages. In: Renner KH, Schütz A, Machilek F (Hrsg) Internet und Persönlichkeit. Hogrefe, Göttingen, S 189–204

Ridings CM, Gefen D (2004) Virtual community attraction: why people hang out online. J Comput Mediat Commun 10(1). http://jcmc.indiana.edu/vol10/issue1/ridings_gefen.html. Zugegriffen: 20. Jan 2009

Riketta M (2005) Organizational identification: a meta-analysis. J Vocat Behav 66:358–384

Rusbult CE, Van Lange PAM (2003) Interdependence, interaction, and relationships. Annu Rev Psychol 54:351–375

Sassenberg K (2002) Common bond and common identity groups on the internet: attachment and normative behavior in on-topic and off-topic chats. Group Dyn 6:27–37

Sassenberg K (2004) Formen und Bedeutung elektronischer Kommunikation in Unternehmen. In: Hertel G, Konradt U (Hrsg) Electronic human ressource im inter- und intranet. Hogrefe, Göttingen, S 92–109

Sassenberg K, Boos M (2003) Attitude change in computer-mediated communication: effects of anonymity and category norms. Group Process Intergroup Relat 6:405–422

Sassenberg K, Jonas KJ (2007) Attitude change and social influence on the net. In: Joinson A, McKenna KA, Postmes T, Reips UD (Hrsg) Oxford handbook: psychology of the internet. Oxford University Press, Oxford

Sassenberg K, Postmes T (2002) Cognitive and strategic processes in small groups: effects of anonymity of the self and anonymity of the group on social influence. Br J Soc Psychol 41:463–480

Sassenberg K, Boos M, Klapproth F (2001) Wissen und Glaubwürdigkeit als zentrale Merkmale von Experten: Der Einfluss von Expertise auf den Informationsaustausch in computervermittelter Kommunikation. Zeitschrift für Sozialpsychologie 32:45–56

Sassenberg K, Boos M, Postmes T, Reips UD (2003) Studying the internet: a challenge for modern psychology (Editorial–Special Issue). Swiss J Psychol 62:75–77

Sassenberg K, Boos M, Rabung S (2005) Attitude change in face to face and computer-mediated communication: private self-awareness as mediator and moderator. Eur J Soc Psychol 35:361–374

Sassenberg K, Jonas KJ, Shah JY, Brazy PC (2007) Regulatory fit of the ingroup: the impact of group power and regulatory focus on implicit intergroup bias. J Pers Soc Psychol 92:249–267

Scheepers D, Spears R, Doosje B, Manstead ASR (2007) The social functions of ingroup bias: creating, confirming, or changing social reality. Eur Rev Soc Psychol 17:359

Schroer J, Hertel G (2008) Voluntary engagement in an open web-based encyclopedia: from reading to contributing. Posterbeitrag auf der 10. International General Online Research Conference (GOR 08), Hamburg

Straus SG (1997) Technology, group process, and group outcomes: testing the connections in computer-mediated and face-to-face groups. Hum Comput Interact 12:227–266

Tajfel H, Turner JC (1979) An integrative theory of intergroup conflict. In: Austin WG, Worchel S (Hrsg) The social psychology of intergroup relations. Brooks/Cole, Monterey, S 33–47

Tajfel H, Billig MG, Bundy RP, Flament C (1971) Social categorization and intergroup behavior. Eur J Soc Psychol 1:149–178

Turner JC, Hogg MA, Oakes PJ, Reicher SD, Wetherell MS (Hrsg) (1987) Rediscovering the social group. A self-categorization theory. Blackwell, New York

Utz S (2003) Social identification and interpersonal attraction in MUDs. Swiss J Psychol 62:91–101

Utz S, Sassenberg K (2001) Attachment to a virtual seminar–the role of experience, motives and fulfillment of expectations. In: Reips UD, Bosnjak M (Hrsg) Dimensions of internet science. Pabst, Lengerich, S 323–336

Utz S, Sassenberg K (2002) Distributive justice in common-bond and common-identity groups. Group Process Intergroup Relat 5:151–162

Walther JB (1992) Interpersonal effects in computer-mediated interaction. Communic Res 19:52–90

Wodzicki K, Sassenberg K, Jörke S (2008) Promoting voluntary engagement within organizations: the interplay of interpersonal exchange and organizational identification. Unveröffentlichtes Manuskript, Institut für Wissensmedien, Tübingen

Geschäftsprozessbegleitendes Lernen und Wissensmanagement durch Web 2.0 Anwendungen

Michael H. Breitner, Karsten Sohns, Jon Sprenger und Christian Zietz

Inhalt

1   Einleitung

Ständiger Wandel, zunehmender Konkurrenzdruck und die damit einhergehende Notwendigkeit zu innovativen Produkten und Dienstleistungen führen dazu, dass deren Lebenszyklen immer kürzer werden und der Time-to-Market für neue Produkte oder Dienstleistungen schneller zu vollziehen ist (Jetter et al. 2009). Permanent sind neue Prozesse einzuführen bzw. bestehende Prozesse anzupassen. Dies

M. H. Breitner (✉)
Institut für Wirtschaftsinformatik der Leibniz Universität Hannover, Königsworther Platz 1,
30167 Hannover, Deutschland
E-Mail: breitner@iwi.uni-hannover.de

G. Walsh et al. (Hrsg.), *Web 2.0*,
DOI 10.1007/978-3-642-13787-7_5, © Springer-Verlag Berlin Heidelberg 2011

zwingt Mitarbeiter dazu, sich ständig neues Wissen anzueignen, kann aber u. U. auch zu einer Überforderung im Arbeitsalltag führen, sofern dieses neue Wissen nicht effizient bereitgestellt wird. Insbesondere wenn Mitarbeiter aus unterschiedlichen Bereichen an der Entwicklung neuer Produkte oder Dienstleistungen beteiligt sind und kein zentrales Knowledge Repository zur Verfügung steht, entstehen Wissensinseln im Unternehmen und ein Auffinden relevanter Inhalte gerade in der Einführungsphase wird erschwert.

Die effiziente Erstellung und der Einsatz elektronischer Lerninhalte für den Wissenstransfer stellen daher wichtige Wettbewerbsfaktoren für Unternehmen mit einer Vielzahl von Produkt- oder Dienstleistungsinnovationen dar (Back et al. 2001). Bestimmte Barrieren verhindern jedoch, dass neue Erkenntnisse dokumentiert und auf diese Weise anderen zugänglich gemacht werden (Chikova et al. 2007). Unternehmen versuchen daher die Web 2.0 Gedanken unter dem Stichwort Enterprise 2.0[1] auf ihre Umwelt zu übertragen und mit Hilfe dieser Anwendungen die Hindernisse zu überwinden (Back et al. 2008).

In diesem Beitrag wird untersucht, inwieweit Web 2.0 Anwendungen geeignet sind, Mitarbeiter bei der Erstellung, Verteilung und Nutzung von kleinen Wissenseinheiten sowie die Zusammenarbeit von verteilten Teams zu unterstützen. Ferner wird analysiert, welche Voraussetzungen bestehen müssen, damit Barrieren bei der Content-Erstellung überwunden werden, die Anwendungen in der Folge entsprechend genutzt werden und letztlich die Einführung erfolgreich wird. Zur Annäherung und Beantwortung dieser Fragen ist als Methode neben dem Review der Literatur die explorative Expertenbefragung gewählt worden, innerhalb derer im Zeitraum von April 2007 bis Januar 2008 31 Experten befragt wurden.

Zunächst wird in Kap. 2 dargestellt, welchen Herausforderungen Unternehmen im Kontext des Wissenserwerbs- und Wissenstransferprozesses durch eine Innovation gegenüberstehen. Diese Herausforderungen werden im Kap. 3 anhand der Ergebnisse einer Literaturrecherche und einer explorativen Expertenbefragung hinsichtlich kritischer Erfolgsfaktoren und Barrieren bei der Einführung von Wissensmanagement verdeutlicht. Als eine Lösung in diesem Kontext sind Web 2.0 Anwendungen zu sehen, die anhand eines Mitarbeiterportals in das Tätigkeitsumfeld eines Mitarbeiters integriert werden können. Sowohl das Mitarbeiterportal, als auch relevante Web 2.0 Anwendungen werden in Kap. 4 vorgestellt. In Kap. 5 wird ein möglicher Weg, die gezeigten Anwendungen sinnvoll im Unternehmen zu nutzen, erläutert. Das Konzept zeigt eine integrative Verknüpfung moderner Web 2.0 Anwendungen entlang des Prozesses mittels einer Portalinfrastruktur und gibt konkrete Handlungsempfehlungen für die effektive und effiziente Integration von Web 2.0 Anwendungen in Produktivsysteme. Der Beitrag schließt mit einem Fazit.

---

[1] Geprägt wurde dieser Begriff durch McAfee (2006).

2 Herausforderungen im Kontext des Wissenserwerbs- und Wissenstransferprozesses durch eine Innovation

Wissensintensive Tätigkeiten erzeugen einen großen Teil der Wertschöpfung in Unternehmen. Um die Wettbewerbsfähigkeit auszubauen bzw. zu erhalten, gilt es, das Wissen in den Köpfen der Mitarbeiter auf- und auszubauen, zu tauschen und zu nutzen (BITKOM 2007). Unternehmen sehen sich der permanenten Herausforderung gegenüber, Informationen und Wissen mit technischer Hilfe zu fixieren bzw. digital abzubilden, so dass es auf diese Art für andere Mitarbeiter nutzbar wird (Bond 2008).

Gerade im Kontext von Innovationen werden Prozesse häufig durch Erstmaligkeit geprägt. Um die sich stellenden Aufgaben zu bewältigen, gilt es bei solchen Neuerungen in den Prozessen von den Mitarbeitern individuell immer wieder neues Wissen zu erwerben. Die ständige Anforderung, Neues zu lernen, kann zu einer Überforderung der Mitarbeiter im täglichen Arbeitsablauf führen. Dabei ähneln sich die Abläufe jedoch, gleichen sich zum Teil sogar. Die Erstmaligkeit bezieht sich häufig lediglich auf die involvierten Mitarbeiter, nicht aber auf den Prozess an sich. Der direkte Zugriff auf das erworbene Wissen derjenigen, die sich bereits mit diesen Aufgaben auseinandergesetzt haben, ist vielfach jedoch nicht möglich. Folglich werden Ressourcen benötigt, um Ansprechpartner für die jeweilige Problemstellung zu identifizieren oder aber das Wissen um ein bereits gelöstes Problem direkt abrufen zu können. Eine arbeitsunterbrechende Kontaktaufnahme ist aber häufig durch asynchrone Kommunikation (z. B. bei Experten, die an anderen Standorten arbeiten) und die damit einhergehende verzögerte Problemlösung geprägt und somit aus Gründen der Effizienz suboptimal.

Ursprüngliche Ansätze des Wissensmanagements gehen davon aus, dass eine der primären Herausforderungen darin besteht, das Wissen ausscheidender (älterer und erfahrener) Mitarbeiter im Unternehmen zu halten (Malhotra 2005). Dies zu realisieren gilt als schwierig, da vielfältige Barrieren dem entgegenstehen und bestimmte Faktoren kritisch für den Erfolg sind. Diese Faktoren behalten auch unter den ansonsten weiter verschärften Anforderungen Gültigkeit. Das Wissen, welches von Mitarbeitern bereits an neuralgischen Punkten erworben wurde, soll anderen, die den Prozess womöglich später durchlaufen, an eben diesen Stellen bzw. zum relevanten Zeitpunkt und im benötigten Kontext zur Verfügung stehen und somit einen Wissenstransfer ermöglichen.

Die Einführung von portalbasiertem Wissensmanagement (Sprenger et al. 2008). ist durch eine Reihe weiterer Herausforderungen gekennzeichnet. Die Berücksichtigung von kritischen Erfolgsfaktoren und Barrieren während der Einführung ist besonders bedeutsam, da es sich i. d. R. um komplexe kosten- und zeitintensive Projekte handelt, welche abteilungsübergreifend Veränderungen organisationaler und kultureller Art nach sich ziehen (Remus 2007; Firestone 2003; Collins 2003). Die kritischen Erfolgsfaktoren sowie Barrieren in diesem Kontext wurden anhand einer Literaturrecherche und einer explorativen Expertenbefragung identifiziert und werden im Folgenden näher dargestellt.

3   Kritische Erfolgsfaktoren und Barrieren bei der Einführung von portalbasiertem Wissensmanagement

3.1   Methode und Vorgehen

Zur Identifikation der kritischen Erfolgsfaktoren und Barrieren für Wissensportal-projekte erfolgte eine umfassende Literaturrecherche. Hierbei wurde in Online-Datenbanken, Conference Proceedings, Journalen und in Fachbüchern zum portal-basierten Wissensmanagement nach Studien gesucht, die sich mit den kritischen Erfolgsfaktoren und Barrieren entsprechender Projekte auseinandersetzen. Zwei-undzwanzig aktuelle und wichtige Beiträge zum Thema wurden identifiziert (z. B. Remus 2007; Jennex u. Olfman 2005; Riege 2005; Diesterer 2001; Davenport u. Prusak 1998; Ruggles 1998) und ergaben 19 Erfolgsfaktoren und neun Barrieren. Im Anschluss erfolgte eine empirische Untersuchung, um deren Ergebnisse den bis-her bestimmten Erfolgsfaktoren und Barrieren gegenüberstellen zu können. Hieraus sind letztlich diejenigen Faktoren zu bestimmen, die sowohl in der Theorie als auch in der Praxis als kritisch für den Erfolg angesehen werden. Über die explorative Expertenbefragung (n=31) im Zeitraum von April 2007 bis Januar 2008 konnten weitere kritische Erfolgsfaktoren identifiziert sowie die Relevanz bestimmter kriti-scher Erfolgsfaktoren und Barrieren bestätigt werden (Zietz u. Breitner 2008).

3.2   Kritische Erfolgsfaktoren bei der Einführung von portalbasiertem Wissensmanagement

Sowohl die Literaturanalyse als auch die Expertenbefragung (Tab. 1) zeigen, dass die Erfolgsfaktoren „Wissensfreundliche Unternehmenskultur" und „Top-Manage-ment Unterstützung" als besonders wichtig angesehen werden. Ähnlich verhält es sich mit dem im Portal vorhandenen Content und dem System, welches den Nutzern zur Verfügung steht.

Die Experten betonen vielmehr die Rolle einer Führungspersönlichkeit, die das Portal als „Kümmerer" vorantreibt. Der Projekterfolg bei portalbasiertem Wissens-management ist besonders von dieser Person abhängig, wobei dieser Erfolgsfaktor in der Literatur bislang nicht ausreichend gewürdigt wird. Die kritischen Erfolgsfak-toren „Content", „Kommunikation" und „Change Management" spielen in diesem Umfeld eine besondere Rolle und sind daher entsprechend zu berücksichtigen.

3.3   Barrieren bei der Einführung von portalbasiertem Wissensmanagement

Im Gegensatz zu den kritischen Erfolgsfaktoren wirken Barrieren negativ auf die Erreichung der Ziele. Sie gilt es bei der Einführung von portalbasiertem Wissens-

Tab. 1 Gegenüberstellung der Ergebnisse der Literaturanalyse und der explorativen Expertenbefragung zu den kritischen Erfolgsfaktoren im portalbasierten Wissensmanagement (WM)

Literaturanalyse			Expertenbefragung
Wissensfreundl. Unternehmenskultur	10x	10x	Führungspersönlichkeit
Top-Management Unterstützung	9x	8x	Wissensfreundl. Unternehmenskultur
Definition von Zielen	7x	8x	Top-Management Unterstützung
Schulungen	7x	7x	Content
Mitarbeitermotivation/ -qualifikation	7x	7x	Kommunikation
Def. Prozesse, Prozessorientierung	7x	5x	Change Management
IT: System an sich	7x	5x	Unternehmensgröße
Organisationsstruktur	6x	1x	Nutzerakzeptanz
Belohnungen und Anreizsystem	5x	1x	Projektmanagement
Projektmanagement	5x	1x	System an sich
Dedizierter Verantwortlicher	5x		
Content: Aktualität und Qualität	4x		
Wissens- bzw. Portalstrategie	3x		
Erfolgsmessung: Projektcontrolling	3x		
Akzeptanz	3x		
Delegation/Partizipation	3x		
Change Management	3x		
Benutzeroberfläche: einfacher Zugriff	3x		
Stabile Wissensstrukturen	3x		

management ebenfalls entsprechend zu berücksichtigen und über die Definition von Maßnahmen zu überwinden. Im Rahmen der Studie wurden die anhand der Literatur identifizierten Barrieren durch die Experten hinsichtlich ihrer Relevanz beurteilt (arith. Mittel auf einer Skala von 1 bis 5, wobei 5 als volle Zustimmung, dass es sich hierbei um eine Barriere handelt, gewertet worden ist).

Beim Vergleich der Ergebnisse von Literaturanalyse und Expertenbefragung zeigt sich, dass die Barrieren „Fehlende Zeit" und „Fehlende Top-Management Unterstützung" sowohl in der Literatur als auch von den Experten als besonders wichtig angesehen werden. Ähnlich verhält sich dies mit der Einstellung „Wissen ist Macht" und der „Fehlenden Wissensteilungskultur". Auffallend ist, dass in der Literatur häufig die Barriere „Hierarchische Strukturen und Bürokratie" genannt wird. Nach Ansicht der Experten kann diese Barrieren hingegen portalbasiertes Wissensmanagement nur bedingt behindern. Sie betonen vielmehr die Rolle der Inhalte.

Besondere Beachtung bei der Gestaltung eines Systems sollten die Barrieren „Fehlende Zeit" und „Zu wenig interessante Inhalte" erfahren. Hier scheinen z. B. Wikis und Weblogs in besonderer Weise geeignet, diese Barrieren zu überwinden, da die Erstellung der Inhalte wenig Zeit in Anspruch nimmt und durch integrative Verknüpfungsmöglichkeiten sichergestellt werden kann, dass es sich um interessante Inhalte für die jeweilige Zielgruppe handelt.

Tab. 2 Gegenüberstellung der Ergebnisse der Literaturanalyse und der explorativen Expertenbefragung zu den Barrieren im portalbasierten WM

Literaturanalyse			Expertenbefragung
Hierarch. Strukturen/Bürokratie	7x	4,28	Fehlende Top-Management Unterstützung
Fehlende Zeit	6x	4,14	Fehlende Zeit
Mangelnde Unterstützung des Managements	5x	4,14	Zu wenig interessante Inhalte
Ungeeignete IT-Infrastruktur	4x	4,07	Nicht durchdachte Such-/Ablage-Systeme
Sprachliche Barrieren	4x	4,04	Fehlende Wissens-(teilungs-) kultur
Einstellung „Wissen ist Macht"	4x	3,93	Komplizierte Einstellung neuer Inhalte
Fehlende Bereitschaft zur Wissensteilung	4x	3,86	Routinen und Gewohnheiten
Zu wenig Budget	4x	3,83	Ängste vor Macht- und Kompetenzverlust
Keine fördernde U.- Kultur	4x	3,76	Fehlende Motivation und Anreize

3.4 Trend „Enterprise 2.0" zur Berücksichtigung der kritischen Erfolgsfaktoren und zur Überwindung der Barrieren

Lösungsansätze wie das bisher wenig konkretisierte „Enterprise 2.0" widmen sich den dargestellten Herausforderungen. Unter „Enterprise 2.0" ist u. a. der Einsatz von Social-Software-Plattformen sowie anderer Web 2.0-Applikationen im Unternehmen zu verstehen (Stephens 2007; McAfee 2006; O'Reilly 2005). Als Konsequenz des überragenden Erfolges des Web 2.0, der aktiven Teilnahme und der Bereitstellung von Informationen,[2] versuchen Unternehmen diese Techniken zu adaptieren und für ihre Bedürfnisse anzupassen, um die technischen und funktionalen Möglichkeiten zu nutzen. Diesen Trend bestätigen auch die Experten im Rahmen der durchgeführten Interviews. Als problematisch wird dabei bis dato die Kombination der verschiedenen Web 2.0 Anwendungen gesehen. Weiterhin sei es notwendig, Lern- und Wissensmanagementprozesse in die Geschäftsprozesse zu integrieren und die schnelle Contenterstellung zu ermöglichen (z. B. mittels der in Kap. 4.2 vorgestellten Web 2.0 Anwendungen). Die Vorreiter scheinen dabei den Wissenserwerb und den Wissenstransfer besser zu beherrschen und in der Folge schneller, flexibler und innovativer zu agieren. Es scheint effizienzerhöhend, wenn Mitarbeiter prozessorientiert mit Hilfe moderner Web 2.0 Anwendungen auf das benötigte Wissen zugreifen können (Reich u. Behrendt 2009). Die Flexibilität in Arbeitsabläufen und eben auch der Erwerb von Wissen in diesen tragen wesentlich zum Unternehmenserfolg bei (BITKOM 2007). Eine Auswahl von Web 2.0 Tools

---

[2] Die Nutzerzentriertheit, d. h. dass es allen Nutzern möglich ist, sich aktiv an der Erstellung der Inhalte zu beteiligen, gilt als zentraler Punkt von Web 2.0 Diensten (Koch et al. 2007).

wird im Folgenden vorgestellt, bevor im Weiteren ein Konzept, eben dieser im Sinne eines ständig aktuellen und sich selbst bereinigenden Wissensmanagements skizziert wird. Dabei gilt es, die technischen Lösungen und die für den Mitarbeiter relevanten Anwendungen voll zu integrieren. Als Enabler der beschriebenen Lösungen bzw. des Zusammenschlusses dieser zur effizienten Nutzung sind zentrale Unternehmensportale zu verstehen (BITKOM 2007). Diese werden zu Beginn des folgenden Abschnitts erläutert.

4 Integrative Verknüpfung der Web 2.0 Anwendungen durch die Portalinfrastruktur

4.1 Unternehmensportale als Enabler der Integration

Neben der persönlichen Motivation zur Erstellung von Inhalten, zur gemeinsamen Nutzung und zu einer unternehmensweiten Wissenskultur ist vor allem der einfache Zugang zu allen relevanten Informationen und Anwendungen wichtig (Rütschlin 2001). Unternehmensportale können einen zentralen Einstiegspunkt zu den relevanten Systemen bieten (Maier 2006; Detlor 2004). Die technische Realisation erfolgt z. B. mit Hilfe einer AJAX Architektur, die es ermöglicht, interaktive Anwendungen in einem Webbrowser auszuführen (Alby 2007). Die Nutzung eines Unternehmensportals sowie die Einbindung von Rich User Interfaces ermöglicht es, die strikte technische Trennung der Anwendungen aufzubrechen und den parallelen Zugang zu verschiedenen Produktivsystemen zu schaffen. Weiter wird es mittels eines Unternehmensportals ermöglicht, die Produktivsysteme entlang der Geschäftsprozesse zu nutzen und Geschäfts- aber auch Lern- und Wissensprozesse durchgängig abzubilden (Zietz et al. 2008). Neben der Integration von Anwendungen zum Lern- und Wissensmanagement sind auf dem Weg zum Enterprise 2.0 vor allem Web 2.0 Anwendungen relevant. Diese Anwendungen lassen sich über ein Unternehmensportal in die Arbeitsumgebung integrieren. Im folgenden Abschnitt werden relevante Web 2.0 Anwendungen für ein effektiveres Wissensmanagement vorgestellt.

4.2 Web 2.0 Anwendungen für den Einsatz im Unternehmen

Wikisysteme eignen sich zum Aufbau und zur Pflege einer gemeinsamen Wissensbasis im Unternehmen. Das Wikisystem übernimmt dabei alle Aufgaben eines Dokumentenmanagementsystems, wie z. B. das Versionsmanagement und die Benutzerauthentifikation. Wikis zeichnen sich gegenüber konventionellen Systemen durch die einfache Editierbarkeit von Inhalten (What-you-see-is-what-you-get-Editor) aus, mittels der sämtliche Mitarbeiter gemeinsam Inhalte erstellen und sequenziell bearbeiten können. Weiterhin wird ein Forum zur Diskussion der Inhalte bereitgestellt. Das Verlinken mit Dokumenten aus anderen Wiki Beiträgen, dem Internet oder Intranet führt zur Entstehung einer Sammlungen themenverwandter Dokumente oder Wissensquellen, die von den Anwendern dynamisch erweitert oder neu geschaffen werden (Raabe 2007). Wikis bieten eine Möglichkeit zum zwang- und konventionslosen Erstellen und Speichern von internen Dokumenten mit beliebigem Inhalt. Neben der Einstellung konkreter Lösungen in jeglicher Form (auch Screenrecordings oder kurze Lehrveranstaltungen, die bspw. mit Lösungen wie der UbiMotion© realisiert werden können; Breuer u. Breitner 2007) können auch Lösungsansätze mit Linklisten zur entsprechenden Problemstellung bereitgestellt und durch die Mitarbeiter bewertet werden.[3]

Für die interne asynchrone Kommunikation bieten sich *Weblogs* (kurz Blog) an. Mit Hilfe dieser personenzentrierten Webseiten ist es bspw. Experten möglich, aktuelle Inhalte innerhalb einer Organisation schnell zu verbreiten und über das Pull-Prinzip den Interessierten zugänglich zu machen. Nutzer können die Blogeinträge direkt kommentieren und mit Hilfe von Permalinks (fest vergebenen Hyperlinks) dauerhaft in andere Blogs oder Web 2.0 Anwendungen referenzieren (Raabe 2007). Wichtig ist, dass die Inhalte entweder eine hohe Relevanz für einen großen Nutzerkreis aufweisen oder auf die Erörterung von spezifischen Sachfragen für eine bestimmte Anspruchsgruppe abzielen.

Zur Vernetzung der Mitarbeiter untereinander eignen sich *Social Networking Dienste*. Die Integration eines externen Anbieters wie XING ist ebenso denkbar wie der Ausbau der internen Yellowpages. Wichtig ist, dass die neue Plattform dem Netzwerkgedanken folgt. Dazu müssen Funktionalitäten zum webbasierten Identitätsmanagement und Kontakt- und Netzwerkmanagement sowie Möglichkeiten zur Kontext- und Netzwerkawareness vorhanden sein. Eine gängige Möglichkeiten zur Realisation dieser ist die öffentliche Teilnahme und Mitarbeit in themenspezifischen Gruppen sowie das automatisierte Vorstellen von Profilen, die Überscheidungen mit den eigenen Interessen oder Arbeitsgebieten aufweisen (Richter u. Koch 2008).

Mittels des Push-Prinzips können sich somit interessierte Abnehmer z. B. durch *RSS Feeds* über neue Bloginhalte oder Änderungen im Bereich der Mitarbeiter informieren lassen. Weiterhin führt die Verwendung von Feeds dazu, der Email-Flut entgegenzuwirken, bei der inzwischen die eigentliche Relevanz der Informationen für den Empfänger häufig vernachlässigt wird. Das Kommunikationsverhalten wird in diesem Bereich umgedreht, da Feeds verstanden als „wäre gut zu wissen", nur von den Interessierten aufgenommen werden. Der Empfänger entscheidet also, aus welcher Domäne und zu welchem Zeitpunkt er Informationen beziehen möchte (BITKOM 2007). Dienste zur Aggregation von RSS Feeds ermöglichen es, eine Vielzahl von Informationen aus den unterschiedlichsten Quellen übersichtlich darzustellen. Als Anbieter ist hier bspw. Bloglines zu nennen, allerdings lassen sich RSS Feeds auch mit Hilfe von lokal installierten Anwendungsprogrammen zusammenführen (Heidecke 2008).

---

[3] Vgl. z. B. den erfolgreichen Einsatz von Wikis als Bestandteil der Hochschullehre an der Universität Bayreuth (von Zuydtwyck u. Wawarta 2008).

So genanntes *Social Bookmarking* erlaubt es den Nutzern, ihre persönlichen Lesezeichen allen Teilnehmer einer Tauschplattform freizugeben sowie diese vorher mit Metadaten anzureichern. Klassische Anbieter sind hier Dienste wie del.icio.us oder Mister Wong. Nutzer dieser Plattformen können sich bspw. die populärsten Lesezeichen der Nutzergemeinschaft anschauen oder sehen, wie viele andere Nutzer die gleichen Inhalte zu ihren persönlichen Bookmarks hinzugefügt haben (Alby 2007).

Daneben lassen sich Dienste zum *Social Tagging* im Unternehmen einsetzten. Anwender versehen (Taggen) dabei verschiedenste Quellen, wie z. B. Texte, Fotos oder Bücher mit Metadaten. Anwender können auf diese Art Quellen ohne Berücksichtigung umfangreicher Richtlinien für das (Wieder-)Auffinden kennzeichnen (Hoyer u. Stanoevska-Slabeva 2008). Als Resultat wird zudem das Auffinden ähnlicher Inhalte vereinfacht. Die Suche im User Generated Content wird insbesondere durch diese von Usern erstellten Metadaten erleichtert, da sich Tags an kleinste Content Einheiten, wie z. B. Textblöcke, Links oder Emails, anhängen lassen. Es ist zudem wichtig, leistungsfähige Suchmaschinen einzubinden, die auch nicht getaggte Inhalte effizient auffinden.

Allgemein ist zu beobachten, dass die klassischen Grenzen, die Konzentration auf interne Unternehmensaspekte, verschwimmen. Für den jeweiligen Anwender ist es weitgehend unbedeutend, ob die zur Problemlösung genutzten Informationen internen oder externen Ursprungs sind (Hoyer u. Stanoevska-Slabeva 2008).

In diesem Kapitel wurden Web 2.0 Anwendungen vorgestellt und skizziert, wie sich diese zum persönlichen Informations- und Wissensmanagement nutzen lassen. Aufbauend auf dieser ersten Stufe der Integration folgt die Integration in Produktivsysteme.

5 Integration von Web 2.0 Anwendungen mittels moderner Portaltechnologien in Produktivsysteme

Das Bereitstellen kontextrelevanter Informationen an den Stellen innerhalb der Anwendungen, an denen der Anwender Hilfe benötigt, wird in Zukunft von besonderer Wichtigkeit sein. Mitarbeitern soll es möglich sein, an der entsprechenden (Problem-)Stelle im Arbeitsprozess auf hinterlegtes Wissen zuzugreifen. Zudem muss der Anwender an eben diesen Punkten auch die Möglichkeit haben, neue Inhalte schnell und einfach einzustellen, um damit anderen Hilfe bieten zu können. Der Anwender kann Inhalte somit nicht – wie bisher – nur konsumieren, sondern vielmehr auch selbst erstellen und veröffentlichen. Über Querverweise zu Informationen und Lösungen, die durch Kollegen bereitgestellt wurden, kann – ähnlich den Synapsen im menschlichen Gehirn – ein Netz, eine kollektive organisationale Intelligenz entstehen. Sofern sich die Mitarbeiter aktiv beteiligen und ihr jeweiliges Wissen anderen an den entsprechenden Punkten im Prozess zum Erwerb verfügbar machen und somit einen Transfer ermöglichen, entsteht ein System, welches eine hohe Effizienz aufweisen kann. Die beteiligten Personen können folglich u. a. Probleme innerhalb einer kurzen Zeitspanne mit Hilfe des explizierten Wissens der Kollegen überwinden. Auch für ungelöste Probleme ist dieses Konzept vielversprechend; auf diese kann an der jeweiligen Stelle im Prozess aufmerksam gemacht werden und es ist möglich, spezifische Lösungsvorschläge von anderen Anwendern zu erhalten. Am Beispiel der Erstellung eines Angebots mit Hilfe einer ERP Software soll die Integration von Web 2.0 Anwendungen in Produktivsysteme anhand der Aktivitäten der Wissensgenerierung, -verteilung und -nutzung gezeigt werden.

Bisher hatte der Anwender nach dem Aufruf der Transaktion „Angebot erstellen" lediglich die Möglichkeit, über die Menüleiste „Hilfe zur Anwendung" direkt in die frei zugängliche Hilfe zu gelangen. Die Hinweise dort sind jedoch generischer Art und helfen dem Anwender bei seinen spezifischen Problemen nur selten weiter. An dieser Stelle ist eine auf die Probleme des Unternehmens und seiner Anwender zu-geschnittene Hilfefunktion (Wissenswiki) zielführender. Weiterhin ist es hilfreich, wenn Ansprechpartner aufgezeigt werden, die spezifisches Know-how in diesem Bereich haben und bei Fragen zu dieser Transaktion befragt werden können (Social Networking). Gleichwohl gilt es, die Möglichkeit zur Publikation neuer Erkennt-nisse (Contenterstellung) direkt im Kontext zu ermöglichen, die die Wissensbasis wiederum erweitert (s. auch Abb. 1).

Über den Wechsel in die spezifische Hilfe hat der Anwender Zugriff auf das unternehmensspezifische Wissen, wie bspw. die dokumentierten Erfahrungen der Kollegen zu einer Problemstellung. Weiterhin ist der Kontakt zu dort verzeichne-

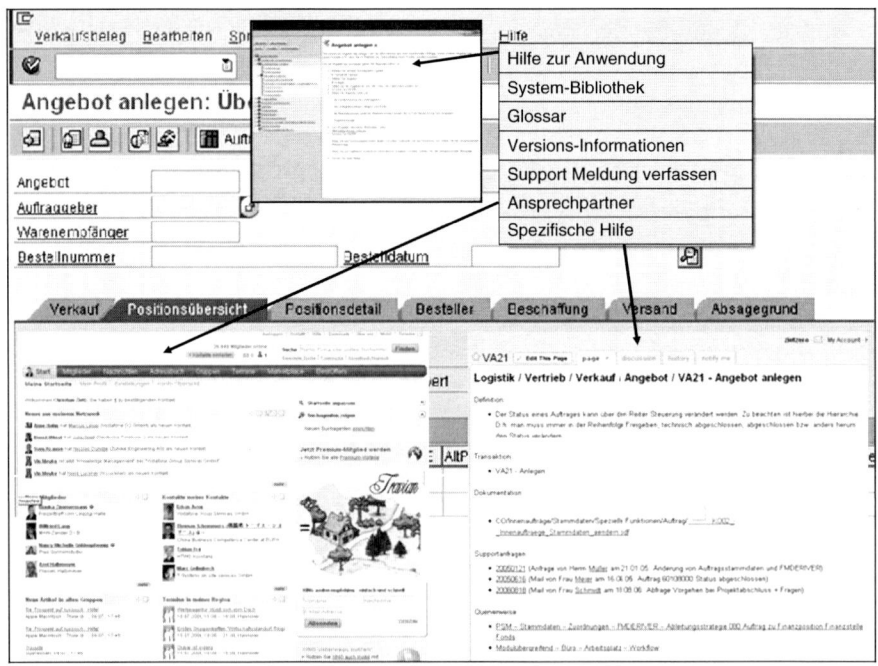

Abb. 1 Beispielhafte Integration einer Web 2.0 Anwendung in ein Produktivsystem

ten Ansprechpartnern möglich. Über Links (Querverweise, Supportanfragen anderer Mitarbeiter) wird relevantes Wissen miteinander verbunden und es besteht die Möglichkeit, neue Erkenntnisse zentral, direkt und einfach abzulegen. Die wesentlichen Barrieren bisheriger Wissensmanagement-Systeme (fehlende Zeit, zu wenig interessante Inhalte und keine aktive Beteiligung) können auf diese Weise überwunden werden, da der Anwender seine Erfahrungen an der richtigen Stelle schnell und einfach im Wissenswiki dokumentieren kann. Über die zusätzliche Vergabe von Tags ist in der Folge eine Verteilung dieser neuen Erkenntnisse an interessierte Mitarbeiter zu realisieren. Auf ihren personalisierten Portalstartseiten werden diese über relevante Änderungen und Ergänzungen im Wiki informiert und können die Erkenntnisse so nutzen. Damit schließt sich der *erste Kreislauf* der Wissensgenerierung, Wissensverteilung und Wissensnutzung (s. Abb. 2).

Im Allgemeinen fließen bei der Neugestaltung von Anwendungen und Prozessen die Erfahrungen der Nutzer über formalisierte Verbesserungsvorschläge oder Bug-Reports ein. Durch die in diesem Beitrag vorgestellte Integration von User Generated Content bieten sich neue Chancen für die Optimierung von Prozessen und Anwendungen. Durch die Verknüpfung und exakte Verordnung der Wissensbasis sind Prozess- und Anwendungsentwickler in der Lage, gezielt auf die Schwierigkeiten der Anwender einzugehen. Sie können die Anwendungen von Fehlern be-

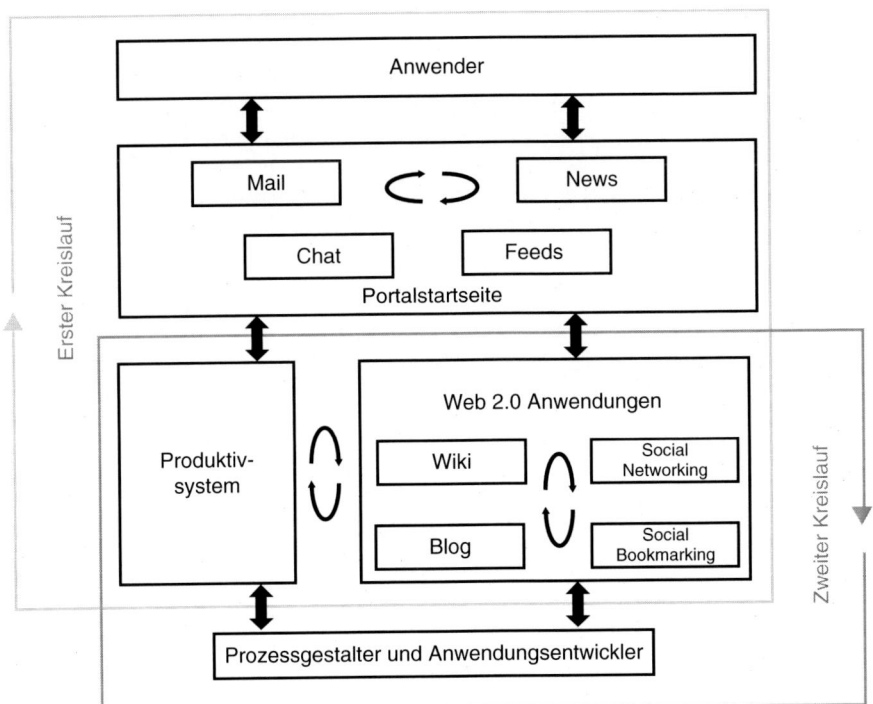

Abb. 2 Erster und zweiter Kreislauf der Erstellung, des Transfers und der Nutzung von selbst erstelltem Content mittels Web 2.0 Anwendungen im Unternehmen

freien, auf das Wissen von Prozesskennern und Anwendern zurückgreifen sowie
damit einhergehend die Usability und die Effizienz der Prozesse und Anwendungen
verbessern. Dieser *zweite Kreislauf* sorgt dafür, dass das in den Web 2.0 Anwendungen explizierte Wissen der Mitarbeiter für das ganze Unternehmen gesichert wird
und somit direkt zur Verbreiterung der organisationalen Wissensbasis beiträgt. Die
Abb. 2 zeigt den Zusammenhang zwischen den verschiedenen Systemen. Der oben
beschriebene erste Kreislauf wird durch den Zugriff des Anwenders über die Portalstartseite auf die Produktivsysteme und die Web 2.0 Anwendungen realisiert. Der
zweite Kreislauf entsteht, wenn Prozessgestalter und Anwendungsentwickler das
Wissen in den Web 2.0 Anwendungen nutzen, um effizientere und benutzerfreundlichere Anwendungen und Prozesse zu gestalten.

6   Fazit

Moderne Unternehmen erzielen ihren wirtschaftlichen Erfolg häufig durch eine
besondere Flexibilität in ihrer Geschäftätigkeit. Diese stellt hohe Anforderungen
an die Geschäftsprozesse und die diese unterstützenden Informationssysteme. Verschlankung und Veränderung von Prozessabläufen sind ebenso alltäglich wie die Integration interner und externer Partner. Prozessgestalter und Anwendungsentwickler sehen sich der Herausforderung gegenüber, diese Veränderung permanent in
die Prozesse aufzunehmen und die betroffenen Systeme entsprechend anzupassen.
Auch die Mitarbeiter müssen sich regelmäßig in neue Anwendungen einarbeiten,
neue Prozessabläufe erlernen oder Probleme im Umgang mit den aktuellen Systemen bewältigen. Wissensmanagement-Systeme unterstützen die Beteiligten, wobei
eine Reihe von Faktoren für die Einführung und den Betrieb erfolgskritisch sind.
Gleichwohl limitiert eine Vielzahl von Barrieren die konventionellen Systeme. Die
kritischen Erfolgsfaktoren und Barrieren wurden mit Hilfe einer Literaturrecherche
und einer explorativen Expertenbefragung identifiziert. Die Ergebnisse zeigen, dass
insbesondere die Pflege von Inhalten aufwändig ist und damit einhergehend eine
unzureichende Menge relevanter Inhalte ein bedeutendes Hemmnis für die effektive
und effiziente Nutzung von Wissensmanagement-Systemen ist. An diesem zentralen Kritikpunkt setzt das in diesem Beitrag erarbeitete Konzept an. Es zeigt, dass es
durch die Verknüpfung von Produktivsystemen mit modernen Web 2.0 Anwendungen wie Wikis und Blogs, sowie der oben beschriebenen Umkehr des Kommunikationsverhaltens durch die Nutzung von RSS Feeds und News Aggregatoren möglich
wird, schnell, einfach und zielgerichtet kontextabhängige Hilfetexte aufzufinden
sowie kompetente Ansprechpartner zu kontaktieren. Die schnelle und konventionslose Erstellung von Inhalten durch Mitarbeiter wird ebenso unterstützt, wie die
Zusammenarbeit in verteilten Teams. Die von Anwendern selbsterstellen Wissenseinheiten dienen darüber hinaus der systematischen Verbesserung und Anpassung
der Produktivsysteme und ermöglichen somit die Erweiterung der organisationalen
Wissensbasis. Das in diesem Beitrag vorgestellte Konzept zur Integration von Web
2.0 Anwendungen in Produktivsysteme trägt dazu bei, die zentralen Barrieren bis-

heriger Wissensmanagement-Systeme (fehlende Zeit, zu wenig interessante Inhalte und vor allem keine aktive Beteiligung) zu überwinden und Mitarbeiter in ihrer täglichen Arbeit zu unterstützen sowie ihnen Anreize zur aktiven Teilnahme zu bieten. Es leistet damit einen Beitrag zum geschäftsprozessbegleitenden Lernen und letztlich zur Weiterentwicklung des Unternehmens.

Literatur

Alby T (2007) Web 2.0, Konzepte, Anwendungen, Technologien. Hanser, München

Back A, Bendel O, Stoller-Schai D (2001) E-Learning im Unternehmen. Orell Fuessli, Zürich

Back A, Gronau N, Tochtermann K (2008) Web 2.0 in der Unternehmenspraxis. Oldenbourg, München

BITKOM (2007) Wichtige Trends im Wissensmanagement 2007 bis 2011. BITKOM, Berlin

Bond M (2008) Web 2.0: Sollen wir, sollen wir nicht, und wenn ja, wie? http://www.reddot.at/Files/Artikel_DOK-Magazin-Web20.pdf. Zugegriffen: 30. Juli 2008

Breuer F, Breitner MH (2007) Mobile Vorlesungsaufzeichnung: Einsatzszenarien, Möglichkeiten und Grenzen am Beispiel UbiMotion©. In: Herbold I, von Holdt U, Krüger M, Phan Tan T (Hrsg) Lehren und Forschen mit Neuen Medien an der Leibniz Universität Hannover. Shaker, Aachen

Chikova P, Leyking K, Loos P, Bruch EM, Lehmann L (2007) Reengineering der Content-Erstellungsprozesse in Industrieunternehmen durch Content-Modellierung. In: Oberweis A et al. (Hrsg) eOrganisation: Service-, Prozess-, Market-Engineering, 8. Internationale Tagung Wirtschaftsinformatik, Bd 2. Universität Karlsruhe, Karlsruhe

Collins H (2003) Enterpise knowledge portals: next-generation portal solutions for dynamic information access, better decision making and maximum results. Amacon, New York

Davenport TH, Prusak L (1998) Working knowledge: how organizations manage what they know. Harvard Business School Press, Boston

Detlor B (2004) Towards Knowledge Portals, From Human Issues to Intelligent Agents. Kluwer Academic Publ., Dordrecht

Diesterer G (2001) Individual and social barriers to knowledge transfer. HICSS – Proceedings of the 34th Annual Hawaii Conference on Systems Sciences. IEEE Computer Society, Washington DC, S 1–7

Firestone JM (2003) Enterprise information portals and knowledge management. Butterworth-Heinemann, Amsterdam

Heidecke F (2008) Newsfeeds und Newsaggregatoren. In: Back A, Gronau N, Tochtermann K (Hrsg) Web 2.0 in der Unternehmenspraxis, Grundlagen, Fallstudien, Trends zum Einsatz von Social Software. Oldenbourg, München

Hoyer V, Stanoevska-Slabeva K (2008) Enterprise Mashups: Neue Herausforderung für das Projektmanagement. In: Hoffmann K, Mörike M (Hrsg) HMD Praxis der Wirtschaftsinformatik, IT-Projektmanagement im Wandel. Nr. 260, S. 60–68, dpunkt, Heidelberg

Jennex ME, Olfman L (2005) Assesing knowledge management success. Int J Knowl Manag 1(2):33–49

Jetter M, Satzger G, Neus A (2009) Technologische Innovation und die Auswirkung auf Geschäftsmodell, Organisation und Unternehmenskultur – Die Transformation der IBM zum global integrierten, dienstleistungsorientierten Unternehmen. Wirtschaftsinformatik 1:1–10

Koch M, Richter A, Schlosser A (2007) Produkte zum IT-gestützten Social Networking in Unternehmen. Wirtschaftsinformatik 49(6):448–455

Maier R (2006) Von Wissensportalen zu Wissensinfrastrukturen – Gestaltung von IT für die Wissensarbeit mit dem Konzept der Wissenslage. IT – Information Technology 48(2):71–82

Malhotra Y (2005) Integrating knowledge management technologies in organizational business processes: getting real time enterprises to deliver real business performance. J Knowl Manag 9(1):7–28

McAfee AP (2006) Enterprise 2.0: the dawn of emergent collaboration. MIT Sloan Manag Rev 47(3):21–28

O'Reilly T (2005) What is Web 2.0 – design patterns and business models for the next generation of software. http://www.oreillynet.com/pub/a/oreilly/tim/news/2005/09/30/what-is-web-20.html. Zugegriffen: 3. März 2009

Raabe A (2007) Social Software im Unternehmen, Wikis und Weblogs für Wissensmanagement und Kommunikation. Vdm Verlag Dr. Müller, Saarbrücken

Reich S, Behrendt W (2009) Die Infoflut kanalisieren – Enterprise Content Management. Wirtschaftsinformatik Manag 1:72–77

Remus U (2007) Critical success factors of implementing enterpise portals. HICSS – 06. Proceedings of the 39th Annual Hawaii Conference on Systems Sciences, Bd 8, H 04–07, University of Erlangen-Nuremberg, Erlangen-Nuremberg

Richter A, Koch M (2008) Funktionen von Social-Networking-Diensten. In: Bichler M (Hrsg) Proceedings Multikonferenz Wirtschaftsinformatik, München, 2008

Riege A (2005) Three-dozen knowledge-sharing barriers manager must consider. J Knowl Manag 9(3):18–35

Ruggles R (1998) The state of the notion: knowledge management in practice. Calif Manage Rev 40(3):80–89

Rütschlin J (2001) Ein Portal – Was ist das eigentlich? In: Bauknecht K, Brauer W, Mück T (Hrsg) Informatik 2001: Wirtschaft und Wissenschaft in der Network Economy – Visionen und Wirklichkeit. OCG, Wien

Sprenger J, Zietz C, Breitner MH (2008) Kritische Erfolgsfaktoren für die Einführung und Nutzung von Portalen zum Wissensmanagement. IWI Diskussionsbeiträge #25, Institut für Wirtschaftsinformatik, Leibniz Universität Hannover

Stephens R (2007) Enterprise 1.0 versus 2.0. http://www.rtodd.com/collaborage/2007/05/enterprise_10_versus_20.html. Zugegriffen: 25. März 2009

von Zuydtwyck NH, Wawarta C (2008) Der Einsatz eines geschlossenen Wikis als neuer Bestandteil der Hochschullehre – Ein Erfahrungsbericht. Wirtschaftsinformatik 6:514–517

Zietz C, Breitner MH (2008) Expertenbefragung „Portalbasiertes Wissensmanagement": Ausgewählte Ergebnisse. IWI Diskussionsbeiträge #20, Institut für Wirtschaftsinformatik, Leibniz Universität Hannover

Zietz C, Sprenger J, Sohns K, Breitner MH (2009) Integration von Wissens- und Lernprozessen in Unternehmensportale: Erfolgsfaktoren der Umsetzung. E-Learning. In: Breitner MH et al. (Hrsg) E-Learning 2010: Aspekte der Betriebswirtschaftslehre und Informatik. Physica/Springer, Heidelberg

Teil II
Instrumente

Potenziale sozialer Netzwerke für Unternehmen

Petra Cyganski und Berthold H. Hass

Inhalt

1   Problemstellung

Soziale Netzwerke bezeichnen abgegrenzte Mengen von Akteuren oder Akteurs-gruppen und die Beziehungen zwischen ihnen. Dabei können die Verbindungen und sozialen Akteure durch unterschiedlichste soziale Einheiten repräsentiert sein. Ak-teure können z. B. Organisationen, politische Gruppen, Familien oder Individuen sein. Verbindungen oder Relationen stellen Interaktionen oder Beziehungen dar, die inhaltlich z. B. über Macht, Informationsaustausch oder emotionale Nähe spezi-

P. Cyganski (✉)
SAP AG, Dietmar-Hopp-Allee 16, 69190 Walldorf, Deutschland
E-Mail: petra.cyganski@sap.com

B. H. Hass
Universität Flensburg
Munketoft 3b, 24937 Flensburg, Deutschland
E-Mail: berthold.hass@uni-flensburg.de

G. Walsh et al. (Hrsg.), *Web 2.0,*
DOI 10.1007/978-3-642-13787-7_6, © Springer-Verlag Berlin Heidelberg 2011

fiziert sind (Hollstein 2006). Der Umfang und die Ausprägung sozialer Netzwerke sind äußerst vielfältig. Bommes u. Tacke (2006) merken hierzu an, dass es keinen Bereich mehr in der Gesellschaft gibt, in dem soziale Netzwerke keine Rolle spielen. So lassen sich soziale Netzwerke in der Wirtschaft, Politik, Wissenschaft und im Alltag beobachten.

Durch Entwicklungen des Web 2.0 sind neue Möglichkeiten entstanden, soziale Netzwerke zu bilden, auszuweiten und auf eine virtuelle Ebene auszudehnen. Der Begriff Web 2.0 wird in der Literatur bislang uneinheitlich verwendet. Einerseits steht er für eine Reihe von Technologien und Anwendungen (z. B. Ajax, Blogs, Mashups und RSS) andererseits werden darunter eine Reihe z. T. gravierender Verhaltensänderungen von Internetnutzern subsumiert (Walsh et al. 2011). Die Nutzer sehen das Internet zunehmend als „Mitmach-Plattform" und weniger ausschließlich als Informationsquelle zentraler Anbieter. Viele Internetdienste sind darauf ausgerichtet, dass Nutzer Inhalte generieren und diese mit bereits existenten Inhalten verknüpfen (Karla 2007), d. h. sie erstellen den Content und Context selbst. Im Zuge dieser Entwicklungen haben sich neben solchen Web 2.0-Angeboten wie Tagging, RSS-Feeds und Podcasts weitere Dienste etabliert, die Interaktionen zwischen den Mitgliedern fördern. Dazu zählen z. B. Weblogs, Wikis, Foto- und Videoportale, Social Bookmarking, Jams und nicht zuletzt Networking Plattformen.

Virtuelle soziale Netzwerke werden derzeit hauptsächlich im privaten Bereich genutzt. Auf geschäftlicher Ebene dominiert die individuelle Nutzung im eigenen Interesse, etwa von Unternehmern oder von Angestellten zur eigenen Vermarktung. Demgegenüber fehlt jedoch zumeist eine Strategie, wie Unternehmen die sozialen Netzwerke ihrer Angestellten systematisch für den Erfolg der Unternehmung nutzen können.

Dieser Beitrag analysiert die Chancen und Risiken, die sich für Unternehmen durch soziale Netzwerke ergeben. In Abschn. 2 werden dazu zunächst die Grundlagen sozialer Netzwerke erläutert. Abschnitt 3 arbeitet die Potenziale heraus, die sich in einzelnen Unternehmensbereichen und -funktionen ergeben. Abschnitt 4 skizziert die organisatorischen und personellen Anpassungen, die für eine erfolgreiche Nutzung sozialer Netzwerke erforderlich sind. In Abschn. 5 werden mögliche Risiken für Unternehmen thematisiert, die zugleich den Einsatz sozialer Netzwerke begrenzen. Der Beitrag schließt mit einem Ausblick in Abschn. 6.

2 Soziale Netzwerke im Web 2.0

Networking Plattformen (synonym: Social Networks oder Social Network Services) ermöglichen die Bildung virtueller Netzwerke, welche oft auch als Communities bezeichnet werden. Sie stellen Kommunikationsplattformen zur Pflege und zum Aufbau persönlicher Kontakte dar. Die Zielgruppen der Plattformen sind vielfältig. So existieren Plattformen für Geschäftsleute (u. a. *Xing* und *LinkedIn*), Studenten (u. a. *studiVZ*), Singles (u. a. *iLove*, *meetic*) oder ohne spezifische Ausrichtung (u. a. *MySpace*). Plattformen für den geschäftlichen Bereich, sogenannte

Business Networking Plattformen, dienen nicht nur der Interaktion zwischen den Mitgliedern, sondern bieten zusätzlich Potenziale für den beruflichen Austausch und die kooperative Vernetzung.

Virtuelle Business Communities profitieren von der erhöhten Reichweite durch das Internet. Es bilden sich Netzwerke, welche sich im realen Leben z. B. aufgrund von räumlicher Entfernung oder der fehlenden kritischen Masse nicht hätten bilden bzw. aufrecht erhalten werden können. Durch multiplexe Kommunikationsmöglichkeiten werden Nachrichten von einer Vielzahl an Mitgliedern wahrgenommen und u. U. sogar ein kollektives Bewusstsein und ein Zugehörigkeitsgefühl zum Netzwerk erzeugt.

In diesem Zusammenhang ist darauf hinzuweisen, dass virtuelle soziale Netzwerke unterschiedliche Ausprägungen sozialer Kontrolle und auch ein unterschiedliches Maß an Abgrenzung besitzen. So existieren verschiedene Geschäftsmodelle, welche offene oder geschlossene Systeme beinhalten. Bei offen gehaltenen Systemen (z. B. *Xing*) ist es einem Mitglied u. a. möglich, sich anzumelden und sofort alle anderen Mitglieder zu kontaktieren. Bei geschlossenen Netzwerken (z. B. *LinkedIn*) benötigt der neue Nutzer eine Einladung eines existierenden Nutzers, um dem Netzwerk beitreten zu können. Weiterhin kann er Kontakte nicht beliebig knüpfen, da dies eine Empfehlung des oder der vermittelnden Kontakte voraussetzt. Diese unterschiedlichen Strategien resultieren in einer unterschiedlichen privaten und beruflichen Nutzung der Netzwerke durch die Mitglieder.

Soziale Netzwerke sind durch unterschiedliche Bindungsstärken zwischen den Mitgliedern geprägt. Die Bindungsstärke beschreibt hierbei das Konstrukt aus sozialer Nähe, Freiwilligkeit, Multiplexität und Kontakthäufigkeit. Bereits Granovetter (1973) unterschied die Bindungsstärke in sogenannte „Strong ties" (starke Bindungen) und „Weak ties" (schwache Bindungen). Starke Bindungen bieten nach Wellmann (2000) höhere soziale Unterstützung in Form von emotionaler Unterstützung, Waren und Dienstleistungen sowie Geselligkeit und Zusammengehörigkeitsgefühl. Der Wert schwacher Bindungen liegt vor allem darin, dass sie unterschiedliche Gesellschaftsbereiche verbinden. Sie können damit über vergleichbare Betroffenheiten und Neigungen Bereitschaft zur Kommunikation über diese Themen erzeugen und demnach interessen- und präferenzgesteuerte Beziehungen aufbauen (Dollhausen u. Wehner 2000). Durch schwache Bindungen werden Brücken zu anderen sozialen Welten geschlagen. Dadurch ermöglichen sie den Zugang zu neuen Informationsquellen und anderen Ressourcen (Granovetter 1982, 1995).

Der besondere Wert virtueller soziale Netzwerke liegt im Bereich schwacher Bindungen („Weak ties"). Diese „Weak ties" unterstützen die Bildung von Netzwerken unterschiedlich sozialer und räumlich verteilter Gruppen, sowie den Informationsaustausch lose verbundener Gruppenmitglieder (Wellmann 2000). Dieser Effekt wird bei der Bildung von Business Communities stark ausgenutzt. Die Mitglieder pflegen ihre persönlichen und virtuellen Kontakte online und können ihre „Weak ties" bei Bedarf nutzen, um z. B. Beratung und Hilfe in Anspruch nehmen zu können.

Im folgenden Abschnitt wird aufgezeigt, welches Potenzial Business Communities für unterschiedliche Aktivitäten innerhalb von Unternehmen haben können.

3 Potenziale von Business Netzwerken in der Wertkette

Virtuelle soziale Netzwerke werden derzeit hauptsächlich privat genutzt. Auf geschäftlicher Ebene dominiert bislang die individuelle Nutzung von Unternehmern oder von Angestellten, nicht zuletzt weil es Unternehmen an Strategien mangelt, die sozialen Netzwerke ihrer Angestellten systematisch für den Erfolg der Unternehmung zu nutzen.

Grundsätzlich besitzen soziale Netzwerke mit ihrer Fähigkeit zur Vernetzung von Menschen und zum Austausch von Wissen Potenziale in allen Bereichen der Wertkette nach Porter (2000). Besonders vielversprechend sind jedoch diejenigen Aktivitäten, bei denen Personen, Kontakte und Wissen im Vordergrund stehen (siehe Abb. 1).

Dementsprechend ist die Nutzung von Business-Networking-Plattformen insbesondere im Bereich der unterstützenden Aktivitäten vielversprechend. Dazu gehören die in der Abb. 1 grau dargestellten Bereiche: Personalwirtschaft, Forschung und Entwicklung sowie Beschaffung. Im Bereich der primären Aktivitäten werden Business Networks vorrangig im Marketing und Vertrieb genutzt. Wertkettenübergreifend dienen Business Communities zusätzlich der Informationsversorgung, dem Wissensaustausch, der Kooperationsanbahnung und -unterhaltung sowie der Marktanalyse. Die in Abb. 1 dargestellten Bereiche werden im Folgenden beschrieben.

3.1 Personalwirtschaft

Online-Business-Communities zeichnen sich im Gegensatz zu anderen Web 2.0-Anwendungen dadurch aus, dass weniger bestimmte Inhalte und Themen als viel-

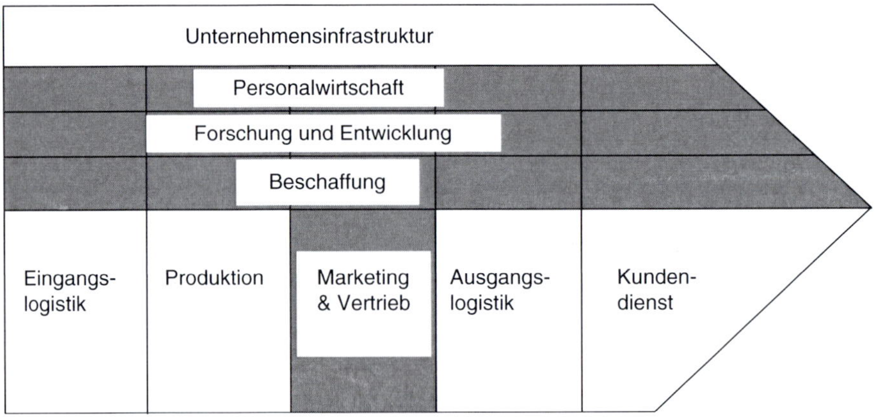

Abb. 1 Nutzungsmöglichkeiten des Business Networkings in der Wertkette (in Anlehnung an Porter 2000, S 66)

mehr die Vernetzung von Menschen selbst im Vordergrund steht. Sie bieten daher im Bereich der Personalwirtschaft ein großes Potenzial für die Personalbeschaffung, aber auch die Personalbewertung (Hartl et al. 1998). Aufgrund dieser Tatsache sind bereits viele Headhunter in den Netzwerken aktiv. Die Recherche im Internet gehört für die meisten Personaler seit langer Zeit zum täglichen Handwerk. Business Netzwerke werden dagegen erst seit kurzer Zeit systematisch genutzt. In Business Netzwerken ist ein Großteil der Mitglieder recht auskunftsfreudig, was Informationen über ihren beruflichen Werdegang und berufliche Interessen angeht (Sohn 2007). Dadurch ergibt sich die Möglichkeit, gezielt über Qualifikationen, Firmenzugehörigkeiten und Positionen nach potenziellen Kandidaten zu suchen und diese zu kontaktieren. So wird es möglich, auch Passivsucher – also Arbeitnehmer, welche derzeit angestellt sind und aktiv keine neue Stelle suchen – anzusprechen (Gillies 2007). Die Kontaktierung sollte jedoch mit „Fingerspitzengefühl" vorgenommen und im Idealfall durch gemeinsame Kontakte gestützt werden. Gemeinsame Kontaktverbindungen, d. h. „Weak ties" reichern den Personalbeschaffungsprozess um den Faktor Vertrauen an, wenn über eine gemeinsam bekannte Person eine Kontaktaufnahme erfolgt. Ähnlich verhält es sich auch mit Empfehlungen, die durch gemeinsame Kontaktverbindungen im Recruiting-Prozess vorgeschlagen werden.

Vor allem jüngere Arbeitnehmer nutzen soziale Netzwerke im Web 2.0, um sich beruflich weiterzuentwickeln (Blaß 2007) und erwarten von ihren zukünftigen Arbeitgebern ein entsprechend innovatives Arbeitsumfeld. Dies bedeutet, dass sich die Personalbeschaffungsmaßnahmen von Unternehmen an das veränderte Verhalten der potenziellen Arbeitskräfte anpassen müssen, um hoch qualifiziertes Personal akquirieren zu können.

Mitglieder von Business Networking Plattformen sind bisher vorrangig im unteren bis mittleren Management des Vertriebs, in Fachabteilungen, im Consulting sowie in der Dienstleistungsbranche tätig. Für das Recruiting für Positionen im Top-Management sind Networking Plattformen dementsprechend weniger gut geeignet (Gillies 2007). Dieser Bereich wird auch weiterhin überwiegend klassischen Headhuntern mit eher persönlichen als plattformbezogenen Recruitingstrategien vorbehalten bleiben.

Zusätzliche Potenziale ergeben sich für Personaler in der Personalbewertung. Die Bewertung von Bewerbern kann so über die Bewerbungsunterlagen und Bewerbungsgespräche auch mit den Informationen aus dem Netzwerk angereichert werden. Über ggf. gemeinsame Kontaktpersonen können Einschätzungen Dritter über das berufliche Verhalten und Können eingeholt werden, was in konventionellen Bewerbungsprozessen deutlich schwieriger realisierbar ist.

Als dritte Möglichkeit bieten Business Networks die Möglichkeit, mit ehemaligen Mitarbeitern in Alumni-Netzwerken unkompliziert in Kontakt zu bleiben, um ein Networking über die Zeit der Firmenzugehörigkeit hinaus zu gewährleisten. Dieses Feld wurde bislang fast ausschließlich von Professional Service Firms wie Beratungsunternehmen genutzt. Mit kürzer werdenden Verweildauern von Mitarbeitern in Unternehmen werden Alumni jedoch auch für andere Branchen zur wichtigen Ressource, die es systematisch zu pflegen gilt.

3.2   Forschung und Entwicklung

Im Bereich Forschung und Entwicklung zeigen sich Potenziale der Business Netzwerke vor allem im Bereich der Kooperationsanbahnung. Über gezielte Such- und
Matchingfunktionen können Unternehmen nach geeigneten Kooperationspartnern
recherchieren und diese kontaktieren, die sie außerhalb der Plattform nicht oder nur
mit großem Aufwand hätten finden können. Auch hierbei stellen die „Weak ties"
zwischen den Mitgliedern den wesentlichen Faktor zur Herstellung des initialen
Vertrauens während der Kooperationsanbahnung dar.

Eine Realisierung des oft propagierten Ideen- und Wissensaustausches durch offene Informations- und Kommunikationsstrukturen in Business Netzwerken ist für
den Bereich Forschung und Entwicklung aufgrund der Sensibilität der Informationen lediglich in unternehmensinternen Business Netzwerken zu erwarten (Cyganski 2008). Hierbei können Mitarbeiter und Geschäftspartner eine gemeinsame Wis-
sens- und Informationsbasis entwickeln, welche den fachlichen Austausch forciert
und aktuelle Projekte, Probleme, Themen aber auch Know-How dokumentiert. Die
gegenseitige Unterstützung und Kooperation zwischen den Mitarbeitern und den
Geschäftspartnern wird im Sinne eines Informationsmanagements (Krcmar 2005)
durch interne Business Netzwerke gefördert.

3.3   Beschaffung

Wie im Bereich Forschung und Entwicklung bieten Business Communities auch in
der Beschaffung die Möglichkeit, gezielt nach Branchen und Produkten zu suchen
und somit potenzielle Zulieferungsfirmen zu ermitteln und zu kontaktieren. Interessant sind derartige Strategien insbesondere in „People's Businesses", also bei
schlecht beschreibbaren Leistungen, bei denen Human- und Beziehungsfaktoren
eine zentrale Rolle für den Erfolg der Transaktion spielen (z. B. Beratung oder Coaching). Reputation, Erfahrungen anderer Nutzer und gemeinsame Kontakte können
bei derartigen Leistungen die Unsicherheit der beteiligten Parteien entscheidend
reduzieren und damit Transaktionskosten senken.

Darüber hinaus besteht die Möglichkeit, die bestehenden Kontakte mit den
Geschäftspartnern online zu pflegen und mit diesen auch nach Beendigung eines
Auftrages bzw. einer Zusammenarbeit im fachlichen Austausch zu bleiben, um
potenzielle neue Aufträge oder Ideen zur Zusammenarbeit zu entwickeln. Dadurch
werden die „Weak ties" zwischen den Mitgliedern aufrechterhalten und können bei
Bedarf wieder aktiviert werden.

3.4   Marketing und Vertrieb

Business Networking Plattformen lassen sich als Intermediäre zwischen einzelnen
Mitgliedern interpretieren, da sie eine Informationsplattform für Marktteilnehmer

bereitstellen (Picot et al. 2003). Mitglieder treten hierbei situationsspezifisch in unterschiedlichen Rollen auf, z. B. als Anbieter oder Nachfrager von Produkten oder Leistungen, als Informationssuchender oder Stellenanbieter. Ein Unternehmen kann seine Präsenz im Internet erhöhen, wenn seine Mitarbeiter in Business Networking Plattformen aktiv tätig sind. So wird ein dynamisches, innovatives Image gefördert und das Unternehmen in der Community repräsentiert.

Werbung wird in Business Networking Plattformen dagegen häufig als störend empfunden bzw. vom Plattformanbieter untersagt. Dennoch bietet sich z. T. die Möglichkeit, so genannte Premium-Gruppen aufzubauen, in welchen einem Mitgliederkreis exklusive Inhalte bzw. Themen durch ein Unternehmen angeboten werden (z. B. die *Apple* oder *brand eins* Community bei *Xing*). Diese Gruppen können zur Steigerung der Bekanntheit des Unternehmens genutzt werden. Hierbei ist darauf hinzuweisen, dass diese Gruppen vorrangig für Premium-Consumer-Produkte geeignet sind. Die emotionale Bindung der Netzwerkmitglieder an eine Marke kann nur dann für ein Unternehmen erfolgreich eingesetzt werden, wenn es sich um seltene, limitierte und prestigeträchtige Produkte mit hoher emotionaler Aufladung handelt (Drüner et al. 2007).

Im Zuge des veränderten Nutzerverhaltens im Internet haben sich u. a. in den Business Netzwerken Kommunikationsformen herausgebildet, in denen die Nutzer über Produkte und Dienstleistungen von Organisationen diskutieren und ihre Meinungen hinterlassen. Hierbei ist zu beobachten, dass Nutzer konstruktive, innovative und lösungsorientierte Beiträge erzeugen. Unternehmen können diese Netzwerke als zusätzliche Informationskanäle der Marktbeobachtung nutzen, indem sie eine entsprechende Analyse und ein Monitoring der Inhalte durchführen. Durch den direkten Kundenkontakt können Verbesserungsvorschläge, Trends und innovative Entwicklungen schneller erkannt und verwirklicht werden. Die Weiterentwicklung der Produkte und Dienstleistungen kann sich somit stärker an den Kundenbedürfnissen orientieren. Ist die Aktivität in einer Premium-Gruppe allerdings gering oder lassen sich zunehmend negative Kommentare lesen, dann kann der gegenteilige Effekt eintreten und das Unternehmensimage geschädigt werden.

Vertriebsseitig können Kontakte zu Geschäftspartnern online unkompliziert und über lange Zeit gepflegt sowie das Netzwerk als zusätzlicher Absatzkanal genutzt werden. Jedoch ist auch hierbei zwischen unterschiedlichen Produkten und Geschäftstypen zu differenzieren. Für den Business-to-Consumer-Bereich sind Business Netzwerke naturgemäß eher ungeeignet. Eine hohe Relevanz können sie jedoch für das Business-to-Business-Segment besitzen, insbesondere wenn es sich um schwach strukturierte, kundenindividuelle Produkte und Dienstleistungen handelt. Vertriebsangestellte können über das Netzwerk gezielt nach potenziellen Kunden suchen und diese kontaktieren. Weiterhin ist es möglich, mit potenziellen Abnehmern in einen fachlichen Austausch über mögliche Zusammenarbeit zu gelangen. Wichtig ist jedoch auch hierbei die Beachtung des jeweiligen Kontextes: Ein zu aggressives Marketing widerspricht den Gepflogenheiten und Kundenerwartungen in vielen sozialen Netzwerken und kann daher auch kontraproduktiv sein. Wenn diese Usancen jedoch beachtet werden und sich der Vertrieb weniger an den eigenen Leistungen als vielmehr an den jeweiligen Kundenproblemen orientiert, können Business Networks zu einer effektiven Vermarktungsplattform für Unternehmen werden.

3.5 Bereichsübergreifende Potenziale

Neben den aufgeführten Möglichkeiten Business Communities zu nutzen, lassen sich für Unternehmen weitere Aktivitäten und Potenziale identifizieren, welche sich bereichsübergreifend in der Wertkette nutzbar machen lassen. Dazu zählen der Wissens- und Informationsaustausch sowie die Kooperationsanbahnung.

Das Nutzerverhalten im Web 2.0 zeichnet sich nicht zuletzt durch eine offenere Kommunikation aus. Nutzer diskutieren verschiedenste Themen, Produkte und Dienstleistungen und sind bereit, ihr persönliches Wissen mit der Community zu teilen. Die Verbindung von Gruppen- und Massenkommunikation ermöglicht dabei auch in sehr speziellen Wissensgebieten den fachlichen Austausch mit anderen Experten. Das zuvor verteilte Wissen wird dadurch vernetzt und es entsteht u. U. eine „kollektive Intelligenz" (Lévy 1998). Die Wissensverteilung wird durch Business Communities wesentlich erleichtert, da sowohl die gegenseitige Kontaktaufnahme, die Möglichkeit zur gezielten Suche als auch die Bereitschaft zur Informationsweitergabe vorhanden sind (Jung et al. 2007).

Dufft (2007) konstatiert vor dem Hintergrund der Globalisierung und der Entwicklungen im Web 2.0 eine zunehmende Fragmentierung von Wertschöpfungsketten und eine Veränderung hin zu Wertschöpfungsnetzwerken. Business Communities bieten in diesem Zusammenhang die Möglichkeit der Kooperationsanbahnung und -unterstützung. Sie reduzieren die Transaktionskosten bei der Such- und Match-makingfunktion (Schlichter et al. 2003; Wagner 2004).

Besonders relevantes, bisher meist ungenutztes Potenzial zur Kooperationsanbahnung bietet sich dabei durch die Aktivierung sozialen Kapitals der Mitarbeiter und ggf. Partner über Business-Networking-Plattformen (Cyganski 2007). Ein erheblicher Anteil an Kooperationen basiert auf persönlichen Kontakten der Mitarbeiter eines Unternehmens, also auf sozialem Kapital (Thomé et al. 2003).

> Unter sozialem Kapital versteht man einen Aspekt der Sozialstruktur, der individuellen oder korporativen Akteuren breitere Handlungsmöglichkeiten eröffnet, ihnen also z. B. unternehmerische Profite ermöglicht oder die Koordination ihrer Handlungsabsichten zu kollektiver Aktion erleichtert (Jansen 2000, S 37).

Über existierende „Strong-" und „Weak ties" können externe Kontakte der Mitarbeiter genutzt und so genannte strukturelle Löcher überwunden werden (Jansen 1999). Hierbei sind vor allem die schwachen Verbindungen wertvoll, da sie neue Informationen und Normen liefern, große Distanzen in Netzwerken überbrücken können und für Mobilitäts-, Modernisierungs-, Innovations- und Diffusionsbeziehungen von Bedeutung sind (Jansen 2000). Die Bildung sozialen Kapitals in Form der Weitergabe von Informationen verpflichtet den Informationsempfänger umso mehr, je wahrscheinlicher die weitergeleitete Information zum ökonomischen Erfolg führen kann (Schechler 2002). Hier können Unternehmen mittels Business Networking das soziale Kapital ihrer Mitarbeiter nutzen, um ökonomischen Mehrwert daraus zu generieren. So können z. B. Expertennetzwerke entstehen, welche die Globalisierung des geschäftsrelevanten Wissens unterstützen (Schütt 2007). Die Networking-Kontakte sind außerdem über die bereits vorhandenen „Weak ties" durch den Faktor Vertrauen angereichert (Teten u. Allen 2005) und verfügen so über eine erhöhte Verbindlichkeit. Damit entfällt die in der Anbahnungsphase von Kooperationen typische Reziprozität von Vertrauen und der eigenen Vorleistung, da eine Vertrauensbasis bereits besteht.

4 Operative Nutzung von Business Netzwerken in Unternehmen

Mit der Verwendung von Business Networking Plattformen gehen Änderungsprozesse im organisatorischen, personellen und kulturellen Bereich einher. Diese werden im Folgenden aufgezeigt.

4.1 Organisatorische Änderungen

Durch die Nutzung von virtuellen Netzwerken werden die Grenzen von Organisationen, Arbeitsgruppen und Gemeinschaften oft verwischt oder verschoben (vgl. Wellmann 2000). Die zunehmende Selbstorganisation der Mitarbeiter und Teams unterstützt flachere Hierarchien. Flachere Organisation und Aufgabenintegration führen zu verstärkter Verlagerung von Verantwortung, Handlungs- und Entscheidungsspielräumen zu den Mitarbeitern (Picot et al. 2003). Dezentrale Entscheidungen werden forciert, weshalb die Ausübung von Macht zunehmend über sozialen Einfluss möglich wird und weniger über das Rollenverständnis. Rollenmuster können sich durch erweiterten Handlungs- und Entscheidungsspielraum ändern. Dennoch muss den Mitarbeitern eine aufgabenbezogene Perspektive mit einem strukturellen Rahmen aufzeigt werden, damit sie in die Lage versetzt werden, sich trotz erweiterter Spielräume unter Berücksichtigung der Markt- und Ressourcensituation an den übergeordneten Unternehmenszielen zu orientieren (Frese 2002). Da Kontakte und Kooperationen zwischen Organisationen häufig hierarchieübergreifend stattfinden, steigt der Koordinationsbedarf in der Organisation (Thomé et al. 2003), etwa aufgrund entstandener Ressourceninterdependenzen, die abgestimmt werden müssen (Lang u. Utikal 2002). Die Koordination wird dadurch erschwert, dass aufgrund der Eigenverantwortlichkeit der Mitarbeiter die Kontrollmöglichkeiten des Managements eingeschränkt sind. Brettel u. Heinemann (2003) schlagen dazu vor, Vertrauen als Substitut von Kontrolle anzuwenden, um die Kontrollkosten abzubauen. Dementsprechend erfordert die aktive Nutzung sozialer Netzwerke – analog zum Einsatz von Informations- und Kommunikationstechnik in anderen Bereichen – eine besondere Organisation und einen angemessenen Führungsstil.

Der höhere Grad an Zusammenarbeit bedingt überdies die Schaffung von internen und ggf. auch externen Schnittstellen (Becker u. Schütte 1996), wodurch der Informationsbedarf der Mitarbeiter zunimmt (Lang u. Utikal 2002). Der Informationsaustausch erfolgt oft schnell und unbürokratisch ohne die formale Beachtung der Hierarchien, die dadurch unschärfer werden (Schechler 2002). Aufgrund zunehmender Kommunikation besteht vor allem beim Management die Gefahr des Information Overload (Stegbauer 2001).

Mit verbesserter Information der Mitarbeiter steigt zugleich deren Bereitschaft und Einfluss auf Innovationen und den organisatorischen Wandel (Hansmann et al. 2002). Die Reorganisation erfolgt verstärkt durch den aufgrund der Kommunikations- und Kooperationsmöglichkeiten erzeugten Handlungsdruck (Bea u. Göbel 1999), der von den Mitarbeitern an das Management herangetragen wird. Insofern erfordert die Nutzung sozialer Netzwerke nicht nur eine besondere Organisation, sondern verändert darüber hinaus die klassische Rollenverteilung zwischen Mitarbeiter und Management.

4.2 Personelle Änderungen

Um die Potenziale sozialer Netzwerke für Unternehmen zu realisieren, müssen Mitarbeiter selbst aktiv werden. Sie nutzen dabei ihre eigenen Kontakte und bauen zugleich neue Beziehungen für das Unternehmen, aber auch für sich selbst auf. Diese Vermischung von persönlichen und geschäftlichen Sphären ist nur dann tragfähig, wenn darüber ein Konsens zwischen Mitarbeitern und Management besteht. Bei fehlendem Commitment vor allem auf der Managementebene ist die erfolgreiche Umsetzung der Strategie gefährdet (Hansmann et al. 2002). Das Management und zugleich die Unternehmenskultur müssen dazu zukunftsbezogen und kreativ sein sowie innovative Organisationsentwicklungen unterstützen. Zwischenbetriebliche und zwischenmenschliche Kooperationen müssen als Chance und nicht als Verlust von Macht und Einfluss begriffen werden. Das Management hat hierbei eine Vorreiterrolle. Der Mitarbeiter muss als wertvolle Ressource gesehen und in seiner Persönlichkeitsentfaltung unterstützt werden. Die Werte der Personalpolitik der Organisation müssen von daher durch Partizipation, Selbstbestimmung, Gemeinschaft und Vertrauen geprägt sein. Das Management muss sich dementsprechend von der Sicherung der Hierarchie und der eigenen Macht lösen, was in der Praxis eine besondere Herausforderung darstellt.

Personell ergeben sich weiterhin Veränderungen in der Rolle der Mitarbeiter und der Führungskräfte sowie darauf aufbauend in den Anforderungen der Personalbeschaffung. Picot et al. (2003) skizzieren die neue Rolle des Mitarbeiters als Teamworker und Beziehungsmanager, Innovator und Selbstentwickler, Fach- und Methodenspezialist sowie als Intrapreneur, also als Unternehmer im Unternehmen. Die Aufgabenbereiche des Mitarbeiters werden umfangreicher und komplexer, Entscheidungsspielräume und Verantwortungsbereiche nehmen zu. Deshalb wird in diesem Zusammenhang auch von „Employee Empowerment" gesprochen.

Aufgrund seiner innovativen Einstellung besitzt ein solcher Mitarbeiter ein erhöhtes Interesse an Fachthemen und an seiner Weiterbildung. Dazu nutzt er neben dem intraorganisationalen Wissensmanagement auch neue Lernstrukturen in virtuellen sozialen Netzwerken. Der Mitarbeiter selbst reflektiert darüber, wie er seine Fähigkeiten, Kenntnisse und Beziehungen gewinnbringend in die Organisation einbringen kann. Durch zunehmende Interaktion mit Dritten – seien es Kunden oder (potenzielle) Geschäftspartner – wird der Mitarbeiter zum Beziehungsmanager und Networker, der ein hohes Maß an Sozial- und Medienkompetenz besitzen muss. Über kommunikatives und unternehmerisches Verhalten hinaus entwickelt der Mitarbeiter spezifische Fachkenntnisse sowie eine ausgeprägte Methodenkompetenz, um seine neuen Aufgaben bewältigen zu können.

Die neue Rolle des Managers beschreiben Picot et al. (2003) als Networker, Visionär und Change Agent, Architekt, Designer und Coach sowie Entwickler und Förderer. Sein Aufgabenbereich verschiebt sich vom operativen Geschäft hin zu strategischen Aufgaben und der Mitarbeiterführung. Der Manager führt und fördert Mitarbeiter und Teams, indem er Rahmenentscheidungen trifft, Orientierung gibt, Konflikte erkennt und Vertrauen schafft. Zur Wahrnehmung seiner neuen Rolle benötigt der Manager hohe Sozialkompetenz, Integrationsfähigkeit und kognitive Fähigkeiten. Zentral ist hierbei der Begriff des „Boundary spanning", d. h. die Koordination und Führung in dezentralen Netzwerkstrukturen und Teams. Darüber hinaus agiert der Manager als strategischer Entscheider und Visionär, indem er durch Umweltbeobachtungen Kernkompetenzen und Kernprodukte der Organisation entwickelt und initiiert.

Aufgrund der beschriebenen Rollenverschiebung von Mitarbeitern und Managern ist es für die Organisation von zunehmender Bedeutung, entsprechend qualifiziertes und vernetztes Personal zu akquirieren und weiterzuentwickeln. Bereits heute nutzen Personalbeschaffer virtuelle Networking Plattformen, um sich nicht nur über fachliche Kompetenzen, sondern auch über die sozialen Beziehungen potenzieller Bewerber zu informieren (vgl. Abschn. 3.1).

Damit kommt es durch die ökonomische Nutzung virtueller sozialer Netzwerke zu Veränderungen in der Unternehmenskultur. Neue Kommunikationsformen, Arbeitsstrukturen und Verhaltensweisen wirken sich auf das Selbstverständnis, Führungsgrundsätze und die Transparenz des Unternehmens aus (Bienert 2007). Aber auch wenn aktives und offenes Verhalten gefördert wird, müssen die Unternehmensziele und die Organisationskultur den Rahmen für kooperatives Verhalten der Mitarbeiter und somit der Organisation selbst liefern. Die Interdependenz wird in letzter Instanz demnach weiter von der Unternehmenskultur bestimmt, die sich jedoch den neuen Umweltbedingungen anpassen muss.

5 Grenzen der Nutzung von Business Netzwerken für Unternehmen

Neben den aufgezeigten Chancen birgt die Nutzung von Business Communities auch Risiken, die ihren Einsatz begrenzen. Wichtig sind hierbei medientechnische, personelle und organisatorische Aspekte.

Medientechnische Grenzen ergeben sich aus den Eigenschaften von Netzwerken und Kommunikationssystemen. Das Metcalfesche Gesetz besagt, dass der Nutzen eines Kommunikationssystems annähernd quadratisch zur Anzahl seiner Nutzer steigt (Shapiro u. Varian 1999). Demnach wäre es für ein Unternehmen sinnvoll, Business Communities mit einer möglichst hohen Anzahl an Mitgliedern zu nutzen. Zu beachten ist aber mindestens auch die Qualität der Kontakte, bspw. wie hoch der Anteil an Mitgliedern derselben Branche oder in Verbindung stehender Branchen ist. Bislang dominieren in Business Communities offenbar die Mitglieder wissensintensiver Branchen.

Ein limitierender Faktor des Metcalfeschen Gesetzes ist die begrenzte menschliche Informationsverarbeitungskapazität. Zuviel Information kann zu einem „Information Overload" führen (Stegbauer 2001). Infolgedessen können Suchanfragen im Netzwerk verhältnismäßig zeitintensiv sein. Darüber hinaus ist der Nutzen des Gebrauchs von Business Communities nur schwer zu bewerten, was das Controlling dieses Ansatzes erschwert.

Ein personeller Aspekt ist die Beteiligung der Mitarbeiter und des Managements. Virtuelle soziale Netzwerke leben davon, dass die Mitglieder aktiv Inhalte erzeugen, diese diskutieren und Beziehungen untereinander knüpfen. Die Mitarbeiter des Unternehmens müssen demnach dazu bereit sein, Business Networking Plattformen zu nutzen und ggf. ihr Wissen darüber zu teilen. Es ist jedoch fraglich, ob die im Freizeitbereich festgestellte Bereitschaft zum Wissensaustausch und zur gegenseitigen Unterstützung in den beruflichen Bereich zu übernehmen ist, da im beruflichen Umfeld vorwiegend der Informationsvorsprung aus informellen Netzwerken genutzt wird (Burt 2000).

Managementseitig muss gewährleistet sein, dass das Engagement der Mitarbeiter in Business Communities unterstützt und als Bestandteil der Arbeit betrachtet wird. Dieses Commitment des Managements ist darüber hinaus eng mit der Anpassung der organisatorischen und personellen Gegebenheiten, als auch mit der Unternehmenskultur verbunden. Letztere muss sich zunehmend innovativ und zukunftorientiert gestalten, um Netzwerkaktivitäten zu etablieren.

Ein Risiko bei der Nutzung von Business Communities ist, dass Mitarbeiter durch Personaler anderer Unternehmen abgeworben werden können, was, wie in Abschn. 3 ausführlich beschrieben, durchaus üblich ist. Risiken entstehen auch in der operativen Nutzung von Business Netzwerken. Dabei sind netzwerktypische Verhaltensweisen zu beachten, was geschäftliche Aktivitäten wie ein aggressives Marketing ausschließt.

Werden Business Communities als Marketinginstrument genutzt, bestehen Einschränkungen, da das Unternehmen das Netzwerk nur eingeschränkt kontrollieren und beeinflussen kann. Bei der Entstehung von Netzwerken oder Premium-Gruppen ist zu beobachten, dass der Großteil von ihnen auf Initiative von Konsumenten entstanden ist. Dadurch stellt sich die grundsätzliche Frage, ob entsprechende Aktivitäten von Unternehmensseite überhaupt erfolgversprechend sein können (Drüner et al. 2007).

Der oft propagierte Ideen- und Wissensaustausch in wissensintensiven Arbeitseinheiten (z. B. Forschung und Entwicklung) ist als bedenklich zu betrachten, da hier bereits unternehmensintern Konkurrenzsituationen herrschen können und es so nicht zu einem freien Austausch kommt (Lochmeier 2007). Im zwischenbetrieblichen Bereich ist ein Wissensaustausch naturgemäß kritischer als im innerbetrieblichen Bereich. Er kann jedoch in dem Maße erleichtert werden, wie sich Vertrauen aufbauen und sichtbar machen lässt, z. B. durch Reputation in Form sichtbarer Kontakte zu vertrauenswürdigen Dritten oder durch positive Statements anderer Nutzer (wie etwa auf der Plattform *LinkedIn*). Da dieses Vertrauenskapital bei Missbrauch auch wieder entzogen werden kann, stellt Reputation in diesem Kontext eine Art „Geisel" dar und trägt damit zur Absicherung riskanter Vorleistungen bei. Je besser dies gelingt, desto größer ist die Chance, langfristig für alle Beteiligten positive Spill-over-Effekte ausnutzen zu können, wie sie in realen persönlichen Netzwerken bekannt sind. Darüber hinaus bergen virtuelle soziale Netzwerke die Gefahr des ungewollten Wissensabflusses (Thomé et al. 2003) sowie die Verbreitung ungesicherten Wissens (Krasser u. Foerster 2007). Hierbei müssen die Mitarbeiter darauf hingewiesen werden, wie mit entsprechenden Informationen zu verfahren ist, da im Zweifelsfall rechtliche Probleme mit der Verbreitung und Nutzung einhergehen können.

6 Ausblick

Die Entwicklungen des Web 2.0 haben neue Möglichkeiten geschaffen, soziale Netzwerke aufzubauen und zu nutzen. Dennoch sind diese Potenziale von Unternehmen bisher strategisch wenig erschlossen, die private Nutzung dominiert. Soziale Netzwerke bieten Unternehmen aufgrund ihrer Rolle als Intermediär aber besondere Möglichkeiten der geschäftlichen Nutzung.

In der organisationalen Wertkette nach Porter zeigen sich besondere Potenziale der Nutzung sozialer Netzwerke im Zuge von Aktivitäten, bei welchen Personen, Kontakte und Wissen im Vordergrund stehen. Hier ergeben sich Unterstützungspotenziale vorrangig für unterstützende Aktivitäten wie der Personalwirtschaft, der Forschung und Entwicklung und der Beschaffung, aber auch für primäre Aktivitäten wie dem Marketing und Vertrieb. Darüber hinaus liefern Business Communities für die gesamte Wertkette Potenziale in den Bereichen des Informations- und Wissensaustauschs sowie der Kooperationsanbahnung. Insbesondere die Aktivierung und Nutzung der „Weak ties", also dem sozialen Kapital der Mitarbeiter, bieten bisher meist ungenutztes Potenzial der geschäftlichen Nutzung im Bereich der Kooperationsinitiierung und des Wissensaustausches.

Trotz der vielfältigen Möglichkeiten, die die geschäftliche Nutzung von Business Communities für Unternehmen bieten, sind der Nutzung auch Grenzen technischer, personeller und organisatorischer Natur gesetzt. Die wohl stringentesten Beschränkungen werden durch die „ungeschriebenen" Verhaltenscodizes der Netzwerke gegeben, indem z. B. zu aggressives Auftreten in den Netzwerken negativ gewertet wird. Hierbei kann ein Teil der Ideen zur geschäftlichen Nutzung der Netzwerke nicht umgesetzt werden. Im personellen Bereich stellen die Gefahr der Personalabwerbung als auch die Bereitschaft der Mitarbeiter, ihre persönlichen Kontakte beruflich zu nutzen, begrenzende Faktoren dar.

Werden soziale Netzwerke in den Unternehmen geschäftlich genutzt, gehen damit gravierende Veränderungen auf der organisatorischen, aber auch auf der personellen Ebene einher. Durch ausgeweitete Aufgabenbereiche, Handlungs- und Entscheidungsspielräume, Verantwortlichkeiten und verändertem Kommunikationsverhalten kommt es zum Abbau von Hierarchien. Dahingegen steigen der Koordinationsbedarf der Organisation und der Informationsbedarf der Mitarbeiter. Personelle Veränderungen zeichnen sich in einer Veränderung der Rolle des Mitarbeiters und des Managements und nicht zuletzt in einer offenen und innovativen Organisationskultur aus.

Die geschäftliche Nutzung von Business Communities befindet sich derzeit noch in einem frühen Stadium der Entwicklung. Werden Business Communities geschäftlich genutzt, so bezieht sich deren Nutzung zumeist auf die Initiative einzelner Mitarbeiter oder aber auf die Nutzung unternehmensinterner Netzwerke. Eine strategische Nutzung der Netzwerke ist bisher meist nicht gegeben. Darüber hinaus ist eine hohe Relevanz der Netzwerke im Business-to-Business-Bereich zu erwarten, wobei der Business-to-Consumer-Bereich für die geschäftliche Nutzung über soziale Netzwerke eher ungeeignet ist. Insbesondere im Zusammenhang mit schwach strukturierten, kundenindividuellen Produkten und Dienstleistungen ist künftig eine verstärkte Nutzung der Netzwerke zu erwarten.

Literatur

Bea FX, Göbel E (1999) Organisation: Theorie und Gestaltung, 1. Aufl. Lucius & Lucius Verlag, Stuttgart

Becker J, Schütte R (1996) Handelsinformationssysteme. Verlag Moderne Industrie, Landsberg/ Lech

Bienert J (2007) Web 2.0: Die Demokratisierung des Internet. IM Inf Manage Consult 1/2007:6–14

Blaß B (2007) Recruitieren mit Web 2.0. http://hr.monster.de/11942_de-DE_p1.asp. Zugegriffen: 18. Juni 2007

Bommes M, Tacke V (2006) Das Allgemeine und das Besondere des Netzwerkes. In: Hollstein B, Strauß F (Hrsg) Qualitative Netzwerkanalyse: Konzepte, Methoden, Anwendungen. Verlag für Sozialwissenschaften, Wiesbaden, S 37–62

Brettel M, Heinemann F (2003) Die Bedeutung von Vertrauen und Kontrolle im Rahmen von Online-Kooperationen: Eine Analyse aus theoretischer und praktischer Sicht. In: Büttgen M, Lücke F (Hrsg) Online-Kooperationen: Erfolg im E-Business durch strategische Partnerschaften. Gabler Verlag, Wiesbaden, S 407–422

Burt RS (2000) Structural Holes versus Network Closure as Social Capital. University of Chicago and Institute Européen d'Administration d'Affaires (INSEAD). http://faculty.chicagogsb.edu/ronald.burt/research/SHNC.pdf. Zugegriffen: 29. März 2007

Cyganski, P (2008) Soziale Netzwerke im Web 2.0: Chancen, Risiken und Veränderungen in Organisationen. In: Becker J, Knackstedt J, Pfeiffer D (Hrsg) Wertschöpfungsnetzwerke: Konzepte für das Netzwerkmanagement und Potenziale aktueller Informationstechnologien. Springer, Heidelberg, S 305–324

Dollhausen K, Wehner J (2000) Virtuelle Gruppen: gesellschafts- und medientheoretische Überlegungen zu einem neuen Gegenstand soziologischer Forschung. In: Thiedeke U (Hrsg) Virtuelle Gruppen: Charakteristika und Problemdimensionen. Westdeutscher Verlag, Wiesbaden, S 74–93

Drüner M, Rattay R, Kröger S (2007) Web 2.0: Schneller mehr wissen: Informationsvorsprung durch Nutzung neuer Rückkanäle. IM Inf Manage Consult 1/2007:35–42

Dufft N (2007) Web 2.0: Kooperieren, nicht kontrollieren. CW executive briefing: Web 2.0, S 15–17

Frese E (2002) Theorie der Organisationsgestaltung und netzbasierte Kommunikationseffekte: Das organisatorische Gestaltungspotenzial von Internet und Intranet. In: Frese E, Stöber H (Hrsg) E-Organisation: Strategische und organisatorische Herausforderungen des Internet. Gabler Verlag, Wiesbaden, S 191–241

Gillies C (2007) Web 2.0 erreicht den Arbeitsmarkt. CW executive briefing: Web 2.0, S 9–10

Granovetter M (1973) The strength of weak ties. Am J Sociol 78:1360–1380

Granovetter M (1982) The strength of weak ties: a network theory revisited. In: Mardsen P, Lin N (Hrsg) Social structure and network analysis. Sage, Beverly Hills, S 105–130

Granovetter M (1995) Getting a job: a study of contacts and careers. Harvard University Press, Chicago

Hansmann H, Laske M, Luxem R (2002) Einführung der Prozesse: Prozess-Roll-out. In: Becker J, Kugeler M, Rosemann M (Hrsg) Prozessmanagement: Ein Leitfaden zur prozessorientierten Organisationsgestaltung, 3. Aufl. Springer Verlag, Berlin, S 265–295

Hartl M, Kieser H, Ott J et al. (1998) Soziale Beziehungen und Personalauswahl: Eine empirische Studie über den Einfluß des kulturellen und sozialen Kapitals auf die Personalrekrutierung. Hampp Verlag, München/Mering

Hollstein B (2006) Qualitative Methoden und Netzwerkanalyse – ein Widerspruch? In: Hollstein B, Strauß F (Hrsg) Qualitative Netzwerkanalyse: Konzepte, Methoden, Anwendungen. Verlag für Sozialwissenschaften, Wiesbaden, S 11–35

Jansen D (1999) Einführung in die Netzwerkanalyse: Grundlagen, Methoden, Anwendungen. Leske + Budrich Verlag, Opladen

Jansen D (2000) Netzwerke und soziales Kapital: Methoden zur Analyse struktureller Einbettung. In: Weyer J (Hrsg) Soziale Netzwerke: Konzepte und Methoden der sozialwissenschaftlichen Netzwerkforschung. Oldenbourg Verlag, München, S 35–62

Jung R, Bruck J, Quarg S (2007) Allgemeine Managementlehre: Lehrbuch für die angewandte Unternehmens- und Personalführung, 2. Aufl. Erich Schmidt Verlag, Berlin

Karla J (2007) Geschäftsmodelle und technologische Realisierung von Web 2.0-Publikumsdiensten. IM Inf Manage Consult 1/2007:30–34

Krasser N, Foerster M (2007) Web 2.0: Ein neuer Hype oder nachhaltiger Nutzen für Unternehmen? IM Inf Manage & Consult 1/2007:51–56

Krcmar H (2005) Informationsmanagement, 4. Aufl. Springer Verlag, Berlin

Lang C, Utikal H (2002) Organisatorische Impulse durch Internet-Technologie und technologieinduzierte Strategien. In: Frese E, Stöber H (Hrsg) E-Organisation: Strategische und organisatorische Herausforderungen des Internet. Gabler Verlag, Wiesbaden, S 155–189

Lévy P (1998) Die kollektive Intelligenz: Für eine Anthropologie des Cyberspace. Bollmann Verlag, Köln

Lochmeier L (2007) Web 2.0 im Business-Bereich: Bloggen oder lieber blocken? ZDNet Deutschland IT Business. http://www.zdnet.de/itmanager/print_this.htm?pid=39153516-11000009c. Zugegriffen: 18. Juni 2007

Picot A, Reichwald R, Wigand RT (2003) Die grenzenlose Unternehmung: Information, Organisation und Management, 5. Aufl. Gabler Verlag, Wiesbaden

Porter ME (2000) Wettbewerbsvorteile: Spitzenleistungen erreichen und behaupten, 6. Aufl. Campus-Verlag, Frankfurt am Main

Schechler JM (2002) Sozialkapital und Netzwerkökonomik. Lang Verlag, Frankfurt am Main

Schlichter J, Büssing A, Reichwald R (2003) Telekooperation in Beziehungsnetzwerken für informationsbezogene Dienstleistungen (TiBiD). TU München. http://www11.informatik. tu-uenchen.de/publications/pdf/Schlichter2003a.pdf. Zugegriffen: 30. März 2007

Schütt P (2007) Web 2.0 und Social Software. IM Inf Manage Consult 1/2007:15–18

Shapiro C, Varian HR (1999) Information Rules: A Strategic Guide to the Network Economy. Harvard Business School Press, Boston (MA)

Sohn G (2007) Jobmarkt 2.0 löst Anzeigenschaltung ab. Portal der Wirtschaft. http://www. portalderwirtschaft.de/pm/index.php?w=det&ID=31419. Zugegriffen: 18. Juni 2007

Stegbauer CH (2001) Grenzen virtueller Gemeinschaft: Strukturen internetbasierter Komunikationsforen. Westdeutscher Verlag, Wiesbaden.

Teten D, Allen S (2005) The virtual handshake: opening doors and closing deals online. McGraw-Hill Professional, New York

Thomé U, von Kortzfleisch HFO, Szyperski N (2003) Kooperations-Engineering: Prinzipien, Methoden und Werkzeuge. In: Büttgen M, Lücke F (Hrsg) Online-Kooperationen: Erfolg im E-Business durch strategische Partnerschaften. Gabler Verlag, Wiesbaden, S 41–58

Wagner M (2004) Business Networking im Internet: Interaktive Anbahnung von Kooperationen in Unternehmensnetzwerken. Deutscher Universitäts-Verlag, Wiesbaden

Walsh G, Kilian T, Hass BH (2011) Grundlagen des Web 2.0. In: Walsh G, Hass BH, Kilian T (Hrsg) Web 2.0: Neue Perspektiven für Marketing und Medien, 2. Aufl. Springer, Berlin, S 3–19

Wellmann B (2000) Die elektronische Gruppe als soziales Netzwerk. In: Thiedeke U (Hrsg) Virtuelle Gruppen: Charakteristika und Problemdimensionen. Westdeutscher Verlag, Wiesbaden, S 134–187

Weblogs in Unternehmen

Jan Schmidt

Inhalt

1   Einleitung[1]

Auch wenn Wikipedia, YouTube oder Netzwerkplattformen wie Facebook und studiVZ deutlich häufiger genutzt werden: Weblogs sind eine der prototypischen Anwendungen des Web 2.0. Sie unterstützen das Formieren neuer vernetzter Öffentlichkeiten, die die Leistungen des Journalismus und der professionellen Marktkommunikation ergänzen, diese aber auch herausfordern: Leitideen wie Authentizität, Dialogorientierung und dezentraler Austausch, die mit Weblogs verbunden sind, machen sie für eine Vielzahl von Personen attraktiv, die nach Alternativen zur oft als unauthentisch, gar manipulativ empfundenen Kommunikation von Massenmedien, Marketing und PR suchen. Indem sie die Merkmale bereits etablierter Online-Formate, namentlich der Homepage und des Diskussionsforums kombinieren, schließen Weblogs an bekannte Nutzungsmuster an, betonen aber deutlich stärker den Stellenwert des einzelnen Autors, der regelmäßig zu bestimmten Themen relevante Informationen publiziert.

---

[1]   Ich danke Nils König für hilfreiche Anmerkungen zu diesem Text.

J. Schmidt (✉)
Hans-Bredow-Institut, Dependance, Warburgstraße 8-10, 20354 Hamburg, Deutschland
E-Mail: j.schmidt@hans-bredow-institut.de

G. Walsh et al. (Hrsg.), *Web 2.0*,
DOI 10.1007/978-3-642-13787-7_7, © Springer-Verlag Berlin Heidelberg 2011

Auch Unternehmen binden in wachsendem Maße Weblogs in ihre Kommunikationsstrategien ein. Dieser Beitrag beschreibt aus einer kommunikationssoziologischen Perspektive zunächst überblicksartig das Format und das Konzept der „Blogging-Praktiken", mit dem sich die Vielzahl von Verwendungsweisen analytisch erfassen lässt. In einem weiteren Abschnitt widmet er sich dem Sonderfall der Corporate Blogs, wobei neben einem knappen Überblick zur Systematisierung vor allem Ergebnisse einer empirischen Studie vorgestellt werden, die deren Nutzer beschreiben hilft. Ein kurzes Fazit beschließt den Text.

2 Weblogs: Grundlagen und Praktiken

Formal definieren sich Weblogs als relativ regelmäßig aktualisierte Webseiten, auf denen Beiträge rückwärts chronologisch angeordnet und in der Regel separat kommentierbar sind. Durch die Kommentare von Lesern, aber auch durch Verlinkungen auf andere Online-Quellen innerhalb der einzelnen Beiträge entsteht ein Geflecht von aufeinander verweisenden Texten und verteilten Konversationen; die Gesamtheit aller Weblogs wird auch als „Blogosphäre" bezeichnet. Inhaltlich sind sie auf keine besonderen Themen festgelegt, weswegen sich eine Vielzahl unterschiedlicher Verwendungsweisen finden lassen, darunter Weblogs als persönliche Online-Journale, als themenspezifische Informationssammlungen, als zusätzlicher Kanal journalistisch bzw. redaktionell produzierter Publikationen oder als Instrument der Organisationskommunikation. Die genaue Anzahl aktiv geführter Weblogs ist nur schwer zu bestimmen: Die spezialisierte Suchmaschine *Blogpulse* erfasste Anfang 2009 mehr als 100 Mio. Weblogs weltweit (Parelli 2009), worunter allerdings auch solche Angebote fallen, die inzwischen nicht mehr aktualisiert werden. Für Deutschland gibt es keine verlässlichen Zahlen, nachdem der Dienst *Blogcensus* im Jahr 2008 wieder eingestellt wurde.

Um sich den verschiedenen Nutzungsweisen von Weblogs analytisch zu nähern, bietet sich das Konzept der „Praktiken des Bloggens" an (Schmidt 2006). Demnach erbringen Weblogs Leistungen des Identitäts-, Beziehungs- und Informationsmanagements, erlauben es also ihren Nutzern, a) Aspekte der eigenen Person (wie Meinungen, Erlebnisse, Kompetenzen o. ä.) im Internet zu veröffentlichen, darüber b) mit anderen Personen in Kontakt zu treten sowie c) in den entstehenden Öffentlichkeiten persönlich relevante Informationen zu rezipieren. Die Nutzung des Formats wird dabei von drei strukturellen Dimensionen gerahmt:

1. *Verwendungsregeln* umfassen Routinen und Erwartungen zum Gebrauch des Weblog-Formats, um spezifische kommunikative Gratifikationen zu erlangen. Darunter fallen einerseits ungeschriebene Normen, die sich im Laufe der Nutzung herausbilden (z. B. die Konvention, die Quelle einer Information durch einen Link kenntlich zu machen), andererseits Vorgaben, die außerhalb des Bloggens selbst liegen, dies aber beeinflussen (z. B. allgemeine Geschäftsbedingungen eines Providers, organisatorische „blogging policies" oder auch rechtliche

Rahmenbedingungen wie das Recht auf freie Meinungsäußerung). Insbesondere im Grenzbereich zum Online-Journalismus gibt es zudem Versuche, die oft impliziten Verhaltensregeln und Erwartungen in Form einer „Blogger-Ethik" zu explizieren (Beck 2008).

2. *Relationen* sind die hypertextuellen und sozialen Beziehungen, die mit Hilfe von Weblogs geknüpft oder aufrecht erhalten werden. Sie stellen die Grundlage für themenspezifische Öffentlichkeiten dar, innerhalb derer bestimmte Informationen publiziert und verbreitet werden (vgl. Katzenbach 2008). Dabei lassen sich große Unterschiede in der Reichweite feststellen: Eine kleine Anzahl von Weblogs erreicht eine große Anzahl von Personen, während die überwiegende Mehrheit der Angebote nur wenige Leser hat und im sogenannten „Long Tail" liegt. Vor allem die vielbesuchten Weblogs, die gelegentlich auch als „A-List" bezeichnet werden, können zur Verbreitung von Neuigkeiten und Meinungen beitragen, die aufgrund der vernetzten Struktur der Blogosphäre häufig virale Züge annimmt.

3. *Code* umfasst schließlich die softwaretechnischen Grundlagen, die spezifische Nutzungsweisen erst erlauben und andere ausschließen. Grundsätzlich lässt sich zwischen zwei Formen von Weblog-Software unterscheiden: Weblog-Provider wie blogger.com oder twoday.net sind spezialisierte Dienstleister, die registrierten Nutzern Speicherplatz und ein Interface zur Verfügung stellen, um ein Weblog zu führen. Sie erlauben es auch Personen mit vergleichsweise geringen IT-Kenntnissen, Texte, Bilder o. ä. zu publizieren. Demgegenüber setzt Standalone-Software gewisse technische Kompetenzen und eigenen Server-Speicherplatz voraus, bietet aber in der Regel deutlich mehr Optionen, Komponenten und Design des eigenen Weblogs zu modifizieren. Für beide Lösungen gibt es eine Vielzahl konkurrierender Angebote, die sich in ihren Funktionen deutlich unterscheiden (beispielhaft Bültge 2007).

Diese drei strukturellen Aspekte von Blogging-Praktiken wirken in der konkreten Nutzung zusammen. Beispielsweise können Nutzer des Providers *LiveJournal.com* andere registrierte Mitglieder als „Kontakte" hinzufügen und bei einzelnen Einträgen entscheiden, ob diese für alle Personen oder nur die eigenen Kontakte sichtbar sind. In den Code eingebaute Optionen unterstützen somit die Artikulation von sozialen Relationen, was sich wiederum auf individuelle Routinen und Erwartungen hinsichtlich der Publikation von persönlichen Inhalten auswirkt. Wichtig ist zudem zu erkennen, dass die strukturellen Dimensionen der Regeln, Relationen und des Code nicht statisch sind oder die Nutzung determinieren, sondern vielmehr von den Nutzern beständig (re)produziert werden. Im Lauf der Zeit kann es also zu Änderungen der Verwendungsweisen und der daraus resultierenden Netzwerke kommen. Auch die technischen Grundlagen von Weblogs unterliegen einem ständigen Wandel, da vor allem für populäre Lösungen wie „Wordpress" regelmäßig neue Plug-Ins und Widgets entwickelt werden, die zusätzliche Funktionen bereitstellen und den Austausch mit anderen webbasierten Diensten erleichtern.

Inzwischen liegen eine Vielzahl von empirischen Untersuchungen zu Nutzung und Konsequenzen von Weblogs vor (Überblicke finden sich bei Neuberger et al.

2007 sowie Schmidt 2007a). Ihnen zufolge dominieren in Weblogs die Praktik, Erlebnisse und Anekdoten aus dem persönlichen Alltag für ein relativ kleines Publikum zu publizieren. Die Nutzer des Formats sind tendenziell eher jung (bis 30 Jahre alt) und haben eine vergleichsweise hohe formale Bildung, d. h. Abitur und/oder ein Studium. Ungewöhnlich für eine so neue Anwendung ist der hohe Anteil von weiblichen Nutzern, die etwa die Hälfte aller aktiven Blogger ausmachen und unter den Autoren persönlicher Online-Journale sogar deutlich in der Mehrheit sind (Schmidt 2008).

Erste Längsschnittuntersuchungen haben ergeben, dass die individuellen Verwendungsweisen sich häufig wie folgt wandeln: Am Beginn der Aneignung steht meist eine „Experimentierphase", in der die Tauglichkeit des Formats für die persönlichen Informations- und Kommunikationsszwecke erprobt wird. Ein gewisser Anteil der Blogger beendet nach einigen Wochen oder Monaten die Nutzung wieder, weil die Lust verloren geht oder die Pflege des Weblogs sich als zu zeitaufwändig erweist. Bei den weiterhin aktiven Autoren stabilisieren sich in der Regel die Verwendungsweisen, während sich die durch das Bloggen geknüpften sozialen Netzwerke und das eigene Lektürerepertoire erweitert (Schmidt 2007b).

Nicht nur die Autoren, sondern auch die Leser von Weblogs unterscheiden sich in ihren Verwendungsweisen von Weblogs, also in den Routinen für den Umgang mit und Erwartungen an Weblogs als Informationsquelle. Tabelle 1 zeigt beispielhaft, an welchen Themen Leser von Weblogs interessiert sind (Schmidt et al. 2006). Demnach dominiert der Wunsch, in Weblogs Inhalte von persönlicher Relevanz lesen zu können sowie durch kommentierte Links auf andere interessante Inhalte im Internet aufmerksam gemacht zu werden. Daneben existiert eine Vielzahl von thematischen Interessen. Für die folgenden Abschnitte dieses Textes ist besonders

Tab. 1 Interesse an Themen in Weblogs (in%)

(N=1342)	Gesamt
Persönliche Erlebnisse, Episoden, Anekdoten	69,6
Kommentierte Links zu „Fundstücken" im Netz	56,2
Humor, Spaßiges	52,8
Hobbies, die ich teile	52,2
Computer, IT, Technik	41,7
Wissenschaft und Bildung	36,4
Rezensionen zu Filmen oder Büchern	34,9
Politik	31,7
Musik	30,6
Gedichte, Liedtexte, Kurzgeschichten	24,5
Reisen, andere Kulturen	23,7
Philosophie, Religion	21,5
Neuigkeiten und Ankündigungen aus Unternehmen	11,3
Andere Themen	10,4
Erotik	10,1
Wirtschaft, Finanzen	8,4
Sport	8,1

interessant, dass etwa jeder zehnte Befragte angibt, in Weblogs auch Neuigkeiten und Ankündigungen von Unternehmen lesen zu wollen.

3   Corporate Blogs

Die wachsende gesellschaftliche Verbreitung des Internets innerhalb der letzten zehn bis fünfzehn Jahre hat auch das Umfeld und die Mechanismen der Organisationskommunikation verändert (Zerfaß u. Sandhu 2008). Sowohl Informationsmanagement und Kollaboration innerhalb von Organisationen als auch die Kommunikation mit externen Stakeholdern – Kunden, Geschäftspartner, Journalisten, Investoren o. ä. – wird zunehmend über das Internet abgewickelt. Es vereint als Hybridmedium eine Vielzahl unterschiedlicher Kommunikationsmodi, darunter die Distribution von Informationen, die Unterstützung von Transaktionen sowie den interpersonalen Austausch innerhalb von Öffentlichkeiten unterschiedlicher Größe, wodurch es auch zu einer Verschiebung im Verständnis von Organisationskommunikation beiträgt. Diese kann nicht mehr allein als linearer Transfer von Informationen vom Sender zum Empfänger gedacht werden, sondern stellt vielmehr die beständige kommunikative Aushandlung von Bedeutungen und Interessenskonsense innerhalb weitgehend selbstgesteuerter Kommunikationsnetzwerke in den Mittelpunkt (Theis-Berglmair 2003).

Vor diesem Hintergrund verwundert es nicht, dass der Einsatz von Weblogs in Organisationen zwischenzeitlich lebhaft diskutiert wird (u. a. Eck 2007; Kaiser u. Müller-Seitz 2008; Picot u. Fischer 2005; Schwarzer et al. 2007; Zerfaß u. Boelter 2005). Dieser Abschnitt kontrastiert zunächst Typen bzw. Einsatzzwecke von Corporate Blogs und stellt anschließend empirische Ergebnisse zu ihren Rezipienten vor.

3.1   Typen und Einsatzzwecke

Die etablierte Systematisierung von Zerfaß u. Boelter (2005) unterscheidet acht Einsatzmöglichkeiten für Corporate Blogs, die auf unterschiedlichen Handlungsfeldern und kommunikativen Zielen beruhen (siehe Abb. 1). Diese Differenzierung verweist bereits darauf, dass Corporate Blogs genauso wie andere Instrumente der Unternehmenskommunikation ein inhaltliches Konzept benötigen, das diese im Medienrepertoire der Organisation verortet und Erwartungen von Mitarbeitern wie (potenziellen) Lesern strukturieren hilft (Pleil u. Zerfaß 2007).

In der internen Organisationskommunikation werden Weblogs vor allem zur Unterstützung des Wissens- und Projektmanagements eingesetzt. Gerade international agierende Konzerne wie Siemens (Ehms 2008) oder Microsoft (Efimova u. Grudin 2007; Kaiser u. Müller-Seitz 2005; Kaiser et al. 2007) bieten ihren Mitarbeitern an, eigene Weblogs innerhalb des Intranets zu führen, um Aspekte des Identitäts-, Beziehungs- und Informationsmanagements zu verbinden: Mitarbeiter kön-

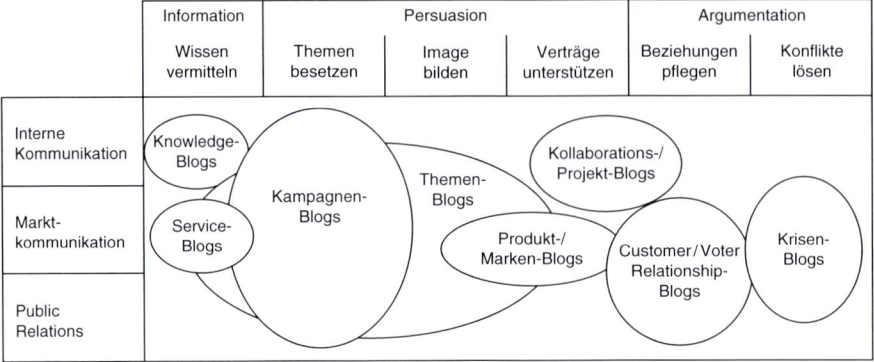

Abb. 1 Einsatzmöglichkeiten von Weblogs in der Organisationskommunikation. (Quelle: Zerfaß u. Boelter 2005, S 127)

nen ihre Expertise und ihre Erfahrungen in bestimmten Projekten dokumentieren, wodurch Wissen gleichermaßen kodifiziert wie personalisiert wird. Dies erleichtert wiederum den Austausch mit anderen Organisationsmitgliedern, die spezifische Informationen suchen und direkt mit Kollegen in Kontakt treten können (Röll 2005). Interne Projekt- oder Knowledge Blogs stehen also im Gegensatz zu Systemen des Wissensmanagements, die Informationen von konkreten Personen loslösen wollen, um es für die Organisation zu sichern (Green 2004).

Externe Weblogs von Unternehmen bieten dagegen die Möglichkeit, den kommunikativen Handlungsspielraum zu erweitern und klassische Kanäle der Außendarstellung – wie die Pressemitteilung – zu ergänzen. In Abhängigkeit von den behandelten Themen und der Zielgruppen können in einem Corporate Blog direkte und ungefilterte Kommunikationsbeziehungen zu den Stakeholdern gepflegt werden, die nicht auf die Vermittlung durch Massenmedien angewiesen sind (Pleil u. Zerfaß 2007). Weblogs werden so zu einem Instrument, digitale Reputation aufzubauen, indem Offenheit und Dialogbereitschaft demonstriert wird. Allerdings sieht sich blogbasierte Kommunikation gegenüber anderen Kanälen spezifischen Erwartungen ausgesetzt, die sich insbesondere auf die Aktualität und Frequenz der Kommunikation sowie die sprachliche Präsentation von Inhalten beziehen. Wie experimentell erhobene Daten zeigen (Kelleher u. Miller 2006), hat der „konversationale Ton", der in Weblogs stärker als auf klassischen Unternehmens-Webseiten zu finden ist, einen positiven Einfluss auf die Zufriedenheit und das Vertrauen, das Leser der Organisation entgegenbringen.

Unternehmen treffen in der Blogosphäre auf ein kommunikatives Umfeld, in dem Authentizität und Kritikbereitschaft einen hohen Stellenwert haben, wohingegen die als unpersönlich empfundene Ansprache von Marketing und PR von vielen Bloggern abgelehnt wird. Da in manchen Teilen der Blogosphäre große Vorbehalte gegen die (tatsächliche oder empfundene) „Kolonialisierung" des Formats durch kommerzielle Interessen bestehen, sollten Organisationen ihre Kommunikationsstrategien entsprechend ausrichten und beispielsweise vermeiden, werbende Einträge und Kommentare nicht entsprechend zu kennzeichnen. Teil solcher Strategien können auch „Blogging Guidelines" sein, die bloggenden Mitarbeitern gewisse Vorgaben hinsichtlich der Inhalte und Sprache machen (Wackå 2005). Als Bestandteil von Verwendungsregeln rahmen solche organisatorischen Richtlinien die Praktiken von Organisationsmitgliedern, selbst wenn diese private Weblogs führen.

Die strukturellen Merkmale der Blogosphäre, also die leitenden Erwartungen und Mechanismen der Informationsverbreitung, sind auch für diejenigen Unternehmen bedeutsam, die keine eigenen Weblogs führen. Wie oben erläutert, thematisieren viele Blogger Erlebnisse aus ihrem persönlichen Umfeld, wozu auch Meinungen zu und Erfahrungen mit bestimmten Produkten oder Dienstleistungen zählen. Solche Schilderungen können Unternehmen wichtige Hinweise auf die Akzeptanz und Zufriedenheit ihrer Kunden, aber auch auf mögliche Mängel liefern, weswegen das „Blog Monitoring", also das Scannen der Blogosphäre auf unternehmensrelevante Themen, an Bedeutung gewinnt (Koller u. Alpar 2008; Schultze u. Postler 2008). Neben Suchmaschinen wie *Technorati* oder *Blogpulse*, die die Recherche nach Schlüsselworten und Themenkarrieren erlauben, haben sich inzwischen auch Dienstleister wie z. B. *ethority* oder *Nielsen BuzzMetrics* auf das Blog Monitoring spezialisiert.

3.2 Empirische Befunde

Während es inzwischen eine Reihe von Abhandlungen gibt, die externe Corporate Blogs aus Angebotsperspektive beleuchten, ist weiterhin vergleichsweise wenig über die Nutzer solcher Organisationsweblogs bekannt. Dieser Abschnitt präsentiert empirische Befunde aus einer Befragung deutschsprachiger Weblog-Nutzer – aktive Autoren, ehemalige Blogger und Leser –, die vom Verfasser im August 2006 durchgeführt wurde (Schmidt et al. 2006). Die Befragung richtete sich nur an Teilnehmer einer im Jahr 2005 durchgeführten Studie, die auf einer selbstselektierten Stichprobe von Weblog-Nutzern basierte. Aufgrund dieser Auswahl-Strategie können die folgenden Ergebnisse keine statistische Repräsentativität für die deutschsprachige Blogosphäre beanspruchen, geben aber trotzdem wertvolle Hinweise auf die Zusammensetzung und Erwartungen derjenigen 11,3 % der Blogger, die zumindest gelegentlich Corporate Blogs als Leser nutzen (siehe Tab. 2).

Tabelle 2 zeigt das Profil der Leser von Corporate Blogs im Vergleich zu den übrigen Bloggern. Während unter allen Nutzern das Geschlechterverhältnis beinahe ausgeglichen ist, sind unter den Lesern von Corporate Blogs Männer mit etwa 75 % deutlich in der Überzahl. Bei den übrigen soziodemographischen Variablen zeigen sich geringere Unterschiede, doch es wird erkennbar, dass Leser von Corporate Blogs tendenziell etwas älter als der „durchschnittliche Blogger" sind und unter ihnen höhere formale Bildungsgrade etwas stärker vertreten sind (mehr als 80 % der Befragten haben Abitur oder einen Hochschulabschluss). Auffällig ist der deutlich überproportionale Anteil von Selbstständigen und Freiberuflern, der etwa ein

Tab. 2 Vergleich soziodemographischer Merkmale von Lesern und Nicht-Lesern von Corporate Blogs (in%)

N = 1439	Kein Corporate-Blog-Leser	Corporate-Blog-Leser	Gesamt
Geschlecht			
Männlich	52,0	75,7	54,5
Weiblich	48,0	24,3	45,5
Alter			
Jünger als 20 Jahre	12,8	4,6	12,0
20 bis 29 Jahre	42,1	36,8	41,5
30 bis 39 Jahre	25,6	34,9	26,6
40 bis 49 Jahre	13,5	13,8	13,6
Über 50 Jahre	6,0	9,9	6,4
Formale Bildung			
Keine Angabe	2,4	1,4	2,3
Kein Schulabschluss	1,0	–	0,9
Volksschule/Hauptschule	3,3	2,1	3,2
Mittlere Reife	15,0	13,3	14,8
Abitur/Matura	42,8	43,4	42,9
(Fach-)Hochschulabschluss	35,4	39,9	35,9
Berufsstand			
Keine Angabe	2,9	3,5	2,9
Schüler/Student	35,4	22,4	34,0
Wehrdienst-/Ersatzdienstleistend	0,5	–	0,5
Arbeiter/Angestellter/Beamter	37,6	32,9	37,1
Selbstständig/Freiberuflich tätig	15,7	34,3	17,7
Hausfrau/-mann	3,1	–	2,8
Rentner/Pensionär	1,4	4,2	1,7
Arbeitslos/-suchend	3,4	2,8	3,3

Drittel beträgt und damit mehr als doppelt so hoch ist wie unter den Personen, die keine Corporate Blogs lesen.

Diejenigen Befragten, die angegeben hatten, als Leser Interesse an Neuigkeiten und Ankündigungen aus Unternehmen zu haben, wurden anschließend gebeten, ihre Erwartungen an entsprechende Weblogs zu benennen. Tabelle 3 kontrastiert die Ergebnisse von semantischen Differentialen zu Corporate Blogs und persönlichen Journalen.

Deutlich wird, dass vor allem hinsichtlich der inhaltlichen Präsentation erhebliche Unterschiede bestehen: Von Corporate Blogs erwarten Leser eine eher sachlich-informative und objektive Ausrichtung als bei denjenigen Blogs, in denen persönliche Erlebnisse und Anekdoten im Vordergrund stehen. Corporate Blogs sollten zudem im Vergleich zu den Online-Journalen tendenziell eher monothematisch und sparsam gestaltet sein.

Eine weitere Frage bezog sich auf die Inhalte, die ein Unternehmensblog aus Sicht der Leser beinhalten sollte, wobei zwischen zwei Autorengruppen unterschieden wurde (siehe Tab. 4).

Tab. 3 Vergleich der Lesererwartungen bei unterschiedlichen Weblogtypen

	Persönliche Erlebnisse (N=399)	Corporate Blogs (N=142)
Unterhaltsam vs. sachlich	2,03	3,70
Subjektiv vs. objektiv	2,04	3,35
Ein Thema vs. viele Themen	3,74	2,85
Minimalistisch vs. bunt	2,58	2,11
Schwerpunkt Autorentexte vs. Kommentare	1,81	2,16
kurze Texte vs. lange Texte	2,82	2,49
nur Texte vs. multimedial	2,84	2,76

Lesehinweis: Das erstgenannte Attribut entspricht dem Wert „1", das letztgenannte dem Wert „5". Aufgeführt sind die Mittelwerte über alle Befragten.

Tab. 4 „Welche Inhalte erwarten Sie in einem Unternehmensblog?" (in %)

(N=146)	Blog von PR-/Kommunikationsabt	Blog von Mitarbeiter/Manager
Berichte/Anekdoten aus Unternehmensalltag	13,0	76,0
Neuigkeiten aus der Branche	39,0	63,0
Berichte über Projekte/Arbeitsschwerpunkte	46,6	63,0
Berichte über Unternehmensmitarbeiter	17,1	56,8
Werbung für Produkte/Dienstleistungen	34,9	42,5
Aktuelle Pressemitteilungen	55,5	23,3
Sonstige Themen	25,3	53,4

Von einem Unternehmensblog, das eine PR- oder Kommunikationsabteilung führt, wünschen sich die Befragten überwiegend sachliche Inhalte, zum Beispiel Pressemitteilungen sowie Beiträge über aktuelle Projekte und Arbeitsschwerpunkte des Unternehmens. Nur etwa ein Drittel der Befragten möchte dort Werbung für Produkte oder Dienstleistungen des entsprechenden Unternehmens lesen. Bei Weblogs von Unternehmensmitarbeitern verändern sich die Erwartungen. Zwar nennen mehr als vierzig Prozent Werbung für Produkte und Dienstleistungen, doch die dominierenden Inhalte sind Neuigkeiten aus der Branche und Berichte über Projekte (jeweils von etwa zwei Dritteln genannt) sowie Berichte und Anekdoten aus dem Unternehmensalltag, was von mehr als drei Vierteln aller Befragten genannt wurde.

4 Fazit und Ausblick

Weblogs haben sich in relativ rascher Zeit als Genre der Online-Kommunikation etabliert, das durch spezifische Praktiken gekennzeichnet ist. Trotz aller Vielfalt ist den Verwendungsweisen gemeinsam, dass sie das Identitäts-, Beziehungs- und Informationsmanagement ihrer Nutzer unterstützen. Die handlungsleitenden Routinen und Erwartungen lassen ein stark vernetztes kommunikatives Umfeld entstehen, das generell großen Wert auf persönlichen Ausdruck und Authentizität legt und die Verbreitung von Meinungen, Ideen und Informationen fördert. Unternehmen, die Weblogs als Teil ihrer Kommunikationsstrategie nutzen, eröffnen zum einen Möglichkeiten des dialogorientierten und personalisierten Austauschs zwischen Mitarbeitern und/oder mit externen Bezugsgruppen. Zum anderen können die entstehenden fachlichen oder persönlichen Öffentlichkeiten Hinweise auf Meinungen über die Organisation oder ihre Marken, Produkte und Dienstleistungen geben, sodass die Blogosphäre auch für solche Unternehmen relevant wird, die keine eigenen Weblogs führen.

Die hier präsentierten empirischen Befunde zeigen jedoch auch die interne Differenzierung der unterschiedlichen Praktiken des Bloggens, wobei der analytische Fokus nicht auf die Autoren, sondern auf die Leser von Corporate Blogs gerichtet wurde. Diese unterscheiden sich in ihrer Soziodemographie und den Erwartungen an die Aufbereitung von Themen teilweise deutlich von Lesern anderer Blog-Typen. Zudem hat bei externen Unternehmensblogs auch die Autorenschaft einen Einfluss auf die erwarteten Inhalte: Gerade Angebote, die von einzelnen Mitarbeitern oder Managern und nicht von einer zentralen Kommunikationsabteilung gepflegt werden, erfordern eine stärker personalisierte Ausrichtung der Themen. Die Entscheidung über die aktive Nutzung von Weblogs in der Organisation muss diese Erwartungen der (potenziellen) Leser einbeziehen.

Weblogs sind eine prototypische Anwendung des Web 2.0 und stehen exemplarisch für die gestiegenen Möglichkeiten der Internetnutzer, aktiv zu den online verfügbaren Inhalten beizutragen und in den neu entstehenden Öffentlichkeiten nach relevanten Informationen zu recherchieren. Sie sind jedoch nicht isoliert zu betrachten, sondern besser im Verbund mit anderen onlinegestützten Anwendungen für die Publikation, Kollaboration und Vernetzung zu sehen – Wikis und webbasierte Office-Anwendungen, Verschlagwortungssysteme oder Kontaktplattformen sind nur einige Beispiele. Der steigende Bedarf an kommunikativem Austausch und Selbstpräsentation, denen sowohl individuelle Wissensarbeiter als Organisationen als Ganzes unterliegen, trifft im Web 2.0 auf Anwendungen, die den Trend hin zu vernetzten und dezentral organisierten Öffentlichkeiten unterstützen.

Da es sich um vergleichsweise neue Trends handelt, liegen bislang nur wenige empirisch fundierte Untersuchungen vor, welche Konsequenzen diese Veränderungen im Kommunikations- und Informationsverhalten für bisherige Strategien der Organisationskommunikation, des Marketing oder der PR haben. Aus kommunikationssoziologischer Perspektive ist zu betonen, dass die Nutzung einer technischen Innovation wie dem Weblog immer im Kontext von existierenden Routinen und Erwartungen stattfindet, die innerhalb wie außerhalb einer Organisation existieren und die Vorstellungen von den Verwendungsweisen und Potenzialen des neuen Mediums rahmen. Unternehmen sollten daher nicht davon ausgehen, dass das Weblog-Format per se die eigene Kommunikationspraxis revolutionieren könne, noch sollten sie vernachlässigen, dass an Corporate Blogs bestimmte Erwartungen gerichtet werden, die teilweise aus anderen Nutzungskontexten übertragen werden. Ob interne oder externe Weblogs tatsächlich einen Platz im Repertoire der unternehmenseigenen Kommunikationsinstrumente haben können, ist jeweils im

Einzelfall zu prüfen – ein erfolgreiches Unternehmensblog kann auf jeden Fall eine wertvolle Ergänzung der Organisationskommunikation sein.

Literatur

Beck K (2008) Neue Medien – alte Probleme? Blogs aus medien- und kommunikationsethischer Sicht. In: Zerfaß A, Welker M, Schmidt J (Hrsg) Kommunikation, Partizipation und Wirkungen im Social Web, Bd 1. Von Halem, Köln, S 62–77

Bültge F (2007) WordPress. Weblogs einrichten und administrieren. Open Source Press, München

Eck K (2007) Corporate Blogs: Unternehmen im Online-Dialog zum Kunden. Orell Füssli, Zürich

Efimova L, Grudin J (2007) Crossing boundaries: a case study of employee blogging. In: Proceedings of the fortieth hawaii international conference on system sciences (HICSS-40). IEEE Press, Los Alamitos

Ehms K (2008) Globale Mitarbeiter-Weblogs bei der Siemens AG. In: Back A, Gronau N, Tochtermann K (Hrsg) Web 2.0 in der Unternehmenspraxis. Oldenbourg, München, S 199–209

Green S (2004) Individualisierung und Wissensarbeit: Individualisierungsprozesse in Unternehmen und ihre Auswirkungen am Beispiel der Personalorganisation. DUV, Wiesbaden

Kaiser S, Müller-Seitz G (2005) Knowledge management via a novel information technology: the case of corporate weblogs. Journal of Universal Computer Science Special Issue: Proceedings of I-Know '05: 5th international conference on knowledge management, S 465–473

Kaiser S, Müller-Seitz G (2008) Nutzereinbindung bei Innovationsprozessen im Social Web: Fallstudie Windows Vista. In: Zerfaß A, Welker M, Schmidt J (Hrsg) Kommunikation, Partizipation und Wirkungen im Social Web, Bd 2. Von Halem, Köln, S 338–351

Kaiser S, Müller-Seitz G, Pereira Lopes M, Pina e Cunha M (2007) Weblog-Technology as a trigger to elicit passion for knowledge. Organization 14:391–412

Katzenbach C (2008) Weblogs und ihre Öffentlichkeiten. Reinhard Fischer, München

Kelleher T, Miller BM (2006) Organizational blogs and the human voice: relational strategies and relational outcomes. J Comput Mediat Commun 11. http://jcmc.indiana.edu/vol11/issue2/kelleher.html. Zugegriffen: 21. Jan 2009

Koller P-J, Alpar P (2008) Die Bedeutung privater Weblogs für das Issue-Management in Unternehmen. In: Alpar P, Blaschke S (Hrsg) Web 2.0 – Eine empirische Bestandsaufnahme. Vieweg, Wiesbaden, S 17–52

Neuberger C, Nuernbergk C, Rischke M (2007) Weblogs und Journalismus: Konkurrenz, Ergänzung oder Integration? Media-Perspektiven 2/2007:96–112. http://www.media-perspektiven.de/uploads/tx_mppublications/02–2007_Neuberger.pdf. Zugegriffen: 21. Jan 2009

Parelli S (2009) BlogPulse reaches 100 million mark. In: BlogPulse Newswire 14. Jan 2009. http://blog.blogpulse.com/archives/000796.html. Zugegriffen: 21. Jan 2009

Picot A, Fischer T (Hrsg) (2005) Weblogs professionell: Grundlagen, Konzepte und Praxis im unternehmerischen Umfeld. Dpunkt, Hannover

Pleil T, Zerfaß A (2007) Internet und Social Software in der Unternehmenskommunikation . In: Piwinger M, Zerfaß A (Hrsg) Handbuch Unternehmenskommunikation . Gabler, Wiesbaden, S   511–532

Röll M (2005) Knowledge Blogs. Persönliche Weblogs im Intranet als Werkzeuge im Wissensmanagement. In: Picot A, Fischer T (Hrsg) Weblogs professionell: Grundlagen, Konzepte und Praxis im unternehmerischen Umfeld. Dpunkt, Hannover, S 95–110

Schmidt J (2006) Weblogs: Eine kommunikationssoziologische Studie. UVK, Konstanz

Schmidt J (2007a) Blogging practices: an analytical framework. J Comput Mediat Commun 12. http://jcmc.indiana.edu/vol12/issue4/schmidt.html. Zugegriffen: 21. Jan 2009

Schmidt J (2007b) Stabilität und Wandel von Weblog-Praktiken: Erste empirische Befunde. In: Kimpeler S, Mangold M, Schweiger W (Hrsg) Die digitale Herausforderung: Zehn Jahre Forschung zur computervermittelten Kommunikation. VS, Wiesbaden, S 51–60

Schmidt J (2008) Geschlechterunterschiede in der deutschsprachigen Blogosphäre. In: Alpar P, Blaschke S (Hrsg) Web 2.0 – Eine empirische Bestandsaufnahme. Vieweg, Wiesbaden, S 75–86

Schmidt J, Paetzolt M, Wilbers M (2006) Stabilität und Dynamik von Weblog-Praktiken? Ergebnisse der Nachbefragung zur „Wie ich blogge?!"-Umfrage. Berichte der Forschungsstelle „Neue Kommunikationsmedien" 06–03. http://nbn-resolving.de/urn:nbn:de:0168-ssoar-9910. Zugegriffen: 21. Jan 2009

Schultze M, Postler A (2008) Online-Trend-Monitoring bei der EnBW: Mit dem Ohr am Kunden. In: Zerfaß A, Welker M, Schmidt J (Hrsg) Kommunikation, Partizipation und Wirkungen im Social Web, Bd 2. Von Halem, Köln, S 370–382

Schwarzer P, Sarstedt M, Baumgartner A (2007) Corporate Blogs als Marketinginstrument. VDM, Saarbrücken

Theis-Berglmair AM (2003) Organisationskommunikation: Theoretische Grundlagen und empirische Forschungen, 2. Aufl. LIT, Münster

Wackå F (2005) Policies compared: today's corporate blogging rules. CorporateBloggingBlog 6. Juni 2005. http://www.corporateblogging.info/2005/06/policies-compared-todays-corporate.asp. Zugegriffen: 21. Jan 2009

Zerfaß A, Boelter D (2005) Die neuen Meinungsmacher: Weblogs als Herausforderung für Kampagne, Marketing, PR und Medien. Nausner & Nauser, Graz

Zerfaß A, Sandhu S (2008) Interaktive Kommunikation, Social Web und Open Innovation: Herausforderungen und Wirkungen im Unternehmenskontext . In: Zerfaß A, Welker M, Schmidt J (Hrsg) Kommunikation, Partizipation und Wirkungen im Social Web, Bd 2. Von Halem, Köln, S 283–310

Wikimanagement: Anwendungsfelder und Implikationen von Wikis

Ayelt Komus und Franziska Wauch

Inhalt

1 Einleitung

Bei der Diskussion um Web 2.0 oder Social Software kommt man um eine Betrachtung der Wikipedia, die ebenso beeindruckt wie erstaunt, sowie um die vielen Einsatzmöglichkeiten von Wikis kaum herum. Dabei liegt der Fokus meist weniger auf der Technologie als vielmehr auf dem Aspekt des „User generated Content", der auch im Kontext von Web 2.0 allgemein immer wieder betont wird (Komus u. Wauch 2008a). Doch nicht nur die Erstellung von Web-Inhalten durch die Nutzer wird durch die modernen Plattformen und Organisationsprinzipien möglich. Auch für das Management lassen sich wichtige Hinweise für ein „User generated Management" ableiten, die nicht nur zu besseren Entscheidungen, sondern zugleich auch zu gesteigerter Wettbewerbsfähigkeit durch motiviertere und zielführend eingebundene Mitarbeiter führen können.

A. Komus (✉)
Fachbereich Betriebswirtschaft, Fachhochschule Koblenz, Konrad-Zuse-Str. 1,
56075 Koblenz, Deutschland
E-Mail: komus@fh-koblenz.de; franziska@wauch.de
Web: www.komus.de

G. Walsh et al. (Hrsg.), *Web 2.0*,
DOI 10.1007/978-3-642-13787-7_8, © Springer-Verlag Berlin Heidelberg 2011

2   Wikis: Eine einfach einzusetzende Technologie

Wikis sind Informationssysteme, die es den Nutzern erlauben, online und ohne Programmierkenntnisse Sammlungen von Webseiten zu erstellen, die intensiv untereinander und zumeist auch nach außen vernetzt werden. Besondere Kennzeichen dieser auch als „Wiki-Engines" bezeichneten Programme sind:

- einfache Bedienbarkeit für den Nutzer,
- Möglichkeit, alte Versionen sichten und wiederherstellen zu können,
- Kollaborative Erarbeitung von Web-Inhalten.

Auch die mit Hilfe von Wiki-Systemen erstellten Web-Inhalte, also die Sammlungen von Webseiten, werden als Wikis bezeichnet. Das populäre *Wikipedia*-Wiki ist demnach ein Wiki, welches mit Hilfe eines Wikis (hier der *Wikimedia*-Software) erstellt und gepflegt wird (Komus u. Wauch 2008a).

Mit den einfachen Möglichkeiten zur Erstellung von Webseiten werden die Internetnutzer, die im herkömmlichen Web noch lediglich Leser waren, nun selbst zu Redakteuren (siehe Abb. 1). Die vielfältigen Wikis leben davon, dass einige der interessierten Leser sich als Redakteure betätigen – sei es indem sie tatsächlich Inhalte erstellen, ergänzen oder verbessern, formale Korrekturen vornehmen oder Qualitätssicherung betreiben.

Populär geworden sind Wikis in den letzten Jahren vor allem durch die Internet-Enzyklopädie *Wikipedia*. Entwickelt wurden sie schon 1995 durch Ward Cunningham, der sie für den Einsatz in Communities of Practise (CoP) schuf (Cunningham u. Leuf 2001). Die Software sollte als Austausch-Plattform dienen, so dass die Mit-

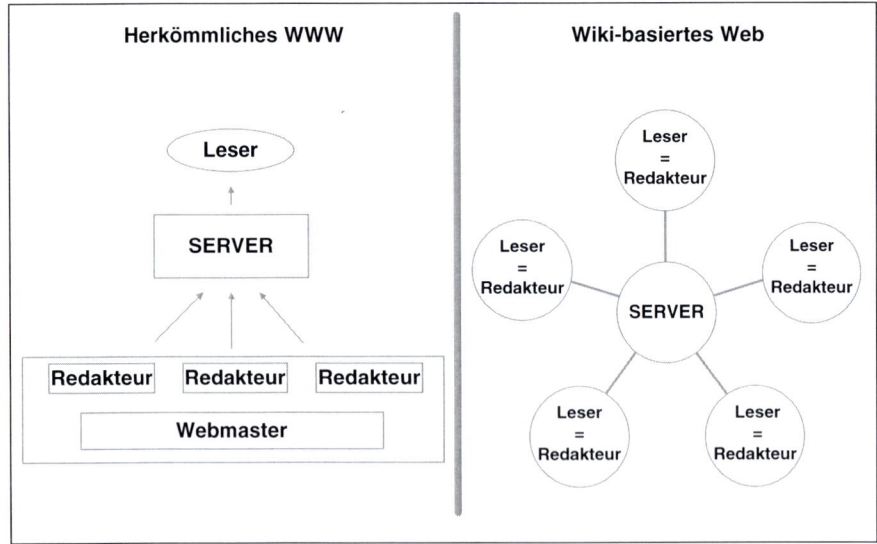

Abb. 1 Internetnutzer werden von Lesern zu Redakteuren. (in Anlehnung an Streiff 2005, S 4 f)

glieder der CoP eines Software-Entwicklungs-Projektes „wikiwiki" (hawaiianisch für schnell) miteinander kommunizieren und den Projektstand jeweils aktualisieren konnten.

Die in Wikis zum Einsatz kommenden Software-Systeme basieren auf dem Zusammenspiel von Web-Clients und Web-Servern, die über das Internet-Protokoll miteinander verknüpft sind (Möller 2006). Sendet ein Nutzer über seinen Internet-Browser eine Anfrage an den Wiki-Server, so werden die Daten für den Browser aufbereitet, in das Layout der Webseite eingebunden und für den Nutzer lesbar dargestellt (siehe Abb. 2). Um Texte und Inhalte bearbeiten zu können, gibt es auf jeder Wiki-Seite einen Edit-Link, der es ermöglicht, dass alle Änderungen direkt über den Browser vorgenommen werden können. Wie bei einer Lese-Anfrage auch, wird die Datenanfrage über den Browser an den Server gesendet, wenn der Edit-Link angeklickt wird. Dieser sendet die Daten allerdings nicht in einem an das Layout angepassten Format zurück, sondern im Rohformat. Der Nutzer kann dann in diesem Formular den Text verändern und seine neue Version wieder an den Server senden. Dieser stellt die aktualisierten Inhalte beim nächsten Abruf zur Verfügung (Ebersbach et al. 2005).

Dabei werden die Seiten eines Wikis intensiv miteinander verlinkt, so dass eine Netzstruktur entsteht, die jedem Nutzer die freie Navigation durch die Seiten ermöglicht und zum Verständnis der Inhalte beiträgt. Das Auffinden von Informationen wird über Suchfunktionen für Volltext- oder Titelsuche bewerkstelligt (Ebersbach et al. 2005).

Verschiedene Sonderseiten sorgen für Transparenz und erleichtern die Qualitätskontrolle. So können auf den Diskussionsseiten Ansichten zu den Artikeln diskutiert werden, ohne die Artikel selbst ständigen Änderungen zu unterziehen. In der Versionsgeschichte werden alle vorangegangenen Versionen bzw. Veränderungen einer einzelnen Seite gezeigt.

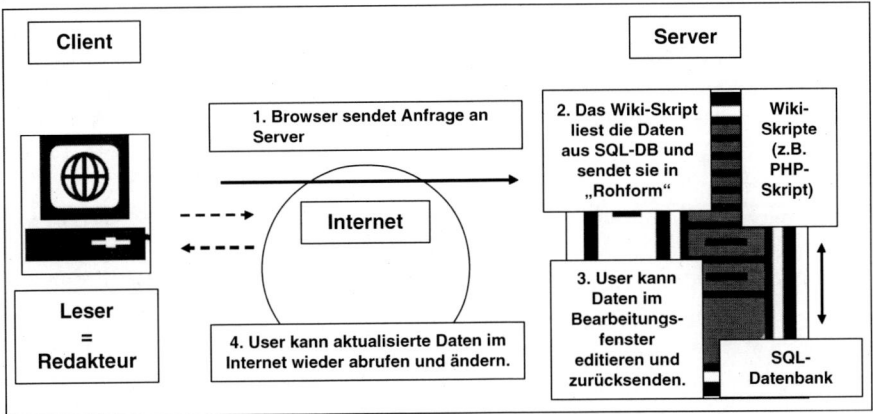

Abb. 2 Redakteur-Server-Kommunikation bei Wikis. (in Anlehnung an Ebersbach et al. 2005, S 15 ff)

Der Entwicklungsprozess in Wikis ist sehr offen, da in vielen Fällen jedem potenziellen User Zugang gewährt wird. So erlaubt etwa *Wikipedia* für die meisten Artikel das Editieren für nicht-angemeldete Nutzer. Zunehmend wird ferner auch die Einbindung externer Programme, die aus Spezialcodes im Wikitext Bilder, Töne, Formeln und mehr erzeugen können, unterstützt (Komus u. Wauch 2008b).

3   Erfolgswiki Wikipedia

In ihrer Anfangszeit mussten die Wikis ähnlichen Vorbehalten gegenüberstehen wie die ersten Open-Source-Projekte, die Ende der 1980er Jahre online gingen. Auch dort war die Skepsis gegenüber freien Softwareprodukten wie Linux groß. Wie konnte man dem freigegebenen Quelltext trauen, der teilweise von hobbymäßigen Programmierern weiterentwickelt wurde (Gallenbacher 2005, S 17 f)? Wie konnte sichergestellt werden, dass keine Lücken auftauchen oder Vandalen ihr Unwesen treiben? Doch ähnlich wie die ersten Open-Source-Projekte die meisten der Kritiker überzeugten, konnten sich mittlerweile auch Wikis etablieren.

Das wohl bekannteste Wiki-Projekt ist die von Larry Sanger und Jimmy Wales initiierte Online-Enzyklopädie *Wikipedia. Wikipedia* erwuchs aus einem Vorläufer-Projekt *Nupedia* für eine freie Enzyklopädie im Internet. *Nupedia* wurde im März 2000 von dem Internet-Unternehmer Jimmy Wales gegründet und hatte von Anfang an das Ziel, eine „gigantische freie Enzyklopädie zu schaffen, die *Britannica, Encarta* & Co den Garaus machen sollte" (Möller 2006, S 173). Für die Koordination stellte Wales als Chefredakteur Larry Sanger ein. Beim *Nupedia*-Projekt erfolgte eine strenge Qualitätskontrolle durch qualifizierte Experten aus den jeweiligen Fachgebieten, so genannten „Peers". Die Artikel sollten von motivierten Freiwilligen erstellt werden, deren Arbeiten eine komplizierte Revision mit Faktenprüfung, Lektorat und Finalisierung überstehen mussten. Das aufwändige Verfahren zur Qualitätssicherung erschwerte den angestrebten schnellen Aufbau einer freien Enzyklopädie. So umfasste *Nupedia* nach drei Jahren lediglich dreißig Artikel, die später in die *Wikipedia*-Webseite integriert wurden (Möller 2006).

Als wesentlich flexibler und wohl deshalb ungleich erfolgreicher erwies sich die am 15. Januar 2001 offiziell gestartete *Wikipedia*-Plattform. Diese sollte zunächst ein „Schmierzettel" für *Nupedia* werden (Möller 2006, S 174). Auf dieser Plattform konnten die Inhalte direkt und ohne weitere formale Prüfung erstellt und veröffentlicht werden. Heute umfasst allein die englischsprachige Ausgabe von *Wikipedia* mehr als 2,7 Mio. Artikel.

Wikipedia-Projekte gibt es heute in 265 Sprachen, wobei 166 dieser Projekte über mehr als 1.000 Artikel verfügen und 83 über mehr als 10.000 Artikel. Die aktivsten Sprachen sind Englisch, Deutsch, Französisch, Polnisch, Japanisch, Italienisch und Niederländisch (Wikimedia 2009a). Die deutschsprachige Ausgabe wurde bereits im Mai 2001 gegründet (Wikipedia 2009a) und ist mit über 880.000 Artikeln die zweitgrößte *Wikipedia* (Wikipedia 2009b). Sie wuchs von Mai 2005 bis November 2008 durchschnittlich um über 400 Artikel täglich (Wikimedia 2009b). Auch die

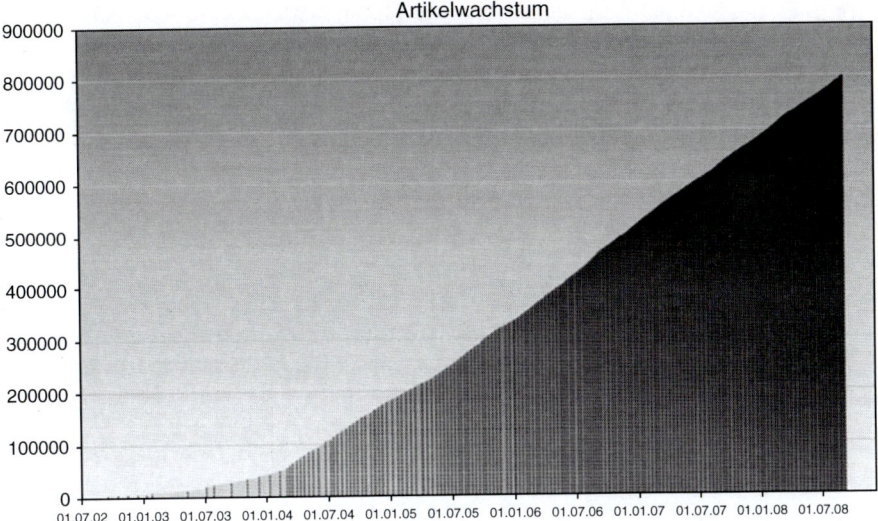

Abb. 3 Artikelzahl der deutschsprachigen *Wikipedia* im Zeitverlauf. (Wikipedia 2009a)

Zahl der Aufrufe von *Wikipedia* ist beeindruckend: So positioniert der Internetinformationsdienst *Alexa Wikipedia* im Februar 2009 im Traffic Ranking weltweit auf Platz 7 und für Deutschland sogar auf Platz 5 der meistbesuchten Websites (Alexa 2009). Abbildung 3 zeigt das Artikelwachstum der deutschsprachigen *Wikipedia*.

Die zunehmende Popularität von *Wikipedia* entfachte eine breite Diskussion über die Qualität von Wikis und *Wikipedia* im Besonderen. Der frühere Chefredakteur der *Encyclopædia Britannica*, Robert McHenry, bezeichnete *Wikipedia* als „faith-based encyclopedia", die auf der falschen Annahme beruhe, dass die Artikel durch die große Teilnehmerzahl immer besser werden würden – damit würde sich nicht Erstklassigkeit durchsetzen, sondern das Mittelmaß (McHenry 2004).

Die Diskussion um die Qualität von *Wikipedia* hat zu verschiedenen Vergleichstests geführt. Diese ergaben, dass *Wikipedia* nicht pauschal schlechter ist als traditionelle Enzyklopädien. So konnte die Vermutung der überlegenen Qualität der traditionsreichen *Encyclopædia Britannica* in einer vergleichenden Untersuchung des Wissenschaftsmagazins *Nature* nicht bestätigt werden (Giles 2005). Vielmehr zeigte die Untersuchung, dass auch traditionelle Enzyklopädien Fehlerfreiheit nicht sicherstellen können. In den 42 untersuchten Artikeln der Internet-Ausgabe der *Encyclopædia Britannica* fanden sich vier gravierende Fehler – die gleiche Zahl von Fehlern, wie sie in der vergleichenden Untersuchung der *Wikipedia*-Artikel identifiziert wurde. Lediglich bei den kleineren Fehlern zeigte sich eine höhere Fehlerzahl bei *Wikipedia*: 162 Fehler bei den untersuchten 42 *Wikipedia*-Artikeln, aber immerhin noch 123 bei der *Encyclopædia Britannica*.

Auch andere Untersuchungen konnten keine überlegene Qualität der Print-Enzyklopädien nachweisen. Oftmals wurde sogar *Wikipedia* besser bewertet. Bei einem Vergleich des Magazins *c't* schnitt *Wikipedia* beim Inhaltstest im Vergleich

mit *Brockhaus* und *Microsoft Encarta* in 22 Wissensgebieten sogar am besten ab
– Fehler fanden sich in jeder Enzyklopädie (Kurzidim 2004). Auch bei einer vom
Stern-Magazin in Auftrag gegebenen vergleichenden Untersuchung schnitten 43
der 50 zufällig ausgewählten Artikel aus verschiedenen Fachgebieten besser ab als
die zum Vergleich untersuchten Artikel aus der Online-Ausgabe des 15-bändigen
Brockhaus (Stern 2007).

4   Wikis in der Unternehmenspraxis

Wikipedia ist mit einem schnellen Wachstum und hoher Qualität nur ein Beispiel
dafür, wie webbasierte Gemeinschaften, die viele traditionelle Organisationshin-
weise wie klassische Hierarchien, Kontrolle vor Veröffentlichung, Beschränkung
auf professionelle Beiträge etc. missachten, trotzdem oder gerade deswegen äußerst
erfolgreich sein können.

Alleine im Bereich der Wikis zeigt sich inzwischen eine kaum noch überschaubare Anzahl von Wikis mit großer Reichweite. So haben sich Wikis wie *JuraWi-
ki.de* oder das Wirtschaftswiki des *Handelsblatts* (Handelsblatt 2009) inzwischen
etabliert: User tragen dort eine große Menge an aktuellem und relevantem Wissen
zusammen. Daneben gibt es eine kaum überschaubare Zahl weiterer Wikis zu speziellen Themenbereichen. Beispiele sind hier etwa Stadtwikis, wie das Karlsruher
Stadtwiki mit inzwischen über 17.000 Artikeln (Stadtwiki 2009), oder Hochschul-
wikis, wie das an der Universität Koblenz entstandene Angebot *Unipedia.de*. Derartige Wikis sind weitere Beispiele für die hohe Systemleistung, die Wiki-Gemein-
schaften generieren können.

Starke Verbreitung finden Wikis schon seit längerem in IT-nahen Unternehmen,
so etwa bei *IBM, Yahoo, Web.de, Novell* (Manhart 2007). Wichtige Anwendungsfelder sind die Dokumentation internen Wissens und interner Standards, die Unterstützung von Projekten und nicht zuletzt die kollaborative Entwicklung von Produkt-
dokumentationen sowie Hilfen und Anwendungsmöglichkeiten zu den Produkten.

Auch in anderen Branchen konnten sich Wikis inzwischen in vielen Unternehmen im Unternehmensalltag etablieren. So hat etwa die *Fraport AG* in einem interdisziplinären Projekt ein unternehmensweites Wiki namens „Skywiki" für die
Mitarbeiter aufgebaut. Nachdem zunächst ein kleiner Kreis von Nutzern eine erste
Variante auf Basis der Wiki-Software *TWiki* getestet und verschiedene Nutzungs-
barrieren identifiziert hatte, wurde in einem zweiten Anlauf die *Mediawiki*-Techno-
logie eingesetzt. Zur Steigerung der Akzeptanz wurde das Wiki an die *Fraport*-
Design-Vorgaben angepasst, ein ansprechendes und mit den Jahreszeiten sich an-
passendes Logo sowie ein „unternehmungslustiges" Wiki-Pärchen zur Steigerung
der visuellen Attraktivität geschaffen. Zusätzlich wurden Hilfe-Seiten für Einsteiger
aufgebaut, auf denen die wichtigsten Punkte zur Nutzung des Wikis klar beschrieben werden und in einer übersichtlichen Struktur abgerufen werden können. Auch
wurde interessierten Mitarbeitern eine zweistündige Schulung angeboten. Inzwischen umfasst das Wiki rund 1.200 Artikel von ca. 100 Autoren (Wagner 2008).

Andere Beispiele für Anwendungen von Wikis in Unternehmen sind etwa die Nutzung eines Wikis zur Zusammenführung der Qualitätsmanagementinformationen bei der *Bayer*-Tochter *Dynevo*, die Nutzung von Wikis zur Dokumentation von Projektdaten oder zur Sammlung notwendiger Informationen im Vorfeld von Telefonkonferenzen beim Investmenthaus *Dresdner Kleinwort* (Algesheimer u. Leitl 2007). Die *Rasselstein GmbH*, einer der drei größten Weißblechhersteller weltweit, nutzte ein Wiki zunächst zur IT-Dokumentation und hat die Anwendungen inzwischen auf die Bereiche Personalhandbuch und Produktionsdokumentation ausgeweitet (Komus u. Wauch 2008a, S 174). Die weltweit agierende Wirtschaftskanzlei *Linklaters* setzte 2007 ein Wiki für die Mitarbeiter als allgemeine Plattform für Wissensdokumentation und -austausch auf (Goswami 2007). Das Beratungshaus *CapGemini* schätzt die mit Hilfe von Wikis realisierten Einsparungen bei der Zahl der notwendigen E-Mails in einem gemeinsamen Projekt mit *SAP* und *HP* auf 90 % ein (PBworks 2009a).

Die Aufgabenbereiche, in denen Wikis deutliche Vorteile versprechen, umfassen außerdem eine Vielzahl weiterer unternehmerischer Anwendungsfelder (siehe zum folgenden Komus u. Wauch 2008a, S 145 ff). Bei der allgemeinen Wissensdarstellung für die Mitarbeiter des Unternehmens werden die klassischen, durch Web-Master und Intranet-Redakteure geprägten Intranets, durch Wikis mit umfassender Einbeziehung der Mitarbeiter, einfacheren Prozessen und höherer Aktualität ersetzt. Wikis werden dabei zu neuen Plattformen des Wissensaustauschs und der Wissensdokumentation.

Durch den Einsatz von Wikis im Projektmanagement können Transparenz, Interaktion und Geschwindigkeit auch über Zeit und Entfernung hinweg gesteigert werden. Im Produktlebenszyklus können Produktinformationen und Produkthandbücher nicht nur allgemein verfügbar gemacht und einfach entwickelt und publiziert werden; sie können auch zusammen mit den Kunden laufend weiterentwickelt werden. Im Geschäftsprozessmanagement können Verfahrensanweisungen einfach und schnell bekannt gemacht und laufend weiterentwickelt werden.

In der Durchführung von Meetings, Trainings und Schulungsmaßnahmen können Vorbereitung und Dokumentation laufend durch alle Beteiligten online entwickelt werden. Der aktuelle Stand ist für alle nachvollziehbar, die Trennung zwischen aktiven Moderatoren bzw. Protokollanten und passiven Teilnehmern löst sich auf, die oftmals lästige Pflicht der Nachdokumentation entfällt in weiten Teilen.

Aber nicht nur in Wikis zeigt sich das große Potenzial, das mit Hilfe von Social-Software-Systemen erschlossen werden kann. In der IT-Systementwicklung hat sich der Open-Source-Ansatz mit Produkten wie dem Betriebssystem Linux oder dem Webbrowser *Firefox* als ernsthafte Alternative zum traditionellen kommerziellen Entwicklungsansatz etabliert. Soziale Netzwerke wie *Xing*, *Facebook* oder *My-Space* vernetzen Millionen von Menschen über Profile, Links und Online-Gruppen. Derartige Netzwerke liefern die von Davenport u. Prusak (1997, S 169) geforderten „Pointers to People" als Basis eines funktionierenden dynamischen Wissensmanagements.

Allen vorgenannten Plattformen ist gemein, dass eine funktionierende Informationstechnologie zwar notwendige, nicht aber eine hinreichende Voraussetzung für das Funktionieren des Systems ist. So ist die zugrundeliegende Technologie oft eher einfach. Beeindruckend ist aber die Leistung vieler Individuen, die durch einfache Organisationsprinzipien und die genutzte Technologie sinnvoll und synergetisch zu einer Gesamtleistung zusammengeführt werden. Ein fundiertes Verständnis von Social-Software-Systemen kann daher nur entwickelt werden, wenn die betrachteten Systeme nicht als technische, sondern als sozio-technische Systeme analysiert und verstanden werden (Komus 2006).

5 Wikimanagement-Erfolgsfaktoren

An vielen Stellen widerspricht die Organisationsweise von Social-Software-Systemen wie *Wikipedia* klassischen Managementansätzen. So sind bspw. herkömmliche Hierarchien, monetäre Entlohnung für die eingebrachte Leistung, umfassende direkte Kontrolle, Vorgaben zu Aufgabengebieten und viele andere in der Wirtschaft oft selbstverständliche Organisationsprinzipien nicht oder nur in stark abweichender Form zu identifizieren.

Angesichts der dargestellten hohen Systemleistung drängt sich die Frage nach den Funktionsprinzipien von Systemen wie *Wikipedia* auf. Eine Analyse zeigt dabei zehn typische Prinzipien, die hier als „Wikimanagement-Erfolgsfaktoren" bezeichnet werden und sich insbesondere am Beispiel von *Wikipedia* verdeutlichen lassen (Komus u. Wauch 2008a, S 145 ff).

Gemeinsame Ziele und Vision „Imagine a world in which every single person is given free access to the sum of all human knowledge" (Wikiquote 2008). Mit dieser gemeinsamen Vision weist die Online-Enzyklopädie *Wikipedia* ein Ziel auf, an dem sich alle Teilnehmer orientieren können und unter dem jeder seine eigenen Ziele, wie die Erweiterung des eigenen Wissens, verwirklichen kann (Schroer et al. 2005a, b).

Partizipativ und integrativ Um die hohe Akzeptanz und Identifikation der Wikipedianer mit den Zielen der Organisation zu erreichen, werden die Ziele, Prinzipien, Strukturen, Programme und Inhalte partizipativ erarbeitet und nicht, wie in zumeist klassischen Ansätzen, in hierarchischen Strukturen vorgegeben. Im Laufe der Zeit werden sie überarbeitet, an aktuelle Kontextbedingungen angepasst und durch Abstimmungen von der Community legitimiert und honoriert. Durch die Integration der Organisationsmitglieder in die Entscheidungsfindung und Meinungsbildung, ihrer Partizipation bei anstehenden Anpassungen und Veränderungen erfahren sie Anerkennung, was ein höheres Engagement nach sich zieht (Trist 1990, S 20 ff). Das Fehlerentdeckungspotenzial erhöht sich, Kompetenzvorteile können genutzt und Ideen generiert werden.

Vertrauenskultur Während klassische Organisationsansätze von einer Vorgehensweise ausgehen, die eine enge Überprüfung aller Arbeitsvorgänge und Zwischenschritte vorsieht, herrscht in Social-Software-Systemen wie *Wikipedia* eine ausgeprägte Vertrauenskultur. Die Initiatoren und Leser vertrauen den Autoren, die

Autoren vertrauen wiederum die Inhalte der Enzyklopädie der Nutzergemeinde an. Das Vertrauen innerhalb der heterogenen virtuellen Gemeinschaft und das Vertrauen in das Umfeld beschleunigen und erleichtern die Abwicklung von Vorgängen in der *Wikipedia*, da beispielsweise Änderungen direkt online publiziert werden.

Allerdings kennt diese Vertrauenskultur auch Grenzen. So nutzt auch *Wikipedia* Mechanismen, um sich vor wiederholtem Missbrauch zu schützen. Beispielsweise werden neue Artikel von erfahrenen Mitgliedern gesichtet. Überdies können Seiten oder auch Nutzer ggf. gesperrt werden, um Fehlverhalten zu unterbinden.

Flexible Regelauslegung Ein weiteres Merkmal von Social-Software-Systemen sind die der Zusammenarbeit zugrunde liegenden Regeln und Strukturen. Hier ist insbesondere das gelebte, flexible Regelwerk interessant.

Die Basis für die Zusammenarbeit bilden nur wenige Grundregeln (,five pillars') (Wikipedia 2009c). Zwar gibt es eine Vielzahl weiterer Regeln und Konventionen, diese sind aber eher intuitiv und im gesunden Menschenverstand verankert. Seit der Gründung der *Wikipedia* sind aus der Community heraus unzählige Richtlinien und Konventionen entstanden, die zur Erstellung der Enzyklopädie mit einheitlichen Formalien beitragen sollen. Der Nutzer wird aber ausdrücklich dazu aufgefordert, sich von diesen nicht entmutigen zu lassen und im Zweifelsfall auch gegen sie zu verstoßen, um die Motivation zur Teilnahme nicht zu gefährden (Wikipedia 2009d).

Mix verschiedener Herrschaftsformen Social-Software-Systeme weisen einen unkonventionellen Mix sehr unterschiedlicher Herrschaftsformen auf. Eine oberflächliche Betrachtung der Steuerung von Systemen wie *flickr*, *del.icio.us* oder *Wikipedia* deutet auf eine sehr weit reichende Form der Basisdemokratie hin. Gleichwohl zeigt eine genauere Untersuchung ein wesentlich vielschichtigeres Bild.

Jimmy Wales selbst weist auf dieses vielschichtige Konstrukt hin: „A confusing but workable mix of Consensus, Democracy, Aristocracy, Monarchy. Wikipedians are flexible about social methodology: results over process" (Wales 2004). Besonders interessant ist im Kontext des auf den ersten Blick basisdemokratischen Systems *Wikipedia* die Monarchie. Was Wales damit bei *Wikipedia* meint und wie ernst es ihm damit ist, zeigt sich in einem anderen Zitat von Wales (2009): „I should point out that these are my principles, […] this is how Wikipedia will be run". An anderer Stelle wurde bei *Wikipedia* von Wales auch als „benevolant dictator" gesprochen (Wikipedia 2009e). Wales hat inzwischen seine Entscheidungsmacht allerdings an ein Arbitration Commitee, das aus der Gemeinschaft gewählt wird, als oberste Instanz abgegeben.

Neben den dargestellten Steuerungsformen lassen sich auch meritokratische Elemente erkennen. Autorität in der *Wikipedia*, wie auch in vielen anderen Online-Communities, basiert auf fachlicher Kompetenz, Erfahrung und Engagement, nicht auf hierarchischen Strukturen (Hertel et al. 2003), wodurch die Akzeptanz für Entscheidungen durch Autoritäten in kritischen Situationen steigt.

Selbstverwirklichung Eine Voraussetzung für die hohe Systemleistung von Systemen wie der *Wikipedia* ist die große Nutzer-Gemeinschaft mit ihren eingespielten Formen der Zusammenarbeit und vor allem die hohe Motivation der Beteiligten.

Bei *Wikipedia, YouTube, studiVZ* u. a. gibt es keine materiellen oder finanziellen Anreize, die die Nutzer dazu animieren, sich aktiv an der Erstellung der Enzyklopädie bzw. der Generierung von Inhalten zu beteiligen. Dennoch herrscht ein besonders hohes Maß an Motivation. Dies ist nicht unbedingt verwunderlich, da Studien bereits die Erkenntnis gebracht haben, dass materielle Anreize wie Boni die Wirkung intrinsischer Motivation untergraben und eher dazu führen, dass nur im Rahmen des spezifischen Ziels gute Arbeit geleistet wird, aber nicht darüber hinaus (Rosenstiel et al. 2005, S 282).

Bei *Wikipedia* stehen intrinsische Motive im Vordergrund: Die Wikipedianer können ihre Wünsche nach Erweiterung des eigenen Wissens und nach Spaß an der Arbeit befriedigen. Ähnlich wie in der Linux-Gemeinde werden die Nutzer durch die Teilnahme an einem offenen Projekt zu Höchstleistungen motiviert: „Wenn sie etwas schaffen wollen, das sie der ganzen Welt übergeben, ... dann werden sie immer ihr Bestes geben" (Torvalds 1998).

Ein weiterer motivierender Faktor ist die Autonomie, also die persönliche Freiheit und Unabhängigkeit der Wikipedianer bei der Arbeitsgestaltung (Weinert 2004, S 205 f). Keine festen Stellen- und Arbeitsplatzbeschreibungen, keine Arbeitsrichtlinien und -anweisungen – diese Autonomie steht im Widerspruch zur Praxis in vielen Organisationen.

Einfachheit in der Nutzung Die Basis für das Funktionieren der *Wikipedia* liefert die Wiki-Technologie, die die Kommunikation, Diskussion und Koordination der Aktivitäten aller Wikipedianer ermöglicht. Das besondere Kennzeichen der intuitiven und einfachen Bedienbarkeit führt dazu, dass tatsächlich auch jeder, der die Vision der *Wikipedia* teilt und einen Beitrag leisten will, hier die Möglichkeit hat, sich einzubringen und nicht durch technologische Barrieren davon abgehalten wird. Eine einfache, funktionierende Kommunikations- und Koordinationsplattform und deren ausgesprochene Nutzerfreundlichkeit sind entscheidende Voraussetzungen für den Erfolg von Communities wie der *Wikipedia*. Der Editiervorgang bei Wikis erinnert an das inzwischen von vielen Millionen Nutzern beherrschte Schreiben einer E-Mail in einer Web-Applikation.

Emergente Entwicklung Während in der klassischen Betriebswirtschaft ein großer Teil der Managementtätigkeit auf Planung und Controlling einer gezielten und systematischen Entwicklung von Organisationen und Produkten entfällt, ist die Entwicklung von Social-Software-Systemen von Emergenz geprägt. So fehlen beispielsweise in der *Wikipedia* jegliche Vorgaben, zu welchen Themen die Enzyklopädie Artikel enthalten soll.

Folgt man der klassischen betriebswirtschaftlich-geprägten Planung, so würde es zentrale Vorgaben, abgeleitet aus einer übergeordneten Strategie und unter Berücksichtigung von Marktanalysen und Zielgruppendefinition geben. In Social-Software-Systemen gibt es dagegen keine Planung, in welchen Bereichen Schwerpunkte gebildet werden sollen. Schwerpunkte bei Themen von Artikeln in der *Wikipedia* oder den Angeboten bei *eBay* bilden sich eher durch die spezifischen Bedürfnisse, Interessen-, Erfahrungs- und Ausbildungsschwerpunkte der aktiven Nutzer.

Inkrementelle Entwicklung Social-Software-Systeme entstehen typischerweise inkrementell in einer Vielzahl von kleinen Schritten. *Wikipedia* ist hierfür wiederum ein besonders prägnantes Beispiel. So stammt etwa die älteste Version zum Thema Deutschland vom 24. August 2001. In den folgenden fünfeinhalb Jahren wurde der Artikel über 5.500 mal überarbeitet (Wikipedia 2007), also durchschnittlich über 80 mal monatlich. Die vorgenommenen Änderungen umfassten dabei teilweise nur die Ergänzung einzelner Worte oder Zeichen.

Diese Vorgehensweise unterscheidet sich von der der klassischen Medien: So werden etwa die papierenen Ausgaben der Enzyklopädien schon alleine aus Gründen der Auflagenkalkulation nur in relativ langen Zeiträumen überarbeitet und herausgegeben. Gleiches gilt auch für die klassischen Print-Monographien. Dies führt dazu, dass ein Artikel einen Mindestumfang und eine Mindeststreife haben muss, damit er überhaupt erscheinen kann. Zudem soll vor dem Erscheinen jeder Auflage sichergestellt werden, dass die Inhalte von höchster Qualität sind. Immer wieder auftauchende Fehler in Büchern und nicht zuletzt die Qualitätsvergleiche zwischen *Wikipedia* und den klassischen Enzyklopädien zeigen, dass diese Verfahrensweise auch ihre Grenzen hat. Gleichzeitig steht diese Vorgehensweise in großen Entwicklungssprüngen auch im Konflikt mit dem Wunsch nach Spontaneität, zeitnaher Reaktion, schnell sichtbaren Ergebnissen etc.

Entprivatisierung und persönlicher Stil Ein weiterer wichtiger und vor dem Hintergrund der anhaltenden Debatte um einen geeigneten Datenschutz erstaunlicher Aspekt von vielen Social-Software-Systemen ist die Entprivatisierung. Zwar ist die Preisgabe privater Details über die ‚Benutzerseite' bei Wikipedia eher vorsichtig ausgeprägt, doch lässt sich in vielen Fällen bei Angeboten wie Blogs, Video- und Foto-Sharing-Portalen und vor allem sozialen Netzwerken ein weitreichender Verzicht auf wichtige Aspekte der Privatsphäre feststellen. Eine Vielzahl von Blogs sowie Angebote wie *YouTube, studiVZ, flickr und Xing* beruhen geradezu darauf, dass Nutzer auf Datenschutzrechte in weiten Teilen verzichten und persönlichste Details in aller Öffentlichkeit preisgegeben.

Dabei hat sich eine Kultur entwickelt, die eben diese Form der Darstellung erwartet. Bei Blogs besteht eine verbreitete Erwartung, dass gerade die persönliche Sicht – zumeist dargestellt aus dem privaten Kontext – im Vordergrund steht. Bei Netzwerken bestehen für diejenigen, die ihr Profil mit vielen persönlichen Informationen anreichern, besonders gute Chancen, dass ihr Profil von anderen gesehen wird und sich daraus Kontaktmöglichkeiten ergeben (Alby 2006, S 108 ff).

Eine Umsetzung der dargestellten Erfolgsfaktoren im Unternehmen führt zu Konsequenzen, die oftmals von der bestehenden Praxis in vielen Unternehmen abweichen (Komus u. Wauch 2008a).

So tragen zwar in vielen Unternehmen Leitbild, Mission und *Vision* zu einem gemeinsamen Verständnis der übergeordneten Unternehmensziele und -werte bei. Doch zeigen Untersuchungen regelmäßig, dass ein großer Teil der Belegschaften sich kaum mit dem Unternehmen, seinen Zielen und Werten identifiziert (Financial Times Deutschland 2009).

Eine Betrachtung der gelebten *Partizipation* dürfte in den Unternehmen zu sehr unterschiedlichen Ergebnissen führen. Abhängig von Faktoren wie Hierarchiestufe, Branche und Unternehmenskultur sind die Erwartungen bzgl. der Partizipation sehr unterschiedlich. Die Erfolge von Social-Software-Systemen zeigen ein weiteres Mal, wie sehr ein partizipativer Führungsstil die Leistungsfähigkeit fördern kann. Allerdings setzt dies auch eine angemessene Bereitschaft und entsprechende Fähigkeiten bei Vorgesetzten und Mitarbeitern voraus.

Flexible Regelauslegung, Vertrauenskultur, Selbstverwirklichung und der *Mix verschiedener Herrschaftsformen* sind eng miteinander verzahnt und bedürfen eines gewissen Mutes und Vertrauens in die selbstregulierenden und kontrollierenden Systemkräfte des Unternehmens. Mit der aktuellen vermehrten Betonung von Governance und der Zunahmen von Compliance-Erfordernissen wird eine entsprechende Organisationsgestaltung zudem in vielen Bereichen weiter erschwert.

Bezogen auf die *Einfachheit in der Nutzung* ist festzustellen, dass an vielen Stellen zunehmend mächtigere IT- und nicht zuletzt Controlling-Systeme und Verfahrensanweisungen diesem Ziel entgegenstehen. Hier gilt es, das Ziel der Einfachheit bei neuen IT-Systemen und auch Vorgaben zur Abwicklung von Prozessen immer im Auge zu behalten.

In der unternehmerischen Praxis ist oft ein Verständnis vorherrschend, das das Management als rationalen, geplanten Prozess versteht, in dem die Führung des Unternehmens Ziele und Pläne definiert und diese dann anschließend in nachfolgenden Hierarchieebenen umgesetzt werden. Dieses Verständnis wurde bereits vor über 30 Jahren von Mintzberg als realitätsfern und oft auch nicht zielführend bewertet (Mintzberg 1975). Hier stellt die *emergente und inkrementelle Entwicklung* eine Alternative dar, die in vielerlei Hinsicht weitreichende Überschneidungen zu Mintzbergs Grassroots Model of Strategy Formation beinhaltet (Mintzberg 1989).

Schließlich führt die Forderung nach *Entprivatisierung und persönlichem Stil* im Unternehmensumfeld zu einer weitreichenden Anforderung an die Führungskräfte. Mit dem Werben um persönliches Engagement und Initiative geht auch das Bemühen einer, persönliche und greifbare Aktivitäten an die Stelle abstrakter und anonymer Projekte zu stellen.

6   Perspektiven

Bei den verfügbaren Wiki-Technologien lässt sich bereits heute neben einer zunehmend weiter vereinfachten Nutzung, die durch grafische Oberflächen auf eine spezielle Syntax verzichtet, eine Zunahme der angebotenen Funktionalität feststellen. So bietet die unter anderem in Bereichen der Deutschen Bank eingesetzte Wiki-Engine „TikiWiki" Funktionalitäten wie Blog, Forum, Newsletter, Abstimmung, ShoutBox, Kalender, Spreadsheet, Dateiverwaltung und viele andere (Herrmann 2009; TikiWiki 2009).

Parallel werden Wiki-Funktionalitäten zunehmend in bestehende Systeme integriert. So etwa bei Microsofts Sharepoint (Cardarelli 2007) oder bei der BSCW-

Groupware (BSCW 2009). Auch Google bietet inzwischen mit Google Sites Wiki-Funktionalitäten an (Google 2009). Groupware-Systeme werden voraussichtlich flächendeckend Wiki-Funktionalitäten anbieten, während viele ursprüngliche Wiki-Systeme sich in ihrem Funktionsumfang immer weiter an Groupware-Systeme annähern.

Zunehmend sind auch neue Formen des technischen Betriebs von Wikis verfügbar. So haben sich inzwischen Wiki-Angebote in Form von Software-as-a-Service etabliert. Angebote wie *customervision.com*, *PBworks.com* oder *socialtext.com* erlauben die Arbeit mit Wikis, ohne ein Wiki selber einrichten und betreiben zu müssen.

Ein wichtiger Anbieter in diesem Feld ist derzeit insbesondere PBworks, früher pbwiki. Der ursprüngliche Name pbwiki (peanut butter wiki) leitet sich ab vom Anspruch an die Einfachheit in der Nutzung („making a wiki is as easy as making a peanut butter sandwich"). PBworks ist nach eigenen Angaben mit über 800.000 wiki-basierten Workspaces und 50.000 Unternehmen als Kunden, darunter über die Hälfte der Fortune-500-Unternehmen, der weltgrößte Anbieter für gehostete Wikis bzw. wiki-basierte ‚Workspaces' (PBworks 2009b). Angebote wie PBworks entsprechen dabei einem Bedürfnis, das durch eine Veränderung in der Nutzung von Wikis festzustellen ist. Wikis werden nicht mehr nur im Rahmen großer Projekte wie *Wikipedia* oder *dem* Unternehmenswiki als zentrale Plattform für das interne Wissensmanagement genutzt. Vielmehr werden Wikis auch für kleinere Aktivitäten nach Bedarf spontan eingerichtet und auch wieder gelöscht. So können mit der stark vereinfachten Einrichtung eigener Wikis diese bspw. als gemeinsamer „Notizblock" für Kleinstgruppen, Kleinstprojekte, ToDo-Listen und anderes genutzt werden.

Auch ein Wandel der Kommunikations- und Interaktionsstrukturen nach innen und außen lässt sich bereits beobachten, so etwa, wenn Unternehmen wie *SAP* die Netzwerkinteraktion unter Kunden und mit Mitarbeitern systematisch mit Hilfe von Plattformen wie der SDN Community (SAP Developer Network www.sdn.sap.com) und der BPX Community (Business Process Expert Community) fördern.

Beispiele wie die Wiederaufnahme der Eissorte Nogger Choc in das Langnese Sortiment nach einer Aktion von mehr als 16.000 *studiVZ*-Nutzern (Internetworld 2009), der web-gestützte Dialog mit den Fahrgästen bei der Toronto Transit Comission (Goldmann et al. 2008) und nicht zuletzt der erfolgreiche Präsidentschaftswahlkampf Barack Obamas zeigen, dass der Mut zur offenen Interaktion gestiegen ist und belohnt wird.

Aber nicht nur in Kommunikation und Management spielen die Organisationsprinzipien des Web 2.0 eine immer größere Rolle. Auch in der eigentlichen Kernwertschöpfung der Unternehmen gewinnen sie an Bedeutung. Als „P2P Economy" bezeichnet, gibt es zunehmend Branchen, in denen das durch *Napster* bekannt gewordene Peer-to-Peer-Prinzip Anwendung findet. Beispiele sind hier die Medien, in denen neben *Wikipedia*, vor allem auch Blogs sowie selbst erstellte und online-gestellte Musikstücke den Lexikon-, Zeitungs-, Magazin- und Musikverlagen Konkurrenz machen, aber auch die Finanzdienstleistungsbranche (Microcredits) oder die Energiebranche (Einspeisung durch dezentrale Photovoltaik-Anlagen oder Stromproduktion durch dezentrale Brennstoffzellen bspw. in Pkws) (Stalnacker 2008).

Mit der Identifikation der Wikimanagement-Erfolgsfaktoren wird an vielen Stellen deutlich, wie eine weitere Entwicklung des modernen Managements aussehen kann. Hier sind die Produkte und vor allem auch die verfügbaren und die eingesetzten Mitarbeiter von großer Bedeutung.

Es kann davon ausgegangen werden, dass die allgemeine Produktkomplexität weiter zunehmen wird. Zugleich werden Mitarbeiter durch Veränderungen der Gesellschaft und intensive private Nutzung von Social-Software-Technologien zunehmend für entsprechende Managementansätze vorbereitet sein und diese auch einfordern. Im Resultat werden Unternehmen, die die Implikationen von Social Software für das Management verstanden und umgesetzt haben, in Zeiten zunehmender Wettbewerbsintensität und zunehmender Marktdynamik besser und schneller agieren können.

Literatur

Alby T (2006) Web 2.0: Konzepte, Anwendungen, Technologien. Hanser, München

Alexa (2009) Alexa: global top sites. http://www.alexa.com/site/ds/top_sites?ts_mode=global&lang=none. Zugegriffen: 10. Feb 2009 und Alexa: top sites in Germany. http://www.alexa.com/site/ds/top_sites?cc=DE&ts_mode=country&lang=none. Zugegriffen: 10. Feb 2009

Algesheimer R, Leitl M (2007) Unternehmen 2.0. Harv Bus Manager (06/2007):88–98

BSCW (2009) Neue BSWC-Version 4.4. http://www.bscw.de/bscw44.html. Zugegriffen: 12. Feb 2009

Cardarelli M (2007) Share point: Nutzen Sie Wikis bei der Arbeit, Microsoft Technet. http://technet.microsoft.com/de-de/magazine/2007.01.wiki.aspx. Zugegriffen: 14. Feb 2009

Cunningham W, Leuf B (2001) The Wiki way: quick collaboration on the web. Addison-Wesley Longman, Amsterdam

Davenport T, Prusak L (1997) Information ecology – mastering the information and knowledge environment. Oxford University Press, Oxford

Ebersbach A, Glaser M, Heigl R (2005) WikiTools. Springer, Berlin

Financial Times Deutschland (2009) Deutsche Mitarbeiter demotiviert. http://www.ftd.de/karriere_management/management/:Gallup-Studie-Deutsche-Mitarbeiter-demotiviert/461000.html. Zugegriffen: 15. Feb 2009

Gallenbacher J (2005) Einleitung. In: Christoph L (Hrsg) Wiki – Planen, Einrichten, Verwalten. C&L Verlag, Böblingen, S 17–34

Giles J (2005) Giles, Jim: Internet Encyclopaedias go ahead to head. Nature 438(12/2005): 900–901

Goldmann J, Singer E, Kuznicki M (2008) U-Bahn trifft Internet. Harv Bus Manager (02/2008): 24–25

Google (2009) Google corporate information: Google milestones. http://www.google.com/corporate/history.html#12. Zugegriffen: 12. Feb 2009

Goswami N (2007) Linklaters pilots wiki for shared knowledge. http://www.thelawyer.com/cgi-bin/item.cgi?id=127569. Zugegriffen: 14. Feb 2009

Handelsblatt (2009) Handelsblatt: Wirtschaftswiki. http://www.handelsblatt.com/wirtschaftswiki

Herrmann W (2009) Wie Unternehmen das Web 2.0 nutzen. http://www.computerwoche.de/nachrichtenarchiv/556531/. Zugegriffen: 05. Apr 2009

Hertel G, Niedner S, Hermann S (2003) Motivation of software developers in open-source project: an internet-based survey of contributors to the Linux kernel. Res Policy 32(07/2003): 1159–1177 (North Holland Publ. Co., Amsterdam)

Internetworld (2009) Web 2.0 bringt Nogger Choc zurück. http://www.internetworld.de/Nachrichten/News/Web-2.0-bringt-Nogger-Choc-zurueck. Zugegriffen: 12. Feb 2009

Komus A (2006) Social Software als organisatorisches Phänomen – Einsatzmöglichkeiten in Unternehmen. HMD – Praxis der Wirtschaftsinformatik 43(252):36–44 (Hildebrand K, Hofmann J (Hrsg): Social Software, Dezember 2006)

Komus A, Wauch F (2008a) Wikimanagement – Was Unternehmen von Social Software und Web 2.0 lernen können. Oldenburg, München

Komus A, Wauch F (2008b) Wikis: Mehr als Wikipedia. In: Hein F (Hrsg) Elektronische Unternehmenskommunikation. Deutscher Fachverlag, Frankfurt, S 270–277

Kurzidim M (2004) Wissenswettstreit: Die kostenlose Wikipedia tritt gegen die Marktführer Encarta und Brockhaus an. c't (21/2004):132–139

Manhart K (2007) Professionelle Wikis für den Unternehmenseinsatz. http://www.tecchannel.de/kommunikation/1741654/professionelle_wikis_fuer_den_unternehmenseinsatz/. Zugegriffen: 14. Feb 2009

McHenry R (2004) The faith-based encyclopedia. TCS daily. http://www.tcsdaily.com/printArticle.aspx?ID=111504A. Zugegriffen: 2. März 2006

Mintzberg H (1975) The manager's job: folklore and fact. Harv Bus Rev 53(04/1975):46–61

Mintzberg H (1989) Mintzberg on management: inside our strange world of organizations. Free Press, New York, S 214–216

Möller E (2006) Die heimliche Medienrevolution: Wie Weblogs, Wikis und freie Software die Welt verändern. Heise Zeitschriften Verlag, Hannover

PBworks (2009a) PBworks case study: Capgemini. http://pbworks.com/content/casestudy-capgemini. Zugegriffen: 7. Mai 2009

PBworks (2009b) PBworks: about PBworks. http://pbworks.com/content/about. Zugegriffen: 7. Mai 2009

Rosenstiel L, Molt W, Rüttinger B (2005) Organisationspsychologie, 9. Aufl. Kohlhammer, Stuttgart

Schroer J et al (2005a) Wikipedia: Motivation für die freiwillige Mitarbeit an einer offenen webbasierten Enzyklopädie, Vorabveröffentlichung von Ergebnissen der Universität Würzburg. http://wy2×05.psychologie.uniwuerzburg.de/ao/publications/pdf/wikipedia_poster_fg_2005.pdf. Zugegriffen: 25. Apr 2006

Schroer J et al (2005b) Deutschsprachige Wikipedia – Erste Ergebnisse der Online-Befragung vom 18. März bis 8. April 2005, Umfrage zur Motivation von Wikipedia-TeilnehmerInnen an der Universität Würzburg. http://psychologie.uni-wuerzburg.de/ao/research/wikipedia.php. Zugegriffen: 30. März 2006

Stadtwiki (2009) Stadtwiki Karlsruhe. http://ka.stadtwiki.net/Hauptseite. Zugegriffen: 10. Feb 2009

Stalnacker S (2008) Here comes the P2P economy. Harv Bus Rev (02/2008):18

Stern (2007) Wikipedia schlägt Brockhaus. http://www.stern.de/computer-technik/internet/:%0A%09%09stern-Test%0A%09%09%09%09-Wikipedia-Brockhaus/604423.html. Zugegriffen: 26. Dez 2007

Streiff A (2005) Wiki – Zusammenarbeit im Netz. Books on Demand Gmbh, Norderstedt

TikiWiki (2009) TikiWiki features. http://doc.tikiwiki.org/tiki-index.php?page=Features. Zugegriffen: 12. Jan 2009

Torvalds L (1998) In einem Interview mit dem Technologiekolumnisten Robert Cringley (zit. aus Evans P, Wolf B: Vertrauen ist die Basis, S 70). Harv Bus Manager 27(11/2005):61–74 (Hamburg)

Trist E (1990) Sozio-technische Systeme: Ursprünge und Konzepte.Organisationsentwicklung 9(04/1990):10–26 (Zürich)

Wagner E (2008) Wie man ein Firmen-Wiki zum Laufen bringt. Computerwoche.de 4.7.2008. http://www.computerwoche.de/1868054. Zugegriffen: 14. Feb 2009

Wales J (2004) Wikipedia Sociographics, Slides zum Vortrag anlässlich des 21. Chaos Communication Congress, 27.–29. Dezember 2004, Berlin. http://www.ccc.de/congress/2004/fahrplan/files/372-wikipedia-sociographics-slides.pdf. Zugegriffen: 22. Mai 2006

Wales J (2009) Wikipedia user: Jimbo Wales/statement of principles. http://en.wikipedia.org/wiki/
   User:Jimbo_Wales/Statement_of_principles. Zugegriffen: 22. März 2009
Weinert A (2004) Organisations- und Personalpsychologie, 5. Aufl. Beltz Verlag PVU Psychologie
   Verlags Union, Weinheim
Wikimedia(2009a)ListofWikipedias.http://meta.wikimedia.org/wiki/List_of_Wikipedias#Grand_
   Total. Zugegriffen: 10. Feb 2009
Wikimedia (2009b) Wikimedia: Wikipedia-Statistik. http://stats.wikimedia.org/DE/TablesWikipe-
   diaDE.htm. Zugegriffen: 10. Feb 2009
Wikipedia (2007) Wikipedia: Spezial: Meistbearbeitet Seiten: 5.676 Bearbeitungen. http://
   de.wikipedia.org/wiki/Spezial:Meistbearbeitete_Seiten. Zugegriffen: 23. Dez 2007
Wikipedia (2009a) Wikipedia: Meilensteine. http://de.wikipedia.org/wiki/Wikipedia:Meilenstei-
   ne. Zugegriffen: 10. Feb 2009
Wikipedia (2009b) Wikipedia. http://www.wikipedia.org/. Zugegriffen: 22. März 2009 und http://
   de.wikipedia.org/wiki/Wikipedia:Statistik. Zugegriffen: 22. März 2009
Wikipedia (2009c) Wikipedia: five pillars. http://en.wikipedia.org/wiki/Wikipedia:Five_pillars.
   Zugegriffen: 14. Feb 2009
Wikipedia (2009d) Wikipedia: Ignoriere alle Regeln. http://de.wikipedia.org/wiki/Wikipedia:
   Ignoriere_alle_Regeln. Zugegriffen: 22. März 2009
Wikipedia (2009e) Wikipedia: Benevolent Dictator. http://de.wikipedia.org/wiki/Wikipedia. Zu-
   gegriffen: 26. Dez 2007; zum ‚Benevolant Dictator‘ vgl. auch http://de.wikipedia.org/wiki/
   Benevolent_Dictator_for_Life. Zugegriffen: 14. Feb 2009
Wikiquote (2008) Wikiquote: Jimmy Wales. http://en.wikiquote.org/wiki/Jimmy_Wales. Zuge-
   griffen: 1. Jan 2008

Podcasts als Kommunikations-Tool im Marketing

Alexander Deseniss

Inhalt

1 Podcasts – das Kommunikationstool für die Generation iPod?

Podcasts haben seit ihrer ersten Breitenverwendung im Jahr 2004 einen beeindruckend schnellen Aufschwung genommen. Schon ein Jahr später wurde „Podcast" in Großbritannien vom New Oxford American Dictionary zum Wort des Jahres gewählt, und mittlerweile haben Podcasts einen festen Platz in der elektronischen Medienlandschaft. Die Zahl der Podcast-Nutzer steigt weltweit weiter rapide an und das US-amerikanische Marktforschungs-Institut eMarketer schätzt den Podcasting-Markt allein im Bereich Werbung auf 400 Mio. US-$ für das Jahr 2011.

Die Pioniere des Podcasting wie der ehemalige MTV-Moderator Adam Curry erreichen durch ihre nach wie vor mit relativ einfachen Mitteln produzierten Podcasts Hunderttausende von Nutzern, und das oft täglich. Aber auch etablierte Stars von Madonna bis Woody Allen begleiten die Einführung neuer Alben oder Filme mit speziellen Podcast-Serien, Werbeagenturen preisen vor ihren Kunden

A. Deseniss (✉)
Fachhochschule Flensburg, Kanzleistraße 91-93, 24943 Flensburg, Deutschland
E-Mail: deseniss@fh-flensburg.de

G. Walsh et al. (Hrsg.), *Web 2.0,*
DOI 10.1007/978-3-642-13787-7_9, © Springer-Verlag Berlin Heidelberg 2011

den Segen des „Podvertising", Hochschulen bieten Ihre Vorlesungen im Internet an (Klee 2006, Deseniss 2010) und amerikanische Freiprediger produzieren für ihre Anhänger mitreißende „Godcasts".

Auch in Deutschland haben sich Podcasts in der Medienszene fest etabliert. So gehörte die Bundeskanzlerin zu den ersten Regierungschefs weltweit, die einen Podcast zur Kommunikation mit der Öffentlichkeit produzieren lassen. Bei Marketingverantwortlichen ist jedoch nach wie vor häufig noch eine Unsicherheit festzustellen, wie sich Podcasts kommerziell im Rahmen der unternehmerischen Innen- und Außenkommunikation konkret einsetzen lassen. Die Einsatzmöglichkeiten und Nutzenpotenziale – aber auch Grenzen – von Podcasts als Marketing-Tool werden daher in diesem Beitrag überblicksartig skizziert.

Podcasts lassen sich aus zeitlicher, technischer und finanzieller Sicht sehr aufwandsarm produzieren. Daher gelten sie als eine der wichtigsten technologischen Triebkräfte der Web 2.0-Welt, in der der einzelne User zum zentralen Content-Lieferanten des World Wide Web avanciert. Die Erstellung von Podcasts lässt sich mit einfachsten technischen Mitteln bewerkstelligen. Außer einem einfachen Mikrofon oder einer Webcam und simpel zu bedienender (Shareware)-Software ist für die Erstellung eines Podcasts nichts weiter nötig. Gleiches gilt für die Nutzung von Podcasts: Bis auf einen PC mit Internetzugang und kostenlos verfügbare Software wie iTunes benötigt der Nutzer nichts (weiter), um zum regelmäßigen Podcast-Nutzer zu werden.

Die Einfachheit der Erstellung und Nutzung von Podcasts ist zusammen mit den sinkenden Preisen für Brandbreite und Webspace sicher einer der Hauptgründe dafür, dass der Aufschwung des Podcasting sich derart rapide gestaltet. Aus dieser Einfachheit lässt sich auch erklären, dass das Podcasting ein in der Tat User-getriebenes Instrument des Internets darstellt, das sich zunächst im privaten Bereich verbreitet hat und sich die Aufmerksamkeit erst derzeit in einer „zweiten Welle" auf die gezielt und systematisch kommerzielle Anwendung von Podcasts richtet.

Diese kommerzielle Nutzung von Podcasts durch Marketingtreibende – insbesondere im Fall selbstproduzierter Podcasts – ist dabei teilweise keine genuine Web 2.0-Anwendung mehr im Sinne einer „basisdemokratischen" Content-Produktion, bei der jeder User zum Anbieter im Netz wird, der das möchte. Da sich jedoch die Web 1.0- und Web 2.0-Anwendungen von Podcasts kaum eindeutig trennen lassen und viele Erwägungen hinsichtlich der Einsatzbereiche und Potenziale von Podcasts gleichermaßen gelten, werden hier alle zentralen Einsatzbereiche für Podcasts im Marketing angesprochen, auch diejenigen, die nicht unter die enge Web 2.0-Definition im Sinne (Massen-)usergenerierten Contents fallen.

2   Arten und technische Umsetzung von Podcasts

Ein Podcast lässt sich allgemein folgendermaßen definieren: Ein Podcast ist eine wiederholte Online-Bereitstellung von digitalen Audio- und ggf. sonstigen Informationen unter einem vorab definierten Themendach, die den Podcast-Nutzern vom

Podcast-Produzenten automatisiert nach dem Abonnement-Prinzip zur Verfügung gestellt werden.

Die Online-Bereitstellung von Audio- bzw. Videodaten ist alles andere als neu. Der innovative Aspekt am Podcasting ist zum einen die Tatsache, dass in so genannten Episoden *wiederholt* im Zeitverlauf wechselnde Inhalte zu einem bestimmten Thema produziert werden, und zum anderen die Tatsache, dass der Bezug neuer Episoden für den User *automatisiert* in einem „digitalen Abonnement" erfolgt, dieser also nach der Einschreibung für einen Podcast nicht mehr selbst per manuellem Download initiativ werden muss, um neu zur Verfügung gestellte Inhalte zu beziehen.

Die Automatisierung des Podcast-Bezugs erfolgt – nach derzeitigem technischen Stand – meist über einen so genannten RSS Feed, eine 2002 in der Version 2.0 von David Winer veröffentlichte Technologie, die 2004 durch Adam Curry und seine iPodder-Software erweitert wurde, die es ermöglichte, in RSS-Dateien nach MP3-Files zu suchen und diese dann automatisiert in iTunes zu laden. Die Entwicklung der iPodder-Software markierte denn auch den Anfangspunkt des Podcasting-Booms.

Aus technischer Sicht gibt es drei wesentliche Arten von Podcasts, die sich durch die Art der bereitgestellten Daten unterscheiden.

- *Audio-Podcasts* stellen die einfachste und älteste „Urform" (und derzeit am weitesten verbreitete Art) des Podcasting dar; hier werden lediglich Audio-Dateien produziert (z. B. der Podcast-Klassiker „The Daily Source Code" von Adam Curry).
- *Video-Podcasts* stellen naturgemäß Bild- und Toninformationen bereit; diese werden meist verwendet, wenn neben den Inhalten auch die übermittelnde Person im Vordergrund steht bzw. stehen soll (z. B. der wöchentliche Podcast des US-Präsidenten Obama oder der bereits seit 2006 angebotene Podcast der deutschen Bundeskanzlerin).
- *Enhanced Podcasts* reichern die Audio- bzw. Videospur mit weiteren Daten an, z. B. Grafiken, Texten, Weblinks und ermöglichen das Setzen von Lesezeichen, mit denen sich der Podcast in Kapitel untergliedern lässt. So lassen sich bspw. PowerPoint-Präsentationen mit der Tonspur des Vortragenden als Podcast bereitstellen (z. B. die Vorlesungs-Podcasts der Stanford University)

Die konzeptionelle Verwandtschaft des Podcasts zum klassischen Blog hat auch andere Begrifflichkeiten hervorgebracht. So werden Audio-Podcasts auch als Audio-Blogs, Video-Podcasts bzw. „Vodcasts" auch als Video-Blogs oder kurz Vlogs bezeichnet.

Wichtig aus Marketingsicht ist auch die Frage, auf welchen Endgeräten Podcasts genutzt werden können. Hier kommt eine Vielzahl von Geräten in Frage, insbesondere

- Stationäre PCs und Notebooks (über gängige Media Player wie Windows MediaPlayer, RealPlayer oder WinAmp)
- Portable MP3-Player (v. a. Apple iPod)
- Pocket PCs/PDAs

- MP3-fähige Mobiltelefone
- Spielekonsolen (z. B. Xbox, PSP)

Podcasts sind also auf den gängigsten stationären und mobilen digitalen Endgeräten nutzbar. Die Distribution von Podcasts über Apple iTunes und die anschließende Nutzung auf dem iPod gelten als „klassischer" Weg der Podcast-Nutzung, daraus erklärt sich auch die Namensgebung des Podcasts, entstanden aus „Broadcast" und „iPod".

3 Die Nutzerschaft von Podcasts

Die letzten technischen Voraussetzungen für das Podcasting in der heutigen Form wurden wie erwähnt 2004 mit der iPodder-Software geschaffen. Nach Nielsen-Zahlen hatten im Jahr 2006 bereits 6,6 % der US-Amerikaner oder 9,2 Mio. User mindestens einen Audio-Podcast genutzt. Die Nutzerquoten für Video-Podcasts lagen bei 4,0 % bzw. 5,6 Mio. Nutzern (Nielsen/Netratings 2006). Die Deutschland online-Studie ergab für 2006 in Deutschland eine Nutzerquote von 4,1 % bezogen auf die Gesamtbevölkerung (Wirtz et al. 2006). In 2009 lag die Nutzerquote in den USA bereits bei 21,9 Mio. mit einem prognostizierten Anstieg auf 37,6 Mio. Nutzern im Jahr 2013 (eMarketer 2009). Die Wachstumsraten für Deutschland können als vergleichbar angenommen werden.

Empirische Erhebungen liefern auch Daten über die Nutzerschaft und das Nutzungsverhalten von Podcasts (Wunschel 2007, eMarketer 2009, Edison Research 2010). Der deutsche Podcast-Nutzer ist zu 82 % männlichen Geschlechts und im Durchschnitt 29,4 Jahre alt. In der Altersgruppe ab 20 Jahren können 45 % einen Hochschulabschluss vorweisen, das Bildungsniveau ist damit weit überdurchschnittlich.

Im Schnitt werden 10 Podcasts regelmäßig konsumiert, 15 Podcasts sind durchschnittlich abonniert. Das Zeitbudget für den Konsum der abonnierten Podcasts liegt bei beachtlichen 4,45 h pro Woche. Konsumiert werden die Podcasts überwiegend auf dem Weg zur Arbeit (76 %), in öffentlichen Verkehrsmitteln (61 %), im Auto (42 %) oder am Schreibtisch (78 %). Die häufige Podcast-Nutzung am Schreibtisch (78 %) und bei der Hausarbeit (32 %) belegen dabei, dass Podcasts nicht zwingend mobile Medien sind.

Aus heutiger Sicht lassen sich mit Podcasts vor allem die typischen Intensivnutzer des Internets erreichen (jung, männlich, gebildet). Im Zuge der allgemeinen Entwicklung des Internets zum Massenmedium ist hier eine sukzessiven Angleichung der Podcast-Nutzerschaft an die Gesamtbevölkerung zu erwarten. Die derzeit vorhandenen Einschränkungen bezüglich der Erreichbarkeit bestimmter Zielgruppen (z. B. die solventen „Golden Agers") werden damit voraussichtlich schnell an Bedeutung verlieren. Marketingseitig sehr relevant ist auch, dass unter Podcastnutzern mehrheitlich eine grundsätzlich positive Einstellung gegenüber werbefinanzierten Podcasts besteht (Wunschel 2007, Edison Research 2010).

Ökonomische Potenziale in den Podcasting bezogenen Märkten sind naturgemäß nur schwer und unpräzise zu prognostizieren. Für den US-Markt existieren hierzu punktuell quantitative Marktstudien. So schätzt das US-amerikanische Marktfor-schungs-Institut eMarketer den Podcasting-Markt allein im Bereich Werbung auf 400 Mio. US-\$ für das Jahr 2011. Die iPodcastle-Studie prognostiziert darüber hinaus mittelfristig Geschäftspotenziale für den Hardwaremarkt für Podcast-Pro-duzenten von 1,4 Mrd. US-\$ und von 2,2 Mrd. US-\$ für den Konsumentensektor (Abonnement-Gebühren und zusätzliche Hardware-Verkäufe zur Podcast-Nutzung) (Turgut 2005).

4   Podcast-Anwendungsfelder im Marketing

4.1   Überblick

Podcasts entwickeln sich zum Basis-Tool der Kommunikation über Neue Medien. Sie lassen sich in sehr vielen relevanten Arten und Feldern im Marketing bzw. in der Unternehmenskommunikation einsetzen. Grundsätzlich lassen sich Podcasts zur Kommunikation mit sämtlichen relevanten internen und externen Stakeholdern eines Unternehmens nutzen: Medien, kritische Öffentlichkeit, NGOs, Lieferanten, Vertriebsorgane usw. – vor allem aber natürlich Kunden. Auf dieser Perspektive des kundengerichteten Absatzmarketing soll das Thema Podcasts hier auch beleuchtet werden. Abbildung 1 liefert einen Überblick über die grundlegenden Einsatzfelder von Podcasts im Absatzmarketing.

Im Folgenden werden die drei zentralen Einsatzfelder für Podcasts im Marketing näher skizziert. Der Schwerpunkt liegt dabei auf dem weitaus vielfältigsten und „mächtigsten" Einsatzbereich, der Einsatz eigenproduzierter Podcasts zur direkten Kundenkommunikation.

4.2   Kunden-Podcasts – Chancen, Risiken und Einsatzmotive

4.2.1   Medienspezifische Stärken und Schwächen von Podcasts

Kunden-Podcasts bieten unter den heute vorherrschenden Kommunikationsbedin-gungen attraktive Optionen für eine effektive, effiziente und flexible Zielgruppen-ansprache. Abbildung 2 verdeutlicht die zentralen medienspezifischen Wirkungs-charakteristika von Podcasts.

Effektivität der Kommunikation

Multisensorische und interaktive Ansprache (Video-)Podcasts sprechen den Rezi-pienten über Hör- und Sehsinn parallel und darüber hinaus mit bewegten Bildern

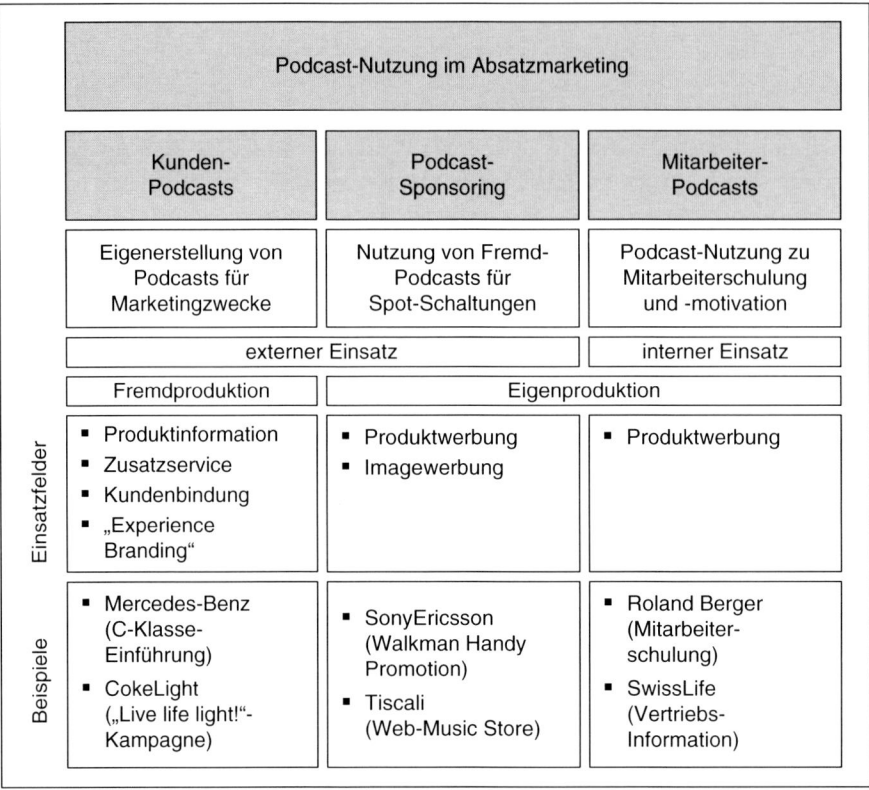

Abb. 1 Einsatzfelder von Podcasts im Absatzmarketing

an; der Podcast kann zudem mit interaktiven Komponenten angereichert werden. Dies macht die intrapsychische Verarbeitung der dargebotenen (Werbe-) Informationen intensiver und nachhaltiger.

Rezeptionsfreundlicher Kontext Der Kontakt mit dem Podcast erfolgt aus eigener Motivation des Users und mit einem hohen situativen (Medien-)Involvement. Die subjektiv wahrgenommene Verhaltenskontrolle des Konsumenten während der Nutzung verstärkt diesen Effekt. Zusammen mit der multisensorischen und interaktiven Ansprache ermöglichen Podcasts damit eine außerordentlich hohe Kontaktqualität, die andere Medien nur selten erreichen.

Emotionalisierbarkeit Die Ansprache über bewegte oder unbewegte Bilder, ggf. unter Einsatz persönlicher Presenter oder Moderatoren, ermöglicht eine emotionalisierte Rezipientenansprache, wie sie auf vielen Märkten für eine differenzierte Markenpositionierung nötig und gewünscht ist.

Ubiquität Podcasts lassen sich aufgrund ihrer Distribution über das WWW und die Nutzbarkeit auch auf mobilen Endgeräten wie iPods, Handys oder PDAs nahezu ohne geografische Einschränkungen verbreiten und nutzen.

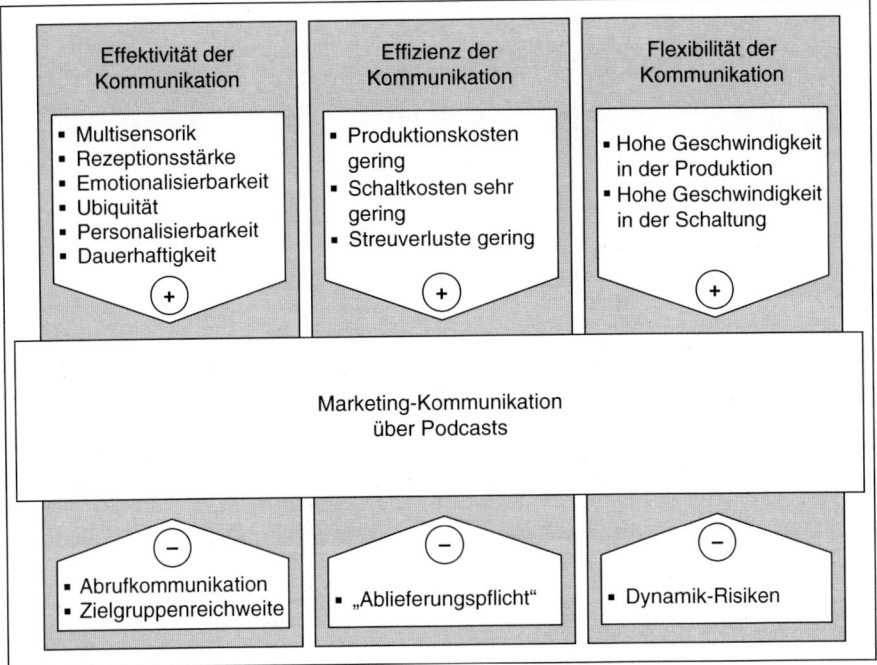

Abb. 2 Medienspezifische Stärken und Schwächen von Podcasts

Personalisierbarkeit Podcasts lassen sich z. B. über eingebundene URLs, Kapitelfunktionen oder schlicht zielgruppenspezifische inhaltliche Gestaltung leicht an einzelnen Personen oder Zielgruppen anpassen (bei Zuordenbarkeit der jeweiligen IP-Adresse zu Kundenstammdaten können diese gezielt individualisiert werden).

Dauerhaftigkeit Ein sehr zentraler medienspezifischer Aspekt ist zudem die Dauerhaftigkeit des Podcasts – eine einmalige Einschreibung des Kunden für den Podcast ermöglicht den Aufbau einer dauerhaften Kommunikationsbeziehung zwischen Anbieter und Rezipient.

Effizienz der Kommunikation

Geringe Produktionskosten Podcasts lassen sich im Vergleich zu anderen einsetzbaren Medien oftmals günstiger produzieren.

Sehr geringe „Schaltkosten" Im Gegensatz zu klassischen Medien fallen für die Podcast-Distribution keine Schaltkosten an – es ist lediglich die für die Podcast-Downloads nötige Bandbreite auf der jeweiligen Webpräsenz vorzuhalten.

Geringe Streuverluste Die userseitige Initiative zur Podcast-Nutzung bedingt, dass diese auch nur an Zielgruppen mit Interesse an den Kommunikationsinhalten distribuiert werden; die Streuverluste bleiben damit sehr gering.

Flexibilität der Kommunikation

Hohe Geschwindigkeit in der Produktion Podcasts lassen sich (je nach Art) schnell produzieren. Sie ermöglichen es damit, sehr zeitnah auf Kommunikationsanlässe zu reagieren.

Hohe Geschwindigkeit in der Schaltung Podcasts können unmittelbar nach der Produktion veröffentlicht und distribuiert werden. Vorlaufzeiten für Medienbuchungen („Anzeigenschluss") oder mangelnde Verfügbarkeit wie in klassischen Medien können nicht auftreten.

Podcasts weisen darüber auch medienspezifische Einschränkungen bzw. Nachteile auf. Die wichtigsten werden hier ebenfalls kurz skizziert.

Passive Abrufkommunikation Es handelt sich bei Podcasts im Gegensatz zur klassischen Kommunikation um eine Pull-Kommunikation, d. h. der *Nutzer* muss initiativ werden, um die Kommunikationsbeziehung zustande kommen zu lassen. Dies ist die logisch zwingende Kehrseite der de facto kaum existenten Streuverluste (s. o.) – die sehr hohe Zielgruppenaffinität von Podcasts wird also durch die eingeschränkte Erreichbarkeit von (Massen-)Rezipienten erkauft.

Eingeschränkte Zielgruppenerreichbarkeit Zum heutigen Zeitpunkt ist die typische Podcasting-Nutzerschaft (noch) eine – wenn auch rapide wachsende – Nischen-Community mit spezifischem Profil (s. o.). Zielgruppen, deren Profil sich nicht mit dem dieser Nutzerschaft deckt, können über Podcasts derzeit nur schwer erreicht werden.

„Ablieferungspflicht" Podcasts sind auf eine wiederholte Produktion von aus Nutzersicht attraktivem Content angelegt. Wird ein Podcasting-Angebot eingerichtet und nur halbherzig gepflegt oder schnell wieder eingestellt, weil z. B. die gesteckten Kommunikationsziele nicht erreicht wurden, führt dies schnell zu Imageschäden.

Dynamik-Risiken Die hohe Dynamik von Technik, Zielgruppen und Nutzungsverhalten im Internet erfordert ein permanentes Monitoring der Medienlandschaft und eine laufende Überprüfung der eigenen Podcasting-Aktivitäten auf Eignung und Zielgruppenadäquanz, zumal erfolgreiche Podcasting-Angebote grundsätzlich leicht von Wettbewerbern kopierbar sind.

Podcasts lassen sich wie bereits anskizziert auf äußerst vielfältige Weise im Marketing nutzen. Es gibt jedoch, bedingt durch deren medienspezifisches Stärken/Schwächen-Profil, einige typische Einsatzbereiche, in denen die Nutzung von Podcasts besonders nahe liegend bzw. Erfolg versprechend ist. Diese vier Einsatzbereiche werden nachfolgend jeweils kurz diskutiert.

4.2.2   Kunden-Podcasts als Instrument der direkten Produktinformation

Die hohe Kontaktqualität und -intensität bei der Informationsvermittlung über Podcasts ermöglicht es, diese als hoch effektives Instrument zur direkten Produktinformation einzusetzen. Podcasts ermöglichen es, weitaus komplexere Sachverhalte effektiv und nutzerfreundlich zu vermitteln als z. B. Werbespots, Produktbroschüren oder Gebrauchsanleitungen. Drei Einsatzbereiche sind zu unterscheiden:

- Einsatz im *„Premarketing"* zur Vorbereitung von Produkteinführungen: So hat Mercedes-Benz zur Einführung des letzten C-Klasse-Modells vorab einen Produkt-Podcast produziert. Auch der Rowohlt-Verlag arbeitet erfolgreich mit Vorabveröffentlichung von Passagen aus Neuerscheinungen, die potenziellen Lesern über Audio-Podcasts mit prominenten Vorlesern zur Verfügung gestellt werden.
- Einsatz in der *klassischen Absatzwerbung:* Hier können Podcasts für hoch involvierte Zielgruppen Produktinformationen bieten, die über die Inhalte des eigentlichen Werbemittels hinausgehen. Siemens bietet z. B. im BtB-Bereich eine Podcast-Serie zu Thema „Open Communications"
- Einsatz in der *Nachkauf-Kommunikation:* Podcasts können hier als „multimediale Bedienungsanleitung" dienen und auch unterstützend zur Reduktion von Nachkaufdissonanzen eingesetzt werden.

Ein Beispiel hierzu aus dem Konsumgüterbereich, das verdeutlicht, dass sich didaktische Herausforderungen zur Vermittlung von Produktinformationen keineswegs nur bei technisch komplexeren Gebrauchsgütern stellen: Die Marke Kamillosan des MEDA-Konzerns ist ein „Klassiker" unter den OTC-Pharma-Marken. Die Anwendungsmöglichkeiten (Inhalieren, Gurgeln, Pinseln usw.) und Indikationen (von Hautentzündungen bis zu Magen-Darm-Problemen) für den Einsatz der Kamillentinktur sind derart vielfältig, dass die klassische Marketing-Kommunikation die Einsatzbereiche und den jeweiligen Nutzen des Produktes auch nicht annähernd vermitteln kann. Angesichts der starken, etablierten Marke „Kamillosan" und des involvementträchtigen Themas „Gesundheit/Wellness" könnte hier ein Podcast etwa dazu dienen, den Zielgruppen die Verwendungsmöglichkeiten des Produktes näher zu bringen (z. B. für die Dauer einer Wintersaison und aufgehängt am Thema „gesundes Verhalten in der kalten Jahreszeit" o. ä.).

4.2.3 Kunden-Podcasts als produktergänzende Dienstleistung

Der hohe Nutzwert von Podcasts ermöglicht es, diese auch als eigenständige Dienstleistung anzubieten, die das Kernprodukt ergänzt und thematisch mit ihm verbunden ist. Zweck ist hier nicht die kommunikative Vermittlung des Produktnutzens, sondern die Generierung eines eigenständigen Zusatznutzens durch den Podcast selbst. Mittelbares Ziel ist im Kern die Absatzförderung des Hauptproduktes. Hier sind zwei Spielarten zu unterscheiden:

Direkte Absatzförderung Derartige Ansätze für Podcasts finden sich oft im Medienbereich, wo Inhalte aus Radio-Shows oder -Rubriken parallel als Podcast im Internet angeboten werden oder Podcasts Zusatzinformationen über die eigentlichen Sendungen bieten und zu deren Konsum animieren sollen. So hatte es das

Abb. 3 Service-Podcasts (Marco Polo-Verlag)

Podcast-Angebot zur BBC-Radio-Soap Opera „The Archers" innerhalb weniger Wochen geschafft, 650.000 Abonnenten zu gewinnen.

Indirekte Absatzförderung Ziel des Podcasts ist hier nicht der unmittelbare Kaufanreiz, sondern zum einen die Aktualisierung der betreffenden Marke, also die Schaffung geistiger Präsenz der Marke in der Konsumentenwahrnehmung, so dass bei einer Kaufentscheidung (die heute in vielen Produktfeldern oft kurzfristig erst am Point of Sale erfolgt) die Marke als vertrauter Reiz bevorzugt wird (Kroeber-Riel u. Esch 2004). Zum anderen spielt hier die Imageförderung eine Rolle: Über den Podcast soll die Kompetenzanmutung des Anbieters im betreffenden Produktbereich gefördert werden. Beispiel sind hier die 14-tägig erscheinenden Podcasts des Reiseverlags Marco Polo zu verschiedenen Reisethemen, wodurch sich der Verlag in den Köpfen der Zielgruppe verankert und Kompetenz im Produktfeld „Reiseführer" vermittelt (Abb. 3).

4.2.4   Kunden-Podcasts als Kundenbindungs-Tool

Der Charakter des Podcasts als serielle Aneinanderreihung von Kommunikationsepisoden prädestiniert ihn für den Einsatz als Kundenbindungsinstrument. Dieser Einsatzbereich für Podcasts unterscheidet sich von den beiden erstgenannten weniger durch die Mittel als vielmehr durch das Ziel, das in einem gezielten, systemati-

Abb. 4 Kundenbindungs-Podcasts (Purina)

schen Beziehungsaufbau mit dem Rezipienten ausgerichtet ist. Der intrapsychische Bindungseffekt kann dabei zum einen über die regelmäßige Lieferung von Nutzwertinformationen erreicht werden oder aber schwerpunktmäßig über den Aufbau einer emotional geprägten Bindung.

Nutzwertgeprägte Bindungsstrategie Dieser Ansatzpunkt ist vor allem für Anbieter langlebiger Gebrauchsgüter interessant, die nach dem Kaufakt Gefahr laufen, den Kontakt zum Kunden zu verlieren, so etwa bei Automobilen, wo nach dem Kauf außer Servicekontakten (Inspektion, Reparatur) oftmals kein Kontaktanlass besteht. BMW hat hier früh mit Podcasting-Aktivitäten begonnen, diese aber wieder reduziert, so das heute im deutschsprachigen Raum vor allem Mercedes-Benz im Podcasting aktiv ist.

Emotional geprägte Bindungsstrategie Hierbei geht es primär um den Aufbau affektiv geprägter Bindungspotenziale beim Kunden. In den USA bietet der Tiernahrungshersteller Purina (Nestlé) seinen Kunden mit dem „Animal Advice"-Podcast Tipps zur richtigen Behandlung ihrer Haustiere an, einem für viele Kunden sehr emotional belegten Thema. Die thematische Bandbreite des sehr umfangreichen Podcast-Fundus reicht von der Lebenserwartung des Haustieres bis hin zu Informationen über Tierversicherungen und Tierarztbesuche (Abb. 4).

4.2.5 Aufbau von „Experience Brands" durch Kunden-Podcasts

Ein letztes zentrales Anwendungsfeld für Podcasts liegt ebenfalls direkt in seinem spezifischen Charakteristikum begründet, eine sehr erlebnisstarke, potenziell emotionale und vom involvierten Nutzer selbst initiierte Kommunikationsbeziehung zu schaffen. In der Kommunikation v. a. für Konsumgütermarken ist auf breiter Ebene ein grundlegender Strategiewandel festzustellen. Die klassische Kommunikation über Breitenmedien verliert zunehmend an Wirksamkeit; selbst nach dem Prinzip „lauter, bunter, teurer" konzipierte Kampagnen schaffen es nicht mehr, zum Konsumenten durchzudringen.

Vor diesem Hintergrund ist ein sich seit Jahren kontinuierlich fortsetzenden Trend die stärkere Gewichtung der Below the Line-Kommunikation (Event-Marketing, Direct Marketing usw.) und auch der Online-Kommunikation, die eine kleinräumigere, emotionalere, kontaktstärkere Formen der Ansprache schaffen, wie sie die traditionelle Above the Line-Kommunikation nicht ermöglicht. Der Trend zielt in letzter Konsequenz auf den Aufbau von „Experience Brands", d. h. anfass- und positiv erlebbarer Marken, die der Konsument freiwillig zum zentralen Bestandteil seiner Lebenswirklichkeit macht (Klee 2008).

Dieser Trend von der „aufgedrängten" Push-Kommunikation zur freiwillig vom Rezipienten initiierten Pull-Kommunikation bedingt aber wiederum, dass die Marken-Kommunikation (im weitesten Sinne) so attraktiv und unterhaltsam sein muss, dass sich der überlastete und „werbefrustrierte" Konsument freiwillig und aus eigenem Antrieb mit der Marke beschäftigt. Das Nivea-Haus in Hamburg als „Wellness-Oase", die deutschlandweit durchgeführte Bacardi Party-Reihe oder die in Diskotheken durchgeführten DJ-Wettbewerbe von Coca-Cola sind erfolgreiche Beispiel für die Umsetzung des Anspruchs, die eigene Marke zu einer solchen „Erlebnismarke" aufzubauen.

Podcasts bieten sich durch ihre userbestimmte, emotionale Ansprache mit einem potenziell hohen Unterhaltungswert unmittelbar für die Umsetzung eines solchen Experience Branding an. Von einigen Marken wird dies auch bereits erfolgreich umgesetzt, so etwa in der Coke-Light-Kampagne, die auch eine Podcast-Serie unter dem Thema des Kampagnen-Claims „Live Life Light!" beinhaltete (Abb. 5).

Abb. 5 Erlebnisorientierte Podcasts (Coke Light)

4.3 Podcast-Sponsoring

Das Prinzip des Podcast-Sponsoring ist einfach: Hier werden Podcasts Dritter als Trägermedium insbesondere dafür genutzt, um darin eigene Audio- oder Video-Spots zu schalten. Diese Form des Podcast-Marketing ist insoweit nah an der klassischen Web 2.0-Welt, als in diesem Fall typischerweise usergenerierter Content als zentraler Träger von Kommunikationsbotschaften für das Marketing genutzt wird.

Bei bekannten, reichweitenstarken Podcasts – prominente deutsche Beispiele sind hier etwa „Schlaflos in München" von Annik Rubens oder der Podcast des Berliners Toni Santowski alias „Toni Mahoni" – können Marketingtreibende auf diesem Weg Nutzerschaften von beachtlichem Umfang ansprechen. Aber auch weniger bekannte Podcasts mit kleineren Abonnentenzahlen können für umfassendere Kampagnen genutzt werden. So gibt es mittlerweile Agenturen, welche Werbetreibenden die Möglichkeit geben, ein vorab definiertes Kontingent von Audio-Werbespots automatisch und zielgruppenspezifisch in einen vorhandenen Pool an Podcasts ausliefern zu lassen (so die Berliner Agentur AD ON Media).

Zu unterscheiden sind zwei Grundformen des Podcast-Sponsoring.

Werbe-Sponsoring Hierbei geht es schwerpunktmäßig um die Generierung einer möglichst großen Zahl an Kommunikationskontakten in der anvisierten Zielgruppe; der geschaltete Spot und der als Träger genutzte Podcast müssen daher thematisch nicht verbunden sein (z. B. schaltete SonyEricsson Spots für Walkman-Handys im reichweitenstarken GamePro-Podcast, der sich thematisch um Videospiele dreht).

Themenbezogenes Sponsoring Hier sind Spot und Inhalt des Podcasts thematisch verknüpft; die Bindungen zwischen Sponsor und Gespons ertem können in diesem Fall auch intensiver ausfallen, indem sich bspw. der Podcast-Betreiber zu Testimonials für das beworbene Produkte zur Verfügung stellt.

Bemerkenswert sind in diesem Zusammenhang die Ergebnisse der Burda-Podcast-Umfrage, nach der 65 % der Podcast-Nutzer Werbung akzeptieren würden, sofern diese zum Podcast-Thema passt. Nur 30 % der Podcast-Nutzer lehnen danach werbefinanzierte Podcasts grundsätzlich ab (Wunschel 2007). Insgesamt erwächst hier mit der rapide steigenden Zahl an usergenerierten Podcasts also eine gänzlich neue Arena für eine ausgesprochen kontaktstarke Zielgruppen-Kommunikation.

4.4 Mitarbeiter-Podcasts im internen Marketing

Neben den Kunden soll hier abschließend kurz auf die Mitarbeiter als potenzielle Zielgruppe für Podcasting-Aktivitäten verwiesen werden. Gerade in Dienstleistungsbranchen haben die Mitarbeiter als Kontaktbrücke zum Kunden eine erhebliche Bedeutung als Zielgruppe des „internen Marketing" (Stauss 2000). In diesem Kontext bieten Podcasts vielfältige Ansatzpunkte zum Einsatz v. a. in E-Learning-Konzepten, dies belegt nicht zuletzt die Praxis. Sie werden nicht nur mehr und mehr

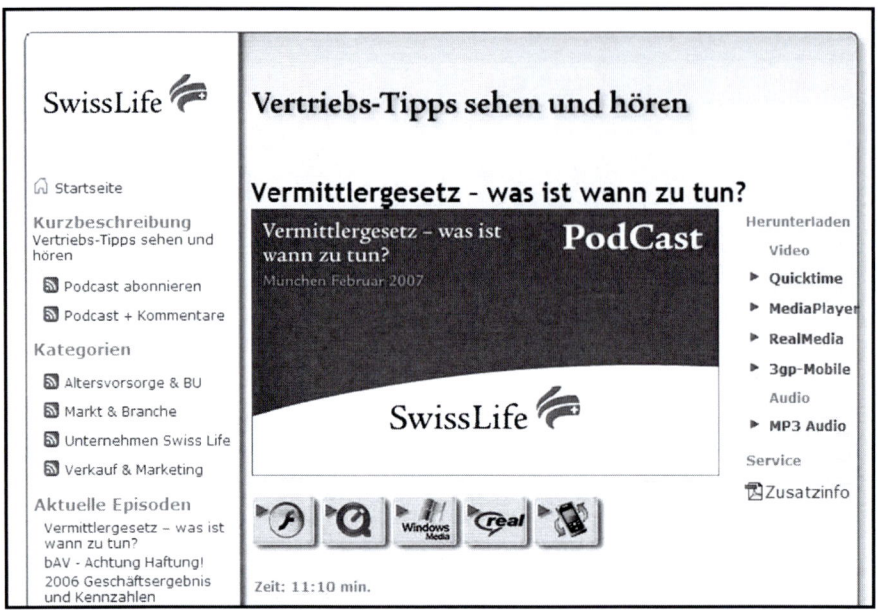

Abb. 6 Mitarbeitergerichtete Podcasts (SwissLife)

in Hochschulen im Rahmen einer „elektronischen Lehre" (Klee 2006, Deseniss 2010) eingesetzt, sondern beginnen sich zunehmend auch im E-Learning von Unternehmen durchzusetzen. So nutzt bspw. die Unternehmensberatung Roland Berger mittlerweile das Podcasting als schnelles und effizientes Instrument für Mitarbeiterschulungen oder Versicherer wie Swiss Life verwenden sie, um Vertriebsorgane zeitnah über aktuelle Themen und Gesetzesänderungen zu informieren, die für die Beratung von Kunden von Bedeutung sind (Abb. 6).

5   Fazit

Dass das Internet als Ganzes durch die zunehmende Contentproduktion der (Massen-)User im Rahmen des Web 2.0-Trends einen massiven inhaltlichen Wandel erfährt, steht außer Frage. Die Frage, ob dieser Wandel im Business-Kontext auch von wesentlicher ökonomischer Relevanz ist, darf und muss deutlich kritischer gesehen werden. Die monetäre Verwertbarkeit des usergenerierten Contents ist oft nur begrenzt gegeben und nicht zuletzt aus diesem guten Grund sind nachhaltig profitable Business-Modelle, die auf diesem Trend aufbauen und über Marktnischen hinausgehen, bislang nur wenige in Sicht.

Unberührt davon bleibt die Tatsache, dass Podcasts als Kommunikationstool der Web 2.0-Ära eine Vielfalt von hoch attraktiven Einsatzfeldern für das Marketing bieten, die hier schlaglichtartig aufgezeigt wurden. Als Hauptaspekt spricht für

Podcasts insbesondere, dass sie eine sehr kontaktstarke und emotionale Pull-Kommunikation schaffen, die einen streuverlustarmen Zugang zu attraktiven Zielgruppen bietet, wie er angesichts der zunehmenden Wirkungslosigkeit der klassischen (Above the Line)-Kommunikation von sehr vielen Marketingtreibenden dringend benötigt und gesucht wird. Mit seiner Flexibilität und aufwandsarmen Erstellung bietet das Podcasting dabei auch für kleine und mittlere Unternehmen interessante Möglichkeiten einer wirksamen Zielgruppenansprache. Insgesamt ist also davon auszugehen, dass es sehr schnell einen festen Platz im Kommunikations-Mix einnehmen wird. Agenturen wie Marketingtreibende sind daher sehr gut beraten, sich mit den Chancen und Möglichkeit, aber auch Grenzen des Podcastings intensiv auseinanderzusetzen.

Literatur

Deseniss A (2010) Academic podcasting revisited: Practical experiences, new applications, limitations, SEAMK conference proceedings, Seinäjoki University of Applied Sciences, Seinäjoki

Edison Research (2010) Consumer attitudes on podcast advertising, Survey Report, Edison Research, Somerville NJ

eMarketer (2009) Podcasting: into the mainstram, Research Report, emarketer Inc., New York

Klee A (2006) Zeitgemäßes Instrument – aber keine Wunderwaffe. Podcasting als innovativer Ansatz in der Hochschullehre. Forschung & Lehre 13:578–579

Klee A (2008) Experience branding. A conceptual response to contemporary challenges in brand management. In: Rosa G, Smalec A (Hrsg) The future of marketing, WZEU conference proceedings, University of Szczecin, Szczecin, S 231–238

Kroeber-Riel W, Esch F (2004) Strategie und Technik der Werbung. Kohlhammer, Stuttgart

Nielsen/Netratings (2006) Podcasting gains an important foothold among US adult online population. http://www.nielsen-netratings.com/pr/pr_060712.pdf

Stauss B (2000) Internes Marketing als personalorientierte Qualitätspolitik. In: Bruhn M, Stauss B (Hrsg) Dienstleistungsqualität. Gabler, Wiesbaden, S 203–222

Turgut A (2005) iPODCASTle. Demystifying podcasting – a market analysis for the business person. Studienbericht, San Francisco

Wirtz B, Burda H, Raizner W (2006) Deutschland online 4. Studienbericht, Darmstadt

Wunschel A (2007) Die deutschen Podcast-Hörer. Studienbericht, München

Teil III
Anwendungen im Marketing

Die Marketingrevolution in Zeiten von Web 2.0 – Herausforderungen und Chancen für ein neues beziehungsaktives Kundenmanagement

Gunnar Bender[1]

Inhalt

1 Einleitung

Als vor über einem Jahrzehnt eine der ersten Fachpublikationen zum Thema „Online-Marketing" erschien, kündigte der Autor hoffnungsvoll eine „Marketing- und Medienrevolution" von grenzenlosem Ausmaß in ihren kommunikativen und vertriebstrategischen Dimensionen an: „Denn diese Kommunikationsform ist flexibel, kann sich immer direkt nach den Wünschen der Nachfrage ausrichten und stets auf

---

[1] Dieser Beitrag entstand mit Unterstützung des AOL-Master-Kollegs „Web 2.0" (Rebecca Kircher, Carsten Kritscher) der BerlinMediaProfessionalSchool an der Freien Universität Berlin. URL: http://www.bmps.fu-berlin.de.

G. Bender (✉)
Director Corporate Affairs, E-Plus Mobilfunk GmbH & Co. KG, Unter den Linden 10, 10117 Berlin, Deutschland
E-Mail: mail@gunnarbender.de

G. Walsh et al. (Hrsg.), *Web 2.0*,
DOI 10.1007/978-3-642-13787-7_10, © Springer-Verlag Berlin Heidelberg 2011

der Höhe der Zeit sein. Die fragmentierten Wünsche und Bedürfnisse der einzelnen Zielgruppen können so gemäß den individuellen Vorlieben angesprochen und
befriedigt werden. Die Option zur Two-Way-Kommunikation wird folglich immer
mehr zum bestimmenden Instrument der Marktbearbeitung avancieren" (Oenicke
1996, S 181)[2].

Mit seiner Prognose hat sich Jens Oenicke zwar nicht geirrt, allerdings sollte es
insgesamt länger dauern als gedacht, bis sich der Anfangsoptimismus der frühen
neunziger Jahre im unternehmerischen und öffentlichen Bewusstsein fest veran-
kerte und im operativen Geschäft niederschlug. Die Gründe sind nicht allein im
Platzen der New-Economy-Blase an der Jahrhundertwende und den dynamischen
technologisch-medialen Innovationsschüben zu suchen, sondern lassen sich auch
mit dem Paradigmenwechsel der Marketingtheorie und -praxis begründen. Anfangs
nur theoretisch fundiert, beginnt sich spätestens Mitte der neunziger Jahre operativ ein beziehungsorientiertes Marketingverständnis durchzusetzen, das als professionelles Customer-Relationship-Management (CRM) ganz neue strategische und
personelle Herausforderungen bedeutete. Dialogisches, prozessnahes Marketing-
denken und -handeln auf übersättigten, ausdifferenzierten und unübersichtlichen
Käufermärkten avancierte branchenübergreifend zur universalen Strategie der
Unternehmungsführung.

Entsprechend umfassend und ressourcenintensiv gestaltete sich die unternehmerische Umorientierung auf individualisiertes, multioptionales Kundenverhalten, die
sich zudem immer stärker segmentierte, in Teil- oder Nischenmärkte aufsplitterte
und damit die Gefahr hoher Streuverluste bei der Ansprache verstärkte (Bruhn u.
Homburg 2005; Meffert 2005). Die wachsende Tendenz zur aufwändigen Marken-
inszenierung und die zugleich abnehmende Response- oder Evaluierungskontrolle
der eingesetzten Mittel trugen zu nicht unerheblicher Verunsicherung bei. Unaus-
gesprochen verharrten viele Unternehmen in den neunziger Jahren bei der „Trial
and Error" Methode, die nicht selten *ex post* als experimentelle, „innovative" Konzepte verkauft wurden. Solche Phasen der Transformation und des Paradigmenwechsel förderten aber auch ein Sicherheitsbedürfnis, den die Rückkehr zu Bewähr-
tem, zu vertrauten Kommunikations- und Vertriebsformen als rettenden Ausweg
erscheinen ließ.

Das war, grob skizziert, die Gemengelage Mitte der neunziger Jahre, als das
Konzept des Online-Marketing noch ohne Web 2.0-Philsosophie die Welt erblickt
hatte. Die Bereitschaft, gleichsam aus dem Stand ein „duales System" des Cus-
tomer-Relationship-Managements zu implementieren, war zu dieser Zeit bei den
meisten Entscheidungsträgern noch nicht gegeben oder scheiterte schlicht an Sach-
zwängen und Überforderungen.

Seit etwa zwei bis drei Jahren stellt sich die Situation völlig anders dar: „Das
Leben im Netz", das heißt mit dem Netz, gestaltet sich als Massenphänomen radikal
neu, weil sich die „realen Beziehungen der Menschen zueinander" (von Medow
2007, S 1) umgruppieren. Das muss erdbebenartig praktische Folgen haben für ein
zukünftiges und zukunftweisendes Marketingparadigma, das mehrdimensional „be-

---

[2] Ähnlich Jill u. Matthew 1995.

ziehungsorientiert" ist. Der bisher wie auch immer persönlich, einwegkommunikativ, massenmedial direkt oder individualistisch, mit und ohne Responsemöglichkeit, informierend oder inszenatorisch gestalteten Kundenansprache erwächst nun unter dem Schlagwort „Web 2.0" ein echter Beteiligungscharakter, eine quantitativ wie qualitativ völlig neue Austausch-Dimension zwischen Anbietern und Kunden. Das gilt für den gesamten Marketing-Mix und betrifft eben nicht nur die klassische Kommunikations- und Vertriebsschiene, sondern schließt Produktentwicklung und Preispolitik mit ein. Das Customer-Relationship-Management wird parallel im Sinne eines dualen Systems zum „*Community*-Relationship-Marketing". Diese Zukunft hat bereits begonnen, und der Kunde ist dabei nicht mehr allein „König" oder Bindungssubjekt, sondern ein höchst aktiver, einflussnehmender Beziehungsgestaltungsfaktor, den zu identifizieren es nicht mehr teurer, umfangreicher und bisweilen unzuverlässiger Marktforschungserhebung bedarf, sondern der sich zeigt und offenbart inmitten seiner selbstgewählten, selbstproduzierten Communities. Kundenmanagement kommt jetzt und in Zukunft gebündelt von zwei Seiten. In der systematischen Gesamtschau und der detaillierten Analyse führen alle Wege des neuen Online-Marketing oder auch der schon so genannten „eCRM" (Bromberger 2004) zum Ausgangspunkt von „Web 2.0".

2   Web 2.0 – Die neue Herausforderung

Web 2.0 definiert sich nicht als technologische Innovation, es beschreibt vielmehr eine neue Verhaltensweise der Internetnutzer: Die bisherige eindimensionale Kommunikation im Internet hat sich aufgelöst, Nutzer generieren heute eigenständig Inhalte und treten in direkten Dialog mit ihrer Umwelt und den Unternehmen.

Der Wille zum dialogischen Austausch prägt den Charakter des neuen Internets: die Motivation zu Gedanken- und Erfahrungsaustausch, zur Formulierung von Kritik und Lob, von Verbesserungsvorschlägen und Meinungen, aber auch die Preisgabe persönlicher Informationen und Interessen bieten hier eine Fülle von Ausgangspunkten für neue Marketingstrategien. Für Unternehmen, die in allen Dimensionen des Kundenlebenszyklus aktiv sein wollen, gilt es nun, sich diesen neuen Entwicklungen anzupassen und die Möglichkeiten, die das Web 2.0 bietet, kreativ und sinnvoll zu nutzen. Generell lautet die Aufgabenstellung, die Zielgruppe an die eigene Internet-Plattform zu führen, dort zu binden und so die Basis für einen kontinuierlichen Dialog zu schaffen. Dies gilt umso mehr, als in den letzten Jahren nicht nur die Werbewirksamkeit nachgelassen, sondern vor allem die Mündigkeit der Konsumenten zugenommen hat.

In den letzten Jahrzehnten wurden verschiedene Modelle entwickelt, um Funktion und Wirkung von Werbung zu erklären. Die meisten beschreiben mehr oder minder komplex das Verhältnis von werblicher Ansprache zu einer gewünschten Aktion des Stimulierten. Das Web 2.0 fügt wie soeben dargestellt diesen Modellen eine weitere, nur schwer zu berechnende Dimension hinzu: Den Dialog zwischen den stimulierten Verbrauchern.

Nutzergenerierte Inhalte wie Text- oder Videoblogs (Vlogs), Podcasts, aber auch Communities, in Abgrenzung zu eindimensionalen Online- und Offlinemedien als „Social Media" bezeichnet, sind hierbei der Ort dieser neuen Kommunikation.

In einer jährlich durchgeführten Studie von Edelman, dem „Annual Edelman Trust Barometer" von 2007, gaben in Deutschland 68 %, und damit der größte Anteil, der Befragten an, Informationen von „a person like yourself" (Edelman 2007, S 9) das meiste Vertrauen entgegenzubringen, ein Ergebnis, welches die traditionelle Unternehmenskommunikation und das Marketing stark beeinflussen muss. Um heute erfolgreich zu sein, gilt es, eben diesen Effekt zukünftig zu nutzen und die Kommunikation stärker auf die Erfordernisse des Web 2.0 hin auszurichten. Eine noch engere Verzahnung von Marketing und Unternehmenskommunikation ist unerlässlich, um entweder Neukunden zu gewinnen oder aber Bestandskunden nachhaltig zu binden. Die eigentliche Herausforderung für den Marketer besteht darin, „User" in Kunden zu verwandeln.

3 Kundengewinnung

36,62 Mio. Deutsche über 14 Jahren – das sind 56,3 % der deutschen Wohnbevölkerung – nutzen das Internet und etwa 30 % von ihnen verfügen über ein Haushaltsnettoeinkommen von 3.000 € und mehr (Arbeitsgemeinschaft Online-Forschung 2007). Diese Zielgruppe auch online über Werbebotschaften und durch Internetpräsenz zu erreichen ist bereits seit langem das Ziel von Unternehmen. Der Online-Werbemarkt ist im Jahr 2006 deutlich gestiegen, der Umsatz lag bei 1,9 Mrd. € und erlangte damit ein Wachstum gegenüber den Vorjahresumsätzen von 84 %, die Prognosen für das Jahr 2007 belaufen sich nach Schätzungen von Experten auf 2,5 Mrd. €; Online ist somit der viertgrößte Werbeträger in Deutschland (OVK 2007). Im Web 2.0 allerdings lösen sich die traditionellen Zielgruppen auf, nicht mehr die klassischen Milieus, sondern Social Communities und individuelle Verhaltensweisen bilden die neue werberelevante Basis. Um Werbebotschaften zielgenau an die Internetnutzer zu senden, um diese so zu stimulieren, bietet das Web 2.0 eine Reihe von neuen und kreativen Möglichkeiten.

3.1 Behavioral Targeting

Die relativ neue Technik des „Behavioral Targetings" ermöglicht eine bis dato unbekannte Form der Onlinewerbung. Sie orientiert sich an individuellen – aktuellen sowie langfristigen – Interessen und Bewegungsmustern der Internetnutzer. Hierfür werden die Präferenzen des einzelnen Nutzers beobachtet und die Daten über bisher gesichtete Seiten und Interaktionen mit Werbebannern anonym gesammelt und analysiert, ergänzt durch verhaltensbezogene, sozio- und psychografische Daten. Somit entsteht ein genaues Bild der User auf der Grundlage verhaltensorientierter Kriterien wie Produkteinstellungen, Markenwahl, Preisverhalten und Lebenszyklus, das die Basis für gezielte Werbeschaltung bildet.

Hierbei handelt es sich um eine win-win-Situation – sowohl auf der Unternehmens- wie auch auf der Kundenseite. Der Kunde erhält nur die für ihn relevante Werbung und wird gezielt über interessante Angebote informiert, der Werbetreibende erreicht eine treffsichere Zielgruppenansprache mit geringen Streuverlusten. Ähnlich operiert der Suchmaschinenbetreiber Google, der mit Hilfe komplexer Suchalgorithmen darauf abzielt, bezahlte Werbung in Form von Suchergebnissen für den Kunden relevanter zu machen als das unbezahlte Suchergebnis.

Mittels dieser neuen und, wie erste Erfahrungen zeigen, erfolgreichen Form eines verhaltensbezogenen Direktmarketings kann „die Werbung dann mitten ins Konsumentenherz versenkt werden (…). Im Klartext: Einen wellnessaffinen User erreicht Werbung für Wellness auch dann, wenn er sich gerade in einem ganz anderen Umfeld sprich Themenbereich bewegt" (Werben u. Verkaufen 2006a).

In einer Ende 2006 veröffentlichten Studie wurden vor allem Zielgruppenorientierung, Werbeerfolg sowie Effizienz und Wirtschaftlichkeit als primäre Ziele beim Einsatz von Targeting genannt. Auch in Zukunft wird diese Form der Onlinewerbung noch stärker genutzt werden, da vor allem Transparenz und Validität der Daten, sowie kundenspezifische Faktoren und Wirkungsnachweise sie für Werbetreibende so attraktiv macht (Interactive Media u. Enigma GfK 2006).

3.2 Affiliate Marketing

Eine besonders effiziente Art des kooperativen Marketings und Vertriebs im Internet stellt das so genannte Affiliate Marketing dar, welches sich optisch nicht von klassischer Online-Werbung unterscheiden lässt. Hierbei akquiriert das werbetreibende Unternehmen seine potentiellen Neukunden über ein oder mehrere Partner- beziehungsweise angeschlossene Internetnutzer oder Unternehmen, die so genannten Affiliates. „Affiliate-Netzwerke bieten den Werbekunden die Möglichkeit, ihre Werbung auf sehr vielen, oft hunderten, dafür aber weniger reichweitenstarken Web-Angeboten zu schalten. Bei dieser, derzeit auch oft im Zusammenhang mit dem Stichwort Long-Tail-Marketing diskutierten, Online-Werbeform wird fast ausschließlich auf Basis der erfolgten Klicks auf das Werbemittel oder auf Basis der durch die Online-Werbung erzielten (und technisch zuordnenbaren) Kaufabschlüsse abgerechnet" (OVK 2006, S 3). Die Online-Vertriebsaktivitäten über die affiliated Websites sind somit direkt mess- und steuerbar, was es dem Online-Händler ermöglicht, sogleich zu erkennen, welche Partner welchen „Traffic" und Umsatz für sein Geschäft erzielen.

Im Idealfall stellt die Partnerschaft zwischen dem werbetreibenden Unternehmen und den Affiliates eine win-win Situation dar, da sich nicht nur das Unternehmen einen neuen Kundenstamm erschließen kann, sondern auch die Affiliates einen Mehrwert für die Besucher ihrer Websites anbieten können. Die Attraktivität ihrer Angebote wird gesteigert, wenn das Online Joint Venture clever ausgesucht ist.

Für die Vermittlung zwischen Affiliates und Unternehmen haben sich so genannte Affiliated Networks etabliert, die den Erfolg von Affiliate Marketing durch bestmögliche Allokation steigern wollen und Unternehmen die Möglichkeit bieten, diesen Teil ihrer Marketingstrategie auszugliedern. Sinnvoll scheint dieses relativ neue B2B-Geschäft insbesondere vor dem Hintergrund der Partnerakquise und des hohen technischen Aufwands von Affiliate Marketing, wie statistischen Auswertungen und der Analyse und Aufbereitung der Daten.

Vor dem Hintergrund des allgegenwärtigen Bedürfnisses nach Unsicherheitsreduktion und Kosteneffizienz auf Seiten des Unternehmens kann Affiliate Marketing Synergieeffekte schaffen und besitzt das Potential, durch erfolgsabhängige Vergütungsmodelle das Kostenrisiko beim Werbetreibenden zu reduzieren.

Auch in Anbetracht der Entwicklungen des Onlinewerbemarktes insgesamt wird deutlich, dass erfolgreich agierende Unternehmen sich ein Ignorieren des Affiliated Marketings, insbesondere aus ökonomischer Sicht, für die kommenden Jahre nicht leisten können. So ist für das Jahr 2007 mit einem Zuwachs von 35 % bei den Onlinewerbeumsätzen durch Affiliated Marketing zu rechnen. Mit insgesamt rund 155 Mio. €, und somit einem Wachstum von 48 % im Vergleich zu den Vorjahren, haben sich die Affiliate-Netzwerke mittlerweile zu einem wichtigen und festen Bestandteil der Onlinewerbung entwickelt (OVK 2007).

Vor dem Hintergrund der Entwicklungen hin zum Web 2.0 gewinnt das Affiliate Marketing zusätzlich an Bedeutung und Relevanz für das Marketing und die Kommunikationsstrategie eines Unternehmens insgesamt. Zurzeit nutzen, laut einer Unternehmensbefragung von „explido WebMarketing" zum Thema „Performance Marketing 2006", erst circa 35 % der befragten Unternehmen Affiliated Marketing zur Performancesteigerung. 52 % der Befragten messen Affiliated Marketing jedoch bereits eine hohe Bedeutung bei der Zusammenstellung ihres optimalen Marketing-Mixes bei. Auch hier wird dem Affiliated Marketing ein hohes Wachstumspotential vorhergesagt (Explido WebMarketing 2006).

Der freiwillige Zusammenschluss von Usern in Communities, als ein Merkmal von Web 2.0, bietet dabei den idealen Nährboden für ein erfolgreiches Affiliate Marketing und wird dazu beitragen, die Wachstumsprognosen zu bestätigen. Vor dem Hintergrund einer möglichst präzisen Zielgruppenansprache als Voraussetzung für erfolgreiches Marketing, sind Content- und Community-Websites die perfekten Affiliates. Durch den Anschluss vieler spezieller Themenwebsites und Communities in einem Affiliate Programm können Online-Unternehmen ihre Kommunikation in Bereiche ausdehnen, die für das einzelne Unternehmen selbst nicht erreichbar wären und somit eine viel größere Zielgruppe erreichen, die sich innerhalb einer speziellen Community auch noch selbst als solche definiert und zu erkennen gibt.

3.3   Suchmaschinen-Marketing

Wenn ein Kunde bereits weiß, was er braucht, spielt das Web seine ganze Stärke aus. Suchmaschinen helfen dem Informationssuchenden seine Entscheidung auf einer breiteren Basis als lediglich der reinen Herstellerinformation zu treffen.

Betrachtet man das Informationsverhalten von Konsumenten, wird schnell deutlich, dass die relativ neue Angewohnheit der Konsumenten, eine Informationsrecherche über eine Suchmaschine zu starten, drastische Auswirkungen auf das tradierte Marketingverständnis hat. Die Bemühungen, durch kontinuierliche Kommunikation im Bewusstsein der Verbraucher zu bleiben, werden durch die breite Nutzung von Suchmaschinen grundsätzlich in Frage gestellt.

Bewusstsein der Verbraucher heißt im Web 2.0 nichts anderes, als in den Trefferlisten der Suchmaschinen möglichst ganz oben präsent zu sein. Anders formuliert: Wenn ein Kunde sein Interesse an eine Suchmaschine adressiert – sich also freiwillig als Interessent zu erkennen gibt – ist es grob fahrlässig, ihn nicht darüber zu informieren, dass man ein passendes Angebot hat. Um diesen Effekt zu erreichen wurden im Jahr 2006 850 Mio. € in Bereich Suchmaschinen-Marketing investiert, Tendenz steigend (OVK 2007).

Eine besonders große Rolle auf dem deutschen Markt der Suchmaschinen nimmt Google ein, mit 86,2 % Anteil klarer Marktführer. Die nächsten Konkurrenten Yahoo (3,6 %) und MSN (2,2 %) liegen weit dahinter.[3] Neben dem Bearbeiten privater Emails ist die Nutzung von Suchmaschinen mit 85,1 % eine der meist genutzten Funktionen im Internet, alleine in Deutschland besuchen monatlich 24 Mio. Unique Visitors die Seiten des Suchmaschinenbetreibers Google (vgl. Werben u. Verkaufen 2006b). Darüber hinaus wird „ein Großteil der Kaufentscheidungen – je nach Branche bis zu 80 % – (…) im Internet vorbereitet, auch wenn anschließend der Konsument im stationären Geschäft einkauft" (Werben u. Verkaufen 2006b, S 19), so Philipp Schindler, Regional Director Deutschland, Österreich, Schweiz, Skandinavien bei Google.

Die Bedeutung einer optimalen Suchergebnisposition, besonders beim Marktführer Google, wird evident: Nur wer hier präsent ist, kann Kaufwillige auch zu Kunden machen. Suchmaschinen sind folglich die Gatekeeper der heutigen Zeit, nicht mehr Journalisten, sondern die Positionierung in den Ergebnislisten von Google, Yahoo und Co., bestimmen darüber, welche Informationen an den Interessenten gelangen.

Kundengewinnung über Suchmaschinen gelingt insbesondere über zwei Wege: Als Search Engine Marketing (SEM) wird der Vorgang bezeichnet, bei dem bezahlte Anzeigen, die thematisch zur jeweiligen Anfrage passen, über oder auch neben den „natürlichen Suchergebnissen" dargestellt werden. Die Abrechnung erfolgt hierbei erfolgsabhängig, d. h. die Anzahl der Besucher, die auf die jeweilige Anzeige geklickt haben, bestimmt den Preis.

Als Search Engine Optimization (SEO) wird dagegen eine Verbesserung der Positionierung in den „natürlichen Suchergebnissen" bezeichnet. Für einen solchen Erfolg müssen eine große Anzahl von Faktoren berücksichtigt werden, wobei hierbei auch die unterschiedlichen Suchmechanismen der einzelnen Anbieter berücksichtigt werden müssen. Richtlinien hierzu werden von den Anbietern häufig bereitgestellt und helfen somit, Websites „suchmaschinenfreundlicher" zu gestalten. Hierbei gelten jedoch bestimmte Verhaltensregelungen, die bei Verstößen auch mit

---

[3] Vgl. URL: http://www.webhits.de

Sanktionen bestraft werden. So wurde beispielsweise die Website von BMW 2006 vorübergehend aus dem Suchindex von Google gestrichen. BMW hatte so genannte Doorway-Pages geschaltet, die dem alleinigen Zweck dienen, bei den Suchmaschinen angemeldet und dort gut platziert zu werden, um dann auf die eigentliche Seite eines Unternehmens weiter zu leiten.

3.4 Virale Kampagnen

Der Erfolg jedes Kundengewinnungsprozesses – ob über das Internet oder durch den Einsatz anderer Medien – bemisst sich an der Erfüllung der Kundenbedürfnisse. Das gängigste Instrument, um im Web Kundenbedürfnisse zu wecken, sind virale Kampagnen. Sie definieren sich durch das gezielte Auslösen und Kontrollieren von Mund-zu-Mund-Propaganda mit dem Ziel, Unternehmen und deren Produkte oder Leistungen erfolgreich zu vermarkten. Wie ein Virus sollen Informationen über ein Produkt oder eine Dienstleistung dabei innerhalb kürzester Zeit von User zu User verbreitet werden (vgl. Schwarz u. Braun 2006).

Das virale Marketing zielt folglich darauf ab, die User dazu zu animieren, die beworbenen Produkte oder Dienstleistungen weiter zu empfehlen bzw. in der direkten face-to-face-Interaktion zu erwähnen.

Die sozialen Netzwerke, entstanden im Kontext des Web 2.0, stellen für virale Kampagnen einen idealen Nährboden dar, allerdings erwachsen aus den angestoßenen Aktivitäten in den Communities auch die größten Risiken: „Zum einen zeichnen sich die Nutzer durch extremes Engagement und Interaktion mit den Inhalten aus, zum anderen wird das Netz gerade dadurch schwer kontrollierbar für Marketer" (Häberle 2007, S 74 f).

Die nachhaltige Kontrolle der viralen Kampagne wird somit zum Erfolgsfaktor schlechthin. Entscheidend ist hier insbesondere, dass die Community unter dem Dach des Absenders aktiv wird. Nur so kann der Marketingverantwortliche das Umfeld beeinflussen und mit den eigenen Kommunikationszielen verbinden. Er verliert zwar die Kontrolle über den Inhalt, kann jedoch eine Umgebung schaffen, die nach wie vor den eigenen Zwecken dient.

In diesem Zusammenhang stellt die Zusammenarbeit des Automobilherstellers Opel mit trnd, einem auf Mundpropaganda-Marketing spezialisiertem Unternehmen, ein erfolgreiches Beispiel dar. In einer Open-Source-Marketingkooperation im Jahr 2006 wurde die Netz-Community eingeladen, Websites, Plakate und kurze Videos zu konzipieren. Diese wurden auf einer eigens dafür bereitgestellten Plattform mit dem Zweck veröffentlicht, die Ergebnisse dort durch die Community selbst bewerten zu lassen.[4] Der Erfolg dieser Kampagne hat Opel dazu veranlasst, auch die Einführung eines weiteren Modells von der ersten Pressemitteilung bis zur

---

[4] Open-Source-Marketingkooperation von Opel und trnd: URL: http://derneueopelcorsa.trnd. com/

Auslieferung des Fahrzeugs an den Endkunden durch einen Mitarbeiter-Blog im Netz viral zu begleiten.[5]

Interessant zu beobachten ist, dass Marketingaktionen, die auf das Ziel der viralen Verbreitung im Internet ausgerichtet sind, nicht zwingend im selben Medium aktiviert werden müssen. Die Guerillamarketingaktionen zur Einführung des neuen Austin Minis, bei denen das Fahrzeug an ungewöhnlichen und überraschenden Schauplätzen und Orten, wie zum Beispiel Stadion-Tribünen, Hausdächern oder Springbrunnen platziert wurde, fanden rasante Verbreitung im Netz (vgl. Moorstedt 2006, S 80). Die Aktionsebenen der Marketing- und Kommunikationsaktivitäten verwischen im Web 2.0 folglich zunehmend.

Generell gilt: Wer eine bestimmte Community direkt aktivieren und für seine Zwecke arbeiten lassen will, muss ein altes PR-Sprichwort beherzigen und abwandeln: Tue Gutes und lasse andere darüber reden.

4   Kundenbindung

Da sich Suchmaschinen ihre Weiterleitungsdienste beziehungsweise ihre Marketingunterstützung in aller Regel vergüten lassen, stellt jeder User, der freiwillig und ohne Umwege erneut die Website besucht, einen geldwerten Vorteil dar. Dieser wiederkehrende User kann kostenneutral über neue Angebote informiert und in die eigene Community eingebunden werden.

Es gilt also Anreize zu schaffen, User zur regelmäßigen Wiederkehr zu motivieren. Eine solche Bindung wird – dies ist eine banale Erkenntnis – vor allem durch Relevanz und Mehrwert geschaffen. In Zeiten von Web 2.0 bedeutet dies, die User selbst für diese Relevanz und den Mehrwert sorgen zu lassen, sei es nun durch Dialogoptionen oder durch benutzergenerierte Inhalte.

4.1   Cross Media Formate

Zur Vermarktung muss man sich im Web eigene Formate schaffen. Es ist heute möglich, als Marke eigene Web-Welten zu entwickeln oder sich in bestehende Cross Media Formate zu integrieren.

Ein gelungenes Beispiel für eine Cross-Media-Vermarktung ist das Internetportal „mittendrin.tv"[6]. Ende 2006 startete das Berliner Unternehmen Icon Impact GmbH seine zweite Web/Mobile-Soap unter dem Namen „Ninas Welt" mit 65.000 Abonnenten. Dieses neuartige crossmediale Entertainment-Format ist auf eine jugendliche Zielgruppe hin orientiert und wird durch Werbeeinnahmen finanziert. Lead

---

[5] URL: http://www.explore-the-city-limits.de/

[6] Zum Beispiel: URL: http://www.mittendrin.tv

Sponsor der Mobile-Soap ist der Mobilfunkanbieter O2, Partner sind außerdem der Internetdienstleister MSN und der Cultfish Media Verlag.

Die Geschichte um Nina und ihre Welt erscheint drei Mal pro Woche als Video- oder Foto-Story auf dem Handy und im Internet. Als zusätzliche Erweiterung in Form von täglichen Blogs, SMS und Mails entsteht eine direkte Beziehung zwischen der Hauptdarstellerin und dem Zuschauer. Die Kombination von Musik und Medien ist prägend für „mittendrin". Ebenso wie durch die im Anschluss an jede Episode erscheinende Werbung wird auf der Homepage und innerhalb der Soap die Vermarktung von Musikern vorangetrieben. Die Musiker agieren in der Serie als Darsteller ihres realen Lebens um somit eine höhere Bekanntheit zu erreichen. Musik wirkt als Imageträger und verbindendes Modul zwischen den einzelnen Komponenten.

Die Community wirbt für sich mit Hilfe von Gewinnspielen und dem Angebot, „Stars" treffen zu können. Darüber hinaus können sich die einzelnen Mitglieder gegenseitig als „cute", „sexy" oder „crazy" bewerten, sich mit Freunden vernetzen, Bilder online stellen und Informationen zu ihrer Person bereitstellen.

4.2   Bedeutung von (Corporate) Blogs

Social-Web-Anwendungen im Allgemeinen, besonders aber Corporate Blogs werden die Interaktionen zwischen Unternehmen und Individuen in Zukunft wesentlich erleichtern, wie rund 60 % der in der Studie „Deutschland online 4" befragten Experten angaben (Deutsche Telekom AG 2006).[7] Bereits im Dezember 2005 wurde in einer Analyse der Financial Times Deutschland der Begriff „Blog" unter den meist genannten Business-Begriffen in der Wirtschaftspresse angeführt, eine Tatsache, die deutlich auf die zunehmende Relevanz dieser Kommunikationsform für Unternehmen hinweist. Blogs zeichnen sich zum einen durch ihre Aktualität und ihre direkte Kommunikation von Unternehmensmitarbeitern mit Kunden aus, zum anderen jedoch durch eine eigene Sprache: Sie sind kurz und prägnant, gekoppelt mit persönlichen Emotionen der jeweiligen Autoren. Sowohl eigens eingerichtete Unternehmensblogs, wie auch die Überwachung privater Blogs, so genanntes „Blog Monitoring" sind hierbei wichtige Kriterien zur Verbesserung des Verständnisses der Kunden und ihrer Bedürfnisse und Probleme durch das Unternehmen einerseits sowie der Schaffung eines Einblicks in die Unternehmensstrukturen und die Produktionsabläufe für den Kunden – und damit einer vertrauensbildenden Maßnahme – andererseits.

Zur besseren Bündelung der verschiedenen Meinungen ist es sinnvoll, einen unternehmenseigenen Blog einzurichten, um somit eine eher ungesteuerte Kommunikation auf anderen Internetplattformen zu vermeiden. „Gerade aus unterneh-

---

[7] Die Studie „Deutschland Online 4" wurde initiiert und konzipiert von der Deutschen Telekom AG, T-Com, der Hubert Burda Media GmbH und dem Euro Lab for Electronic Commerce & Internet Economics.

merischer Sicht ist es (…) wichtig, dass Meinungen über ihre Organisation beziehungsweise ihre Produkte nicht planlos auf verschiedenen Kanälen kommuniziert werden" (Schwarz u. Braun 2006, S 205). Die Bereitstellung einer Plattform, in der User ihre Fragen, Meinungen und Probleme artikulieren können, bietet Unternehmen in vielerlei Hinsicht Vorteile.

Besonders hervorzuheben ist die Glaubwürdigkeit, die durch offenen Meinungsaustausch gefördert wird – „ein immaterielles Gut, das in der heutigen Zeit oftmals über den Erfolg beziehungsweise Misserfolg eines Unternehmens entscheidet" (ebd.). Auch die Gefahr, dass negative Äußerungen hier publiziert werden, ist als Chance auszulegen. Durch eine professionelle und gut durchdachte Kommunikation, das Anbieten von Lösungsvorschlägen oder auch die öffentliche Stellungnahme zu Fehlern kann auch hier positiv auf das Image eingewirkt werden. War es früher nur mittels individueller Kommunikation auf klassischem Wege möglich auf Kunden zu reagieren, erreicht man heute eine Vielzahl von Personen durch öffentliche Äußerungen im Unternehmensblog. Das Ernstnehmen von Anregungen und Problemen der Kunden wird so nach außen sichtbar, und kann gar als Unternehmengrundsatz etabliert und dokumentiert werden.

Im Gegensatz zu einer Website bietet der Blog ein hohes Maß an Vernetzungsoptionen. So kann man zum einen über die so genannte „Trackback-Funktion"[8] Informationen darüber erhalten, ob in einem anderen Blog Bezug auf den eigenen Blog genommen wurde. Darüber hinaus bieten „Permalinks"[9], die Darstellung der Webadresse, unter der der einzelne Beitrag abgerufen werden kann, eine Erleichterung der Weiterempfehlung einzelner Beiträge und damit ihrer Verbreitungsfähigkeit aber auch eine bessere Position in den Suchmaschinen. Je mehr Links auf einen Blog verweisen, desto höher ist die Trefferquote. Blogs sind in den Suchmaschinen präsenter als nichtverlinkte Beiträge und werden somit häufig als relevante Quellen angezeigt.

Neben dieser Verbesserung der „Visibility" von Unternehmen im Internet bietet eine gute Verlinkung und damit eine feste Eingebundenheit in die Blogosphäre einen weiteren Vorteil: Je stärker man vernetzt ist, desto höher steigen die Chancen, die oben bereits beschriebenen, viralen Effekte auslösen. Die gezielte Nutzung der Blogosphäre für virales Marketing ist jedoch nur schwer planbar, da sich diese nur ungern instrumentalisieren lässt. Zahlreiche Beispiele aus der Vergangenheit zeigen, dass sich aus Manipulations- und Instrumentalisierungsversuchen seitens der Unternehmen regelrechte PR-Gaus entwickeln können, da sich solche Aktionen ebenfalls rasend schnell im Internet verbreiten.

---

[8] Als Trackback versteht man eine „automatische Notifikation zwischen zwei Webseiten, um verwandte Einträge auf einer Seite miteinander verbinden. Bezieht sich ein Blogger in einem Eintrag auf den Eintrag in einem anderen Blog, so wird in diesem anderen Block automatisch ein Trackback gesetzt, der in der Regel einen kurzen Ausschnitt des Bezug nehmenden Beitrags enthält (Alby 2007, S 218).

[9] Unter Permalink versteht man „einen Link zu einem einzelnen Eintrag in einem Blog, der auch dann noch funktioniert, wenn der Eintrag von der Blog-Homepage verschwindet und archiviert wird" (Alby 2007, S 214).

„Blognutzer sind mehrheitlich investigative Multiplikatoren – Konsumenten, die mehr wissen wollen, Informationen aktiv weitergeben und gut vernetzt sind" (Zerfaß u. Bogosyan 2007, S 7), wie eine Studie der Universität Leipzig herausgefunden hat. Darüber hinaus sind sie „an neuem, schnellen, hintergründigem Wissen interessiert" (ebd., S 5). Zwei Gründe also, weshalb Unternehmen sich dem Thema Weblog dringend nähern und die damit verbundenen positiven Effekte für sich nutzen sollten. Die Blogosphäre bietet Möglichkeiten für eine direkte, sich schnell verbreitende und unbürokratische Kommunikation, wie sie zuvor nicht möglich war.

Bezüglich eigens eingerichteten Weblogs muss man davon ausgehen, dass sich zunächst die User hier engagieren, die ein besonders inniges Verhältnis zur Marke oder zum Produkt haben. Mithin genau die Protagonisten, die man im Web 2.0 Agents nennt und die die oben angesprochene Multiplikationsfunktion übernehmen können. Gelingt es, einige der Agents an sich zu binden und zur Kontribution zu animieren, ist die größte Hürde bereits genommen.

Durch die Einrichtung eines Blogs bei der Einführung neuer Produkte, zu sehen beispielsweise bei Microsoft und der Einführung des neuen Betriebssystems „Windows Vista", bietet man den Usern die Möglichkeit, sich über relevante Themen des neuen Produkts auszutauschen. Neben einer Imageverbesserung durch das Interesse an der Meinung der Kunden und die Offenlegung der Unternehmensvorgänge, kann der dort stattfindende Dialog genutzt werden, um wertvolle Informationen über die Außenwahrnehmung des Unternehmens und Probleme mit den eigenen Produkten frühzeitig zu entdecken. Darüber hinaus können auch weitere Nutzer die an sie gestellten Fragen beantworten, aus Perspektive des Anbieters die perfekte Ausgangslage: Kunden helfen Kunden. Sie schaffen Glaubwürdigkeit und darüber hinaus einen Grund für zukünftige und aktuelle Kunden regelmäßig das Angebot zu besuchen. Die so entstehende Userbasis kann im Rahmen des Blogs regelmäßig über Produkt-Neuheiten informiert werden.

4.3   Video Werbung

Die zunehmend flächendeckende Bereitstellung von Breitband-Internetzugängen wird gemeinhin als Katalysator für das Wachstum des Online-Videowerbemarktes gesehen (DoubleClick 2006). Internetvideos und Videowerbung werden, laut aktuellen Studien, als der am schnellsten wachsende Werbemarkt beschrieben (Hegner 2007). Im Jahr 2007 werden die Ausgaben für Videowerbung um bis zu 89 % zunehmen, so die Prognose des Marktforschungsinstituts E-Marketer (2006).

Videoclips für Werbe- und Marketingzwecke im Internet einzusetzen ist ein relativ neuer Trend, der sich auf unterschiedliche Art und Weise manifestiert. So ist es u. a. möglich, einen viralen Ansatz bei Videowerbung zu verfolgen und hochfrequentierte Videoplattformen und -portale dafür zu nutzen, produzierten Content in bestimmten Communities zu verbreiten. Ein Beispiel, das in diesem Zusammenhang für Furore gesorgt hat, war der für die Baumarktkette Hornbach produzierte Spot des Stuntmans Ron Hammer, der über die eigene Website und diverse Blogs aber eben auch über populäre Videoportale wie Myvideo.de als gekauftes „Video des Tages" verbreitet worden ist (vgl. Kolber 2007, S 14). Entscheidend ist hier, dass der Content speziell auf die Zielgruppe abgestimmt wird. In den USA hat man diese Entwicklung bereits früh antizipiert, was dazu geführt hat, dass Videoportale laut Torsten Ahlers, Geschäftsführer AOL Deutschland Medien, „wie ein zusätzlicher TV-Sender geplant und optimiert" (Hegner 2007, S 37) werden.

Zu dem Ergebnis, dass der Video-Werbemarkt im Internet langfristig eine Konkurrenz zu herkömmlichen TV-Spots darstellen wird und sich somit auch die Werbebudgets verschieben werden, kommt auch die DoubleClick-Studie zur Rich-Media-Landschaft in Europa (DoubleClick 2006). Neben dem viralen Ansatz der Verbreitung von Werbevideos auf Portalseiten, wird also auch die Möglichkeit stärker als bisher genutzt werden, speziell für den Onlinemarkt optimierte Werbevideos aktiv zu platzieren.[10] Wichtig ist in diesem Zusammenhang, dass Bekanntes aus dem TV-Werbe-Segment nicht einfach unreflektiert übernommen werden darf. So ist beispielsweise die durchschnittliche Länge eines TV Werbespots von 30 s für die Aufmerksamkeitsspannen im Netz ungeeignet, diese liegt mit etwa 10 s weit darunter (Hein 2007).

Das Video-Advertising im Kontext des Web 2.0 mit seinen Communities und engaged Usern ist es sicher wert, zukünftig genau beobachtet zu werden, insbesondere vor dem Hintergrund immer ausdifferenzierter Behavioral-Targeting Lösungen.

5　Zwischenbilanz mit Ausblick

Das Web 2.0 bietet Kommunikations- und Marketingverantwortlichen von heute eine Fülle neuer Möglichkeiten zur Ansprache und Bindung von Kunden. Von einer breitgefächerten Kundenansprache durch Suchmaschinenmaschinenmarketing bis hin zu einer detaillierten Verhaltens- und Interessenanalyse der User, von Videos und Corporate Blogs bis hin zu gesteuerten viralen Kampagnen: Das neue Internet erfordert eine völlige Neuausrichtung der Kommunikations- und Marketingstrategien – zusätzlich zu den traditionellen Techniken, die sich am Modell der Ein-Kanal-Kommunikation orientieren.

Der erfolgreiche Kommunikationsexperte der Zukunft denkt nun nicht mehr nur über die zu transportierenden Inhalte nach, sondern darüber, wie er eine Umgebung schaffen kann, die einerseits zum Mitmachen motiviert und andererseits den eigenen Kommunikationszielen dient. Hier muss eine sensible Balance gefunden werden.

---

[10] Hierbei wird generell zwischen so genannten In-Page- und In-Stream-Formaten unterschieden. Bei den In-Page-Spots werden die Videos innerhalb eines Werbeslots auf einer Webseite platziert, wohingegen beim In-Stream-Format Videowerbung in den Inhalt des gestreamten Videocontents der jeweiligen Seite direkt implementiert wird. Das In-Stream-Format ähnelt dabei dem herkömmlichen TV-Werbespot.

Die dialogische Struktur fügt eine dritte, schwer zu berechnende Dimension hinzu: Meinungen und Emotionen von Kunden können nun durch sie selbst veröffentlicht werden, eine Situation, die vor allem bei negativer Ausrichtung eine gut durchdachte Vorgehensweise erfordert. Eine vorausschauende Krisenkommunikation wird hier zunehmend wichtiger.

Was bedeutet das zukünftig für die erweiterte und vernetzte Kundenansprache? Asynchrone Dialog-Möglichkeiten, permanente Informationsverfügbarkeit, Online-Shopping, Dialog-Kommunikation in allen Spielarten bewirken im angehenden „digilogen Zeitalter" auf Dauer eine Prädominanz des Kommunikativen innerhalb eines konzertierten Marketingprozesses. Das erhöht die Anforderungen an die (Media-)Planung, die crossmedial und multidimensional ein authentisches Bild/und ein Erlebnis des Produkts bzw. der Marke anbieten muss. Dieses mehrgleisige Denken und Handeln verlangt unternehmensintern eine ausgefeilte Ablauforganisation und in Bezug auf die einzelnen Märkte neben quantitativen Parametern eine qualitative Absicherung der Kundenbindung. Kundenpflege impliziert vor diesem Hintergrund Aktualität in Permanenz, zeitnahe Reaktionsfähigkeit und Qualität im Beziehungsaufbau und in der Ansprache seitens des Anbieters.

Erfolgreich in Kundengewinnung und -bindung wird zukünftig nur sein, wer die dialogische Kommunikationsstruktur eng in den eigenen Marketing-Mix integriert. Nur wer die Meinungen und Emotionen von Kunden akzeptiert und mit einer vorausschauenden Krisenkommunikation begleitet und kanalisiert, wird die Möglichkeiten von Web 2.0 gewinnbringend für das eigene Unternehmen nutzen können.

Literatur

Monographien

Alby T (2007) Web 2.0 – Konzepte, Anwendungen, Technologien. Hanser Fachbuchverlag, München

Bromberger J (2004) Internetgestütztes Customer Relationship Management. Internationale Fallstudien zu erfolgreichen Konzepten und deren Umsetzung in der Praxis. Gabler, Wiesbaden

Bruhn M, Homburg C (2005) Kundenmanagement. Gabler, Wiesbaden

Jill H, Matthew VE (1995) Marketing on the internet. Wiley, New York

Meffert H et al. (Hrsg) (2005) Markenmanagement. Identitätsorientierte Markenführung und praktische Umsetzung. Gabler, Wiesbaden

Oenicke J (1996) Online-Marketing. Kommerzielle Kommunikation im Interaktiven Zeitalter. Schäffer-Poeschel Verlag, Stuttgart

Schwarz T, Braun G (2006) Leitfaden Integrierte Kommunikation – Wie Web 2.0 das Marketing revolutioniert. Marketing Börse, Waghäusel

Zeitschriftenbeiträge

Häberle E (2007) Gefährlicher Spielplatz. In: Werben und Verkaufen 4/2007

Hegner C (2007) Kampf um die Werbeclips der Zukunft. In: Horizont 9/2007

Hein D (2007) Video-Werbung weckt Hoffnung. In: Horizont 9/2007

Kolber O (2007) Im Web-2.0-Universum wird es eng. In: Horizont 7/2007

Moorstedt T (2006) Ad to Z. Vom Megaphon zu MySpace. In: Dummy Gesellschaftsmagazin, Thema Werben & Verkaufen. Ausgabe 13, Winter 2006/2007

von Medow G (2007) Das Leben im Netz. In: Die Zeit, 18. Jan 2007

Sonderfälle/Internetquellen

Arbeitsgemeinschaft Online-Forschung (AGOF) (2007) internet facts 2006 – III. Abrufbar im Internet. http://www.agof.de/die_internet_facts.353.html. Zugegriffen: 24. Apr 2007

Deutsche Telekom AG (2006) Deutschland online 4. Abrufbar im Internet. http://www.studie-deutschland-online.de/do4/DO4-Berichtsband_d.pdf. Zugegriffen: 24. Apr 2007

DoubleClick (2006) „Die Rich-Media-Landschaft in Europa 2006" Abrufbar im Internet. http://emea.doubleclick.com/uploadpdf/pdf/europe_online_de.pdf. Zugegriffen: 24. Apr 2007

Edelman (2007) Edelman Trust Barometer 2007. Abrufbar im Internet. http://www.edelman.com/trust/2007/trust_final_1_31.pdf. Zugegriffen: 24. Apr 2007

E-Marketer (2006) Internet Video: Advertising Experiments and Exploiding Content. Abrufbar im Internet. http://www.emarketer.com/Reports/All/Em_video_internet_nov06.aspx?src=report_head_info_reports. Zugegriffen: 24. Apr 2007

Explido WebMarketing (2006) Performance Marketing 2006. Abrufbar im Internet. http://www.explido-webmarketing.de/pm_perfmarketing2006_310706.htm. Zugegriffen: 24. Apr 2007

Interactive Media u. Enigma GfK (2006) Erfolgsfaktor Targeting – Ergebnisse von Wirkungs-fallstudien und einer Befragung von Media-Experten. Abrufbar im Internet. http://www.medientage-muenchen.de/archiv/2006/Mudter_Paul.pdf. Zugegriffen: 24. Apr 2007

OVK – Online-Vermarkterkreis im Bundesverband digitale Wirtschaft (BVDW) (2006) OVK Online-Report – Zahlen und Trends im Überblick 2006/02 Abrufbar im Internet. http://www.bvdw.org/fileadmin/downloads/marktzahlen/basispraesentationen/bvdw_basispdf_ovk-onlinereport-2006–02_20061020.pdf. Zugegriffen: 24. Apr 2007

OVK – Online-Vermarkterkreis im Bundesverband digitale Wirtschaft (BVDW) (2007) OVK On-line-Report – Zahlen und Trends im Überblick 2007/01. Abrufbar im Internet. http://www.ovk.de/all/dl/ovk_onlinereport_200701.pdf. Zugegriffen: 24. Apr 2007

Werben, Verkaufen (2006a) Online-Marketing 2006 – Targeting: Behavioral Targeting ist erst der Anfang. http://www.werbenundverkaufen.de/special/2006_onlinemarketing/text_02.php. Zugegriffen: 24. Apr 2007

Werben, Verkaufen (2006b) Suchmaschinen-Marketing 2006 – Sonderpublikation von Google Germany. Abrufbar im Internet. http://www.werbenundverkaufen.de/special/2006_sumamarketing/index.php. Zugegriffen: 24. Apr 2007

Zerfaß A, Bogosyan J (2007) Blogstudie 2007. Informationssuche im Internet – Blogs als neues Recherchetool, Institut für Kommunikations- und Medienwissenschaft, Universität Leipzig, URL: http://www.blogstudie2007.de/inc/blogstudie2007_ergebnisbericht.pdf. Zugegriffen: 30. August 2010

Internet Marketing im Web 2.0 am Beispiel von eBay

Christian Erhard

Inhalt

1 Einleitung

eBay gilt als eine der ersten Web 2.0-Anwendungen überhaupt, nicht zuletzt aufgrund der mehrfachen Erwähnung in Tim O'Reillys oft zitierten Beitrag „What is Web 2.0" (O'Reilly 2005). Der Gründungslegende von *eBay* zufolge begann alles im Sommer 1995, als Pierre Omidyar für seine damalige Verlobte nach einer Möglichkeit suchte, PEZ-Spender mit anderen Sammlern über das Internet zu tauschen. Aus diesem Anlass schrieb er den Programm-Code, der später die Basis für *eBay* darstellen sollte. Wie Pierre Omidyar später selbst zugab, handelt es sich hierbei wohl eher um eine romantische Version der Entstehungsgeschichte von *eBay* als um tatsächliche Ereignisse. Diese Legende spiegelt jedoch die grundlegende Idee sehr gut wieder, die hinter *eBay* und dem Web 2.0 steht: Menschen miteinander zu verbinden, aktiv in die inhaltliche Erstellung der Internetangebote einzubinden und miteinander interagieren zu lassen. Dies ist nach wie vor das Grundprinzip auf dem der Erfolg von *eBay* beruht und setzt sich bis heute in seiner Unternehmensphilosophie fort.

C. Erhard (✉)
Head of Partner Relationship Management EU, eBay International Marketing GmbH,
Westpark Pfingsweidstr. 60, 8005 Zürich, Schweiz
E-Mail: cerhard@ebay.de

G. Walsh et al. (Hrsg.), *Web 2.0,*
DOI 10.1007/978-3-642-13787-7_11, © Springer-Verlag Berlin Heidelberg 2011

Dementsprechend ist *eBay* in erster Linie das Produkt der gemeinsamen Aktivitäten seiner Nutzer, die auf dem Marktplatz Artikel kaufen und verkaufen. Je mehr Menschen den Marktplatz nutzen, desto attraktiver wird er. Mit mehr als 20 Mio. registrierten Nutzern in Deutschland und über 50 % Reichweite (gemessen an Heimnutzern; Nielsen Netratings Dezember 2008) ist das Kaufen und Verkaufen auf *eBay* fester Bestandteil des täglichen Lebens vieler Menschen geworden und beeinflusst damit Wirtschaft, Kultur und Gesellschaft insgesamt. So wie sich das Internet über die Jahre zum Web 2.0 weiter entwickelte, wuchs auch *eBay* bzw. der Umgang der Gesellschaft mit dem Phänomen *eBay*. Unter dem Begriff *Auktionskultur* beschreibt Daniel Nissanoff in seinem Buch „Futureshop: Konsumgesellschaft im Wandel" diese Entwicklung, die die Veränderung des Kaufverhaltens hin zum „temporären Besitz" beschreibt (Nissanoff 2006). Während man in der Vergangenheit nur bei ausgewählten Gütern (z. B. Autos, Häuser) den Wiederverkaufswert als ein wichtiges Kriterium bei der Kaufentscheidung ansah, wird diese Überlegung heute auf weitere Produktbereiche ausgedehnt (z. B. MP3-Player oder Designermode). Anschaffungen bleiben heutzutage nicht mehr unbedingt im Besitz des Käufers bis sie defekt oder wertlos sind. Kaufentscheidungen werden vielmehr in der Gewissheit getroffen, ein qualitativ hochwertiges Produkt nach einer gewissen Nutzungsdauer mit nur geringem Wertverlust (z. B. auf *eBay*) wieder verkaufen zu können. Die tatsächliche Investition ist also nicht mehr der Kaufpreis, sondern der erwartete Wertverlust zwischen Kauf und Verkauf zzgl. der Transaktionskosten, die beim Weiterverkauf entstehen. Der Gedanke des temporären Besitzes findet somit Einzug im Kaufverhalten und der Preis für den neuesten MP3-Player wird nur noch als Differenzbetrag zum späteren Verkaufspreis empfunden.

Dieses Prinzip funktioniert allerdings nur, solange ein Marktplatz über eine kritische Masse von Angebot und Nachfrage verfügt. Spätestens bei der Generierung der Nachfrage kommt dem Marketing, bzw. Internet Marketing eine wichtige Rolle zu. Seine Aufgabe ist es, Menschen über für sie relevante Angebote zu informieren und auf den Marktplatz zu führen. Der nun folgende Beitrag analysiert, wie das Internet Marketing die Entwicklung des Web 2.0 beeinflusst und sich im Gegenzug auch die Rahmenbedingungen für das Internet Marketing verändert haben. Besonderer Fokus liegt hierbei auf der Rolle von *Google*, *Yahoo* & Co., die sowohl über Ihre Funktion als Suchmaschine wie auch ihre Funktion als Werbeplattform die Entwicklung des Web 2.0 maßgeblich beeinflusst haben. Daher werden im Folgenden zunächst wichtige Entwicklungen im Sektor der Suchmaschinen dargestellt.

2   Suchmaschinen und das Web 2.0

Bei der Betrachtung des kometenhaften Aufstiegs von Web 2.0-Phänomenen wie *Wikipedia* oder Blogs, wird die Rolle der Suchmaschinen regelmäßig unterschätzt. Wie die meisten partizipativen Web 2.0-Anwendungen entfaltet *Wikipedia* seinen wahren Nutzen erst ab einer kritischen Anzahl an Nutzern, die Beiträge verfassen oder korrigieren. Diese kritische Masse konnte *Wikipedia* nur erreichen, da das Projekt von Anfang an für Suchmaschinen optimiert war und gleichzeitig von der Weiterentwicklung der Suchmaschinenalgorithmen profitierte.

Wie es bereits der Name vermuten lässt, basierte das World Wide Web ursprünglich auf dem Gedanken der Vernetzung, realisiert via Hyperlinks von einer Webseite zur nächsten. Mit der explosionsartigen Zunahme von Internetangeboten seit Mitte der 1990er Jahre waren Hyperlinks und Kataloge allein nicht mehr ausreichend. In der Folge übernahmen Suchmaschinen wie *Google* die zentrale Rolle, die sie heute bei der Navigation haben. Grundsätzlich gibt es für Webseitenbetreiber zwei Wege, wie sie über Suchmaschinen Besucher erhalten können: sog. *natürliche Suchergebnisse* und *bezahlte Anzeigen*. Unter natürlichen Suchergebnissen versteht man die Einträge aus dem Suchmaschinenindex, die eine Suchmaschine dem Nutzer aufgrund ihrer algorithmisch errechneten Relevanzbewertung in Bezug auf den eingegebenen Suchbegriff anzeigt. Hierbei werden als erstes diejenigen Webseiten im Suchergebnis aufgeführt, die aufgrund der errechneten Relevanz die höchste Wahrscheinlichkeit haben, tatsächlich die vom Nutzer gesuchten Inhalte zu enthalten und selbigen zufrieden zu stellen. Im Gegensatz dazu handelt es sich bei den bezahlten Einträgen um Textanzeigen, die klar als Werbung gekennzeichnet und neben oder über den natürlichen Suchergebnissen angezeigt werden. Der Werbetreibende „kauft" hierbei für seine Produkte relevante Suchbegriffe. Werden diese dann von Nutzern in die Suchmaschine eingegeben, erscheint seine Anzeige. Dementsprechend spricht man im Zusammenhang mit Internet-Marketing-Kampagnen bei der Beeinflussung der natürlichen Suchergebnisse von *Suchmaschinenoptimierung* (oder Search Engine Optimisation, SEO) und von *Paid-Search*-Kampagnen bzw. *Keyword Advertising* bei den bezahlten Textanzeigen.

Seitdem es Suchmaschinen und Verzeichnisse gibt, besteht auch der Wunsch in selbigen gut gelistet zu werden. So dauerte es nicht lange bis erste Firmen ihre Dienstleistungen anboten, Kunden in Suchmaschinen und Verzeichnissen einzutragen und auffindbar zu machen. Mit dem Wachstum des Internet nahmen auch die Notwendigkeit und damit die Bedeutung der Suchmaschinen weiter zu. Je mehr Internetangebote es gab, desto schwieriger wurde es für den Nutzer zu finden, was er eigentlich suchte. Nach dem Versenden von Emails ist die Nutzung von Suchmaschinen heute die zweitwichtigste Anwendung im Internet (AGOF 2008). Der Anreiz, mit welchem Mittel auch immer, in den Suchergebnislisten an „Nummer 1" oder doch zumindest auf der ersten Ergebnisseite zu stehen, stieg zunehmend. Alle möglichen Tricks wurden angewendet, um die Algorithmen der Suchmaschinen zu überlisten: Das massenhafte Einfügen relevanter Suchbegriffe in die Seite (*Keyword-Stuffing*) bzw. in die für Nutzer unsichtbaren Meta-Tags (*Meta-Tag-Spamming*) oder das einfache Kopieren einer gut funktionierenden Website unter der eigenen Domain (*Page-Jacking*) etc. waren Ende der 90er Jahre noch ausreichend, um dieses Ziel zu erreichen. Dies führte letztendlich dazu, dass klassische Suchmaschinen wie *AltaVista* oder *Excite* nahezu unbrauchbar wurden.

Google schaffte es als erster Anbieter, dieser Entwicklung mit der Einführung so genannter *Off-Page-Faktoren* Einhalt zu gewähren. Nicht der Inhalt der Internetseite selbst (*On-Page*) war nun ausschlaggebend für das Ranking in den Suchergebnissen, sondern wie eine Website von anderen Internetseiten verlinkt wurde. Dieses

Vorgehen basiert auf der Hypothese, dass eine Website umso wertvoller ist, je mehr Links auf sie verweisen – ähnlich wie in der Wissenschaft, wo die Qualität eines Aufsatzes u. a. danach bemessen wird, wie häufig er zitiert wird. Mit dieser Logik fiel es *Google* leichter, wichtige Internetseiten als „Autoritäten" zu identifizieren und dementsprechend besser in den Suchergebnissen zu positionieren. Viele Spam-Seiten konnten aus den Suchergebnissen entfernt werden. Dieser Wettbewerbsvorteil verhalf *Google* letztendlich dazu, vor allem in Deutschland den Status der mit Abstand am meisten genutzten Suchmaschine zu erreichen. In der Folge wurde es für Suchmaschinenoptimierer (SEOs) zunehmend lukrativer, sich ausschließlich auf die Optimierung für *Google* zu konzentrieren. Es dauerte nicht lange bis neue Spam-Techniken auch die neuen Algorithmen zu knacken und Spam-Seiten die Benutzbarkeit von *Google* zunehmend einzuschränken drohten. In so genannten *Linkfarmen* wurden teilweise mehrere hundert neue Domains ins Netz gestellt und untereinander verlinkt, um den Suchmaschinen vorzutäuschen, es handele sich um wichtige Internetseiten, auf die oft von extern verlinkt würde. Großer Beliebtheit erfreuten sich auch *Doorway Pages*, die je nachdem, ob ein menschlicher Nutzer oder eine Suchmaschine sie aufriefen, unterschiedliche Inhalte anzeigten.

In der Zwischenzeit war die Internetwirtschaft insgesamt stark gewachsen und eine Vielzahl von Unternehmen war wirtschaftlich abhängig von den Besucherströmen, die sie von *Google* kostenlos erhielten. Gebannt verfolgte die SEO-Gemeinde, wie sich während dem regelmäßig stattfindenden, als *Google Dance* bezeichneten Update der größten Suchmaschine der Welt die Suchergebnisse veränderten. So konnte es passieren, dass einer Website von einem Tag auf den anderen de facto die Geschäftsgrundlage entzogen wurde, weil sie keine Besucher mehr von *Google* erhielt. Spätestens zu diesem Zeitpunkt überlegte man, welche anderen Alternativen wie z. B. *Keyword Advertising* oder *Affiliate Marketing* es zur Suchmaschinenoptimierung gäbe, die heute fundamental wichtige Marketingkanäle im Web 2.0-Umfeld darstellen.

Die Entwickler von Wikis und Blogs waren sich der Bedeutung der Suchmaschinenoptimierung bewusst und zahlreiche Eigenschaften und Strukturen in Web 2.0-Projekten sind optimal auf die Bedürfnisse von Suchmaschinen zugeschnitten, um dort besser gefunden werden zu können. Dies funktionierte bereits seinerzeit ganz gut; der große Durchbruch sollte allerdings erst nach der Weiterentwicklung der Suchmaschinenalgorithmen erfolgen.

In den folgenden Jahren wurde es zunehmend schwieriger, gute Suchmaschinenpositionen zu erreichen und das Risiko eines Totalverlusts des *Google*-Traffics wurde immer größer. Inzwischen gab es zwar keinen *Google Dance* mehr, dafür aber kontinuierliche Aktualisierungen, die ständig zu einem Verlust der erarbeiteten Position führen konnten. Über die *Google*-Toolbar, das kostenlos angebotene Tracking über *Google Analytics*, die zunehmende Verbreitung von *Google Adsense* und nicht zuletzt die Übernahme des Adserveranbieters *Doubleclick* ergeben sich heute für *Google* nahezu unbegrenzte Möglichkeiten, mehr über das Nutzerverhalten auf einzelnen Websites zu erfahren. Verbrachten die Nutzer nur sehr wenig Zeit auf einer Internetseite oder benutzten häufig den „Zurück"-Button des Browsers, nachdem sie von *Google* zu einer Internetseite geleitet wurden, wird dies als Indiz für eine schlechte Qualität der Internetseite interpretiert: Offensichtlich hatte der Nutzer dort nicht das gefunden, was er auf der Suchmaschine gesucht hatte. Gerade Internetseiten, deren einziger Zweck und Geschäftsmodell darin bestand, Nutzer gegen Provision aus *Google* so schnell wie möglich zu Drittseiten weiterzuleiten, wurden von dieser Weiterentwicklung des Suchalgorithmus schwer getroffen. Zahlreiche Preisvergleiche und Affiliate-Seiten, die ihr Geld damit verdienten, Benutzer zu Online-Shops weiterzuleiten, mussten massive Traffic- und Umsatzeinbrüche hinnehmen. Im Gegenzug profitierten Internetseiten, die eine „Autorität" im Internet darstellten und auf denen die Nutzer sehr viel Zeit verbrachten. Von dieser Entwicklung profitierte nicht zuletzt *eBay* mit einer weit überdurchschnittlichen Verweildauer von über zwei Stunden.

Eine zweite Verbesserung, die Suchmaschinen weltweit einführten, waren so genannte *De-Duplication-Filter*. Ziel dieser Filter ist es, Kopien ein und desselben Inhalts zu identifizieren und in den Suchergebnissen nur noch den ursprünglichen Inhaber dieser Inhalte anzuzeigen. Hiermit sollte verhindert werden, dass *Black-Hat-SEOs* (also SEOs, die sich nicht an die Regeln hielten) denselben Inhalt tausendfach unter verschiedenen Domains in die Suchmaschinen brachten.

Von der reinigenden Wirkung der neuen Suchmaschinenlogik profitierten u. a. Wikis und Blogs. Denn ein Grundsatz hat seit den Anfängen des Internet immer Bestand gehabt: „Content is King", d. h. gute, einzigartige Inhalte oder Dienstleistungen, die den Nutzern einen echten Mehrwert bieten, sind das wichtigste Erfolgskriterium für Internetseiten. Durch die zahlreichen Spamseiten in den Suchmaschinen wurde diese Regel vorübergehend entkräftet. Doch mit der zunehmend verbesserten Spam-Erkennung und der Entfernung von Spam-Seiten aus den Suchergebnissen sind einzigartige Inhalte (*unique content*) wichtiger denn je. Besucht eine Suchmaschine zur Erfassung eine Webseite (*Crawling*), kann sie lediglich den Text verarbeiten, der auf der Seite enthalten ist. Bilder oder Grafiken sind für die Suchmaschine unsichtbar. Je mehr Text auf einer Webseite enthalten ist, desto mehr „Futter" stellt man der Suchmaschine zur Verfügung und erleichtert ihr damit die Aufgabe, den eigentlichen Inhalt der Webseite festzustellen. Individuelle Textinhalte liegen bereits in der Natur von Blogs und Wikis. Sie bringen damit die wichtigste Grundvoraussetzung mit, gut von Suchmaschinen erfasst werden zu können.

Darüber hinaus sind die aktuellen Blog-Systeme in der Regel von Haus aus für Suchmaschinen optimiert, oder es gibt sogenannte SEO Plugins, die den Standard-Blog per Mausklick automatisch einer umfassenden Suchmaschinenoptimierung unterziehen. Einzelne Beiträge erhalten *sprechende URLs*: Der Titel eines Artikels ist in der URL enthalten, z. B. nach dem Schema http://www.meinblog.de/titel-des-Artikels.html. Diese automatische und suchmaschinenfreundliche Erstellung von URLs und Verzeichnisstrukturen kann man nicht nur bei Blog-Software, sondern z. B. auch bei den Wikis beobachten. Das bekannteste Wiki ist wohl *Wikipedia*, das häufig in den Top-Suchergebnissen zu finden ist. Über 90 % der Nutzer, die über einen Link zum deutschen Angebot von *Wikipedia* gelangen, kommen über eine Suchmaschine.

Eine weitere SEO-Regel besagt „Content is King, but Linking is Queen", d. h. neben den Inhalten ist der zweitwichtigste Faktor, wie die Inhalte innerhalb und außerhalb der Website verlinkt sind. Je mehr externe themenverwandte Webseiten auf das eigene Internetangebot verlinken, desto positiver ist der Effekt auf die Platzierung in den Suchergebnissen. Eine große Rolle spielt dabei auch, mit welchen Begriffen verlinkt wird, denn der Linktext gibt den Suchmaschinen Auskunft, worüber die Zielseite handelt. Setzt man beispielsweise mit dem Begriff „Online-Marktplatz" einen Link zu *eBay*, so registriert die Suchmaschine, dass *eBay* für den Suchbegriff „Online-Marktplatz" relevant ist. Blogs nutzen diese Logik in der Art und Weise, wie sie sich über sog. *Trackbacks* teilweise automatisiert untereinander verlinken. Sobald sich ein Autor auf den Beitrag eines anderen Blogs bezieht, kann automatisch ein Trackback gesetzt werden. Dies ist ein Link zu dem in Bezug setzenden Blog, in der Regel mit einem kurzen Ausschnitt des Artikels. Besonders positiv für die Relevanzbewertung der Suchmaschinen wirkt sich hierbei aus, dass inhaltlich zusammenhängende Themen und Internetseiten miteinander verknüpft werden. Diese Funktionalität wurde bald zur Suchmaschinenoptimierung missbraucht. Zu viele Trackbacks und Kommentar-Spamming (das Hinterlassen eines Kommentars nur zum Zweck der Backlink-Gewinnung) sorgten für ein Ungleichgewicht zwischen Blogs und klassischen Internetseiten. Hierauf für Webmaster und Blogbetreiber die Möglichkeit entwickelt, ausgehende Links bezüglich Ihrer Qualität zu kennzeichnen. So enthalten Kommentare-Links und Trackbacks heute üblicherweise ein sogenanntes *no-follow Tag*. Hierüber wird der Suchmaschine mitgeteilt, dass es sich bei dem gekennzeichneten Link um eine Verknüpfung handelt, die bei der Indexierung und Bewertung nicht berücksichtigt werden soll.

Tag Clouds (zu deutsch: Wortwolken), bzw. das *Tagging* optimieren hingegen die interne Linkstruktur von Blogs. Hierbei legt der Autor bestimmte Schlüsselwörter für jeden Artikel fest, die das Thema des Artikels beschreiben und unter denen er idealer Weise in einer Suchmaschine gefunden werden soll. Diese Schlüsselwörter werden im Anschluss dafür verwendet, die unterschiedlichen Artikel innerhalb der eigenen Website miteinander zu verlinken, was sich wiederum positiv auf die Platzierung in Suchmaschinen auswirkt.

Ein weiteres SEO-Feature von Blogs ist der *Permalink*. Hierbei handelt es sich um einen Link zum Blogeintrag, der auch nach dessen Archivierung noch funktioniert (Alby 2007). Alte Inhalte gehen für Suchmaschinen also nicht verloren und ein über einen längeren Zeitraum aktiver Blogger kann so eine durchaus umfangreiche Website erzeugen.

Mit der Einführung von *Weblog Publishing Systemen* ist es für Jedermann möglich, auf einfache Art und Weise Inhalte ins Netz zu stellen. Maßnahmen zur Suchmaschinenoptimierung, die in der Vergangenheit einer eingeschworenen Gemeinschaft von SEOs vorbehalten waren, sind damit jedem zugänglich. Das Web 2.0 hat das Internet also auch in Bezug auf die Findbarkeit in Suchmaschinen demokratisiert.

Die Suchmaschinenfreundlichkeit zahlreicher Web 2.0-Anwendungen blieb den Anbietern kommerzieller Internetangebote nicht verborgen und trug zumindest in einigen Bereichen zu einer inflationären Ausdehnung der *User-Generated-Content*-Portale bei. Zahlreiche SEOs und Unternehmen, die ihren Erfolg maßgeblich auf den kostenlosen Traffic aus *Google* & Co. gestützt hatten, waren unter Zugzwang und sahen ihre wirtschaftliche Existenz gefährdet. Aufgrund der Veränderungen der *Google*-Algorithmen galt es für sie zwei Probleme zu lösen:

1. Kostengünstige oder kostenlose Generierung von einzigartigen Inhalten, die an anderer Stelle noch nicht auf Internetseiten existieren (*Unique Content*).
2. Erhöhung der Zeit, die der Internetnutzer auf der eigenen Website verbringt (*Verweildauer*).

Gerade für Projekte im Bereich des Onlinehandels war es nahe liegend, mittels „Nutzer-Meinungen" zwei Fliegen mit einer Klappe zu schlagen: Der dringend benötigte Unique Content wurde kostenlos durch die Nutzer der Webseite erstellt, indem man ihnen die Möglichkeit gab, Bewertungen und Testberichte zu einzelnen Produkten abzugeben oder sogar eigene Blogs zu veröffentlichen. Neben den zusätzlichen Inhalten, die nun von Suchmaschinen indiziert werden konnten, stieg auch die durchschnittliche Verweildauer: Schließlich benötigten die Nutzer Zeit, um die Testberichte auf der Webseite zu schreiben.

Einige Webmaster beziehen die Internetnutzer also eher aus einer egoistischen Motivationslage in die Gestaltung der Internetinhalte mit ein, was letztendlich aber auch zu einer weiteren Verbreitung des Web 2.0-Phänomens auch in bereits etablierte Internetportale führte. Schon ist „Crowd Sourcing" als neues Buzz-Word in aller Munde. In Anlehnung an den Begriff „Out-Sourcing" wird die „Crowd" – also die Internetgemeinschaft – als neue Quelle kostengünstiger Arbeitskräfte entdeckt. Wer das Mitmach-Netz jedoch als einfaches Mittel zur Erzeugung kostenloser Inhalte ansieht, hat die Rechnung ohne die Nutzer gemacht. Allzu oft wird nämlich vergessen, dass das Web 2.0 eben nicht einfach das Bereitstellen einer technischen Infrastruktur bedeutet, sondern die ex- oder intrinsische Motivation der Nutzer einen Beitrag zu einer Web 2.0-Anwendung zu leisten unverzichtbar ist. Identifiziert sich der Anwender nicht mit der Website oder bietet die Website den Nutzern keinen tatsächlichen Mehrwert, bleibt sie ein leeres Gerippe ohne eigene Inhalte. Ebenso hartnäckig hält sich der Irrglaube, von Nutzern eingestellte Inhalte seien kostenlos. Tatsächlich ist der Inhaber der Website als sich im rechtlichen Raum bewegendes Unternehmen für diese Inhalte verantwortlich. Unternehmen wie *eBay* betreiben einen enormen Aufwand, um illegale und anstößige Inhalte aus dem Internetangebot und den Foren zu entfernen.

Zusammenfassend bleibt festzuhalten, dass zahlreiche Web 2.0-Projekte auf der jahrelangen Erfahrung der Suchmaschinenoptimierung aufbauen und hierdurch von Reichweitenzuwächsen profitieren. Angesichts der schier unüberblickbaren Anzahl an Websites im Internet und der Tatsache, dass über 87 % der Internetnutzer Suchmaschinen benutzen (AGOF 2008), kann man davon ausgehen, dass Suchmaschinen bis zu einem gewissen Grad auch als Filter dessen funktionieren, was Nutzer im Internet sehen. Internetseiten, die in Suchmaschinen nicht gefunden werden, sind für die breite Öffentlichkeit praktisch unsichtbar. Durch diesen Selektierungsprozess fungieren Suchmaschinen quasi als Türöffner im Internet – mit allen gesellschaftlichen wie auch ökonomischen Folgen (Wölling 2005). Dementsprechend war eine grundlegende Voraussetzung für den Erfolg zahlreicher Web 2.0-Projekte ihre ausgezeichnete Findbarkeit in Suchmaschinen. Erst dadurch konnten sie der

Internet Community in ausrechendem Maß zugänglich gemacht und eine kritische
Masse an Nutzern erreicht werden.

3   Definition und Bedeutung des Long Tail

Der Begriff des *Long Tail* wurde im Zusammenhang mit dem E-Commerce von
Chris Anderson, Chefredakteur des *Wired*-Magazins, geprägt. Am Beispiel des
Buchhändlers *Amazon* stellte er dar, wie Firmen im Internet durch das Anbieten
einer breiten Palette an Nischenprodukten Gewinne erzielen können (Anderson
2004). In diesem Zusammenhang bezeichnet das Long Tail den Teil der Produkt-
palette, der mengenmäßig den größten Anteil darstellt, von Konsumenten aber nur
selten nachgefragt wird (z. B. CDs und Bücher, die in den aktuellen Verkaufscharts
keinen vorderen Platz einnehmen). Im Gegensatz zum klassischen Offline-Handel
bietet das Internet die Möglichkeit, den Verkauf von Produkten profitabel zu gestalten, die sich aufgrund ihrer kleinen Zielgruppe über klassische Vertriebskanäle
nicht vermarkten ließen. Dank seiner Suchmaschinen macht das Internet Nischen-
produkte für die wenigen Interessenten leichter findbar und der Händler ist nicht auf
den Einzugsbereich seines Ladengeschäfts beschränkt. Auf der anderen Seite hat
der Anbieter solcher Produkte deutlich niedrigere Kosten, da er die selten gefragten
Waren nicht in den Regalen der Ladengeschäfte vorhalten muss. Unter Umständen
werden Produkte sogar nur *on-demand* produziert, was das Risiko für den Händler
weiter minimiert. Amazons Verkaufszahlen scheinen diese Theorie zu belegen, da
ein großer Teil der Umsätze über eher unpopuläre Publikationen generiert wurde
(Brynjolfsson et al. 2006).

Mit ständig mehr als 8 Mio. verfügbaren Angeboten auf dem deutschen Mark-
platz ist *eBay* sehr stark in der Abdeckung des Long Tails. Wie kein anderer ist *eBay*
in der Lage, seinen Mitgliedern sowohl Top-Produkte wie auch Angebote aus den
ausgefallensten Kategorien anzubieten. So verkaufen sich auf dem deutschen *eBay*
Marktplatz

- jede Sekunde ein Kleidungsstück
- alle 50 s eine Digitalkamera
- alle 6 min ein Gartenzwerg
- täglich 13 Bagger

Mit dem Aufstieg neuer Web 2.0-Phänomene wie sozialen Netzwerken oder Social
Shopping wird die Bedeutung des Long Tail weiter zunehmen und das Long Tail
entwickelt sich zum *Thick Tail* (Favier 2007).

Auf der Nachfrageseite bestimmen bereits Internetangebote mit Nutzerbewertungen, Testberichten und Einkaufsberatern das Bild der Online Shopping Portale. 12,4 Mio. Deutsche nutzen mittlerweile interaktive und partizipative Anwendungen wie Communities, Blogs und virtuelle Kontaktbörsen. Hiervon verlassen
sich bereits 50 % bei der Kaufentscheidung auf Empfehlungen in Web 2.0-Foren
(Booz Allen Hamilton 2007). Nutzer tauschen sich untereinander über ihre Kauf-

erfahrungen aus. Damit steigt sowohl die Wahrscheinlichkeit, auf diesem Weg von Nischenprodukten zu erfahren, wie auch die Bereitschaft, diese zu kaufen. Es ist zu erwarten, dass sich die Nachfrageseite weiter in Richtung des Long Tails bewegt. Damit könnte sich die Nachfrage u. U. weiter von klassischen Markengütern zu Nischenprodukten verschieben.

Wie bereits erwähnt sinken auf der Angebotsseite die Kosten für die Herstellung und den Vertrieb von Nischenprodukten. Dementsprechend wird es für Unternehmer zunehmend attraktiv, neue Produkte für diesen Markt anzubieten und ihr Produktsortiment zu erweitern, d. h. das Angebot im Long Tail wird steigen.

Nicht zuletzt ergeben sich aus der technischen Weiterentwicklung des Internets neue Märkte. Auf Internetangeboten wie *YouTube*, *Flickr* oder *Facebook* nimmt der Konsument gleichzeitig die Rolle des Anbieters wie auch des Kunden ein und die Nutzer übernehmen zunehmend eine aktive Rolle im Internet. In Bezug auf den E-Commerce bedeutet dies, dass Plattformen wie *eBay*, *Threadless* oder *Imagekind* auch durch steigende Aktivität der Nutzer als Anbieter profitieren werden.

3.1   Die Bedeutung des Long Tail für das Internet Marketing

Unternehmen wie z. B. *Google*, *Yahoo* und *Miva* bieten ihren Kunden als Werbeform das *Keyword Advertising* an. Hierbei hat der Werbetreibende die Möglichkeit die Einblendung von Textanzeigen für bestimmte Suchbegriffe zu buchen. Gibt ein Nutzer einen gebuchten Begriff in die Suchmaschine ein, werden die Textanzeigen neben oder über den Suchergebnissen als Werbung gekennzeichnet (z. B. *Sponsoren-Link*) eingebunden. Wessen Werbeanzeige an erster Stelle angezeigt wird, hängt maßgeblich davon ab, wer bereit ist den höchsten Geldbetrag pro Klick zu zahlen (*Cost per Click, CPC*). Es handelt sich also um ein Bietverfahren. Je weiter oben die Anzeige auf der Internetseite dargestellt wird, desto höher ist in der Regel die Anzahl der Nutzer, die auf die Anzeige klicken. Darüber hinaus können die Textanzeigen auf inhaltlich relevanten Drittseiten (dem *Werbenetzwerk*) dargestellt werden. Die Betreiber dieser Drittseiten werden hierfür von den Werbeplattformen an den generierten Umsätzen beteiligt.

Das Keyword Advertising im Rahmen von *Paid-Search-Kampagnen* hat sich in den letzten Jahren zu einer der wichtigsten Werbeformen im Internet Marketing entwickelt. Laut der OVK-Werbestatistik entfielen 2008 rund 41 % der Online Werbeausgaben auf diese Werbeform (OVK 2008). Dies entspricht 1,476 Mrd. € und stellt eine Steigerung von 24 % gegenüber 2007 dar. Diese Entwicklung hängt teilweise auch mit der gestiegenen Bedeutung des Long Tail zusammen, die mit der Entwicklung des Web 2.0 einherging.

Die Theorie des Long Tail lässt sich direkt auf das Keyword Advertising übertragen: Werbetreibende können durch das Buchen einer breiten Palette an „Nischen-Keywords" Gewinne erzielen, bzw. den Return on Investment (ROI) der Werbemaßname erhöhen. Bei der Optimierung einer Paid Search Kampagne werden regelmäßig zwei Ziele verfolgt:

- Generierung einer möglichst hohen Anzahl an Nutzern, die über die Textanzeigen auf die beworbene Website gelangen, bei einem gegebenen Kostenbudget (Effizienz).
- Erreichen eines möglichst hohen Anteils dieser Nutzer, die das Ziel der Werbemaßnahme erfüllen, z. B. einen Kauf durchführen (*Conversion-Rate*).

Die Marketing-Effizienz, also das Verhältnis aus eingesetztem Budget und dadurch generiertem Traffic für die beworbene Website, ist abhängig von mehreren Faktoren:

- Wettbewerbssituation: Je mehr Werbetreibende auf einen bestimmten Suchbegriff bieten, desto höher steigt der Preis, um an erster Stelle gelistet zu werden.
- *Eingesetztes Budget*: Je höher der Betrag, den der Werbetreibende bereit ist pro Klick für einen bestimmten Suchbegriff zu bezahlen (Cost-per-Click, CPC), desto höher die Position in der Ergebnisliste.[1]
- *Position der Anzeige in der Ergebnisliste*: Je höher die Position der Anzeige auf der Ergebnisseite, desto höher die erzielte Reichweite.

Analog zur Produktwelt, in der es stark gefragte „New-in-Season"- und selten gesuchte Nischen-Produkte gibt, werden im Keyword Advertising manche Suchbegriffe sehr oft von Nutzern in Suchmaschinen eingegeben, während Anzeigen für sehr spezifische Suchbegriffe seltener eingeblendet werden. Nach allgemeinen Begriffen, wie z. B. „Computer" oder „private Krankenversicherung" wird häufiger gesucht als nach „Blaue Mauritius kaufen". Entsprechend ihrer Suchhäufigkeit kann der Werbetreibende über allgemeine Suchbegriffe deutlich mehr Besucher (*Traffic*) für seine Website generieren. Allerdings ist der Wettbewerb um diese Begriffe ebenfalls sehr hoch und der Preis, den er für eine hohe Platzierung pro Klick bezahlen muss steigt, wie in Abb. 1 dargestellt.

Darüber hinaus ist die Kaufwahrscheinlichkeit eines Nutzers (Conversion-Rate), der über einen generischen Suchbegriff auf die Website geführt wird, unter Umständen niedriger als bei sehr spezifischen Suchbegriffen. Im letzteren Fall hat der Nutzer bereits eine recht genaue Vorstellung von dem was er sucht. Damit ist die Wahrscheinlichkeit höher, dass er dies auf der beworbenen Website auch findet. Generische Suchbegriffe liefern aufgrund der hohen Nachfrage bei Nutzern eine größere Reichweite, dies geht in der Regel aber mit einer niedrigeren Conversion-Rate einher. Aufgrund der starken Wettbewerbssituation bei generischen Begriffen ist ein höherer CPC und damit auch höhere Kosten zu erwarten. Der Gesamtumsatz steigt zwar bei generischen Kampagnen durch höheres Traffic-Volumen, gleichzeitig sinkt jedoch die Effizienz durch höhere Kosten und geringere Einnahmen.

Im Gegensatz hierzu sind sehr spezifische Suchbegriffe zwar schwächer nachgefragt, treffen dafür aber deutlich genauer die jeweilige Zielgruppe. Dementsprechend ist davon auszugehen, dass die Kaufwahrscheinlichkeit der so angesprochenen Nutzer deutlich höher ist. Darüber hinaus ist der Wettbewerb um spezifische

---

[1] *Googles* Qualitätsindex wird der Einfachheit halber an dieser Stelle vernachlässigt. Tatsächlich spielen bei *Google Adwords* neben dem CPC noch zahlreiche weitere Faktoren eine Rolle bei der Bestimmung der Position der Textanzeige.

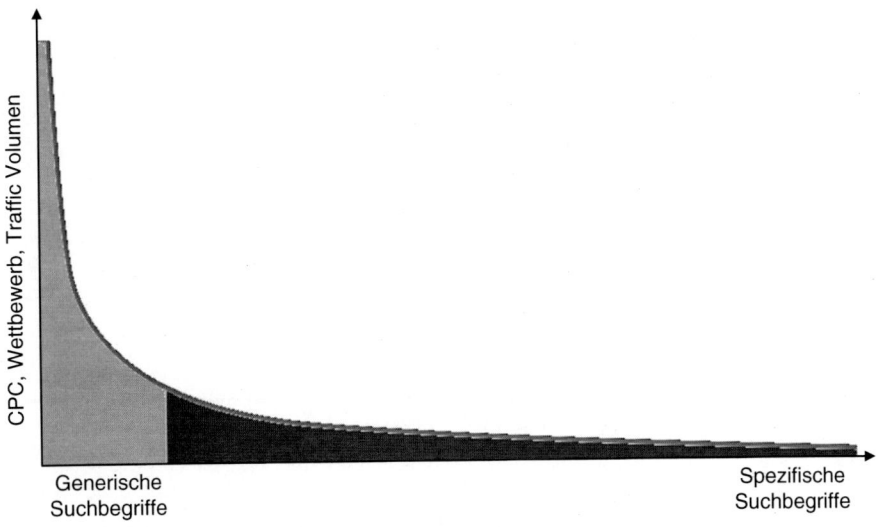

Abb. 1 Long Tail im Universum der Suchbegriffe

Suchbegriffe deutlich niedriger und eine Top-Platzierung kann oft noch zum Minimum-CPC erzielt werden. Über die Einbuchung sehr großer Portfolios spezifischer Suchbegriffe können Kampagnen mit hohen Umsätzen und gleichzeitig positiven ROI gefahren werden.

Gerade Webseiten wie *eBay*, die über eine enorme Bandbreite an Inhalten verfügen, können von einer Long-Tail-Strategie im Keyword Advertising profitieren, denn nur sie verfügen auch über eine ausreichend große Anzahl an relevanten Zielseiten (*Landing Pages*), auf die Besucher geführt werden können. Schließlich genügt es nicht allein, möglichst viele Nutzer auf die eigene Website zu locken. Nur wenn der Besucher dort auch für ihn relevante Inhalte findet, steigt die Conversion-Rate. Für Anbieter, die dies leisten können, sind Keyword Advertising Kampagnen mit mehreren hunderttausend oder sogar mehreren Millionen Suchbegriffen keine Seltenheit. *Auto-Bid Management Systeme* übernehmen für solch große Kampagnen in der Regel die Aufgabe, für jeden Suchbegriff den ROI-optimalen CPC festzulegen und erlauben so enorme Effizienzgewinne.

3.2 Bedeutung des Long Tails für kontextsensitive Werbeformen

Mit der Ausdehnung des Internet, nicht zuletzt dank zahlreicher partizipativer Internetangebote des Web 2.0, steigt die Anzahl der Werbeflächen für *kontextsensitive Werbeformen*. Zu Web 2.0-Zeiten, in denen Jedermann ohne großen Aufwand oder technisches Know-how eine eigene Internetseite oder einen Blog betreiben kann, hat die Bandbreite der Inhalte enorm zugenommen, die auf Internetseiten veröffentlicht werden. Tatsächlich erfolgte der größte Teil des Wachstums im Web erst nach dem

Platzen der Dotcom-Blase 2000/2001 und die Wachstumskurve wird steiler: Im Januar 2009 zählte *Netcraft* bereits über 185 Mio. Websites. Damit hat sich die Anzahl der erfassten Webseiten seit 2006 nochmals verdoppelt (Netcraft Webserver Survey).

Es gibt kaum noch Interessensbereiche, zu denen nicht eine oder mehrere Websites existieren, die wiederum potenzielle Werbeträger für kontextbezogene Werbeformate sind. Die zahlreichen kleinen, aber dafür sehr themenspezifischen Internetseiten stellen das Long Tail der Internet-Inhalte dar. Analog zur Verwendung des Begriffs im Zusammenhang mit Produkt- und Keyword-Portfolios handelt es sich hierbei um eine große Masse wenig frequentierter, aber themenspezifischer Internetseiten. Egal wie ausgefallen das Thema auch sein mag – sofern sich die Internetseite im legalen Umfeld bewegt und nicht gegen die Richtlinien der Anbieter verstößt, hat der Webmaster die Möglichkeit, kontextsensitive Werbung von *eBay* (*eBay Relevance AD*), *Google* (*Google Adsense*), *Yahoo* oder anderer Anbieter auf seinen Seiten einzubinden. Während jede einzelne Seite für sich nie in der Lage wäre, ausreichend Nutzer für den Werbetreibenden zu vermitteln, so ist es die Masse der Einzelseiten, die – gebündelt über Werbenetzwerke – zu interessanten Partnern in der Online-Werbung werden. Für die Werbetreibenden sind diese Websites attraktiv, da sie ihnen die Möglichkeit bieten, potenzielle Kunden sehr gezielt anzusprechen. Ein Internet-Forum wohlhabender Briefmarkensammler stellt für einen Briefmarkenhändler beispielsweise ein ideales Werbeumfeld für seine Textanzeige zum Suchbegriff „Blaue Mauritius" dar.

Gerade *eBay* und *Google* sind mit ihren kontextsensitiven Werbeformaten *eBay Relevance Ad* und *Google* Adsense in der Abdeckung des Long Tails der Internetseiten sehr erfolgreich, da sie sich sehr einfach auf Webseiten einbinden lassen. Nach der Anmeldung setzt der Webmaster lediglich ein Javaskript an die Stelle der Internetseite, an der die Anzeige erscheinen soll. Ein Crawler identifiziert anschließend automatisch, welche Suchbegriffe für die jeweilige Seite relevant sind. So wird sichergestellt, dass vor allem Anzeigen eingeblendet werden, die für den Inhalt der Internetseite und damit zu hoher Wahrscheinlichkeit auch für den Leser relevant sind. Über kontextsensitive Werbeformate verknüpfen die Anbieter quasi das Long Tail der Internetseiten mit dem Long Tail der Produkt- und Keyword-Portfolios.

3.3 Kontextsensitive Werbeformate am Beispiel des eBay Relevance Ad

Angesichts der steigenden Bedeutung des Long Tail sowie der Vervielfachung der Menge der Internetinhalte, stellte sich für das Internet Marketing von *eBay* die Frage, welche Werbemittel von dieser Entwicklung am meisten profitieren und wie *eBay* in einem solchen Werbeumfeld positioniert werden kann. Auf der einen Seite steht eine Datenbank mit mehreren Millionen Angeboten zur Verfügung, die beworben werden können. Auf der anderen Seite gibt es unzählige kleine und große Internetseiten, für die diese Angebote als Werbemittel relevant sind. Die daraus resultierende Problemstellung ist vielschichtig. Zunächst müssen die Webseitenbetreiber motiviert werden, *eBay* Werbemittel bei sich einzubinden. Der Anreiz hierzu kann zwar monetär erfolgen; jedoch ist es operativ de facto unmöglich, mit jedem einzelnen Webseitenbetreiber einen Werbevertrag abzuschließen. Darüber hinaus verfügt der Großteil der Webmaster geraderkleiner Internetangebote nur über sehr beschränkte technische Kenntnisse, d. h. die Werbemittel müssen einfach auf der Website einzubauen sein.

Dieser Problemstellung haben sich Intermediäre, sog. *Affiliate Plattformen* wie *Comission Junction, Zanox* und *Affilinet* angenommen. Ganz im Sinne des Web 2.0-Gedankens stellen sie lediglich eine Infrastruktur zur Verfügung und bieten Werbe-treibenden (*Advertiser*) und Webmastern, die auf ihrer Website Werbung schalten (*Publisher*), die Möglichkeit, auf unkomplizierte Art und Weise zusammenzufin-den (siehe Abb. 2). Der Advertiser, der auf anderen Internetseiten Werbung schalten will, stellt über sein Affiliate Programm Werbemittel zu von ihm definierten Vergü-tungskonditionen zur Verfügung. Der Publisher, der nach zusätzlichen Einnahme-quellen für seine Website sucht, kann sich bei beliebig vielen Affiliate Programmen anmelden und die Werbemittel auf seiner Website einbauen. Das Tracking, z. B. die Zählung der Klicks auf ein Banner, sowie die Abrechnung bzw. Vergütung des Publishers übernimmt die Affiliate Plattform.

eBay arbeitet in diesem Bereich bereits seit mehreren Jahren sehr erfolgreich mit dem Unternehmen *affilinet* zusammen. Mehr als 30.000 Partner kooperieren so über das im Jahre 2001 gestarteten Partnerprogramm mit dem weltweiten Online-Markt-platz *eBay*. Mehrere hundert Millionen Klicks wurden im Vorjahr darüber generiert. Dieses Erfolgsmodell wird seit 2008 mit der Einführung des eBay Partner Net-work, einer von eBay selbst entwickelt und betriebenen Affiliate Plattform, welt-weit fortgeführt (http://www.ebaypartnernetwork.com). Dabei haben Publisher die Wahl aus zahlreichen, verschiedenen Werbemitteln: Vom statischen oder animierten

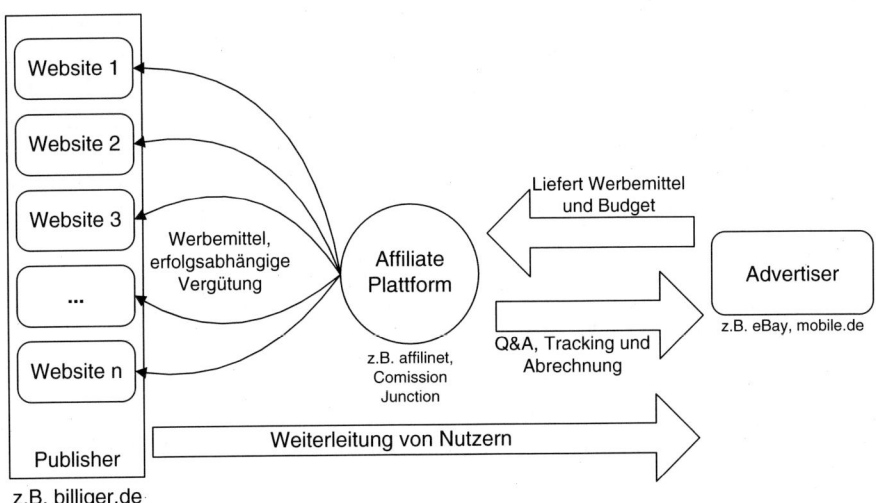

Abb. 2 Funktionsweise von Affiliate Programmen

Standardbanner über Suchboxen, Flash-Werbemittel, Texte oder ganze Artikel bis hin zum innovativen Relevance Ad.

Das Besondere am *eBay Relevance Ad* ist, dass es sich – ähnlich wie *Google Adsense* – automatisch dem Inhalt der Internetseite anpasst, auf der es eingebunden ist. Dies zahlt sich sowohl für *eBay* wie auch den Publisher aus, denn durch den inhaltlichen Zusammenhang zwischen Website und Relevance Ad wird die Werbung von den Nutzern eher akzeptiert. Die Wirksamkeit der Werbung ist um ein Vielfaches höher als ohne einen inhaltlichen Bezug.

Realisiert wird dieses inhaltsbezogene Werbemittel auf Basis von Web 2.0-Technologien wie *AJAX* und *JSON* und einer *API-Schnittstelle* (Application Programming Interface). Technisch realisiert werden die Anzeigen durch zwei Softwarekomponenten, der *contentDetection* der Firma *mindUp* und dem *Intensifier* des Unternehmens *mediaBEAM*. Während die *contentDetection* die Inhalte von Internetseiten analysiert (also Navigation, Texte, Werbung, Bilder und Überschriften prüft und klassifiziert), sorgt der *Intensifier* dafür, dass die gewonnenen Informationen über die Links zu entsprechenden Angeboten und Kategorien führen. Die Klassifizierungs-Software analysiert nicht nur Keywords und Phrasen, sondern stellt auch inhaltliche Zusammenhänge her. Diese Ergebnisse gleicht das System dann mit den Daten bei *eBay* ab, damit nur genau passende Artikel oder Kategorien erscheinen. Um dem hohen Tempo sich ständig verändernder Internetseiten gerecht zu werden, lernt die Software durch das so genannte *Recrawling* ständig automatisch dazu. Wer will, kann manuell Keywords und Kategorien vorgeben, die der automatischen Suche helfen, passende Inhalte zu identifizieren.

Lohnend ist der Einsatz des Relevance Ad Formats nicht nur für kommerzielle Internet-Portale wie zum Beispiel die Preisvergleichsseite *ciao.com* und große Foren wie *motor-talk.de*. Auch kleinere Websites und Blogs, die oftmals sehr individuelle Themen behandeln (z. B. *www.angeln.de, www.pferde-pferderassen.de* oder *www.eierlei.de*), verzeichnen mit inhaltsbezogener Werbung deutlich höhere Klickraten und Werbeeinnahmen. Zudem lässt sich das Relevance Ad in nur fünf Schritten leicht in die Website integrieren – unabhängig von Themen und Inhalten. Mit inhaltsbezogener Werbung nehmen die Nutzer Werbung nicht als lästige Störung, sondern als für die Recherche oder den Kauf relevante Information und damit als zusätzlichen Service wahr.

Aufgrund seiner Flexibilität und der einfachen Einbindung eignet sich das Relevance Ad also ideal, um auf das neue Werbeumfeld im Web 2.0 zu reagieren und dem Long Tail der Internetseiten eine optimale Werbeform zur Verfügung zu stellen.

4   Zusammenfassung

Die Weiterentwicklung des Internets und damit des Internet Marketing ist nicht zuletzt vor dem Hintergrund der Entwicklung der Suchmaschinen zu betrachten. Die Verbesserung der Suchalgorithmen hat die Entwicklung von Web 2.0-Stars wie *Wikipedia*, *Mr. Wong* und die Blogging-Szene im Allgemeinen unterstützt. Gleichzeitig ist das Geschäft der Suchmaschinenoptimierung schwieriger geworden und die Goldgräberstimmung der Anfangszeit ist verflogen. Webseitenbetreiber, die in der Vergangenheit im Marketing stark auf den kostenlosen Traffic aus Suchmaschinen setzten, sind gezwungen, sich nach Alternativen umzusehen. Entsprechend hohe Wachstumsraten können die Anbieter von Keyword Advertising und Affiliate Plattformen aufweisen, die in der Lage sind, das Long Tail optimal zu bedienen. In diesem Zusammenhang werden kontextsensitive Werbeformate weiter an Bedeutung gewinnen.

Sowohl die Angebots- wie auch die Nachfrageseite wird sich im E-Commerce weiter in Richtung des Long Tails verschieben. Von dieser Entwicklung werden die Anbieter kleiner, exklusiver Marken- und Nischenprodukte profitieren. Denn ihre Produkte werden in den zunehmenden sozialen Netzwerken des Web 2.0 von einem Nutzer zum Nächsten weiterempfohlen. Damit steigt auch die Bereitschaft, seltene, neue und weniger bekannte Produkte zu kaufen. Gewinner dieses Trends sind Internet-Gatekeeper wie *Google* und *Yahoo* oder Long-Tail-Champions wie *Amazon* und *eBay*. Im Zug der wachsenden Nachfrage nach Nischenprodukten verringert sich der Markt für Allerweltsprodukte. Traditionelle globale Marken blicken in diesem Markt, der zunehmend durch Individualität geprägt wird, Zeiten mit neuen Herausforderungen entgegen.

Literatur

AGOF (2008) Internet Facts 2008-III. http://www.agof.de/studie.583.html. Zugegriffen: 20. Feb 2009

Alby T (2007) Web 2.0: Konzepte, Anwendungen, Technologien, 2. Aufl. Carl Hanser Verlag, München

Anderson C (2004) The long tail. http://www.wired.com/wired/archive/12.10/tail.html. Zugegriffen: 20. Feb 2009

Booz Allen Hamilton (2007) Web 2.0 verändert Leben und Einkaufsverhalten. http://www.boozallen.de/presse/pressemitteilungen/pressemitteilungdetail/21256714. Zugegriffen: 24. März 2007

Brynjolfsson E, Yu H, Smith D (2006) From niches to riches: the anatomy of the long tail. Sloan Manage Rev 47:67–71

Favier J (2007) The end of mass marketing, forrester research netcraft webserver survey. http://news.netcraft.com/archives/web_server_survey.html. Zugegriffen: 20. Feb 2009

Nielsen (2009) Nielsen Netratings 2009, Pressemitteilung: „E-Commerce ist Gewinner des Weihnachtsgeschäfts 2008". http://www.nielsen-online.com./pr/09-02-02-E-Commerce_final.pdf. Zugegriffen: 20. Feb 2009

Nissanoff D (2006) Futureshop: Konsumgesellschaft im Wandel. FinanzBuch Verlag, München

O'Reilly T (2005) What Is Web 2.0: Design Patterns and Business Models for the Next Generation of Software. http://www.oreillynet.com/pub/a/oreilly/tim/news/2005/09/30/what-is-web-20.html. Zugegriffen: 20. Feb 2009

OVK (2009) OVK Online-Report 2008/02. http://www.ovk.de/fileadmin/downloads/fachgruppen/Online-Vermarkterkreis/OVK_Online-Report/OVK_Online-Report_200802_web.pdf. Zugegriffen: 20. Feb 2009

Wölling J (2005) Suchmaschinen? Selektiermaschinen. In: Klimsa P, Krömker H, (Hrsg) Handbuch Medienproduktion. Verlag für Sozialwissenschaften, Wiesbaden, S 529–538

Markenmanagement im Web 2.0 und Web 3D am Beispiel von Mercedes-Benz

Sven Dörrenbächer

Inhalt

1 Einführung: Der Stern strahlt auch im Web

Der Verkauf der neuen C-Klasse startete Mitte März 2007 im Internet. Schon zwei Wochen, bevor die ersten Fahrzeuge bei den Händlern zu besichtigen waren, präsentierte die virtuelle Niederlassung von *Mercedes-Benz* in *Second Life* ein digitales Abbild des neuen Modells der volumenstärksten Baureihe. Ein Exemplar der C-Klasse, mit frei wählbarer Lackfarbe und Felgen, kostet in *Second Life* 1.500 Linden Dollar – umgerechnet etwa 5,40 €. Der Verkaufsstart in der internationalen 3D-Onlinewelt war aber nur ein kleiner Baustein der gesamten C-Klasse-Kampagne. Der Marketingmix beinhaltete – neben Elementen klassischer Werbung und

S. Dörrenbächer (✉)
Jung von Matt/basis GmbH, Glashüttenstraße 79, 20357 Hamburg, Deutschland
E-Mail: sven.doerrenbaecher@jvm.de

G. Walsh et al. (Hrsg.), *Web 2.0,*
DOI 10.1007/978-3-642-13787-7_12, © Springer-Verlag Berlin Heidelberg 2011

vielfältigen Formen der Begegnungskommunikation – auch ein Mobile Marketing-Special, einen multimedialen 360-Grad Softkonfigurator, interaktive Filme sowie einen vierteiligen Video-Podcast. Die offizielle Präsentation der C-Klasse wurde live im Internet übertragen.

Und der Mix zeigte Erfolg: Zum Marktstart in Westeuropa Anfang April lagen bereits 75.000 Bestellungen für die Limousine der C-Klasse vor. In Deutschland wurden allein am Wochenende der Markteinführung rund 7.000 Probefahrten mit der C-Klasse absolviert, 10.000 Kunden vereinbarten darüber hinaus kurzfristig Termine.

Digitale Kommunikationskanäle sind seit längerem integraler Bestandteil des Marketing- und Medienmix von *Mercedes-Benz*, nicht nur bei der C-Klasse. Viele Elemente, die man heute im Allgemeinen mit dem Begriff Web 2.0 verbindet, setzt *Mercedes-Benz* – je nach Baureihe – schon erfolgreich ein. Dabei liegt die Messlatte auch für das Web hoch: Denn *Mercedes-Benz* pflegt respektvolle und langfristig angelegte Kundenbeziehungen zu einer anspruchsvollen Klientel, die sich für Schönes und Hochwertiges begeistert und sich als Belohnung für ihre Leistung etwas Besonderes gönnt. Diese Wertschätzung der Marke für seine Kunden in die digitale Welt zu übertragen, stellt eine stetige Herausforderung dar. Was heute mit dem Begriff Web 2.0 umschrieben wird, ist aus Sicht von *Mercedes-Benz* lediglich eine Momentaufnahme, eine Entwicklungsstufe in einem sich kontinuierlich verändernden Prozess. Tabelle 1 stellt einige der zahlreichen Onlineaktivitäten von *Mercedes-Benz* seit 2001 vor.

Tab. 1 Ausgewählte digitale Aktivitäten von Mercedes-Benz seit 2001 im Überblick

Seit September 2001	Cedy's World	Online-Kinderwelt www.mercedes-benz.com/kids
Dezember 2001 + 2002	Wunschwald*	Interaktives Online-Adventsspiel
Sommer 2002	Become a MIB-agent*	Online-Agentenspiel zum Product Placement der E-Klasse in Men in Black II
September 2003	7 years later*	Interaktiver Film im Web zur Einführung des T-Modells der E-Klasse www.7yearslater.com
Seit Juni 2004	Mercedes-Benz Mixed Tape	Regelmäßige Musik-Compilations zum kostenlosen Download www.mercedes-benz.com/mixedtape
Oktober 2004	The Porter	13minütiger Web-Thriller mit internationaler Star-Besetzung (Bryan Ferry, Dannii Minogue, Max Beesley u. a.) zur Einführung der CLS-Klasse www.the-porter.com
März 2005	B-Klasse Entertainment Web-Special*	Mehr als elf Stunden Musik, Filme, Hörbücher und Audiospiele für Kinder und Erwachsene zum kostenlosen Download anlässlich der Einführung der B-Klasse
Seit Dezember 2005	Mercedes-Benz Podcast	Audio- und Video-Podcasts zu Musik, Design und neuen Fahrzeugen www.mercedes-benz.com/podcast
Seit Februar 2007	Mercedes-Benz Second Life	Virtuelle Niederlassung in der 3D-Online Welt www.mercedes-benz.com/secondlife

* = mittlerweile offline

Das Internet beeinflusst auch das Nutzungsverhalten anderer Medien sowie deren Formate und die Art der Darstellung: Texte und Bildsequenzen werden kürzer, Bilder größer. Viele Inhalte sind inzwischen für unterwegs und das Anschauen auf Abruf konzipiert. Gleichzeitig ermöglichen Web 2.0-Technologien die intensive Partizipation des Nutzers. Eben noch Medienkonsument, kann dieser relativ einfach auch zum Medienproduzenten werden und sich mit anderen in einer Online-Gemeinschaft zusammenfinden. Diese Communitys dringen in immer mehr Nischen vor, je mehr Menschen selbst Inhalte erstellen. Und sie ziehen in der Summe viel Zeit von der Nutzung bestehender Medien ab. In klassischen Medien ist diese Zielgruppe selten oder nur noch sehr schwer anzutreffen. In digitalen Kanälen präsent zu sein, ist für *Mercedes-Benz* deshalb unerlässlich.

2   Grundsätze der Kommunikation im Web 2.0

Welche Herausforderungen stellt Web 2.0 an eine Automobilmarke? Aus der Sicht von *Mercedes-Benz* orientieren sich Aktivitäten im Web vor allem an folgenden sieben Kriterien:

1. Den Dialog zwischen Marke und Kunde intensivieren
2. Aktive Teilnahme bieten statt rein passiver Rezeption
3. Die Kraft/Macht einer vernetzten Gemeinschaft respektieren und nutzen
4. Internationale Plattformen entwickeln
5. Den effizientesten Kanal wählen, nicht den günstigsten
6. Den Erfolg messbar machen
7. Den Bonus des First Movers ausschöpfen

Web 2.0 und weitere Entwicklungsstufen verändern gerade das bisherige Kommunikationsmodell klassischer Medien, bei dem der Absender (Marke) über einen Werbeträger (Medium) eine Botschaft an den Empfänger (Rezipient) sendet. Das Breitband-Internet und die digitalen Distributionskanäle bieten Marken nämlich die Möglichkeit, zu akzeptablen Kosten nicht nur die Rolle des Absenders, sondern auch die des Werbeträgers einzunehmen – und gleichzeitig in einen Dialog mit dem Rezipienten einzutreten. Zentrale Voraussetzung für diesen Schritt von der Marke zum Medium und Dialogpartner: Die Inhalte und die Art der Vermittlung müssen relevant sein, dauerhaft auf Interesse beim Nutzer stoßen und seine Akzeptanz finden.

Der Paradigmenwechsel von Push zu Pull stellt hohe Anforderungen an die Inhalte und ihre Aufbereitung. Ein erfolgreiches Beispiel von *Mercedes-Benz* dafür ist der Gratis-Musik-Download Mixed Tape oder auch das Podcast-Angebot. Beide sind weltweit bei Millionen von Nutzern akzeptiert. Doch der Kampf um Reichweite und Resonanz ist hart. Im Web 2.0-Zeitalter befinden sich Marken im direkten und dauerhaften Wettbewerb um die Aufmerksamkeit der Nutzer mit Inhalten, die von den Medien oder aber von den Nutzern selbst erstellt werden. Brand-generated Content konkurriert – in Klickweite – unmittelbar mit Media- und User-generated-Content.

Um in diesem Wettbewerb um Aufmerksamkeit erfolgreich zu bestehen, berücksichtigt *Mercedes-Benz* bei seinen Projekten der digitalen Kommunikation insbesondere drei Regeln:

1. Bilde authentische Lebenswelten und kommuniziere auf Augenhöhe
2. Schaffe ein eigenes oder eigenständiges Medienformat, das Nutzen stiftet und sowohl relevant als auch innovativ und prägnant ist
3. Biete nützliche Mehrwerte für den digitalen Lifestyle

Neben diesen Anforderungen an die Machart und die Inhalte gilt es gleichzeitig, immer mehr Medien und immer mehr Endgeräte bei einer parallelen Konvergenz der Technologien zu berücksichtigen. Der Abruf von Inhalten erfolgt zunehmend zeit- und ortsunabhängig sowie on-demand. Die Nutzer nehmen dabei eine aktivere Position ein und/oder erstellen Inhalte selbst. Wollen Marken in der digitalen Ära ihre Botschaften erfolgreich transportieren, müssen sie deshalb glaubwürdig, dauerhaft und auf die jeweilige Plattform zugeschnitten die Kommunikation rund um ihre Markenwelt, ihre Markenwerte und ihre Themen organisieren.

Dabei müssen die Inhalte nicht immer zwingend von der Marke kommen, aber sie müssen zur Marke passen. Der Schlüssel zum Erfolg ist, die Kommunikationskanäle auch crossmedial zu vernetzen. Das Ziel dabei: Als Marke selbst zur „Lieblingssendung" des Verbrauchers zu werden, statt die Lieblingssendung des Verbrauchers mit Unterbrecherwerbung zu stören. Pull statt Push, heißt die Maxime!

3   Die Erfolgsbasis des Web 2.0

3.1   Breitband als Basis für den Web 2.0-Erfolg

Die Grundlage für die gestiegene Attraktivität digitaler Anwendungen stellt vor allem die positive Entwicklung der Breitbandzugänge dar, international, aber auch in Deutschland. In der Bundesrepublik sollen im Jahr 2010 rund 21 Mio. Haushalte an das schnelle Internet angeschlossen sein, prognostiziert die Studie Deutschland Online 4, 2005 waren es noch 10,7 Mio. Bis 2015 sollen gar 70 % oder 27 Mio. aller deutschen Haushalte über Breitbandzugänge verfügen (Wirtz et al. 2006).

Die umfassende technische Verfügbarkeit des schnellen, für Multimedia-Angebote tauglichen Internet und die Digitalisierung von Inhalten verändert die Mediennutzung der Menschen langsam, aber nachhaltig – mit entsprechenden Konsequenzen für Marken und Unternehmen. Denn im breitbandigen Internet finden sich gleichzeitig Text, Bild, Bewegtbild und Töne. Online integriert die Stärken von Fernsehen und Radio, das emotionale Hör- und Seherlebnis, und fügt dem weitere hinzu: Den zeit- und ortsunabhängigen Abruf von Inhalten (On-Demand) und den Austausch mit Gleichgesinnten in Echtzeit, sowie die identitätsstiftende Gruppenbildung rund um gemeinsame Themen und Interessen (Community-Building). Das Internet eignet sich damit immer besser für den multimedialen und emotionalen

Transport von Markenbotschaften und –werten, gleichzeitig aber auch für den personalisierten Dialog mit dem Nutzer.

3.2 Die Online-Reichweiten steigen

Online weist über den Tag hinweg die konstanteste Netto-Reichweite aller Medien auf. Die stärkste Nutzung entfällt in Deutschland beispielsweise auf die Zeit zwischen 15 und 20 Uhr (SevenOne Media 2005). 2005 erzielte das Internet zwischen 18 und 20 Uhr eine Netto-Reichweite von 25 %. 2001 waren es noch 15 %. Nutzung und Reichweite der großen Websites sind ebenfalls deutlich gewachsen. Ein erfolgreiches Angebot wie *Spiegel online* beispielsweise hat seine Visits und Page Impressions innerhalb von drei Jahren (Vergleich März 2004 mit März 2007) um 67 bzw. 79 % gesteigert.[1] Für die Deutschen ist das Internet (27 %) nach dem Fernsehen (43 %) bereits das „unverzichtbarste" Medium geworden, noch weit vor Radio (12) und Zeitung (8) (SevenOne Media 2005).

3.3 Die Online-Nutzungsdauer steigt

In der täglichen Mediennutzung der Deutschen sind Fernsehen und Radio zwar noch die Spitzenreiter (80 bzw. 74 % nutzen diese Medien täglich), aber bereits 44 % surfen jeden Tag, und das im Schnitt knapp eine Stunde (59 min). Wer via Breitband online unterwegs ist, hält sich mit 116 min täglich fast doppelt so lange im Internet auf (SevenOne Media 2005). Web 2.0-Anwendungen tragen dazu maßgeblich bei.

3.4 Das Internet als aktives Parallelmedium

Der Durchschnittsdeutsche nutzt derzeit knapp acht Stunden täglich Medien (478 min), so die aktuellen Werte der Langzeitstudie „Time Budget". Addiert man Arbeits- und Freizeit sowie den Schlaf hinzu, wird deutlich, dass dieser hohe Wert nur durch parallele Mediennutzung zustande kommen kann. Online nimmt dabei immer häufiger die Rolle eines Parallelmediums ein: Mehr als die Hälfte der Internet-Nutzer surft gelegentlich neben dem Radiohören. Und immerhin 40 % der 14- bis 49-jährigen Onliner sehen manchmal parallel fern (alle Werte aus SevenOne Media 2005). Welches Medium dabei primär genutzt wird, variiert je nach Tageszeit, Situation und Interesse. Das Internet als interaktives Medium befindet sich allerdings eher öfter in der Funktion eines Primärmediums. Dass die Parallelnutzung

---

[1] Online-Nutzungsdaten laut www.ivw.eu: Vergleich März 2004 mit März 2007.

von Radio, Fernsehen und Internet auch eine Frage des Alters ist, ermittelte eine Medienstudie von *IBM Business Consulting* Ende 2005: Demnach nutzen vor allem die unter 20-jährigen TV und Internet parallel. In den Altersgruppen darüber setzt sich bis dato eher die zeitversetzte Nutzung durch (Pörschmann 2005).

3.5   Das Web als Medium der Bessergebildeten

Noch, so die Time Budget-Studie, ist das Web das Medium der Bessergebildeten – und auch der Besserverdienenden. Mit der steigenden Reichweite des Internets – drei von vier Deutschen sind mittlerweile online – gleicht sich die Nutzerstruktur der Onliner dem Bevölkerungsdurchschnitt aber mehr und mehr an. Auch die Vorurteile, dass Web 2.0-Nutzer über weniger soziale Kontakte verfügen, konnten bisher nicht belegt werden. Eine aktuelle Studie von *Booz Allen Hamilton* ergibt, dass beispielsweise Nutzer der My Space-Community ein deutlich größeres Netz an engen Freunden und Bekannten haben, und dies nicht nur online, sondern auch offline (Booz Allen Hamilton 2006). Das Web 2.0 schafft somit nicht nur neue Möglichkeiten zur Interaktion, sondern bietet zudem auch Zugang zu attraktiven Zielgruppen.

4   Der Einfluss des Web auf Kommunikation in der Automobilindustrie

Das Web und die crossmediale Vernetzung aller Kommunikationskanäle sind für die Automobilindustrie auch deshalb so wichtig, weil sich der Kaufprozess und der Kundendialog zunehmend im Miteinander von digitalen Kanälen und dem direkten Kontakt beim Händler und in den Niederlassungen abspielen. Kaufimpulse werden somit nicht primär durch einzelne Werbemittel ausgelöst, sondern vielmehr durch das Zusammenspiel verschiedener Medien. Überdies ergänzen sich digitale und persönliche Kundenansprache. So sind beispielsweise der Informationsabruf im Web und die Online-Konfiguration von Fahrzeugen oftmals die wichtigsten Schritte vor dem Besuch im Autohaus.

Im mittleren Premium-Segment (also etwa der C-Klasse entsprechend) stellt das Internet heute die zweitwichtigste Informationsquelle für Kunden dar – direkt nach dem Produktkatalog oder der Broschüre zum Auto. In einigen sozialen Milieus ist das Internet sogar die Quelle Nummer 1: Eher technikaffine, lebenslustige, lifestyleorientierte und mobile Menschen informieren sich vorrangig online – sowohl auf den Websites der Automobilhersteller, als auch bei unabhängigen Quellen im Web. Die persönliche Beratung und das Erlebnis einer Probefahrt werden dadurch nicht ersetzt, aber gleichwohl sinnvoll ergänzt.

Mercedes-Benz hat diese Entwicklung frühzeitig erkannt und nutzt das Web heute nicht nur als Plattform für eine multimediale Markenwelt, sondern auch als

Kommunikations- und Dialogplattform, die die Beziehung zu Kunden und Interessenten pflegen und intensivieren soll. Diese Kommunikation ist dabei nicht nur effektiver, sondern vielfach auch effizienter, da viele Internetnutzer über klassischen Medien gar nicht mehr oder nur mit großen Streuverlusten erreicht werden können.

Im nächsten Abschnitt zeigen vier Fallbeispiele, wie *Mercedes-Benz* in der Praxis Web 2.0-Elemente in Markenmanagement und Kommunikation integriert.

5 Fallbeispiele

5.1 Social Community: Das Online-Adventsspiel Wunschwald

Bereits im November 2001 startete *Mercedes-Benz* im Web ein Online-Spiel, das viele Elemente der heute erfolgreichen Social Communitys einsetzte und schon damals eine Vielzahl heute bekannter Web 2.0-Anforderungen erfüllte: Den „*Mercedes-Benz* Wunschwald". Er ermöglichte die Verbindung von Inhalten, die sowohl von der Marke, als auch von den Nutzern geschaffen wurden, eine aktive Teilnahme, den ausführlichen Dialog in der Community – und das alles auf unterhaltsame Art und Weise. Der Wunschwald war ein Spiel für die Vorweihnachtszeit, das 2001 und 2002 vom ersten Advent bis Weihnachten online ging.

Neben spielerischer Unterhaltung belohnte er das Verschenken, kombinierte Gewinnchancen für die Mitspieler mit einer karitativen Spende und setzte auf den intensiven Dialog der Wunschwald-Community untereinander. Der Wunschwald etablierte einfache Spielregeln und -anreize, die zum vielfachen Besuch der Website einluden: Jeder Mitspieler pflanzte zu Beginn einen virtuellen Weihnachtsbaum und verband diesen mit einem ganz persönlichen Wunsch, dem User-generated Content dieses Projekts. Ziel war es, den Baum wachsen zu lassen und mit möglichst vielen Lichtern zu erleuchten. Fand ein Spieler den Wunsch eines anderen sympathisch, konnte er dessen Baum mit virtuellem Wasser gießen, damit er wuchs. Das Besondere: Je mehr Wunschbäume anderer Mitspieler man selbst goss, desto mehr Lichter erstrahlten am eigenen Baum. Wer reichlich verschenkte, wurde selbst belohnt. Um das begrenzte virtuelle Wasserreservoir immer wieder aufzufüllen, konnten die Spieler unterhaltsame und kurzweilige Geschicklichkeits- sowie Aktionsspiele bewältigen, kleine Aufgaben lösen oder neue Mitspieler über elektronische Postkarten zur Teilnahme einladen. Die Punktzahl setzte sich schließlich aus der Höhe des eigenen Baumes und der Helligkeit seiner Lichter zusammen. Unter der aktiveren Hälfte aller Mitspieler wurden wertvollen Wochenpreise verlost, als Hauptgewinn eine von Markenbotschafter Boris Becker persönlich überreichte neue A-Klasse. Gleichzeitig erspielten die Wunschwald-Teilnehmer mit ihren Punkten auch Geld, das *Mercedes-Benz* an karitative Einrichtungen spendete.

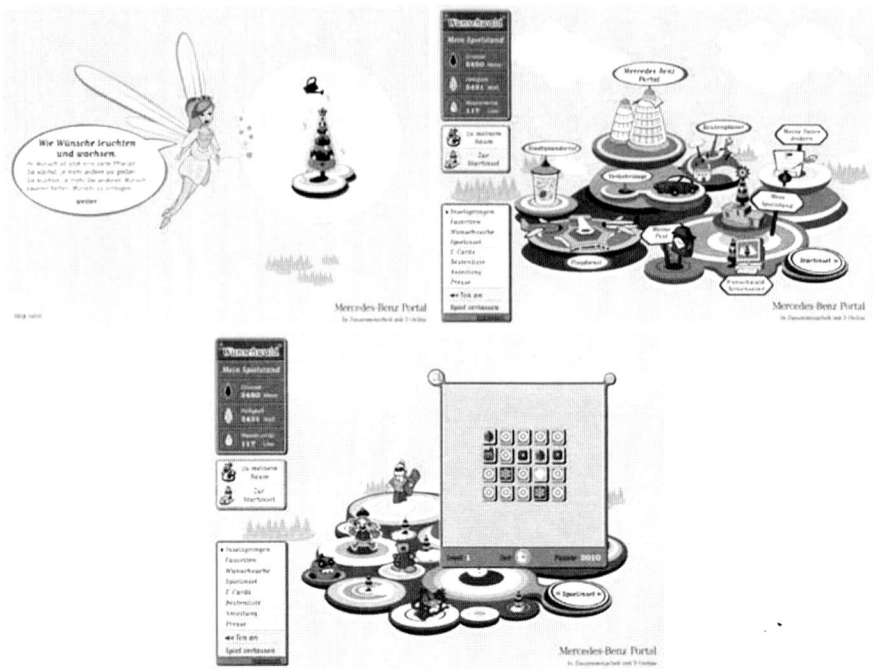

Abb. 1 Das Online-Adventsspiel Wunschwald: Erfolgreiche Social Community für einen guten Zweck

Diese Kombination aus vorweihnachtlichem Schenken und Beschenktwerden war für die Mitspieler und für *Mercedes-Benz* ein voller Erfolg: Mit jeweils rund 50.000 registrierten Usern in nur vier Wochen zählte der Wunschwald in beiden Jahren zu den erfolgreichsten Entertainment-Angeboten im Internet. Die hohe Reichweite innerhalb der kurzen Zeit verdankte das Spiel insbesondere viralen Effekten. Die Teilnehmer gewannen Preise im Gesamtwert von 35.000 € und sammelten dafür weit über 100 Mio. Punkte. Auch untereinander zeigten sich die Spieler großzügig: Über 51 Mio. Liter virtuelles Wasser verteilten sie auf die Wünsche, die sie sympathisch fanden. Besonders wichtig aus Markensicht: Die Wunschwaldspieler, im Durchschnitt 36 Jahre alt, hielten sich über zehn Minuten pro Session auf und besuchten die Website durchschnittlich 7,2-mal innerhalb der Laufzeit von 24 Tagen. Der Dialog untereinander wurde mit mehr als einer halben Million verschickter E-Cards sehr intensiv gepflegt. Die Vorgabe, neue Zielgruppen anzusprechen sowie lange und wiederholt an die Website zu binden, wurde damit mehr als erreicht. *Mercedes-Benz* erhielt noch Monate später sehr persönliche E-Mails von den Wunschwald-Besuchern, die sich für die Plattform, die angenehme Form der Unterhaltung, aber auch die entstandenen Kontakte zu anderen Nutzern bedankten, für das Jahr 2001 ein wirkliches Novum. Die positiven Erfahrungen des Wunschwalds nutzte *Mercedes-Benz* in der Folge beim Entwickeln weiterer Spiele sowie Unterhaltungsformate in digitalen Kanälen.

5.2 Der Gratis-Musikdownload: Mercedes-Benz Mixed Tape

Im Juni 2004 – fast gleichzeitig mit dem Start von *Apple iTunes* in Europa – präsentierte *Mercedes-Benz* als erster Automobilhersteller eine Sammlung außergewöhnlicher Musikstücke zum kostenlosen Download unter www.mercedes-benz.com/mixedtape. Die Resonanz ist bis heute überwältigend. *Mercedes-Benz Mixed Tape*, so der Name des Angebots, steht dabei ganz in der Tradition jener liebevoll zusammengestellten Musikkassetten, die über Genres hinweg besondere musikalische Momente vereinen. Jedes der bisher 17 erschienenen „Mixed Tapes" versammelt 15 Stücke in CD-Länge, die von außergewöhnlichen internationalen Musikern zur Verfügung gestellt werden. Ihnen bietet *Mercedes-Benz* mit Mixed Tape die Bühne, sich einer weltweiten Hörerschaft zu präsentieren. Um die Auswahl und das Zusammenstellen der Titel kümmert sich dabei eine eigene Musikredaktion. Alle zehn Wochen liefert eine neue Mixed Tape-Compilation Musik aus verschiedenen Stilrichtungen: von Nu Jazz über Hip-Hop, Rhythm & Blues bis hin zu Reggae, Nu Folk oder Pop.

Die Songs auf der viersprachigen Website (deutsch, englisch, französisch und spanisch) stehen kostenlos als Compilation oder auch einzeln zur Verfügung – per Daten-Stream oder alternativ via Download. Nutzer können die Lieder ohne Registrierung außerdem auf Audio-CD oder auf mobilen Datenträgern speichern. Die MP3-Dateien werden ohne Digital Rights Management bereit gestellt, können also beliebig oft kopiert werden. Das erleichtert die Handhabung und trägt zur viralen Verbreitung der Compilation bei. Für Nachwuchskünstler gibt es eine Upload-Funktion, mit der sie ihre eigenen Musikstücke einreichen und sich um eine Teilnahme auf Mixed Tape bewerben können. Passen Sound und Qualität der Musik zu Mixed Tape, werden die Songs in einer der künftigen Ausgaben mit Detail-Information zum jeweiligen Künstler veröffentlicht. Zusätzlich zur individuellen Auswahl können sich die Hörer von *Mercedes-Benz* Mixed Tape das jeweilige Cover der Compilation herunterladen und für die CD-Hülle ausdrucken. Über eine E-Card-Funktion lassen sich sowohl Cover-Motive als auch Links ausgewählter Musikstücke an

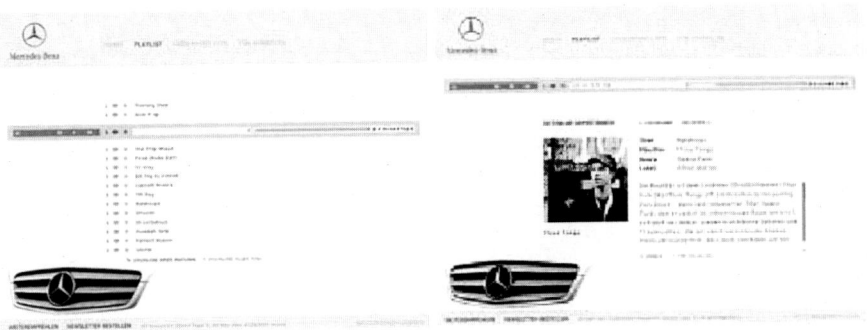

Abb. 2 Mercedes-Benz Mixed Tape. (www.mercedes-benz.com/mixedtape)

Freunde verschicken. Und an die jeweils nächste Compilation erinnert Interessierte ein E-Mail-Newsletter.

Dieses umfassende Angebot an faszinierender Musik und optimalem Service überzeugt: Bis zum Mai 2007 verzeichnete die Plattform etwa 27 Mio. Downloads und 2,4 Mio. Nutzer aus mehr als 50 verschiedenen Ländern. Allein im deutschen Markt kam Mixed Tape 2006 auf rund 6 Mio. Gratis-Downloads. Zum Vergleich: Der Bundesverband der Phonographischen Wirtschaft zählte für das vergangene Jahr rund 27 Mio. legale und kostenpflichtige Musik-Downloads für ganz Deutschland (IFPI 2007). In Relation zu dieser Angabe stammt etwa jeder sechste legal in Deutschland herunter geladene Song (rund 17 %) von der Gratis-Musikplattform von *Mercedes-Benz*.

Der Erfolg basiert auch auf den Aktivitäten der Mixed Tape-Fangemeinde, die die Seite bzw. die Musik weiterempfiehlt oder auf eigenen Blogs und Websites bespricht. Dieser virale Effekt führt zu einer sehr intensiven Online-Präsenz des Projekts: Über 660.000 Websites, davon allein 2.300 Blogs, beschäftigen sich mit Mercedes Mixed Tape, so das Ergebnis einer Google-Suchabfrage vom Mai 2007. Von Anfang an setzte *Mercedes-Benz* bewusst auf diese viralen Effekte und die PR-Wirkung, und verzichtete auf werbliche Unterstützung jeglicher Art. Die exzellente Qualität der Musikauswahl, die hohe Relevanz für die Nutzer sowie die Einzigartigkeit des Angebots trafen schnell den Nerv und Zeitgeist der Zielgruppe. So geben 43 % der Nutzer die Compilation an bis zu drei Freunde weiter.

Hinter der hohen Reichweite stecken interessante Zielgruppen. Rund ein Drittel der Nutzer kam über die Musik-Plattform erstmals intensiver mit der Marke *Mercedes-Benz* in Kontakt, ergaben zwei Online-Umfragen unter den Besuchern der Mixed Tape-Website im Mai 2005 und Juni 2006. Das Durchschnittsalter der überwiegend männlichen Nutzer lag bei 34 Jahren. Zudem ergaben die Studien ausschließlich positive Effekte des Engagements für das Image der Marke *Mercedes-Benz* und weiterführend auch für das Produktinteresse der Nutzer.

Die Qualität der Musik bietet zudem die Möglichkeit, die Werke der Mixed Tape-Künstler auch mit anderen Aktivitäten der Marke *Mercedes-Benz* zu verknüpfen. So steuerte die schwedische Nachwuchskünstlerin Urzula Amen nicht nur einen Titel auf Mixed Tape bei, sondern auch den Song für die europaweite TV-Kampagne zur Markteinführung der B-Klasse im Juni 2005. Das extra moderierte und gesonderte Zusammenstellen der Stücke in einem eigenen Audio-Podcast läuft ebenfalls überaus erfolgreich. *Mercedes-Benz* wird das Projekt Mixed Tape daher weiter den technischen Entwicklungen und den inhaltlichen Bedürfnissen der Nutzer anpassen.

5.3 *Mobil bestens unterhalten: Das Podcast-Angebot von Mercedes-Benz*

Der große Erfolg der Musik-Download-Plattform Mixed Tape bildete gleichzeitig die Ausgangsbasis, einen neuen Verbreitungskanal für Markeninhalte zu erschließen, der sich im Medienmix zunehmender Beliebtheit erfreut: der Podcast. Diese

Abb. 3 Das Mercedes-Benz Podcast-Angebot. (www.mercedes-benz.com/podcast)

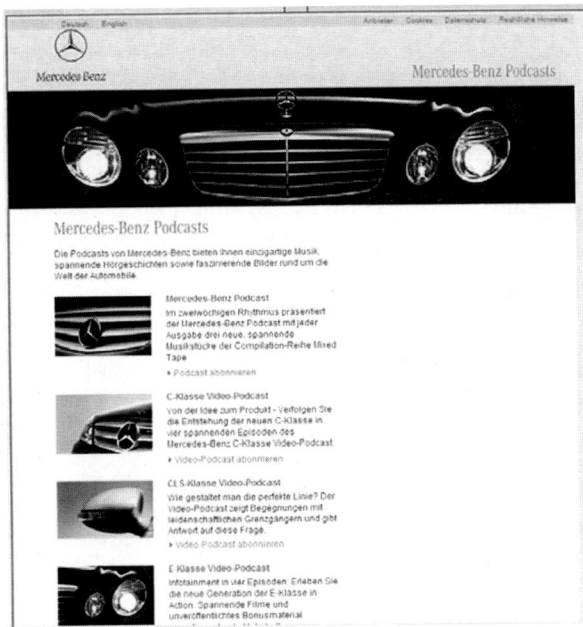

kurzen Audio- oder Videobeiträge entsprechen dem Wunsch vieler Menschen nach zeit- und ortsunabhängiger Nutzung von Inhalten. Sie sind Ausdruck der wachsenden Mediensouveränität vieler Konsumenten. Und sie helfen, Autofahrten entspannter und unterhaltsamer zu gestalten. Podcast-Hörer bzw. -Seher sind dabei eine interessante und vor allem stark wachsende Zielgruppe: Nach einer Online-Umfrage im Sommer 2006 haben drei von vier Nutzern dieses Medienformat erst im vergangenen Jahr entdeckt (Wunschel 2007). Vier von fünf Podcast-Usern sind männlich, bei einem Altersdurchschnitt von etwa 30 Jahren. Podcasts werden demnach vorrangig zur Unterhaltung und Information gehört (86 bzw. 82 %), aber auch zur Weiterbildung (46 %). Der Großteil der mobilen Nutzung von Podcasts entfällt auf den Arbeitsweg in öffentlichen Verkehrsmitteln oder im eigenen Auto.

Mercedes-Benz startete sein Online-Audio-Angebot unter www.mercedes-benz.com/podcast am 2. Dezember 2005 mit einem Musik-Podcast: Drei ausgewählte, inspirierende Songs von Mixed Tape-Künstlern bilden alle zwei Wochen das Herzstück des *Mercedes-Benz* Podcasts. Jeweils knapp 15 min Unterhaltung, in englischer Sprache anmoderiert von Top-DJ Julian Smith. Dieses Konzept findet eine große Fangemeinde: Bereits der erste *Mercedes-Benz* Musik-Podcast sprang in den iTunes-Charts von 0 auf Platz 1. 35 Folgen oder knapp 16 Monate später rangiert Mercedes noch immer unter den Top 5-iTunes-Musikpodcasts (Stand Mai 2007). Bis zu 150.000-mal pro Woche wird das Angebot von *Mercedes-Benz* weltweit heruntergeladen.

Weil das Format Podcast aber auch audiovisuelle Inhalte und emotionale Markenbotschaften vermitteln kann, bietet *Mercedes-Benz* seit über einem Jahr nun konsequent auch Video-Podcasts. Sie zeigen emotionale Bilder, ungewöhnliche

Perspektiven, interessante Ansichten und faszinierende Einblicke in die Entstehung und Technologie der *Mercedes-Benz*-Fahrzeuge. Zu jedem Start einer neuen Modellreihe veröffentlicht *Mercedes-Benz* im Video-Podcast exklusives Bildmaterial und Gespräche mit prominenten Persönlichkeiten. Jüngstes Beispiel ist die vierteilige Serie zur C-Klasse, in der das Entwicklungsteam die Geschichte der neuen Baureihe von der Idee bis zum Produkt schildert: von den akribischen Computersimulationen bis hin zu intensiven Erprobungstests in Namibia, Schweden und den USA. Aber nicht nur die C-Klasse-Podcasts zeigen Impressionen und Bilder, die Kunden so normalerweise nicht zu sehen bekommen! Weitere Video-Podcasts gibt es derzeit außerdem zur R-Klasse, zur E-Klasse und zur CLS-Klasse.

5.4   Vom Web 2.0 zu Web 3D: Mercedes-Benz in virtuellen Welten

Dreidimensionale Darstellungsmöglichkeiten im Internet bedeuten für *Mercedes-Benz* eine weitere wichtige Entwicklungsstufe der digitalen Kommunikation: den Schritt von Web 2.0 zu Web 3D. Design als Unterscheidungskriterium ist für Automobilhersteller so wichtig, dass es künftig für globale Marken selbstverständlich sein wird, in virtuellen dreidimensionalen Welten präsent zu sein. Sie werden mittelfristig ein weiterer Kanal im Marketingmix. Die fotorealistischen Präsentationsmöglichkeiten von Fahrzeugen nutzt *Mercedes-Benz* derzeit bereits mit interaktiven, multimedialen 360-Grad-Konfiguratoren, mit denen sich Interessenten im Netz Autofarbe und -lackierung, Innenausstattung, Felgen und mehr zusammenstellen und aus jedem Blickwinkel in voller Bildschirmgröße betrachten können – in höchster Auflösung, selbst bei der Vergrößerung von Details (z. B. unter www. mercedes-benz.de/c-klasse).

Um erste wichtige Erfahrungen in interaktiven 3D-Welten zu sammeln, hat sich *Mercedes-Benz* bereits frühzeitig in *Second Life* engagiert: Am 20. Februar 2007 eröffnete die virtuelle Niederlassung – und setzte gleich Maßstäbe in der internationalen 3D-Onlinewelt. Denn von Anfang an wurde besonderer Wert darauf gelegt, dass die so genannte „Insel" im District South West (Koordinaten: 128.128.11) unter www.secondlife.com nahtlos in die Markenwelt von *Mercedes-Benz* passt. Deshalb ist die Niederlassung für *Second Life*-Verhältnisse in besonders detailreicher 3D-Architektur gestaltet, die sich an die moderne *Mercedes-Benz* Architektur der realen Welt anlehnt. Was *Mercedes-Benz* in *Second Life* den Besuchern bietet, orientiert sich aber stark an den ganz eigenen Gesetzmäßigkeiten der virtuellen Welt: Auf der Insel gibt es regelmäßige Events, markenspezifische Give-aways, eine Teststrecke, Musik zum Download, die neue C-Klasse als virtuelles Modell zum Probe fahren und Kaufen sowie umfangreiche Möglichkeiten zum Dialog.

Zur Eröffnung des virtuellen Showrooms veranstaltete *Mercedes-Benz* beispielsweise für seine Besucher ein exklusives Live-Konzert mit Künstlern aus der erfolgreichen *Mercedes-Benz* Mixed Tape-Reihe. Auch zur Präsentation der C-Klasse in *Second Life*, zwei Wochen vor der offiziellen Markteinführung, erwartete die Besucher eine eindrucksvolle Show. Alle Events werden in kurzen Filmen dokumentiert. Damit Internetnutzer, die sich selbst nicht in *Second Life* bewegen, teilhaben können, werden Filme und Bilder auch bei www.youtube.com oder www.flickr.com hinterlegt. Um diesen Nutzern den Einstieg in *Second Life* zu erleichtern, gibt die begleitende Website www.mercedes-benz.com/secondlife Hilfestellung und weist den Weg zur *Mercedes-Benz-Insel*. Die Seite ist ohne Registrierung zugänglich. Sie enthält alle Hintergrundinformationen zum Auftritt von *Mercedes-Benz* in der On-line-Welt sowie das Video- und Bildmaterial zum Download.

In *Second Life* selbst können die Besucher der *Mercedes-Benz-Insel* Filme zu Events oder Fahrzeugen auf einer großen Leinwand sehen. Außerdem bietet die vir-tuelle Niederlassung eine Fläche für Fahrzeugpräsentationen, eine Bühne für Events sowie Downloadsäulen, an denen Songs der beliebten Musiksammlung *Mercedes-Benz* Mixed Tape kostenlos heruntergeladen werden können. Als Geschenk erhält jeder Besucher auf Wunsch einen virtuellen Formel 1-Anzug inklusive Helm.

Seit dem 16. März 2007 bietet *Mercedes-Benz* in *Second Life* für 1.500 Linden-Dollar, umgerechnet etwa 5,40 €, auch eine virtuelle Ausgabe der neuen C-Klasse zum Kauf an. Über einen Konfigurator können Lackfarbe und Felgen des Fahrzeugs individuell verändert werden. Wer möchte, kann die neue C-Klasse auf der Teststre-cke der Insel Probe fahren. Ein weiteres besonderes Merkmal der *Mercedes-Benz* Niederlassung in *Second Life* ist die Betreuung der Besucher während der Haupt-nutzungszeiten durch eine eigene virtuelle Figur. Dieser so genannte Avatar führt über die Insel, erklärt und beantwortet Fragen und steht für den mehrsprachigen Dialog mit Besuchern bereit. Die Möglichkeit des Austausches wird von den Besu-chern ausführlich genutzt und als besonders positiv bewertet. Sogar für die spezielle Zielgruppe von Journalisten steht ein *Mercedes-Benz* PR-Vertreter als Avatar regel-mäßig Rede und Antwort.

Das erste Zwischenfazit der Aktivitäten: Zwei Monate nach dem Start ver-zeichnete die *Mercedes-Benz-Insel* in *Second Life* bereits mehrere Zehntausend Besucher. Sie halten sich im Schnitt eine gute Viertelstunde auf der Insel auf. Im sogenannten „Traffic index" von *Second Life*, einem Index der Besucherzahl und -frequenz misst, liegt die *Mercedes-Benz-Insel* im Spitzenfeld, was Präsenzen von Unternehmen in der virtuellen Welt betrifft. Alle bisherigen Events waren überfüllt

Abb. 4 Mercedes-Benz in Second Life. *Oben*: Konzert zur Eröffnung der virtuellen Niederlassung. *Unten*: Die neue C-Klasse in Second Life. (Siehe auch www.mercedes-benz.com/secondlife)

und stießen in der Online-Welt auf großes Interesse. Die kostenlosen Give-aways werden tausendfach heruntergeladen und die Teststrecke wird intensiv genutzt. Die Medienreichweite und PR-Wirkung des Projekts allein in Deutschland lagen ein Vielfaches über den investierten Mitteln.

Ob sich *Second Life* im Wettbewerb der virtuellen 3D-Welten dauerhaft durchsetzen wird, ist noch offen. Technische Probleme durch das dynamische Wachstum des Projekts, eine verbesserungswürdige Grafik und eine teilweise ungeklärte Rechtslage sind die negativen Seiten der virtuellen Welt von Linden Lab. Doch weitere Konkurrenten haben sich bereits angekündigt: *Sony* hat mit dem Verkaufsstart seiner neuen „Playstation 3" Anfang März 2007 auch eine eigene 3D-Online-Community namens „Home" vorgestellt. TV-Produzent *Endemol* und der Spielehersteller *Electronic Arts* wollen mit „Virtual Me" Fernsehen und 3D-Spiele und -Welten miteinander verbinden. *Mercedes-Benz* wird die in *Second Life* gewonnenen Erfahrungen nutzen und seine Strategie für virtuelle 3D-Welten langfristig und plattformübergreifend gestalten.

6 Ausblick: Mehr Emotionalität durch eine bessere multimediale Darstellung

Die Fallbeispiele haben die zentrale Strategie der digitalen Aktivitäten bei *Mercedes-Benz* noch einmal ausführlich gezeigt: die Interaktion des Nutzers mit Markenthemen und den Dialog der Marke mit dem Nutzer zu forcieren. Das Ziel ist ein höheres Involvement, eine längere Verweildauer oder – ganz schlicht – den Kampf um Aufmerksamkeit zu gewinnen. Heute strömen Kommunikationsbotschaften in großer Zahl und nahezu pausenlos auf die Rezipienten ein. Das Risiko für Marken, dabei im Strom unterzugehen oder kaum mehr wahrgenommen zu werden, ist hoch. Die Gefahr ist, dass bei den Adressaten nur noch ein Rauschen ankommt. Web 2.0 bietet für Marken hingegen die große Chance, dass werbliche Botschaften selbsttätig und aktiv konsumiert werden. Unterhaltsamer Content im richtigen Kontext wirkt dabei äußerst effektiv und effizient. Nur ein Beleg: Ein Audioangebot (Musik und Hörbücher) zur Einführung der neuen B-Klasse generierte beispielsweise viermal so viele Registrierungen wie die parallel geschaltete Online-Banner-Kampagne – zu deutlich niedrigeren Kosten.

Web 2.0, Web 3D und weitere Entwicklungsstufen des Internets stellen künftig hohe Anforderungen an Marken. Die nächste Generation von Marken-Websites muss deshalb Inhalte, Anwendungen und eine direkte Dialogfunktion vereinen. Sie wird künftig mehr Emotionalität durch eine bessere multimediale Inszenierung bieten, bei gleichbleibender Informationstiefe. Auch werden digitale Inhalte der Marke inWeb 2.0-Projekten stärker mit den Inhalten der Nutzer verschmelzen. Wie Marken künftig erfolgreich Kommunikation stärker im Dialog mit den Kunden entwickeln, das ist die Herausforderung für alle Marketingverantwortlichen. „C for yourself" lautet nicht nur das internationale Kampagnen-Motto der C-Klasse, es ist auch die Aufforderung, das Auto selbst zu erleben. Die Marke *Mercedes-Benz* wird die Nutzer auch künftig im Web mit ganz besonderen Erlebnissen überraschen und unterhalten: Sehen Sie selbst!

Literatur

Booz Allen Hamilton (2006) Web 2.0: Mythos oder Realität, Studie

IFPI (2007) Musikindustrie: Internet ist Hoffnungsträger. http://www.ifpi.de/news/news-863.htm. Zugegriffen: 19. Mai 2007

Pörschmann FC (2005) Medienstudie 2005: Konsum vs. Interaktion. IBM Business Consulting Services. http://www.bitkom.org/files/documents/Top_4_Medienstudie_2005_IBM.pdf. Zugegriffen: 11. Juni 2007

SevenOne Media (2005) Studie „Time Budget 12". http://appz.sevenonemedia.de/download/publikationen/TimeBudget12.pdf. Zugegriffen: 11. Juni 2007

Wirtz B, Burda H, Raizner W (2006) Deutschland Online 4. Studienbericht, Arbeitspapier der Technischen Universität Darmstadt. http://www.studie-deutschland-online.de/do4/DO4-Berichtsband_d.pdf. Zugegriffen: 11. Juni 2007

Wunschel A (2007) Die deutschen Podcast-Hörer. http://www.wunschel.net/podcast/Podcastumfrage_2_Ergebnisse_Erkenntnisse.pdf. Zugegriffen: 14. Mai 2007

Customer Energy: Die neue Macht der Kunden

Martin Fabel und Martin Sonnenschein

Inhalt

1   Einleitung

„Customer Energy" ist Ausdruck des modernen, aufgeklärten Konsumenten, der vor allem durch die Nutzung digitaler Werkzeuge in die Wertschöpfungskette von Unternehmen eingreift. Der Kunde übernimmt Aktivitäten, die sonst vom Unternehmen selbst durchgeführt würden oder gar einzelne, mehrere oder alle Stufen der Wertschöpfung. Während der Begriff „Web 2.0" vor allem Internetentwicklungen beschreibt, die auf der User-to-User-Ebene (also C2C) erfolgen, schließt „Customer Energy" die Beziehung zwischen Konsumenten und Unternehmen (also C2B) mit ein. „Customer" sind nicht nur die derzeitigen Kunden der Unternehmen, sondern auch alle anderen Personen, d. h. potentielle Kunden, interessierte Personen oder allgemein Internet-User.

Für die „Customer" geht es dabei um sehr viel mehr, als ihre Grundbedürfnisse zu befriedigen oder Statussymbole zu erwerben: Sie sind vielmehr auf der Suche

M. Fabel (✉)
A.T. Kearney GmbH, Charlottenstraße 57, 10117 Berlin, Deutschland
E-Mail: martin.fabel@atkearney.com

G. Walsh et al. (Hrsg.), *Web 2.0*,
DOI 10.1007/978-3-642-13787-7_13, © Springer-Verlag Berlin Heidelberg 2011

nach neuen Konsumerfahrungen und Wege der Selbstdarstellung. Dabei nutzen sie vor allem ihre persönliche Energie und das Internet für die Auswahl und Zusammenstellung von Produkten, um für sich einen optimalen persönlichen Nutzen zu erzielen. Entsprechend zwingt das veränderte, von neuer „Customer Energy" geprägte Konsumverhalten Unternehmen zum radikalen Überdenken der Art und Weise wie sie Produkte konzipieren, herstellen und vertreiben. Um die Kundenenergie nutzen zu können, ist eine umfassende Neuausrichtung und Anpassung der gesamten Wertschöpfungskette notwendig, selbst wenn sie damit nicht mehr gänzlich der Kontrolle des Unternehmens unterliegt.

Das Phänomen „Customer Energy" ist alles andere als neu. Doch zunächst waren die Kunden, die sich in den Wertschöpfungsprozess einbrachten, vergleichsweise einfach zu verstehen und ihren Bedürfnissen zu entsprechen: Beispielsweise verzichteten Kunden auf den Service des Tankwarts, um von günstigeren Benzinpreisen profitieren zu können; oder bauten ihre Möbel selbst zusammen, um sie günstiger kaufen zu können. Die grundsätzliche Wertschöpfung und die Schritte der Wertschöpfungskette veränderten sich durch diese Entwicklung nicht – die handelnden Personen allerdings schon.

Erst durch Digitalisierung und Web 2.0 hat die „Customer Energy" eine andere, sehr viel weitreichendere Qualität erhalten. Für die Unternehmen geht es dabei mittlerweile um sehr viel mehr als um die Aufmerksamkeit und die Gunst der Kunden zu konkurrieren. Der moderne, aufgeklärte Kunde akzeptiert nicht mehr länger stillschweigend als reiner Konsument seinen Platz am Ende der Wertschöpfungskette. Er nutzt vor allem das Internet aktiv für seine neue Rolle als Entwickler, Produzent und Kritiker von Produkten und reißt damit das bisherige Weltbild von der strikten Trennung von Unternehmen und Konsumenten ein. Zahlreiche Unternehmen haben bereits damit begonnen, diese Energie zur Umsatzsteigerung und einem beschleunigtem Wachstum zu nutzen. „Customer Energy" zwingt Unternehmen dazu, sich neu zu erfinden – je früher und umfassender, desto besser.

So verlockend es auch sein mag, an die gute alte Zeit zurückzudenken, als Unternehmen noch völlig einseitig das Verhältnis zu ihren Kunden bestimmen konnten – diese Zeiten sind ein für allemal vorbei! Der heutige, moderne Kunde ist gut informiert und keineswegs verlegen, wenn es darum geht, seine Einkaufsmacht zu zeigen. Er ist aufgeklärt und mündig.

Vor allem durch die neuen Web 2.0-Technologien sind Kunden unwiderruflich dazu in die Lage versetzt, ihre Erfahrungen mit Produkten oder Dienstleistungen und auch Verbesserungsvorschläge einer breiten Öffentlichkeit mitzuteilen. Durch mittlerweile mehr als zehn Millionen Blogs, Wikis, Chat-Rooms und Diskussionsforen im Internet, entwickelt sich Marketing in vielerlei Hinsicht zu einer Art „Mundpropaganda".

2 Empirische Untersuchung der Customer Energy

Das Verhalten der Konsumenten hat sich in den letzten Jahren grundlegend verändert – erfolgreiche Beispiele wie *Wikipedia*, *Tripadvisor*, *YouTube* oder *Ebay* belegen dies. Um die Veränderungen im Verhalten der Konsumenten deutlich zu machen, hat A.T. Kearney die internationale Studie „Customer Energy" in Deutschland, Frankreich und Italien durchgeführt. Gemeinsam mit dem Marktforschungsinstitut IPSOS wurden dazu branchenübergreifend 3.000 Verbraucher sowie Unternehmen befragt.

Dabei zeigte sich, dass derzeit erst 17 % der Unternehmen der neuen Macht der Kunden eine hohe bis sehr hohe Bedeutung beimessen, obwohl die „Customer Energy" bis 2015 bereits für drei Viertel der Unternehmen zum kritischen Erfolgsfaktor avanciert. Unternehmen, die es nicht schaffen, Kunden in ihre Geschäftsprozesse zu integrieren, müssen bis 2015 mit Umsatzeinbußen von bis zu 16 % rechnen. Dem gegenüber stehen die enormen Potenziale, die durch die „richtige" Nutzung der „Customer Energy" erzielt werden können. Die Bedeutung von „Customer Energy" und die Chancen, die sich aus deren Nutzung ergeben, haben viele Unternehmen zwar bereits erkannt – das damit verbundene Potenzial jedoch in den wenigsten Fällen bereits ausgeschöpft.

„Customer Energy" können Kunden praktisch in jede Stufe der Wertschöpfungskette einbringen, von der Produktinnovation bis hin zur tatsächlichen Herstellung oder Distribution eines Produktes.

Um die weitreichenden Möglichkeiten zu nutzen, sollten Unternehmen ihre Kunden nach entsprechendem Energiepotenzial segmentieren. Darauf aufbauend sollten sie überlegen, wie sie die Unternehmen intensiver in die Wertschöpfungskette einbinden können, vor allem in die Produktentwicklung.

2.1 Kritischer Erfolgsfaktor: Nutzen der Kundenenergie

Die A.T. Kearney-Studie zeigt, dass bereits heute etwa jedes fünfte Unternehmen (17 %) dem Phänomen „Customer Energy" einen erfolgskritischen Stellenwert beimisst und dieser weiter signifikant steigt. Für 2010 halten 43 % und für 2015 sogar 75 % der befragten Unternehmen das Nutzen der Kundenenergie für sehr wichtig. Insbesondere der Handel sowie die Bereiche Unterhaltungselektronik, Telekommunikation und Medien erwarten, dass „Customer Energy" immer mehr an Bedeutung gewinnt.

Entlang der gesamten Wertschöpfungskette lassen sich Kostenoptimierungen durch „Customer Energy" realisieren. Über alle Wertschöpfungsstufen hinweg belaufen sich diese auf 5 bis 7 %. Der Handel erwartet beispielsweise durch die Einbindung der Kunden in den Bereich Innovation und Sortimentsbildung ein Kostenverbesserungspotenzial von 17 %.

Branchenübergreifend sehen die Unternehmen bis 2015 insbesondere in den Bereichen Customer Care (z. B. mittels User-to-user Support) und Marketing (etwa über virale Effekte) das größte Potenzial und rechnen bis 2010 mit einer Umsatzsteigerung von durchschnittlich 7 bzw. 4 %. Die Kunden selbst wünschen allerdings, bereits viel früher in den Wertschöpfungsprozess involviert zu werden. Dies gilt insbesondere für Innovation, in die 39 % einbezogen werden möchten, und den Bereich Qualitätsmanagement (47 %).

2.2 Defizite im Management der Kundenbeziehungen

Aktive und kreative Kunden werden jedoch oftmals gar nicht erreicht: 54 % der für die Studie befragten Unternehmen können Kunden, die eine hohe „Customer Energy" besitzen, noch gar nicht identifizieren und bieten weder einen Kanal noch einen Prozess an, um mit ihnen in Interaktion zu treten. Im Bereich Banken und Versicherungen sowie in der Telekommunikationsindustrie ist der Anteil mit 80 bzw. 70 % noch viel höher. Dieses Ergebnis ist umso erstaunlicher, wenn man bedenkt, dass insbesondere Branchen wie Banken und Versicherungen, Telekommunikation, Travel und Transportation sowie Energie- und Versorgungswirtschaft durch ihre Vertragskundenstruktur und ausgefeiltes Customer Relationship Management (CRM) ihre Kunden eigentlich besser kennen müssten.

Diese Ergebnisse decken sich mit der Einschätzung der Konsumenten und offenbaren enorme Defizite im Management der Kundenbeziehungen: Nahezu alle befragten Endverbraucher sind der Meinung, dass 81 % der Unternehmen ihr produktives Potenzial noch nicht erkannt haben.

60 Prozent der Konsumenten ist schlicht nicht bekannt, wie sie ihre Kundenenergie in das Unternehmen einbringen können. Vor allem die Medienindustrie scheint auf den Austausch und den Dialog mit den Kunden noch nicht vorbereitet zu sein: Hier wissen 80 % der befragten Konsumenten nicht, über welche Kanäle sie Kontakt zu den Unternehmen aufnehmen können. Lediglich 11 % der Befragten gaben an, zu wissen, dass ihre Anregungen und Beiträge auch angenommen wurden.

Welche Folgen es haben kann, die Bedürfnisse und Fähigkeiten seiner Kunden nicht zu kennen und ihnen nicht auf Augenhöhe zu begegnen, hat die Musikindustrie in den letzten Jahren leidvoll erfahren müssen und letztlich mit einem enormen Umsatzeinbruch bezahlt. Die Musikindustrie hat die Zeichen der Zeit nicht erkannt und es versäumt, die Energie ihrer Kunden in ihre eigenen Geschäftsprozesse einzubinden. Die bessere digitale Vernetzung hat es den Kunden vielmehr ermöglicht, eigene Wege bei der Produktion und dem Vertrieb von Musik zu beschreiten.

3 Kunden und ihr Energiepotenzial identifizieren

In jeder Branche geht es Unternehmen darum, mit ihren Kunden möglichst lange und intensive Beziehungen zu pflegen. Von ganz besonderem Interesse sind dabei natürlich jene Kunden, die besonders viel Energie in diese Beziehung einbringen. Diese zu identifizieren fällt den meisten jedoch noch sehr schwer.

Durchschnittlich über die Hälfte aller befragten Führungskräfte gab an, dass ihr Unternehmen nicht in der Lage ist, die Kunden mit der höchsten Energie zu identifizieren. Beispielsweise sind im Finanzsektor 80 % dieser „energiegeladenen" Kunden unbekannt, in der Telekommunikationsindustrie und in der Unterhaltungselektronik liegt dieser Wert bei 70 % bzw. 67 %. Sogar für die Medienindustrie ist es derzeit schwierig, mit ihren Kunden auf Augenhöhe zu kommunizieren.

Während einerseits immer mehr Kunden einbezogen werden wollen, ist andererseits offensichtlich auch eine beträchtliche latente Kundenenergie vorhanden, die

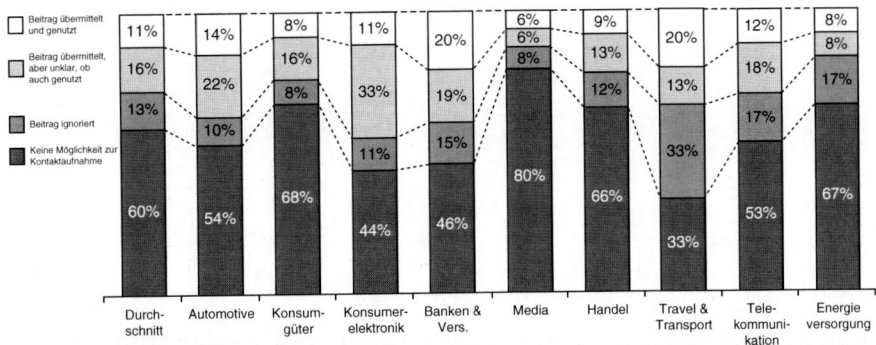

Abb. 1 Erfahrung von Kunden, die einen Beitrag im Sinne ihrer „Customer Energy" leisten wollten

von den Unternehmen entweder noch gehoben werden könnte oder sogar noch unbekannt ist. Der Nutzen, den eine engere Kundenbindung mit sich bringen würde, ist in den meisten Fällen alles andere als einfach zu bemessen. Dieses Potenzial jedoch zu vernachlässigen, hieße nicht nur Wachstumschancen zu vergeben, sondern auch das Risiko einzugehen, dass sich diese Kunden über kurz oder lang einem andern Unternehmen zuwenden, das es besser versteht sie in die eigenen Prozesse einzubinden. Um die positive „Customer Energy" nutzen zu können, müssen Unternehmen zunächst das Energiepotenzial sowie das Profil ihrer Kunden kennen.

Nicht jeder, der online geht, möchte Reporter, Musiker, Produktdesigner oder Software-Ingenieur werden. Tatsächlich hat nur ein kleiner Teil der Anwender den Ehrgeiz, sich in einer solch ausgeprägten Art und Weise mitzuteilen bzw. einzubringen. Dabei zeigt sich auch, dass die überwiegende Mehrheit der Internetnutzer sehr viel großzügiger mit der Darstellung und Verwendung persönlicher Daten umgeht, als weitläufig angenommen. Die für die Studie befragten Unternehmen schätzen die Macht ihrer Kunden vielfach falsch ein, weil sie bisher nicht danach segmentieren.

Eine Segmentierung der Kundentypen und die Darstellung der jeweiligen Rollen sind jedoch für die Unternehmen wesentlich, um eine Strategie für den Umgang mit der neuen Kundenmacht zu entwickeln.

3.1 Creators (high energy customers)

Insbesondere die so wichtige, aber mit 11 % auch kleinste Gruppe der *Creators* wird von den Unternehmen meist noch unterschätzt. *Creators* beteiligen sich aktiv am Dialog mit den Unternehmen und anderen Kunden und äußern ihre Meinung auf Online-Plattformen oder in Chat-Foren. Sie nutzen dynamisch ihre Einflussmöglichkeiten aus, um Produkte aktiv mitzugestalten und zu entwickeln. Zudem besitzt

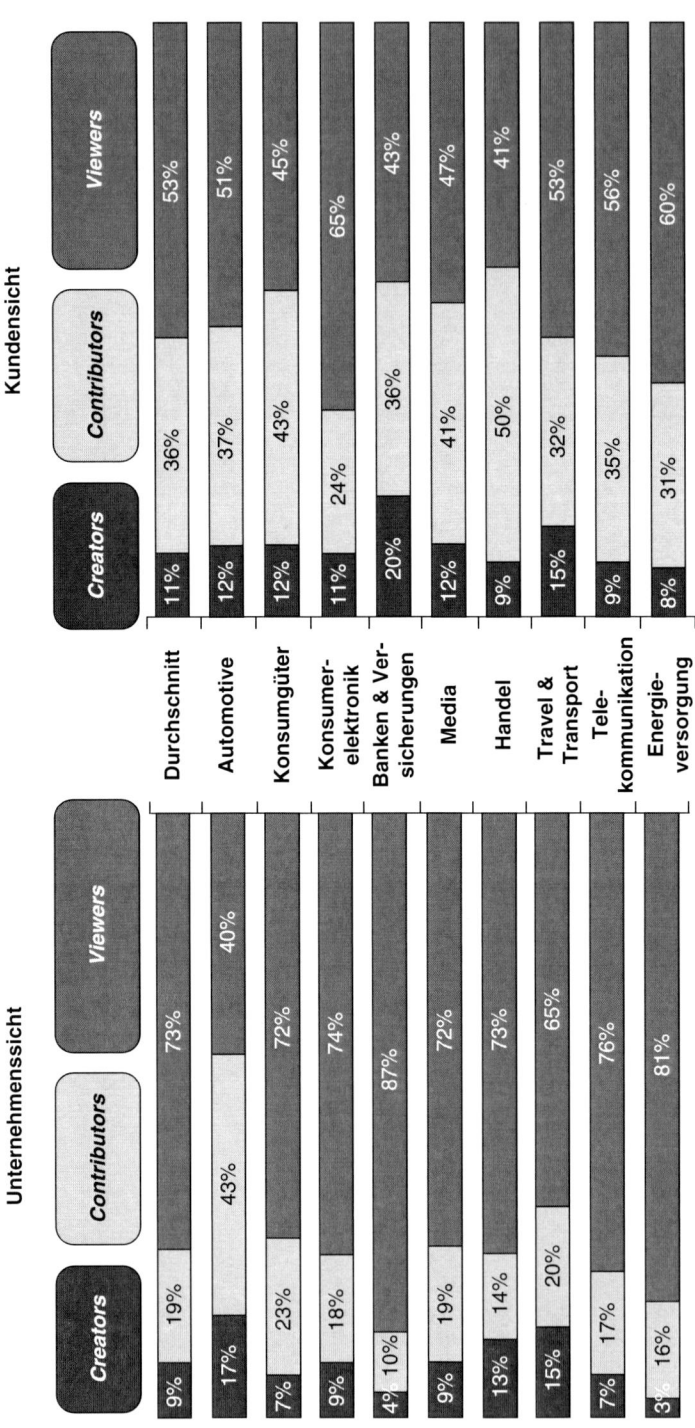

Abb. 2 „Customer Energy" Segmentierung

diese Gruppe eine überdurchschnittlich hohe Kundenzufriedenheit und -treue und gehört mit 56 % meist zu den Early Adopters.

Die *Creators* versuchen mit Nachdruck – zumindest in ihren Augen positive – Veränderungen herbeizuführen und sind typischerweise Fachleute, die auch aus beruflichen Gründen sehr internetaffin sind. Sogar in ihrer Freizeit setzen sie ihre gesamte Berufserfahrung und ihr Wissen ein, um im weltweiten Netz Präsenz zu zeigen.

Gerade diese Gruppe gilt es genau zu identifizieren und zu erreichen – denn unter Umständen kann die hohe Reichweite und vermeintliche Meinungsführerschaft dieser Gruppe für Unternehmen auch ein großes Risiko darstellen.

3.2 Contributors (latent energy customers)

Diese zweite, mit etwa 36 % zweitgrößte relevante Gruppe von Internetnutzern besteht vornehmlich aus Anwendern, die typischerweise keine neuen Inhalte erstellen, die aber bereit sind, intensiv über Websites, Blogs oder Diskussionsforen Stellung zu beziehen. *Contributors* möchten mit den Herstellern ihrer bevorzugten Markenartikel kommunizieren, tauschen sich mit anderen aus über Produktbewertung, -Rankings und -empfehlungen aus.

In erster Linie verleihen sie jedoch mit ihrem Votum à la „Fanden Sie diese Rezension hilfreich" den Aussagen der *Creators* Nachdruck. Gerade die latente Energie der *Contributors* macht es überhaupt erst möglich, dass sich die individuellen und kreativen Ideen der *Creators* zu einem Massenphänomen entwickeln können.

3.3 Viewers (low energy customers)

Mit 53 % zählen mehr als die Hälfte aller Internetnutzer zu der größten relevanten Gruppe, den *Viewers*. Sie kennzeichnet eine geringe emotionale Bindung an das Unternehmen oder seine Marken und eine geringe Bereitschaft zu interagieren. Ihr primäres Ziel ist es, durch das Internet die besten Angebote, Produktrezensionen oder Hinweise auf „versteckte" Funktionen von Produkten o. ä. zu finden. Sie nehmen kaum an Online-Foren teil und entwickeln selbst nur sehr bedingt echte „Customer Energy" – nutzen die Aktivitäten der anderen beiden Gruppen jedoch für ihre Zwecke.

4 Wert schaffen durch Creators

Um die „Customer Energy" besser nutzen zu können, müssen Unternehmen zunächst die 11 % ihrer Kunden kennen, die als *Creators* aktiv mit ihren Marken interagieren. Im Allgemeinen entspricht das durchschnittliche User-Profil der *Creators* den meisten Internet-Anwendern, die ihrerseits eher das traditionelle Kundenprofil des Offline-Kunden spiegeln. *Creators* sind etwas jünger und haben eine bessere Ausbildung als die breite Masse und neigen dazu, mehr Zeit und Energie für die Interaktion mit den Marken aufzuwenden als der durchschnittliche Verbraucher.

Die Befragten äußerten darüber hinaus Interessen, die für die Marketing-Vorstände der Unternehmen überraschend sein könnten. Während die meisten Unternehmen die Vorteile von Kundenenergie in Bereichen wie viralem Marketing, anwendergetriebenen Message-Boards oder Selbsthilfe sehen, sind *Creators* und *Contributors* ehrgeiziger und sehen ihre möglichen Rollen vor allem auch in der Verbesserung von Qualität und Beiträgen zur Innovation. Für sie ist wichtig, dass nicht nur der Begriff des Produktes verbreitet wird, sondern sie wollen den Wert dieses Produktes steigern, beispielsweise durch Bereitstellung kostenloser Software-Programme zur Aufwertung von Geräten – wie beispielsweise Apples iPhone.

Auf dem ersten Blick scheinen dies „Feierabendaktivitäten" zu sein, denen die *Creators* primär zum Vergnügen nachgehen. Die A.T. Kearney-Analyse hat jedoch ergeben, dass dies zumindest für einige wenige nicht der Fall ist: 30 % der Kunden geben zu, dass sie bereit sind zumindest drei Stunden pro Woche ohne Vergünstigungen für ihre Marke aufzubringen.

Über alle Gruppen hinweg sind 5 % aller Konsumenten bereit, eine Stunde oder mehr ihrer Zeit für „ihr" Unternehmen zu investieren – unter *Creators*, den ganz aktiven, potenziellen Content-Lieferanten, sind es sogar 11 %. Die Motivation hierfür ist insbesondere Neugier, die über 50 % der befragten Konsumenten als Hauptgrund angeben. Aber auch soziale Anerkennung (30 %) und finanzielle Motive (31 %) sowie Spaß (26 %) spielen eine große Rolle. In dieser Frage überschätzen sich die meisten Unternehmen allerdings: Sie sehen vor allem die Identifizierung mit der Marke und Verbraucherfreundlichkeit als wichtigste Beweggründe an.

Eine wichtige Erkenntnis für viele Unternehmen: Ohne gezielte Aktivierung der *Creators* bleibt eine Web 2.0-Plattform eine IT-Investitionsruine. Erst wenn die Angebote für die eigene Einbringung auch als wirklich nützlich empfunden werden, entsteht auf einer Internetseite Traffic, der sehr schnell für das Unternehmen wirtschaftlich bedeutsam wird.

5   Fazit

Unternehmen, die ihre Kunden kennen und denen es gelingt, die „Customer Energy" gezielt zu nutzen, können nachhaltige Wettbewerbsvorteile entlang der gesamten Wertschöpfungskette erzielen. Sie müssen sich die Chancen, die die Nutzung der „Customer Energy" birgt, bewusst machen und bereit sein, einen Teil der Kontrolle und Verantwortung auf die Kunden zu übertragen.

Dabei gilt es, Risiken und Vorteile entlang der verschiedenen Wertschöpfungsstufen zu bewerten und eine Strategie zu definieren und zu implementieren, die auf den Grundsätzen der „Customer Energy" basiert und über die herkömmlichen Formen des Kundenmanagements (CRM) hinaus geht. Zudem sollten Unternehmen

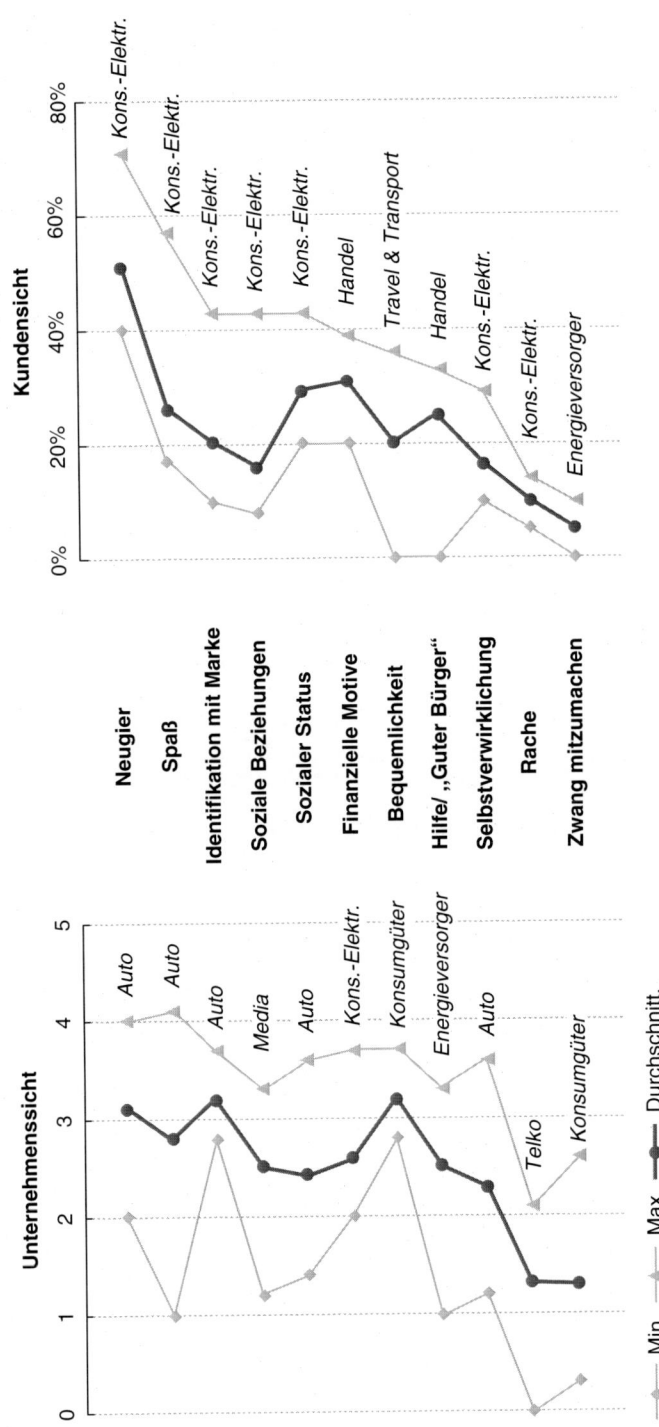

Quelle: A.T. Kearney Customer Energy Survey; N=3,000

Abb. 3 Motive für CustomerEnergy

ihre Internetstrategie überdenken, um die Kunden beispielsweise über offene Plattformen besser in die Produktentwicklung zu integrieren und damit zu einer nach-
haltigen Verbesserung des Innovationsmanagements beitragen.

Statt ein Opfer der Kundenenergie zu werden, sollten Unternehmen, die sich
bietenden Chancen ergreifen: Sie sollten „Customer Energy" für die Verbesserung
ihrer Produkte und Dienstleistungen nutzen – und das auf Basis einer fairen Partnerschaft mit ihren besten Kunden. Von einer solchen Beziehung werden beide Seiten
profitieren: Unternehmen werden ihre Kundenorientierung nachhaltig verbessern
– und damit auch ihren Umsatz. Kunden wird die Möglichkeit gegeben, ihre „Customer Energy" zu entfalten und „auszuleben".

Literatur

Fabel M (2008) Zwischen Umsatzeinbußen und Wettbewerbsvorteilen: Aufgeklärte Kunden zwin-
gen Unternehmen zum Umdenken, Sind Kunden die besseren CEOs? Pressemitteilung, A.T.
Kearney
Fabel M, Sonnenschein M (2006) Customer Energy – nicht nur Phänomen des Web 2.0, sondern
Inbegriff im Zeitalter aufgeklärter Kunden, Executive Brief, A.T. Kearney, Düsseldorf
Fabel M, Sonnenschein M (2008) Customer energy: the empowered consumer is revolutionizing
customer relationships, Business Issue paper, A.T. Kearney, Chicago
Sonnenschein M, Freyberg A (2006) Macht des Kunden – Ohnmacht der Unternehmen? Weit
mehr als Web 2.0 und Hilfe zur Selbsthilfe: „Customer Energy – Wie Unternehmen lernen, die
Macht des Kunden für sich zu nutzen, Pressemitteilung, A.T. Kearney, Düsseldorf
Sonnenschein M, Zapp H, Freyberg A (2006) Customer Energy: Wie Unternehmen lernen, die
Macht des Kunden zu nutzen, GWV Fachverlag, Wiesbaden

Motive des Konsumentenengagements im Open Source-Marketing

Klaus-Peter Wiedmann, Sascha Langner und Nadine Hennigs

Inhalt

1   Einleitung

Viele Unternehmen stehen vor der Schwierigkeit, dass ihre traditionellen Marketingansätze häufig nicht mehr in gewohnter Form greifen. Insbesondere die streuverlustfreie Übermittlung von Botschaften an relevante Kundenzielgruppen mittels konventioneller Kommunikationsmethoden ist zu einem kritischen Parameter im Marketingplanungsprozess geworden (Güller et al. 2005). Die ansteigende Werbedichte führt zu einer konsumentenseitigen Reiz- und Informationsüberlastung, was latentes Misstrauen sowie reaktantes Verhalten gegenüber den Marketinginformationen hervor ruft (Spitzer u. Swidler 2003; Rose 2004; Röthlingshöfer 2006). Durch diese Trends wird die Aufmerksamkeit der Konsumenten zum wesentlichen Engpassfaktor (Güller et al. 2005).

Hieraus ergibt sich die Forderung nach einer Neujustierung der kommunikativen Kundenansprache, die im Sinne eines ganzheitlichen Marketingansatzes

K.-P. Wiedmann (✉)
Institut für Marketing und Management, Wirtschaftswissenschaftliche Fakultät,
Gottfried Wilhelm Leibniz, Universität Hannover, 30167 Hannover, Deutschland
E-Mail: wiedmann@m2.uni-hannover.de

G. Walsh et al. (Hrsg.), *Web 2.0,*
DOI 10.1007/978-3-642-13787-7_14, © Springer-Verlag Berlin Heidelberg 2011

weitaus deutlicher die Integration des Kunden betont und dabei deren geänderte Lebensstile und Verhaltensweisen ausreichend berücksichtigt. Letzteres zeigt sich etwa in einem Gewohnheitswandel im Medienkonsum – weg von klassischen Medien wie Fernsehen oder Zeitung hin zu einer ansteigenden Nutzung interaktiver Medien wie dem Internet (Müller-Kalthoff 2002; Rose 2004; MillwardBrown 2004).

Communities als Ort des mittelbaren Austausches mit anderen Menschen sind ein zentraler Bezugspunkt dieser wahrgenommenen Interaktivität und ermöglichen es dem Konsumenten über Freundeskreise und regionale Grenzen hinweg konsumrelevante Informationen zu diskutieren und gemeinschaftlich zu hinterfragen. Durch seinen Umfang und seine Transparenz ist dieser kommunikative Austauschprozess Chance und Herausforderung für die Kommunikationspolitik zugleich (MillwardBrown 2004).

Der Ansatz des Open Source-Marketing (OSM) (Cherkoff 2005) sieht den Konsumenten nicht als steuerbaren Stimulusempfänger sondern vielmehr als Stimulussender, der an der Marketingplanung der Unternehmen aktiv mitwirken soll (Brøndmo 2004; Schwerdt 2005). Durch OSM werden traditionelle Marketingansätze zu Gunsten eines kooperativ-konstruktiven, nicht-proprietären Entwickelns von Marketing-Ideen und problemorientierten Umsetzungsmöglichkeiten aufgegeben (Howe 2006).

Mit Blick auf die Freiwilligkeit der Teilnahme an Communities im Allgemeinen und OSM-Projekten im Speziellen, der i. d. R. nicht monetären Entlohnung und dem weitgehenden Verzicht der teilnehmenden Konsumenten auf private Eigentums- und Verfügungsrechte werden im vorliegenden Beitrag die folgenden Forschungsfragen gestellt:

- Welche Motive und Umstände beeinflussen das freiwillige Konsumentenengagement in OSM-Projekten wesentlich?
- Welchen konkreten Nutzen beziehen die Konsumenten aus der Kollektiventwicklung?
- Welche unterschiedlichen Ausprägungen von Motiven charakterisieren die einzelnen Teilnehmer?
- Wie verhalten sich die einzelnen Gruppen inner- und außerhalb des OSM-Projekts?

Darüber hinaus stellt sich die Frage, ob und wenn ja inwiefern die Motivation sich an einem marketingorientierten Open Source Projekt zu beteiligen, Rückschlüsse über die generelle Motivation zulässt, sich in themenbezogenen Communities einzubringen. Fast alle erfolgreichen mit dem Term „Web 2.0" umschriebenen Geschäftsmodelle basieren auf aktiven Communities, deren Teilnehmer sich in gewisser Weise „selbstlos" in die Geschäftsprozesse des jeweiligen Unternehmens einbringen oder sie maßgeblich bestimmen. Auch in dieser Hinsicht vermag sollte das Forschungsvorhaben einige Hinweise liefern.

2 Von Open Source-Netzwerken zu Open Source-Marketing

Die Entstehung der Open Source-Bewegung hängt direkt mit der gewandelten Bedeutung von Software zu einem eigenständigen Wirtschaftsgut zusammen. Während zu Beginn der Marktpenetration von Computern in den 1950er und 60er Jahren die verschiedenen Hardwaretypen aufgrund des individualisierten Einsatzes mit einer quelloffenen, komplementären Software vertrieben wurden, hatte sich in den 1980er Jahren bereits ein kommerzieller Wirtschaftszweig um den Verkauf des patentierten Softwarequellcodes gebildet (Schiff 2002). Als Gegenbewegung wurde der Verbund der Free Software Foundation gegründet, der eigens entwickelte „freie" Software für jeden Interessierten unter Beachtung gewisser Nutzungslizenzen zugänglich machte (Schiff 2002). Der freie und transparente Umgang mit dem Quellcode stimulierte eine rege Interaktion im Anwenderkreis, so dass die Software durch die gegenseitige Hilfe der Nutzer innerhalb der Community optimiert und weiterentwickelt werden konnte (Grassmuck 2002).

Im Zuge der Verbreitung des Internets und einer zunehmenden Popularität offener, kooperativer Modelle der Softwareentwicklung (Hars u. Ou 2002) begründete die Open Source Initiative (OSI) als Zusammenarbeit von freien Entwicklern und kommerziellen Softwareherstellern den Begriff des Open Source. Dieser Begriff berücksichtigt die normativ-idealistischen Charakteristika der „freien" Software, formuliert gleichzeitig aber auch und gerade für die Industrie pragmatische Ziele (Osterloh et al. 2004; Grassmuck 2002). Hierbei wurde eine Open Source-Definition zugrunde gelegt (hierzu ausführlicher Open Source Initiative 2006), die den offenen Umgang mit Wissen und den Nutzen freier, kollektiver Entwicklungen fördert sowie durch flexible und weniger restriktive Lizenzvereinbarungen ein Engagement für Wirtschaftsunternehmen interessant werden lässt (Schiff 2002).

Inzwischen ist der Open Source-Gedanke nicht mehr nur auf die Entwicklung von Software begrenzt, vielmehr werden als Open Source allgemein Projekte, Produkte und Vorgehensweisen in unterschiedlichen Branchen und Bereichen bezeichnet, die den Definitionen der OSI und dem Open Source-Geist entsprechen (Hartung 2006; Reichwald et al. 2004). Auch die Marketingwissenschaften beschäftigen sich seit jüngerer Zeit mit dem Open Source als Managementansatz der Verbraucherintegration zur Vermarktung und Absatzförderung von Produkten und Dienstleistungen. Bislang existiert allerdings keine allgemeingültige Definition, vielmehr beschreiben eine Vielzahl verschiedener Autoren ähnliche oder gar identische Phänomene, die sich aber in der Namensgebung unterscheiden (Schwerdt 2005). Alle Ansätze vereint die Annahme eines emanzipierten Kunden, der im Sinne des zu beobachtenden Consumer Empowerment speziellen Einfluss auf Marketing und Markenführung der Unternehmen ausübt (Brøndmo 2004).

Vor diesem Hintergrund wird Open Source-Marketing im Rahmen des vorliegenden Beitrags als die unter Einbezug der Konsumenten gemeinschaftliche Ent-

wicklung von Marketing-Ideen und deren Umsetzungsmöglichkeiten auf Basis flexibler Nutzungsrechte definiert (Wiedmann u. Langner 2006a).

Diese Art der Kundenansprache und -integration ist eine Reaktion auf den veränderten Umgang der Konsumenten mit Marketinginhalten (Cherkoff 2005). Die
heutige Verbrauchergeneration betreibt – meist mit Hilfe des digitalen Mediums
Internet als „Enabler" – ihre eigene Art der Produktauseinandersetzung (Oetting
2006; Moore 2003); inzwischen findet ein wichtiger Teil des Marketing ohne die
Marketingabteilungen und Unternehmen statt. So stellen Privatleute auf Commu-
nity-Portalen wie *Youtube* oder *Flickr* der Allgemeinheit eigen produzierte Inhalte – von persönlichen Fotos über aus Markenbegeisterung kreativ-selbsterstellten
Werbespots bis hin zu parodierten, persiflierten und rezyklierten Werbekampagnen,
die Markenbotschaften der Firmen zweckentfremden – zur Verfügung (Haaksman
2006; Parker 2006). Die positive Konsumentenresonanz auf diesen „User generated
content" kann aus den hohen Zugriffsraten auf die erstellten Videos und Fotos abgeleitet werden (Blackshaw 2005). Die eigenkreiierten „Clips" und Werbungen erreichen durch die „verlinkten" Medien multiplikative Verbreitung und häufig auch
mediale Aufmerksamkeit (Zekri 2005). Darüber hinaus ziehen Konsumenten diese
semiprofessionellen Werbungen den perfektionierten Marketingkampagnen mit
Blick auf ihre Authentizität und Glaubwürdigkeit häufig vor, z. B. weil kein ökonomisches Motiv dahinter vermutet wird (Schwerdt 2005; Graham 2005). Auf diese
Weise können Unternehmen ein besonderes Involvement für ihre Marke bewirken
und das Reaktanzverhalten der Konsumenten erheblich mindern (Howe 2006).

Als einer der wohl bisher umfassendsten und erfolgreichsten Open Source-orien-
tierten Marketinganwender (Cherkoff 2005) bezieht das Non-Profit-Unternehmen
Mozilla, Vertreiber des Open-Source-Webbrowsers *Firefox*, seine Community-Mitglieder bei der Vermarktung des Produktes nicht nur in operative Entscheidungs-
elemente mit ein, sondern lässt sie ebenfalls die marketingstrategische Stoßrich-
tung bestimmen. Zu diesem Zweck werden Arbeitsgruppen mit unterschiedlichen
Marketingschwerpunkten formiert und organisiert, die Taktiken zur Steigerung der
Bekanntheit und Verbreitung von *Firefox* entwerfen sollen. Selbstselektiv werden
dabei die erdachten Aufgabeninhalte als Arbeitspakete an passende Community-
Mitglieder zugeteilt (Langner 2005). Die Teilnehmer dieser Gemeinschaft sind
derart leidenschaftlich, dass sie 2004 durch eigene Spenden eine kostspielige dop-
pelseitige Anzeige in der *New York Times* und *Frankfurter Allgemeinen Zeitung*
finanzierten („*Firefox* Advocacy Ad Campaign"), um die offizielle Einführung des
neuen *Firefox* bewerben zu können (Wiedmann u. Langner 2006a).

Ein weiterer Pionier des OSM-Ansatzes ist das Unternehmen *Converse*. Der
Sportschuhhersteller initiierte den Kurzfilmwettbewerb „Leidenschaft für Schuhe".
In den Filmen sollte der Verbraucher die Schuhe der Marke aktiv thematisieren.
Converse lud auf diese Weise seine Verbraucher zur Mitgestaltung der Werbemaßnahmen ein. Die von den Konsumenten am besten befundenen Filme wurden
schließlich sogar im Fernsehen gezeigt. In Folge der Kampagne verzeichnete nicht
nur die *Converse* Firmenhomepage einen signifikanten Besucherzustrom (plus
400.000 Zugriffe monatlich), sondern auch die allgemeinen Umsatzzahlen erhöhten
sich (plus 12 %) merklich (Kiley 2005; Schwerdt 2005). Die immens hohe Anzahl

an Filmeinsendungen (>1.000) im Vergleich zu den ausgelobten Preisen zeigt auch hier, dass die Konsumenten mehr als nur aus finanziellen Gesichtspunkten das Marketing eines Unternehmens quasi in Form einer „Brand Community" beeinflussen wollen. Es stellt sich deshalb im Folgenden die Frage, ob und wenn ja, unter welchen Voraussetzungen sich Konsumenten aktiv an der Vermarktung von Produkten und Dienstleistungen beteiligen würden.

3 Konzeptualisierung der OSM Motivation

Motivation kann als Intermediär von Merkmalen der Person (Motive) und Merkmalen der Situation (Anreize) verstanden werden (Deimann 2002). Motivation ist somit ein umfassendes Gebilde von Persönlichkeitsmerkmalen, situativen Einflüssen, Erwartungs- und Bewertungsprozessen (Sprenger 1992).

Im Rahmen dieses Beitrags greifen wir auf eine Konstruktzerlegung zurück, die die Motivation in Open Source-Marketingprojekten problembezogen erklären soll. Abbildung 1 stellt das konzeptionelle Modell zur Untersuchung spezifischer OSM-Motivationen und motivationaler Treiber dar.

Zur Untersuchung der OSM-Motivation integriert das Modell die drei Dimensionen der 1) pragmatischen, 2) sozialen und 3) hedonistischen Motivation (Wiedmann u. Langner 2006a, b; Wiedmann et al. 2007).

- Die pragmatische Motivation umfasst diejenigen bedürfnis- und erwartungsorientierten Motive, die sich auf einen direkten Nutzen für den Konsumenten aus seiner Teilnahme an einem Open Source-Netzwerk (OSN) beziehen, wie z. B. der Erhalt einer spezifischen Entlohnung (Rewards), die Verbesserung der individuellen Berufsaussichten (Signaling), die Zusammenarbeit mit angesehenen Experten (Get-in-Touch) oder die Unterstützung bei anderen Projekten (Reziprozität).
- Die soziale Motivation bezieht sich auf diejenigen motivationalen Faktoren, die sich aus den interpersonalen Austauschbeziehungen innerhalb der Gemeinschaft ergeben, wie z. B. aus Identifikationsprozessen, gegenseitiger Anerkennung und Hilfe.
- Die *hedonistische Motivation* integriert spezifische und nicht-spezifische emotionale Treiber für die Beteiligung an einem OSN, wie z. B. die emotionale

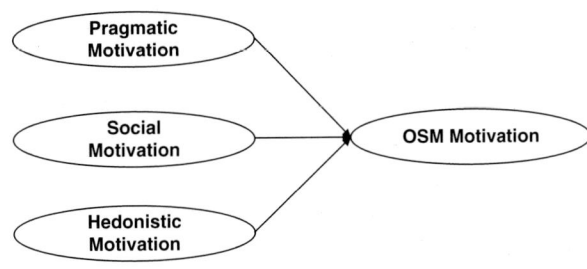

Abb. 1 Konzeptionelles Modell der konsumentenseitigen Motivation in OSM

Anziehungskraft einer Marke (existiert eine emotionale Übereinstimmung von Marke und Konsument und hat die Marke die Kraft zu begeistern und anzutreiben?) sowie positive Erfahrungen aus dem Arbeiten innerhalb einer Gruppe (Fun & Flow).

4   Empirische Untersuchung

4.1   *Methode und Stichprobe*

Zur Untersuchung der konsumentenseitigen Motivation in OSM-Projekten wurde mit der *trnd GmbH* ein professioneller deutscher Community Provider gewählt, der sich u. a. auf die Durchführung von OSM-Projekten für Unternehmen spezialisiert hat. Um möglichst viele OSM-Facetten abzudecken, lag der spezielle Fokus der Untersuchung auf drei unterschiedlichen OSM-Projekten großer und bekannter B2C-Unternehmen aus Deutschland. Im Einzelnen wurden die Teilnehmer aus Projekten eines der großen deutschen Discount-Handytarifanbieter *simyo*, des bekannten Bonusprogramms *Payback* und Europas führendem Anbieter personalisierbarer Bekleidung *spreadshirt.net* rekrutiert. Im Gegensatz zu spreadfirefox.com umfassten alle untersuchten OSM-Projekte lediglich ausgewählte Marketingaspekte, und zwar Internetmarketing (*spreadshirt*), Produktmarketing (*simyo*) und Marketingkommunikation (*Payback*).

Als Instrument der Erhebung kam eine Online-Befragung zum Einsatz. Alle in der Studie verwendeten Items basierten auf bestehenden und bereits getesteten Skalen aus vorangegangenen Studien und Untersuchungen zur Motivation in OSN. Die Formulierung der Skalen wurde den Charakteristika von OSM-Projekten angepasst. Um OSM spezifische Motivationsaspekte abfragen zu können (wie beispielsweise Markenbegeisterung), wurden zudem weitere Items auf Basis von qualitativen Interviews mit Projektteilnehmern und Experten generiert. Bei allen Items kam eine 5 Punkte Likert-Skala zum Einsatz, wobei 1 eine stark unterdurchschnittliche und fünf eine stark überdurchschnittliche Zustimmung anzeigt. Der Fragebogen wurde mittels explorativer Interviews und zwei Pre-Tests (online und offline) auf Validität überprüft.

Da der Erfolg von Online-Communities im großen Maße von der Aktivität seiner Mitglieder abhängt, wurde die Stichprobe so gewählt, dass eine möglichst hohe community-orientierte Motivation der Grundgesamtheit sichergestellt ist. So war es nur aktiven Teilnehmern der drei ausgewählten Communities erlaubt an der Befragung teilzunehmen. Die Einladung zur Umfrage erfolgte über einen Link auf der Homepage der jeweiligen Community und einer personalisierten E-Mail. Alle Teilnehmer mussten sich mit ihrem Login und ihrem Passwort authentifizieren. So wurde sichergestellt, dass nur tatsächliche Mitglieder des jeweiligen OSM-Projekts an der Befragung teilnahmen. Von 483 zur Befragung eingeladenen Teilnehmern nahmen 246 Personen teil, was einem Rücklauf von 51 % entspricht.

In der Stichprobe waren Personen zwischen 20 und 39 Jahren mit vergleichsweise höherem Bildungsgrad und in nicht leitender Position überrepräsentiert, was bezeichnend für die Tatsache ist, dass zahlreiche Wirtschaftsstudenten und einfache Angestellte an der Befragung teilnahmen, die sich durch ein ausgeprägtes Marketinginteresse auszeichnen.

4.2   Ergebnisse der Faktorenanalyse

Die erhobenen Daten wurden mittels (explorativer) Faktorenanalyse ausgewertet. Die endgültige (gewählte) Faktorlösung erklärt 58 % der Varianz, wobei 50 der 79 Fragen auf 9 Faktoren laden (siehe Tab. 1). Das Kaiser-Meyer-Olkin Maß beträgt 0,89. Alle Items weisen hohe (>0,6) bis sehr hohe Faktorladungen (>0,8) auf. Die Cronbach Alphas der Faktoren betragen im Schnitt 0,84, was auf eine hinreichend gute Reliabilität und eine entsprechende Verallgemeinerbarkeit der Ergebnisse in Bezug auf die Motivation von OSM Teilnehmer schließen lässt. Alle Faktoren mit niedrigeren Cronbach Alpha Werten (<0,6) wurden von weiteren Analysen ausgeschlossen. Die Faktoren mit den zwei je höchstladenden Items sind in der folgenden Tabelle dargestellt. Eine ausführlichere Darstellung mit allen Items kann hier aus Platzgründen leider nicht erfolgen.

Die Faktoren lassen sich (auch im Hinblick auf die Übertragbarkeit auf Web 2.0-Anwendungen) wie folgt interpretieren:

- *Learning & Stimulation:* Die Aussicht im Rahmen eines fordernden Projekts etwas zu lernen und die eigenen Fähigkeiten zu verbessern, ist ein zentrales Motiv der Untersuchung. Durch dieses Motiv lässt sich eventuell auch der Erfolg spezifischer Communities wie Wikis erklären.
- *Rewards bzw. (Nicht) Entlohnungsorientierung:* Die individuelle Motivation, die sich aus den erwarteten Kosten und Nutzen einer Teilnahme ergibt, spielt natürlich auch bei OSNs eine Rolle. In jeder Community gibt es ein „Nehmen und Geben", welches für das Gros der Mitglieder im Einklang sein muss.
- *Peer Recognition und Ego Boosting:* Diese Motive belegen das menschliche Bedürfnis nach Anerkennung und Feedback von anderen Community-Mitgliedern. Welch große Bedeutung die Stärkung des eigenen Selbstbewusstseins für den Erfolg einer Community hat, spiegelt sich beispielsweise in der schieren Masse an Beiträgen in einem Blog oder einem Forum wider, die ein Nutzer verfasst. Dadurch lässt sich erklären, warum etwa die Reichweite (Seitenabrufe) der eigenen Texte und Ideen akzeptierte Messwerte für den Rang eines Mitglieds innerhalb der Community sind.
- *Consumer Empowerment:* Die Existenz eines gemeinsamen Ziels (wie etwa die Integration in Marketingprozesse) beeinflusst die individuelle Bereitschaft, an einem OSM-Projekt teilzunehmen. Für etwas zu kämpfen oder ein großes Ziel vor Augen zu haben, ist eine klassische Motivation fast jeder erfolgreichen, gemeinschaftlichen Zusammenarbeit

Tab. 1 Motivationale Faktoren in OSM

Faktoren/Items	Faktor-ladungen
Pragmatische Motivation	
Faktor 1: Learning & Stimulation	$\alpha = 0{,}892$
Das OSM-Projekt ist eine ausgezeichnete Möglichkeit neue Fähigkeiten zu entwickeln.	
Durch das OSM-Projekt bin ich in meinen Fähigkeiten optimal gefordert.	
Faktor 2: Rewards bzw (Nicht-)Entlohnungsorientierung	$\alpha = 0{,}697$
Ich nehme nur wegen (Sach-)Preisen an einem OSM-Projekt teil.	
Ich nehme nur an einem OSM-Projekt teil, wenn ich dafür eine entsprechende Entlohnung erhalte.	
Soziale Motivation	
Faktor 3: Ego Boosting	$\alpha = 0{,}862$
Mein Ansehen steigt, wenn ich mich kontinuierlich in die OSM-Community einbringe.	
Ich achte sehr darauf, dass meine Beiträge zur OSM-Community von anderen Mitgliedern bemerkt werden.	
Faktor 4: Peer Recognition	$\alpha = 0{,}833$
Es macht mich Stolz, wenn meine Ideen und Anregungen von der OSM-Community aufgenommen werden.	
Es macht mich sehr Stolz, wenn meine Ideen von namhaften Firmen verwendet werden.	
Faktor 5: Consumer Empowerment	$\alpha = 0{,}827$
Marketing ist viel besser, wenn die Konsumenten aktiv bei der Entwicklung beteiligt werden.	
Im Idealfall sollten Marketingmaßnahmen durch die Konsumenten entworfen werden.	
Faktor 6E Community Identification	$\alpha = 0{,}832$
An dem OSM-Projekt reizt mich besonders, an einer neuen Form der Zusammenarbeit teilzuhaben.	
Ich mache bei dem OSM-Projekt mit, weil ich Teil der außergewöhnlichen Community sein will.	
Faktor 7: Community Match	$\alpha = 0{,}852$
Die OSM-Community ist der beste Ort für Leute mit gleichen Interessen.	
Nirgendwo anders als bei der OSM-Community kommt man so gut in Kontakt mit Gleichgesinnten.	
Faktor 8: Altruism	$\alpha = 0{,}819$
Für mich ist es das schönste Gefühl, etwas gemacht zu haben, das anderen Menschen eine Freude bereitet.	
Es bereitet mir sehr viel Freude anderen zu helfen.	
Hedonistische Motivation	
Faktor 9: Brand Enthusiasm	$\alpha = 0{,}917$
Die Marke aus dem OSM-Projekt ist die perfekte Marke für Leute wie mich.	
Die Wahrscheinlichkeit, dass ich weiterhin die Marke aus dem OSM-Projekt kaufe, ist sehr hoch.	

- *Community Identification und Community Match:* Ein wichtiges Motiv ist die Identifikation mit der Community selbst. Nur wer sich unter Gleichgesinnten wähnt und sich auf einer „Wellenlänge" mit anderen Community-Mitgliedern fühlt, ist in einer Community richtig „zu Hause". So lassen sich hieraus auch Rückschlüsse hinsichtlich des Erfolgs von (themenspezifischen) sozialen Netzwerken wie etwa XING oder der Manager-Lounge (Manager Magazin) ziehen.
- *Altruism:* Die Möglichkeit, altruistisch anderen helfen zu können und eine Lösung für ein spezifisches Problem zu finden, beeinflusst die individuelle Bereitschaft zur Teilnahme an einem OSM-Projekt.
- *Brand Enthusiasm:* Vor allem in kommerziellen Projekten darf die motivierende Kraft von Marken für ihre Anhänger nicht unterschätzt werden. Marken (wie *Firefox* oder Apple) haben die emotionale Kraft, ihre Kunden zu aktivieren und mit Antrieb zu versorgen.

4.3 Ergebnisse der Clusteranalyse

Zur Ermittlung von Motivationsgruppen kam ein dreistufiger Clusterprozess zum Einsatz. Zunächst wurde im Rahmen einer hierarchischen Clusteranalyse die Zahl der Cluster bestimmt. Dabei wurden jeweils die Personen mit den stärksten Übereinstimmungen in Bezug auf die clusterbildenden Variablen (alle Faktoren bis auf den Faktor „Rewards" wegen seines geringen Alphawerts) zu einem gemeinsamen Cluster fusioniert. Als Fusionierungsalgorithmus diente das Ward-Verfahren. Unter Beachtung des Elbow-Kriteriums ergab sich eine Zwei-Clusterlösung, die durch eine Diskriminanzanalyse in Güte und Qualität im Vergleich zur Drei- und Vier-Clusterlösung bestätigt wurde. Die Zuordnung der Fälle erfolgte mit Hilfe der Clusterzentrenanalyse (Backhaus et al. 2006).

Abbildung 2 veranschaulicht grafisch diese clusterspezifischen Auffälligkeiten, die nachfolgend zur Clustercharakterisierung herangezogen werden. Das Ergebnis der Clusteranalyse deutet auf das Bestehen zweier Cluster hin, die bezüglich der Teilnehmeranzahl nahezu paritätisch besetzt sind und in ihrer geschlechterorientierten Aufteilung kaum divergieren.

4.3.1 Cluster 1: Der Community begeisterte, egozentrierte Open Source-Marketer

In Cluster 1 gruppieren sich mit 122 Personen (60,7 % männlich; 39,3 % weiblich) 49,6 % der 246 segmentierbaren OSM Teilnehmer. Bei eingehender Untersuchung der Clusterzentren – der Mittelwerte des betreffenden Clusters, bezogen auf den jeweiligen Faktor – wird ersichtlich, dass die Personengruppe in Cluster 1 bezogen auf alle Faktoren eine überdurchschnittliche Ausprägung aufweist (MW_{C1} für alle Faktoren >4,4). Dabei stechen jedoch drei Charakteristika besonders hervor. So weisen die Clusterzentrenwerte der Faktoren *Ego Boosting* ($MW_{C1} = 4,69$), *Com-*

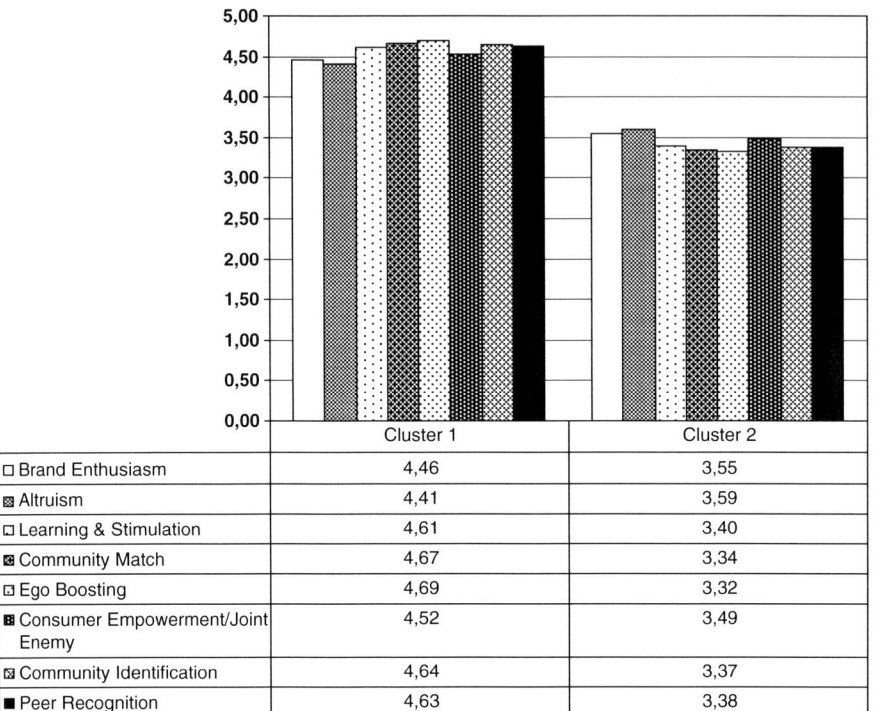

	Cluster 1	Cluster 2
☐ Brand Enthusiasm	4,46	3,55
▨ Altruism	4,41	3,59
☐ Learning & Stimulation	4,61	3,40
▨ Community Match	4,67	3,34
☐ Ego Boosting	4,69	3,32
▨ Consumer Empowerment/Joint Enemy	4,52	3,49
▨ Community Identification	4,64	3,37
■ Peer Recognition	4,63	3,38

Abb. 2 Clusterzentrenbestimmung

munity Match ($MW_{C1} = 4,67$), *Community Identification* ($MW_{C1} = 4,64$) sowie *Peer Recognition* ($MW_{C1} = 4,63$) die stärksten Ausprägungen aller Cluster konstituierenden Merkmalsgrößen auf.

Die Mitglieder des Clusters machen ihr freiwilliges Engagement im Open Source-Marketing primär von der Möglichkeit, die eigenen Fähigkeiten einer affinen Zielgruppe unter Beweis zu stellen, abhängig. Hauptmotiv hierbei ist für „egobezogene" Menschen die Bestätigung und den Respekt der Gruppe für bestimmte Einzelleistungen zu erhalten und damit das eigene Selbstbewusstsein zu stärken. Eine besondere Bedeutung kommt hierbei auch einem Identifikations-Fit mit der Community zu, die sich im Idealfall durch „gleiche Interessen" und eine „gleiche Gesinnung" auszeichnet. In Verbindung mit dem Faktor Ego Boosting ist in diesem Zusammenhang auch die Möglichkeit die eigenen Fähigkeiten durch den interaktiven Prozess der aktiven gruppeninternen Beurteilung zu verbessern. In diesem Zusammenhang ist auch die gegenüber Cluster 2 hier ausgeprägtere Bedeutung des Faktors *Learning & Stimulation* ($MW_{C1} = 4,61$) zu sehen, da die Möglichkeit, seine Fertigkeiten in herausfordernden Projekten zu verbessern, die individuelle Bereitschaft zur Teilnahme an einem OSM-Projekt beeinflusst.

Die insgesamt hohe Ausprägung dieses Clusters bei allen Faktoren lässt vermuten, dass diese OSM-Teilnehmer generell hoch motiviert sind und nach einem „Gesamtpaket" mit ansprechender Community suchen.

4.3.2   Cluster 2: Der aufgeschlossene, an Open Source-Marketing Interessierte

Cluster 2 vereint 124 Personen bzw. 50,4 % der Gesamtstichprobe. Obgleich es gegenüber Cluster 1 einen minimal höheren Anteil an weiblichen (39,5 %) zu männlichen (60,5 %) Befragten aufweist, dominieren auch hier die männlichen Teilnehmer.

Generell zeigt Cluster 2 ein im Vergleich zu Cluster 1 verschobenes Bild. Auch das zweite Cluster weist bei allen Faktoren eine relativ gleich starke Ausprägung auf, jedoch auf einem niedrigeren Zustimmungslevel (MW_{C2} beträgt im Durchschnitt 3,45). Es ist zu vermuten, dass es sich bei Cluster 2 eher um OSM-Interessierte als um begeisterte Teilnehmer handelt. Bezeichnend ist das insbesondere die Clusterzentrenwerte der Faktoren *Altruism* ($MW_{C2} = 3,59$) und *Brand Enthusiasm* ($MW_{C2} = 3,55$) die stärkste Ausprägung aufweisen. Somit ist das freiwillige OSM-Engagement innerhalb dieser Gruppe am ehesten auf die Lust anderen altruistisch zu Helfen und die Affinität gegenüber der behandelten Marke und ihrer emotionalen Kraft zurück zu führen. Demgegenüber kommt in diesem Cluster dem Faktor des *Ego Boosting* ($MW_{C2} = 3,32$) die vergleichsweise geringste Bedeutung zu. Auch Community bezogene Faktoren spielen in diesem Cluster eine eher untergeordnete Rolle. Das allgemein vermehrte Interesse der Mitglieder dieses Clusters an Marken könnte darüber hinaus die Bedeutung des Faktors *Consumer Empowerment* ($MW_{C2} = 3,49$) erklären. Kombiniert mit der Tatsache, dass Cluster 2 mehrheitlich in der Vergangenheit relativ viel Engagement in Communities gezeigt hat (Item 77: „Ich beteilige mich sehr häufig an Diskussionen in Online-Foren" $MW_{C2} = 3,88$) und eingestiegenes Interesse an neuen Marketing-Ideen hat (Items 85: „Ich bin immer auf der Suche nach neuen Ideen im Marketing" $MW_{C2} = 3,98$), sind die Angehörigen dieses Clusters am ehesten als aufgeschlossene „Idealisten" zu charakterisieren, die die Idee des OSM interessiert, welche jedoch nicht unbedingt von ihr überzeugt sind.

5   Fazit: Implikationen für Praxis und zukünftige Forschung

Das diesem Beitrag zugrunde liegende Forschungsvorhaben war vom Bedarf nach mehr Klarheit im Hinblick auf eine Konzeptualisierung und Messung der OSM-Marketingmotivation getrieben. Vor diesem Hintergrund eröffnen die Ergebnisse der Untersuchung einen interessanten Blickwinkel auf OSM-Projekte. Die beiden identifizierten Cluster werden hauptsächlich von Ego-Zentrierung und Community-Aspekten bzw. Markenbegeisterung und altruistisch-idealistischen Motiven bestimmt.

Unabhängig von externer Entlohnung scheint eine „intrinsische" Motivation hauptsächlich verantwortlich für eine individuelle Teilnahmeentscheidung zu sein. Somit könnten OSM-Projekte eine äußerst viel versprechende Ergänzung zu Kundenklubs und anderen Mitteln des Austausches mit den Kunden im Rahmen eines umfassenden Beziehungsmarketing sein. Allerdings muss die Wichtigkeit etwa von Markenbegeisterung und ihre Abhängigkeiten detaillierter analysiert werden, da neue Marken oder Unternehmen vielleicht nicht ausreichend Zugkraft besitzen, um genug Community-Mitglieder anzuziehen. Übertrieben ausgedrückt ist es theoretisch möglich, dass OSM-Projekte hauptsächlich markenbegeisterte Marketing-Neulinge und egozentrierte „Community-Liebhaber" anziehen. In diesem Fall könnte der praktische Nutzen einer OSM-Community für das Marketingmanagement eher begrenzt sein, da spezifische Marketingaspekte wie teilmarktbezogene Strategien wegen des fehlenden Wissens und der fehlenden Erfahrung von Projektteilnehmern nicht ausreichend erörtert oder entwickelt werden könnten. Je nach Zusammensetzung der Community würden einige OSM-Projekte sogar eher eine Art „Marketingforschungspanel" darstellen. Mit Blick auf die Demographika zeigt die Zusammensetzung der Community-Mitglieder insgesamt in der Tat eine große Zahl vermutlicher Marketingneulinge (74 % sind entweder Studenten/Schüler/ Azubis oder arbeiten in vergleichsweise untergeordneten Positionen). Allerdings gibt es auch einen kleinen Teil von leitenden Angestellten (15 % sind Teamleiter, Abteilungsleiter oder in höheren Positionen), deren Beteiligung nicht wirklich zu der Annahme passt, OSM-Communities seien einzig „Marketing-Workshops" für Anfänger. Der Aspekt der Zusammensetzung der OSM-Communities muss deshalb weiterführend untersucht werden, da praktische Beispiele wie spreadfirefox.com beweisen, dass eine „intelligente" Community-Zusammensetzung möglich ist.

Managementimplikationen: Aus unseren Forschungsergebnissen ergeben sich weit reichende Implikationen für die unternehmerische Praxis. Eine zentrale Aussage ist, dass die OSM-Motivation nicht auf einem einzelnen motivationalen Treiber wie entlohnungsorientiertem Nutzen, sondern innerhalb beider identifizierter Cluster jeweils auf einer komplexen Zusammensetzung von eindeutig unterscheidbaren Faktoren beruht. Die Gründung eines OSM-Projekts erfordert deshalb eine gewisse Vielfalt unterschiedlicher Stimuli und ein Gespür dafür, diese in der richtigen Mischung und Intensität zu verwenden. Da viele der motivationalen Faktoren zur OSM-Teilnahme den motivationalen OSN-Treibern im Allgemeinen und den Motiven der OS Softwareentwickler im Besonderen ähnlich sind, können marketingorientierte OSNs mit großer Wahrscheinlichkeit viele der Erfolgsfaktoren anderer OS-Projekte übernehmen (wie z. B. effiziente Community-Austauschprozesse, Verhaltensregeln oder Aspekte der Usability), die wie in Cluster 1 ersichtlich insbesondere soziale Motive wie Community-Identifikation, Peer Recognition oder Ego-Boosting aktivieren. Dies gilt wahrscheinlich auch für Web 2.0-Anwendungen mit starken Community-Elementen.

Vergleichbar mit der OS-Softwareentwicklung scheinen sich auch OSM-Projekte durch eine idealistische Komponente auszuzeichnen. Der in Cluster 2 deutlich repräsentierte Faktor Consumer Empowerment beweist, dass nicht allein herausfordernde Aufgaben und eine funktionierende Gemeinschaft als Motivation für OSM-Teilnehmer nötig sind. Auch eine grundsätzlich positive Einstellung zur konsumentenseitigen Integration in Marketingprozesse muss im Rahmen des Projektes kommuniziert werden und vermutlich im Rahmen eines authentischen Gesamtbildes in der entsprechenden Unternehmung gelebt werden. Anders ausgedrückt brauchen OSM-Mitglieder das Gefühl, dass ihre Beteiligung die OSM Ergebnisse wesentlich mitbestimmt und dass ihre Ideen ernst genommen werden.

Mit Blick auf die in Cluster 2 deutliche Wirkung einer hedonistischen Motivation (Markenbegeisterung) auf die Bereitschaft zur Teilnahme an einem OSM-Projekt, entdecken Praktiker möglicherweise die Kraft und Bedeutung eines beziehungsbasierten kollaborativen Marketingansatzes nicht allein als Unterstützung traditioneller Marketingkampagnen, sondern auch in Anbetracht der Möglichkeiten, neue Mitarbeiter oder Multiplikatoren mit beachtlichen Fähigkeiten und einer intrinsischen Motivation zu identifizieren und anzusprechen.

Künftige Forschungsschritte: Mit Blick auf die OSM-Motivation war es Ziel dieses Beitrags, die motivationalen Treiber und individuellen Motive für die Teilnahme an OSN im Allgemeinen und einem OSM-Projekt im Besonderen zu untersuchen. Zweifelsohne sind die Ergebnisse unserer Untersuchung nur ein erster Schritt und sollten in mehrfacher Hinsicht weiter entwickelt werden. Zunächst gilt es, zukünftig das Zusammenspiel der unterschiedlichen Variablen zu untersuchen. Auf diese Weise wird die kausale Modellierung der zentralen Wirkungen zwischen den motivationalen Dimensionen und der OSM-Beteiligung ermöglicht. In diesem Zusammenhang ist überdies die Konzeptualisierung verschiedener Formen von OSM-Projekten, Konsumentenmerkmalen (Typologien) und ihrem Erklärungsbeitrag mit Blick auf ihre motivationale Wirkung zu berücksichtigen. Um fundierte Aussagen bezüglich der Ziele des OSM-Projektes und der optimalen Community-Zusammensetzung treffen zu können, muss zudem analysiert werden, in welcher Weise sich die Zusammensetzung der Community auf die Ergebnisse des OSM-Projektes auswirkt.

So wichtig ein solch erweitertes Modell auch sein mag, sind wir der Ansicht, dass zunächst der empirischen Relevanz unterschiedlicher Variablen zur Messung der Intensität und relativen Bedeutung der Motive zur Darstellung bedürfnis- und zielorientierter Motivation in aggregierter Form auch mit Blick auf relevante Konsumentensegmente besondere Bedeutung zukommt. Vor diesem Hintergrund lässt sich eine weiterführende kausale Modellierung wichtiger Variable durchführen. Solch ein Vorgehen ist insofern anzuraten, da die Zahl der Variablen und die Beziehungen untereinander so hoch ist, dass man ansonsten das Risiko eingehen würde, in dieser Komplexität die notwendige Übersicht zu verlieren.

Im Zuge der Vorbereitung einer kausalen Untersuchung sind die Dimensionen noch einmal in detaillierter Form zu operationalisieren. In einigen Fällen mag es durchaus möglich sein, auf bestehende und bereits getestete Messansätze zurückzugreifen, in anderen Fällen wird man Pionierarbeit leisten müssen. Insbesondere mit Blick auf die unterschiedlichen Dimensionen von OSM-Projektmerkmalen macht es durchaus Sinn mit explorativen Interviews mit erfahrenen OS-Communitymitgliedern zu beginnen, um weitere Items zu generieren. Nachfolgende Stufen der empirischen Arbeit müssen natürlich dem aktuellen Forschungsstand unter Einbezug von „State of the Art" multivariater Analysemethoden entsprechen.

Ungeachtet der Einschränkungen und notwendiger Schritte zukünftiger Forschung ist es ein wesentlicher Beitrag der vorliegenden Untersuchung, eine erste Analyse und Taxonomie der Motivation in OSM-Projekten mit Blick auf relevante Konsumentensegmente durchzuführen, um eine Basis zu für eine fundierte Erklärung und Begründung der Motivation in OSM-Projekten zu legen.

Literatur

Backhaus K, Erichson B, Plinke W, Weiber R (2006) Multivariate Analysemethoden: Eine anwendungsorientierte Einführung, 11. Aufl. Springer, München

Blackshaw P (2005) The pocket guide to consumer generated media. http://clickz.com/showPage. html?page=clickz_print&id=3515576. Zugegriffen: 24. Juli 2006

Brøndmo HP (2004) Open-Source marketing. http://www.clickz.com/experts/brand/sense/article. php/3397411. Zugegriffen: 01. Okt 2005

Brown M (2004) EIAA-Studie zur Mediennutzung. http://eiaa.net/Ftp/casestudiesppt/ White%20paper%20-20German%2007_07.pdf. Zugegriffen: 05. Mai 2006

Cherkoff J (2005) End of the love affair: the love affair between big brands and mass media is over. But where do marketeers go next? The open source movement has the answers… http://www. collaboratemarketing.com/open_source_marketing/. Zugegriffen: 20. Nov 2005

Deimann M (2002) Motivationale Bedingungen beim Lernen mit Neuen Medien. In: Bleek D, Krause H, Oberquelle B, Pape F (Hrsg) Medienunterstütztes Lernen: Beiträge von der WissPro-Wintertagung 2002, S 61–70

Graham R (2005) Consumer-created ads: power to the people. http://www.clickz.com/showPage. html?page=clickz_print&id=3498951. Zugegriffen: 01. Juni 2006

Grassmuck V (2002) Freie Software: Geschichte, Dynamiken und gesellschaftliche Bezüge. Kassel

Güller K, Huck S, Mast C (2005) Kundenkommunikation: Ein Leitfaden. Utb, München 2005

Haaksman D (2006) Versende deine Jugend. http://www.faz.net/s/Rub4C34FD0B1A7E46B88 B0653D6358499FF/Doc~EC1B5703428E0470F95C9001B0B04D59A~ATpl~Ecommon~ Scontent.html. Zugegriffen: 01. Juli 2006

Hars A, Ou S (2002) Working for free? Motivations for participating in Open-Source projects. Int J Electron Commer 6:25–39

Hartung E (2006) Einleitung. In: Lutterbeck B (Hrsg) Open Source Jahrbuch 2006. Lehmanns, Berlin, S 3–4

Howe J (2006) The rise of crowdsourcing. http://www.wired.com/wired/archive/14.06/crowds. html. Zugegriffen: 22. Aug 2006

Kiley D (2005) Advertising of, by, and for the people. http://www.businessweek.com/magazine/ content/05_30/b3944097.htm. Zugegriffen: 04. Mai 2006

Langner S (2005) Open source marketing. http://www.drweb.de/marketing/open-source-marketing-1.shtml. Zugegriffen: 20. Mai 2006

Moore RE (2003) From genericide to viral marketing: on ‚brand'. Lang Commun 23:331–357

Müller-Kalthoff B (2002) Cross Media als integriere Management-Aufgabe. In: Müller-Kalthoff B (Hrsg) Cross-Media-Management: Content-Strategie erfolgreich umsetzten. Springer, Berlin, S 19–40

Oetting M (2006) Wie Web 2.0 das Marketing revolutioniert. http://www.connectedmarketing.de/ downloads/oetting_wie-web20-das-marketing-revolutioniert.pdf. Zugegriffen: 19. Sept 2006

Open Source Initiative (2006) The open source definition. http://www.opensource.org/docs/osd. Zugegriffen: 13. Juni 2007

Osterloh M, Küster B, Rota S (2004) Open Source Software Produktion: Ein neues Innovationsmodell?. In: Lutterbeck B (Hrsg) Open Source Jahrbuch 2004, Lehmanns, Berlin, S 121–138

Parker P (2006) You and your users, marketing together. http://www.clickz.com/showPage. html?page=3600706. Zugegriffen: 22. Juni 2006

Reichwald R, Ihl C, Seifert S (2004) Kundenbeteiligung an unternehmerischen Innovationsvorhaben: Psychologische Determinanten der Innovationsentscheidung. Arbeitsbericht des Lehrstuhls für Allgemeine und Industrielle Betriebswirtschaftslehre der Technischen Universität München

Rose F (2004) The lost boys. http://www.wired.com/wired/archive/12.08/lostboys.html. Zugegriffen: 22. Mai 2006

Röthlingshöfer B (2006) Marketeasing: Werbung total anders. Erich Schmidt Verlag, Berlin

Schiff A (2002) The economics of open source software: a survey of the literature. Rev Netw Econ 1:66–74

Schwerdt Y (2005) Bürgermarketing. Absatzwirtschaft 10/2005, S 26

Spitzer R, Swidler M (2003) Using a marketing approach to improve internal communications. Employ Relat Today 1:69–82

Sprenger R (1992) Mythos Motivation: Wege aus einer Sackgasse. Campus, Köln

Wiedmann KP, Langner S (2006a) Open Source Marketing: Ein schlafender Riese erwacht. In: Lutterbeck B (Hrsg) Open Source Jahrbuch 2006. Lehmanns, Berlin, S 139–150

Wiedmann KP, Langner S (2006b) Understanding open source networks: proposing a conceptual model of motivation. Proceedings of the IFSAM VIIIth World Congress 2006

Wiedmann KP, Langner S, Hennigs N (2007) The underlying motivation(s) of consumers' participation in open source marketing projects. Proceedings of the American Marketing Association. Summer Marketing Educators' Conference. Washington

Zekri S (2005) Stunde der Amateure. http://www.sueddeutsche.de/,tt3m2/kultur/artikel/254/58196/. Zugegriffen: 02. Juli 2006

Motive und Wirkungen im viralen Marketing

Sebastian Schulz, Gunnar Mau und Stella Löffler

Inhalt

1   Einleitung

Dem Phänomen der klassischen Mund-zu-Mund-Propaganda (Word of Mouth, WOM) wird seit Jahren große Aufmerksamkeit im Rahmen der Marketingwissenschaft gewidmet (Engel et al. 1969; Czepiel 1974; Haywood 1989; Mangold et al. 1999). Vor allem weil Informationen sich auf diesem Wege exponentiell weiter verbreiten, und die Verbreitung im Verhältnis zu der Aufmerksamkeitswirkung geringe Kosten verursacht, spielt die klassische WOM-Kommunikation schon immer eine wichtige Rolle im Rahmen der Kommunikations- und Servicepolitik von Unternehmen (Haywood 1989; Mangold et al. 1999).

Eine neue Dimension erreichte die klassische Mund-zu-Mund-Propaganda durch die Entwicklung und die steigende Nutzung des Internets und der Email-

S. Schulz (✉)
Hannoversche Marketing, VHV-Platz 1, 30177 Hannover, Deutschland
E-Mail: sebastian.schulz@hannoversche-leben.de

G. Walsh et al. (Hrsg.), *Web 2.0,*
DOI 10.1007/978-3-642-13787-7_15, © Springer-Verlag Berlin Heidelberg 2011

Kommunikation. Zu der klassischen Verbreitung durch das gesprochene Wort (oder per Brief) kam der Weg der elektronischen Verbreitung in Form des geschriebenen Wortes per Email oder im WWW (electronic Word of Mouth, eWOM) hinzu und eröffnete neue Möglichkeiten (Henning-Thurau u. Hansen 2001; Henning-Thurau et al. 2004; Dwyer 2007). Dabei erhöhen vor allem die besonderen Eigenschaften des Internets die Informationsdiffusion und damit die Wirksamkeit und Rolle der elektronischen Mund-zu-Mund-Propaganda immens (Helm 2000; Riemer u. Totz 2005). Als neuer und prägender Begriff setzte sich, in Anlehnung an die schnelle virusartige Ausbreitung der Informationen auf elektronischem Wege, der Begriff *virales Marketing* durch.

Mit dem Anfang der Web 2.0-Ära hat sich die Bedeutung des *viralen Marketing* erneut erhöht, was sich an den aktuellen Entwicklungen des E-Business zeigt. Denn neben den Globalplayern wie *Google* und *ebay* machen Unternehmen wie *Xing.de* (ehemals *OpenBC*), *MyVideo.de, Parship.de* oder Anbieter von Webblogs auf sich aufmerksam (Albers u. Clement 2007). Sie schaffen es im hart umkämpften E-Business eine hohe Bekanntheit zu erlangen und große Reichweiten zu generieren.

Analysiert man die genannten Anbieter, fallen zwei bedeutende Gemeinsamkeiten für den Erfolg auf: *Die Verwendung von Web 2.0-Technologie und die konsequente Ausnutzung des viralen Marketing um ihre Reichweite und Attraktivität zu erhöhen.*

Der vorliegende Beitrag beschäftigt sich mit der Rolle des viralen Marketing im Web 2.0. Dafür wird im zweiten Abschnitt das virale Marketing zuerst definiert und Erscheinungsformen des viralen Marketing vorgestellt. Anschließend wird auf die Motive und Wirkungen des Weiterleitens von Informationen auf elektronischem Wege eingegangen. In Abschn. 2.5 folgt die Vorstellung einer Studie die die Wirkungen und Motive einer Weiterempfehlung von Informationen empirisch untersucht. Abschnitt drei geht anschließend auf das Web 2.0 ein und gibt einen Einblick welche Rolle virales Marketing im Rahmen von Web 2.0-Geschäftsmodellen spielen kann. Der Beitrag schließt mit Implikationen für das Web 2.0 und den darauf basierenden Geschäftsmodellen.

2 Virales Marketing

2.1 Definition und Einführung in das virale Marketing

Wie in der Einleitung bereits angesprochen, wird unter viralem Marketing „the internet version of word-of-mouth marketing – e-mail messages or other marketing events that are so infectious that customers will want to pass them along to others" (Kotler u. Armstrong 2006 S 571) verstanden. Im Gegensatz zur traditionellen Mund-zu-Mund-Propaganda hat die Mundpropaganda im Internet (eWOM), das *virale Marketing*, vor allem durch die technischen Möglichkeiten eine neue Dimension erreicht.

Durch die globale Verfügbarkeit des Internets spielen räumliche Distanzen bei der Verbreitung von Nachrichten keine Rolle mehr. Die persönliche Anwesenheit und die Erfordernis einer synchronen Kommunikation fallen durch die Nutzung der Kommunikationswege wie z. B. Email weg (Riemer u. Totz 2002). Daher kann eine Information oder Nachricht zu jeder Zeit an jeden Ort der Welt an eine Person mit Internetanschluss gesendet werden. Darüber hinaus fallen nur geringe Kosten für den eigentlichen Zugang zum Internet an. Die Nutzung eines Email-Accounts mit allen gängigen Funktionen, wie auch das Weiterleiten an mehrere Empfänger ist in der Regel kostenlos. Die genannten Möglichkeiten tragen dazu bei, dass die Informationsdiffusion zunehmend schneller wird (Helm 2000), das Nutzerinteresse schnell auf bestimmte Inhalte im WWW gelenkt werden kann und so Zugriffs- und Nutzerzahlen schnell ansteigen können. Die exponentielle Verbreitung einer Information stellt dabei eine grundlegende Eigenschaft dar und ist überdies eine der größten Vorteile des viralen Marketing gegenüber anderen Werbeformen wie z. B. Email-Newslettern (Langner 2005). Dies ist vor allem auf zwei Gründe zurückzuführen: Zum einen erhält die Botschaft, da der Absender dem Empfänger persönlich bekannt ist, eine hohe Glaubwürdigkeit. Zum anderen erfolgt eine Weiterempfehlung auf Basis von Verbindungen und Kommunikationswegen in sozialen Netzwerken (Langner 2005), wodurch man von einer zielgruppenspezifischen Weiterempfehlung und damit einem gesteigerten Interesse an den Inhalten ausgehen kann. In der Literatur sind vier Erfolgsfaktoren für eine Verbreitung zu finden (Frey 2002; Wilson 2002; Grunder 2003; Langner 2005):

- Ein wahrnehmbarer Kundennutzen der Applikation
- Eine kostenlose Abgabe, Verwendung und Verfügbarkeit der Applikation
- Einfache Möglichkeiten des Transfers bzw. der Verbreitung der Information
- Anfängliche Erreichung von Meinungsführern als Multiplikator und Benutzung bestehender Kommunikationsnetze

Die vier Faktoren wurden speziell für den Erfolg von geplanten viralen Kampagnen im Rahmen von Kommunikationsstrategien für das Internet abgeleitet, lassen sich jedoch, in der hier leicht modifizierten Form, für den grundsätzlichen Erfolg viraler Verbreitung im Internet heranziehen. An dieser Stelle soll kurz darauf hingewiesen werden, dass sich viele Autoren intensiv mit Erfolgsfaktoren für virale Kampagnen beschäftigen, jedoch die vielfältigen Wirkungen und vor allem Kundenmotive der Beteiligung nur unzureichend berücksichtigt und empirisch untersucht werden.

2.2 Erscheinungsformen des viralen Marketing

In der Literatur werden verschiedene Formen des viralen Marketing und Ansätze, um diese Formen zu unterscheiden, diskutiert. Unterscheidungs- bzw. Beschreibungskriterien sind z. B. die Art der Verbreitung oder die auftretenden Netzeffekte. Auf zwei ausgewählte Ansätze soll hier eingegangen werden.

2.2.1 Frictionless vs. Active Viral Marketing

Nachrichten können einerseits völlig unbemerkt und reibungslos wie ein Virus oder anderseits als aktiver Teil einer Handlung übermittelt werden. Der erste Ansatz unterscheidet nach diesen Charakteristika und unterteilt das virale Marketing nach der Art der Verbreitung in reibungsloses (frictionless) und aktives (active) virales Marketing (Riemer u. Totz 2005).

Beim *frictionless* viral Marketing verbreitet sich eine Botschaft quasi reibungslos, allein durch die Nutzung von Applikationen oder Dienstleistungen. Dabei wird z. B. eine Art Branding in eine Email integriert, wie es die meisten Internet Email-Provider (z. B. *GMX*) praktizieren. Jede Email, die versendet wird, ist automatisch mit einer kurzen prägnanten Botschaft am unteren Ende der persönlichen Nachricht versehen, die so genannte Tagline: *„Feel free" – 5 GB Mailbox, 50 FreeSMS/Monat ... Jetzt GMX ProMail testen.* Der Empfänger der Botschaft wird auf das Angebot aufmerksam gemacht und erhält eine Empfehlung das Angebot auch zu nutzen. Dem Sender der Email kommt dabei eine eher passive Rolle zu.

Beim *active* viral Marketing handelt der Sender bewusst und empfiehlt eine Applikation bzw. einen Inhalt weiter (Riemer u. Totz 2002). Diese Variante entspricht eher der klassischen Mund-zu-Mund-Propaganda. Stellvertretend für ein Unternehmen übernimmt der User die Rolle des Kommunikators. Das Unternehmen gibt dem User die Möglichkeit oder fordert ihn auf, Inhalte der Applikation, Websites oder Dienstleistungen selbstständig weiterzuempfehlen. Die damit verbundene Nutzenbetrachtung wird in Abschn. 2.4 bei den Motiven des Weiterleitens von Informationen bzw. Emails aufgegriffen.

2.2.2 Unterscheidung nach Netzeffekten und der Rolle des Senders

Der zweite Ansatz charakterisiert das virale Marketing nach der Art der Beeinflussung anhand der schon vorgestellten aktiven und passiven Rolle des Senders und zusätzlich anhand der entstehenden Netzeffekte (hier in Form positiver Externalitäten) für die Nutzergruppe (Subramani u. Rajagopala 2003). Durch die Betrachtung der Externalitäten gelangt man zu vier Dimensionen (siehe Abb. 1).

Der Ansatz berücksichtigt, dass durch die virale Verbreitung, unabhängig davon ob passiv oder aktiv, positive Netzeffekte *nur* für die Nutzergruppe der Applikation selbst oder, begründet durch die Netzwerkgröße, für alle Nutzer unabhängig von der tatsächlichen Nutzung entstehen können (non use benefit). Zieht man noch die Rolle des Absenders (Influencer) heran, erhält man vier Formen des viralen Marketing: Nutzensignalisierung, Nutzensignalisierung und Bewusstseinsschaffung, motivierte Verkündung sowie gezielte Empfehlung (Subramani u. Rajagopala 2003).

2.3 *Wirkungen von Weiterempfehlungen auf deren Empfänger*

Vor allem das aktive Weiterleiten von Informationen (z. B. über eine *Tell-a-friend*-Funktion auf einer Website) hat im viralen Marketing und für Unternehmen eine

Hoch: Vorteile für alle Nutzer beründet auf der Netzwerk- größe	**Nutzensignalisierung, Gruppenmitglied** Bsp.: Verwendung von identischer Software für Dateien und Dokumente *(Adobe Reader)*	**Motivierte Verkündigung** Bsp.: Verwendung identischer Software zur Kommunikation *(ICQ, Skype)* oder Diskussionsforen und elektronische Marktplätze
Niedrig: Vorteile nur für Nutzer	**Bewusstseinsschaffung und Nutzensignalisierung** Bsp.: E-Cards, Taglines *(Hotmail, GMX)*	**Gezielte Empfehlung** Bsp.: Versand von Inhalten, Videos oder Bildern mittels „Send this story to a friend"-Button oder per Email

Externalitäten

Passiv   **Aktiv**

Rolle des Absenders

Abb. 1 Externalitäten und die Rolle des Senders im viralen Marketing. (in Anlehnung an Subramani u. Rajagopala 2003)

große Bedeutung. Im Folgenden wird auf Wirkungen einer Weiterempfehlung im Internet auf den Empfänger eingegangen und an Beispielen verdeutlicht. Die Wirkungen werden hier in Anlehnung an den Prozess der Einstellungsbildung (Herkner 1993) und auf Grundlage eines realen Email-Empfehlungs-Prozesses für ein WWW-Videoportal (z. B. *MyVideo.de*) betrachtet. Auf solchen Portalen können Nutzer eigene Videos einstellen und alle dort eingestellten Videos weiterempfehlen (siehe auch Abschn. 3.2).

Nachdem ein User eine Botschaft per Email erhalten hat und diese öffnet, findet die erste Wahrnehmung des Inhaltes der Nachricht und des Anbieters der Webapplikation, auf der z. B. ein Video oder die persönlichen Daten eines Senders eingestellt sind, statt. Zumindest eine Bekanntheitswirkung (gegenüber der Website, dem Anbieter etc.) hat sich in dieser frühen Phase des Prozesses eingestellt. Bei weiterführendem Interesse des Users kann sich eine Verhaltensintention in Form des Öffnens der Webapplikation und Betrachtens des Videos bzw. der empfohlenen Daten anschließen. Zu diesem Zeitpunkt treten erste nutzungsbasierte Einstellungswirkungen auf (Fishbein 1967; Fishbein u. Ajzen 1975). Eine Einstellung kann sich dabei gegenüber verschiedenen Objekten bilden: Dem *Anbieter* der Webapplikation, dem *Sender* des Videos, dem *Video* bzw. *Inhalt* selber oder der *Marken* und *Produkte*, die in dem Video gegebenenfalls vorkommen. Der nächste Schritt im Wirkungsprozess stellt die Generierung einer Verhaltensintention dar, die in einem konkreten Verhalten, wie das Weiterleiten der Email oder der Benutzung der Applikation, münden kann. Auch ein Abbruch des Prozesses wäre denkbar. Sollte der User die Webapplikation benutzen, kann dies bedeuten, dass er weitere Videos oder Daten aufruft und sich anschaut, dass er eine Registrierung vornimmt, dass er Inhalte anderer Nutzer bewertet oder von ihm gefundene Inhalte wiederum an Freunde weiterleitet. Die finale Wirkung einer Weiterempfehlung und gleichzeitig die höchste Stufe der Beteiligung stellt aber das Einstellen eigener Inhalte und das

Weiterempfehlen an Personen dar (aktive Beteiligung). Unabhängig davon, ob eine virale Botschaft eine Beteiligung in Form einer Weiterempfehlung vorhandener Inhalte oder das Einstellen eigener Inhalten mit Weiterempfehlung bewirkt, tragen beide Verhaltensweisen bzw. Wirkungen zum Erfolg einer Webapplikation wie z. B. einem Videoportal bei.

2.4 Motive der Weiterempfehlung von Inhalten per Email

Dem Nutzer, der Inhalte per Email oder *Tell-a-friend*-Funktion weiterleitet bzw. weiterempfiehlt, sind verschiedene Motive für diese Handlung zu unterstellen. Bei den Motiven der Beteiligung am Weiterempfehlungsprozess und damit der Verbreitung lassen sich zwei Gruppen unterscheiden: *Extrinsische und intrinsische Motive*. Diese Motive werden in der Literatur überdies herangezogen, um das *active viral Marketing* (siehe Abschn. 2.2) in *servicebasiertes* und *anreizbasiertes* active viral Marketing zu unterscheiden (Riemer u. Totz 2005; Grunder 2003).

Anreizbasiertes virales Marketing basiert auf extrinsischen Motiven wie Gutscheinen, Rabatten oder dergleichen (Grunder 2003). Extrinsische Anreize können die Verbreitung einer Botschaft enorm steigern, dennoch sind sie kritisch zu betrachten. So wird der User dazu verleitet sein soziales Netzwerk mit der Botschaft zu belästigen, obwohl die Applikation unter Umständen keinen reellen Nutzen spendet. Die Glaubwürdigkeit der Nachricht und die Filterfunktion des Senders, also eine Basisfunktion bzw. ein Vorteil des viralen Marketing, geht dabei verloren (Zorbach 2001). Beim *servicebasierten* viralen Marketing ist die empfohlene Applikation oder lediglich die übermittelte Botschaft der Nutzenbringer und somit ein hinreichender Grund für eine Weiterempfehlung. Konkrete Gründe für den Sender sind die Identifikation mit einer Marke, die Erweiterung seines Kommunikationsnetzwerkes (*ICQ*, *Skype*) oder aber der reine Unterhaltungswert (Riemer u. Totz 2005).

Aus psychologischer Sicht ist an weitere intrinsische Motive zu denken, z. B. dass ein User das virale Marketing benutzt um sich selbst darzustellen. Unterscheiden muss man bei der Selbstdarstellung zwischen Impression Management und symbolischer Selbstergänzung. Beim *Impression Management* versucht der User den Eindruck, den er auf seinen Interaktionspartner machen will, durch das Weiterleiten oder Nicht-Weiterleiten der viralen Botschaft zu kontrollieren bzw. zu steuern (Mummendey u. Bolten 1998). Bei der *symbolischen Selbstergänzung* benutzt der User die virale Botschaft bzw. eine dahinter stehende Information als Repräsentation seiner selbst bzw. als Maskierungsform gegenüber seiner Umwelt (Wicklund u. Gollwitzer 1998). Er möchte, dass er von seiner Umwelt wie die Inhalte der Botschaft wahrgenommen wird. Überdies wären *altruistische Motive* in Form von Hilfe denkbar, z. B. jemanden auf eine für ihn nützliche Information die man in einer Community oder einem Blog geschrieben hat hinzuweisen und deswegen eine Weiterempfehlung zu initiieren (Henning-Thurau u. Hansen 2001; Henning-Thurau et al. 2004).

Der Beteiligung am Weiterempfehlungsprozess und damit am Prozess des viralen Marketing können aber auch *Gruppenmotive* zu Grunde liegen, etwa im Rahmen des klassischen Ansatzes der In- und Out-Group (Tajfel et al. 1971; Tajfel u. Turner 1979; Mummendey 1997). Sollte sich z. B. der Freundeskreis einer Person an My-Video.de mit dem Einstellen von Videos beteiligen und der Person entsprechende Empfehlungen schicken, werden sie dieses Verhalten auch von dem Empfänger erwarten. Der Empfänger könnte sich in diesem Zusammenhang auch gezwungen fühlen, sich zu beteiligen, um seinen Status in der In-Group nicht zu verlieren.

2.5 Eine empirische Untersuchung zur Wirkung und Motiven des Weiterleitens von Inhalten per Email

Um die tatsächliche Relevanz und Rolle von Motiven und Wirkungen im Weiterempfehlungsprozess besser zu verstehen, wird in diesem Abschnitt eine empirische Studie zu diesem Thema vorgestellt, der die folgenden zentralen Fragestellungen zu Grunde liegen:

- Welchen Personen und aus welchen Gründen leiten User Botschaften weiter?
- Welchen Personen und aus welchen Gründen leiten User Botschaften *nicht* weiter?

2.5.1 Durchführung, Anlage und Stichprobe der Studie

Für die durchgeführte Onlinebefragung wurde eine eigene Website gestaltet, auf der von Usern ein Video angeschaut werden konnten. Jeder Proband bekam zufällig einen von zwei humorvollen Werbespots. Gleichzeitig war die Möglichkeit implementiert über verschiedene Tell-a-friend Buttons den Link zu der Website mit dem Video an weitere Personen weiterzuleiten. Die Ansprache für die Teilnahme an der Befragung erfolgte direkt auf der Seite (Text unter dem Videofenster). Initiiert wurde die Befragung über neutrale Empfehlungstexte in verschiedenen Internetforen, Email-Empfehlungen an Studenten der Wirtschaftswissenschaften an der Universität Göttingen und dem Hinweis in einem Internet-Broadcast. Die Website mit dem Video wurde innerhalb von drei Wochen 1.144-mal aufgerufen. 554 Personen öffneten nach dem Betrachten des Videos den Fragebogen, von denen ihn 190 Personen (37 % Frauen) komplett ausfüllten und damit in die Stichprobe einflossen. Das Durchschnittsalter betrug M = 27,01 Jahre (SD = 7,39) und die Teilnehmer besaßen eine hohe Internetaffinität.

2.5.2 Ergebnisse und Diskussion

Die Videos wurden von den Probanden anhand eines semantischen Differentials eingeschätzt (siehe Tab. 1). Wie zu erwarten war, wurden die Videos als sympa-

Tab. 1 Einschätzung der Videos anhand von Adjektiven

	M	SD		M	SD
Erfolgreich	2,76	1,27	Lustig	1,98	1,31
Seriös	3,55	1,28	Glaubwürdig	3,62	1,47
Attraktiv	2,74	1,30	Überraschend	3,02	1,66
Sympathisch	2,32	1,32	Innovativ	2,98	1,58
Interessant	2,50	1,27			

Einschätzung des Videos, Skala 1 (sehr …) – 6 (gar nicht …)

thisch, interessant und lustig eingestuft ($M = 1{,}98$ bis $2{,}50$). Hingegen stuften die Probanden die Videos als eher nicht seriös ($M = 3{,}55$) und nicht eher glaubwürdig ein ($M = 3{,}62$). Daran anschließend ist die Frage interessant, warum Personen diese Videos bzw. den Link weiterleiten bzw. nicht weiterleiten (Motivation). Die Aussagen wurden in Form einer offenen Frage erfasst. Die stärkste Motivation der Probanden die Clips weiterzuleiten (65,4 %), war die Tatsache, dass sie von ihnen als lustig beurteilt wurden. 14,8 % erwähnten explizit, dass sie davon ausgingen, dass sich andere Personen über den Inhalt des Videos ebenfalls amüsieren würden und sie daher diesen Menschen eine Freude hätten machen wollen. Lediglich eine Person wollte durch den Versand andere auf die Verlosung aufmerksam machen, die mit dem Ausfüllen des Fragebogens verbunden war.

Die 25,8 % aller Befragten, die den Clip *bewusst* an eine ausgewählte Gruppe von Personen *nicht* weiterleiteten, wurden ebenfalls nach dem Grund ihres Verhaltens gefragt. Der mit 32,6 % innerhalb dieser Gruppe am häufigsten genannte Grund war die Vermutung, dass diesen das Verständnis oder das Interesse an solchen Videos fehle. Personen aus geschäftlichen Beziehungen und Adressaten, die solche Clips für Spam oder Junkmails halten könnten, wurden von jeweils 15,2 % der Probanden beim Weiterleiten des Links ausgeschlossen. Weitere genannte Motive waren eine zu langsame Internetverbindung oder dass es sich bei den Ausgeschlossenen eher um konservative oder weniger gut bekannte Menschen handelt.

Die User wurden überdies gefragt wie hoch der Bekanntheitsgrad der Personen ist, denen sie das Video weiterleiten bzw. nicht weiterleiten und welcher Art die Beziehung zu diesen Personen ist (siehe Tab. 2 und Abb. 2). Es lässt sich tendenziell festhalten, dass die Clips größtenteils an Personen weitergegeben werden, die den Versendern relativ nahe stehen. Dagegen werden sowohl *bekannte Personen* als auch *nicht bekannte Menschen* bei der Weitergabe bewusst ausgeschlossen (siehe Abb. 2). Auch das Beziehungsverhältnis in denen die Personen stehen spielt eine

Tab. 2 Art der Beziehung zum Personenkreis (bewusst weitergeleitet vs. bewusst nicht weitergeleitet)

Art der Beziehung	Weitergeleitet (%)	Nicht weitergeleitet (%)
Familie	43,4	28,9
Freunde	86,8	24,4
Bekannte	27,7	40,0
Kollegen	19,3	31,1

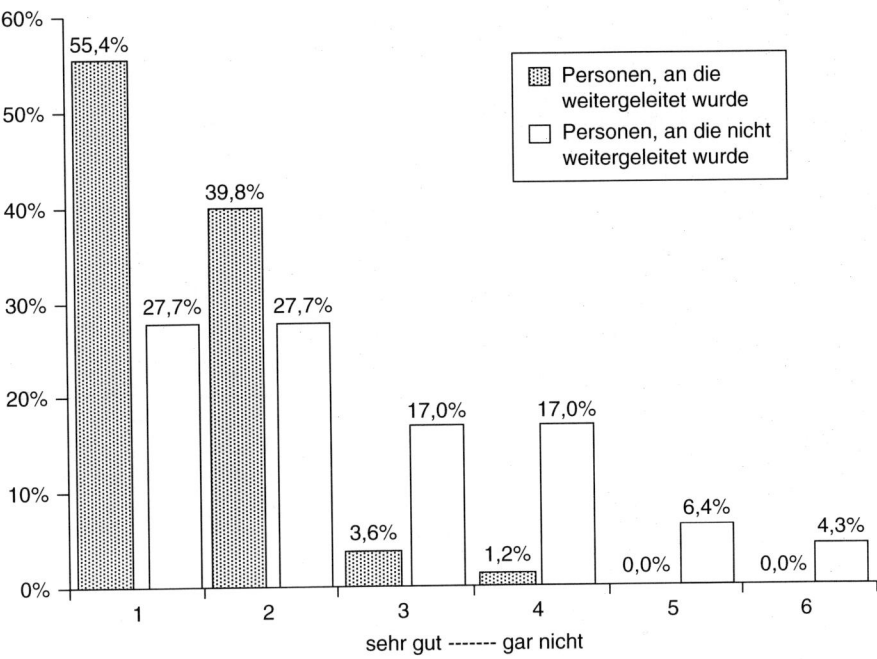

Abb. 2 Bekanntheitsgrad der Personen (weiterleiten vs. nicht weiterleiten)

Rolle. Der Beziehungsstatus gegenüber den Personen, denen man den Link weiterempfohlen hat, ist tendenziell enger als gegenüber den Personen, die man bewusst ausgeschlossen hat (siehe Tab. 2). Abschließend wurde noch die Selbstkongruenz der User, mit dem Personenkreis an die sie das Video senden, betrachtet. Dabei zeigt sich, dass Personen ein Video weiterempfehlen, wenn sie sich mit der Person kongruent fühlen, d. h. deren Image eher dem eigenen Image entspricht.

Die Einstellung aller User gegenüber den Videos war mit einem Wert von $M = 2{,}71$ (6 Items, Chronbach's $\alpha = 0{,}90$, Skala 1 *sehr gut*-6 *sehr schlecht*) gut bis mittelmäßig. Jedoch unterscheidet sich die Einstellung höchst signifikant ($T(df = 182) = -3{,}85$, $p < 0{,}001$) zwischen den Personen die das Video weiterleiten bzw. weiterleiten wollten ($M = 2{,}35$, $SD = 1{,}03$) und denen die es *nicht* weiterleiten bzw. *nicht* weiterleiten wollten ($M = 2{,}98$, $SD = 1{,}18$). Damit zeigt sich ein zu erwartender Einfluss der Einstellung auf die Weiterempfehlung bzw. Weiterempfehlungsintention. Insgesamt gaben 43,7 % aller Befragten an, dass sie den Link des gesehenen Clips weiterleiten würden oder dies bereits getan hätten. Sie wurden demzufolge von Empfängern zu Trägern des viralen Marketing. Umgekehrt haben 56,3 % der Personen, die den Clip angeschaut haben, den Link nicht weiterempfohlen. Ein Einfluss des Alters ($T(df = 168) = 0{,}83$, *n. s.*) und des Einkommens ($T(df = 171) = 0{,}01$, *n. s.*) auf das Weiterleiten konnten nicht gefunden werden. Hingegen hat das Geschlecht einen hoch signifikanten Einfluss ($\chi^2(df = 1) = 6{,}23$, $p = 0{,}018$). Frauen leiten ein Video eher weiter als Männer und werden so leichter zum Träger des viralen Marketing.

3   Virales Marketing und Web 2.0

Nachdem das virale Marketing in dem vorangegangen Abschnitt vorgestellt und Motive und Wirkungen des Weiterleitens von Inhalten näher betrachtet wurden, soll in diesem Abschnitt explizit auf eine mögliche Rolle des viralen Marketings in Rahmen von Web 2.0-Geschäftsmodellen eingegangen werden (Abschn. 3.2). Zuvor erfolgt eine kurze Einführung in das Web 2.0.

3.1   Das Web 2.0

Geprägt wurde der Begriff Web 2.0 im Rahmen der ersten Web 2.0-Konferenz 2004 (O'Reilly 2005). Auf Web 2.0 basierende Applikationen zeichnen sich durch zwei Eigenschaften aus: Zum einen durch den Einsatz spezieller Technologien wie Web-Service-APIs, Ajax oder RSS, zum anderen durch den organisatorischen Aufbau der Webapplikationen (ebd; Daconta et al. 2003). So stellt ein Unternehmen die nötigen Webressourcen (z. B. Speicherplatz), die Technik, den konzeptionellen Rahmen und elementare Elemente des Design der Website zur Verfügung, die Inhalte der Website oder auch spezielle Designelemente werden hingegen von den Nutzern erstellt und bearbeitet (z. B. Videos, Texte oder persönliche Daten bzw. Farben und Anordnung auf der Site). Web 2.0 stellt somit eine weitere Evolution im WWW dar, weg von der reinen Interaktion des Nutzers mit der Website, hin zur Integration des Nutzers in die Website- und Inhaltserstellung. Der User wird damit gleichzeitig zum Verfechter bzw. Befürworter des Unternehmens (Urban 2005).

Doch mit der Integration des Users in die Contenterstellung hört seine Beteiligung nicht auf, sondern sie stellt nur den ersten Schritt des Erfolgs von Web 2.0-Applikationen dar (Boltz 2006). Der User selbst möchte seine Inhalte bekannt machen und für die von ihm erstellten bzw. eingestellten Informationen (z. B. Videos) werben und sie mit anderen Nutzern teilen. Damit übernimmt er durch Email-Weiterempfehlungen oder persönliche Einladungen per Tell-a-friend gleichzeitig die Werbefunktion für die Website und den Anbieter und wird gleichzeitig zum Träger des viralen Marketing. Er trägt damit entscheidend zu dem Erfolg von Web 2.0-Applikationen bei (Hammer 2004).

3.2   Virales Marketing im Rahmen von Geschäftsmodellen des Web 2.0

Ein erster Hinweis darauf, welche Rolle virales Marketing im Rahmen von Geschäftsmodellen im Web 2.0 und der Geschäftstätigkeit von Web 2.0-Unternehmen spielen kann, wurde bereits in vorangestellten Abschnitten gegeben. Vor allem die technischen Möglichkeiten, die das Internet bietet, tragen dazu bei, dass die Informationsdiffusion zunehmend schneller wird (Helm 2000). Dadurch können das Nutzerinteresse und die Zugriffszahlen bei Web 2.0-Applikationen bzw. Web 2.0-Websites oftmals rasant steigen und sich positiv für den Anbieter der Website auswirken. Da überdies die Nutzer von Web 2.0-Applikationen ein großes Interesse haben, die Inhalte, wie z. B. Videos oder Blogs, mit möglichst vielen Nutzer zu teilen und die von ihnen eingestellten Informationen bekannt zu machen (Boltz 2006), steigt mit einer größeren Nutzerzahl auch der Wert der Web 2.0-Applikation für jeden einzelnen Nutzer. So ist der Wert eines Diskussionsforums, einer Newsgroup, eines elektronischen Marktplatzes, eines Peer-to-Peer-Netzwerkes oder einer virtuellen Community für den einzelnen User umso höher, je mehr Personen diese Webapplikation bzw. Anwendung ebenfalls nutzen (Katz u. Shapiro 1985; Dholakia et al 2001; Fritz 2005). Die vorangestellten Überlegungen sollen im Folgenden konkretisiert und anhand von zwei Beispielen aus dem WWW gezeigt werden. Gewählt wurden das Videoportal *MyVideo.de* und das Businessportal *Xing.de*. Diese beiden Angebote stellen zwei populäre Geschäftsmodelle des Web 2.0 im WWW dar und weisen jeweils große Nutzerzahlen auf. Vorangestellt ist eine Einordnung der beiden Anbieter bzw. Geschäftsmodelle.

Ein weit verbreiteter Ansatz zur Einordnung und Analyse von Geschäftsmodellen ist das 4C-Net-Business-Model von Wirtz (2003). Es unterscheidet vier Typen von Geschäftsmodellen: Content, Commerce, Context und Connection. Unter die Dimension *Content* fallen Geschäftsmodelle, die eine Sammlung, Selektion, Systematisierung und Kompilierung von Inhalten und Daten auf einer eigenen Plattform bieten (E-Information, E-Education, E-Entertainment, E-Society wie *Xing.de*, *Wikipedia*) und meist indirekte Erlöse generieren. Unter *Commerce* fallen Modelle, die sich mit der Anbahnung, Aushandlung und Abwicklung von Transaktionen beschäftigen und denen laut Wirtz (2003) transaktionsabhängige indirekte und direkte Erlösgenerierung zu Grunde liegt. In der Dimension *Context* finden sich Geschäftsmodelle wie z. B. *Lycos*, die mit der Klassifikation und Systematisierung von Informationen indirekte Erlöse generieren. Unternehmen aus dem Bereich *Connection* erzielen indirekte und direkte Erlöse über die Herstellung der Möglichkeit eines Informationsaustausches in Netzwerken (z. B. *AOL* oder *GMX*).

Eine klare Einordnung von Web 2.0-Geschäftsmodellen gestaltet sich schwierig, da keine Dimension des 4-C-Modells die Integration des Nutzers bei der Inhaltserstellung, Systematisierung und Bereitstellung von Daten explizit berücksichtigt. Sieht man von dem Problem der Userintegration ab, lassen sich die meisten Web 2.0-Applikationen in den Bereich *Content, Context* und *Connection* einordnen und stellen damit hybride Formen dar. Bevor diese Zuordnung anhand zweier Web 2.0-Applikationen erläutert wird, soll auf die Rolle des viralen Marketing innerhalb der Geschäftsmodelle eingegangen werden.

Web 2.0-Applikationen aus dem Bereich *Content, Context* und *Connection* profitieren im hohen Maße von großen Nutzerzahlen bzw. -zugriffen, die wiederum vom steigenden Nutzen der Webapplikation für den einzelnen Nutzer abhängen. Dabei ist davon auszugehen, dass diese virtuellen Netze und die dahinter stehenden Geschäftsmodelle einen umso höheren Nutzen für die User aufweisen, je mehr User sich beteiligen (Fritz 2004). Das gilt sowohl für eine Business Community (Content & Connection) in der soziale Netwerke aufgebaut werden sollen, als auch eine Plattform für Videos (Content, Connection & Context), in der ein großes Angebot präsentiert werden soll. Überdies werden bei dieser Art von Web 2.0-Geschäftsmodellen Erlöse zum größten Teil auf indirektem Weg generiert, so dass sich steigende Nutzerzahlen auch positiv auf die Erlöse auswirken. So führt eine höhere Nutzerzahl, verbunden mit einer höheren Reichweite zu steigenden Bannerpreisen und höheren transaktionsabhängigen Einnahmen. Auch wenn eine Erlösgenerierung auf der Umwandlung von kostenlosen Mitgliedern in zahlende Mitglieder beruht, (Premium-Mitgliedschaften z. B. in Businesscommunities) wirkt sich eine höhere Nutzerzahl auf den Anreiz und die Wahrscheinlichkeit eines Upgrades aus. Wie sich zeigt, hört die Integration der Nutzer in die Geschäftsmodelle mit der Erstellung des Content nicht auf, sie beginnt damit erst richtig. Die eWOM der Nutzer für sich selbst, die erstellten Inhalte und damit für die Webapplikation sind entscheidend für den Erfolg. Dies soll nun anhand zweier ausgewählter Web 2.0-Applikationen verdeutlicht werden.

3.2.1 MyVideo.de

Das Grundprinzip von *MyVideo* besteht darin, dass das Unternehmen dem User eine Website, den entsprechenden Speicherplatz und die technischen Möglichkeiten zur Verfügung stellt, damit er Videos mit Kommentaren ins Internet stellen und sie auf diesem Wege der breiten Öffentlichkeit zugänglich machen kann (siehe Abb. 3).

Überdies bietet *MyVideo* erweiterte Funktionen an, so können z. B. eigene Gruppen angelegt oder andere Videos bewertet werden. Der User ist in die Contenterstellung vollständig integriert. *MyVideo*.de stellt damit eine Webplattform zur Bereitstellung von Videos dar, auf der Inhalte systematisch in Kategorien geordnet und jedem User zugänglich sind. Es weist durch diesen multimedialen Charakter Eigen-

Abb. 3 Startseite und Videoansichtsseite von MyVideo.de (15.04.07)

schaften von E-Entertainment Geschäftsmodellen auf. Des Weiteren bietet *MyVideo* über eine kostenlose Community den Zugang zu einem angeschlossenen Netzwerk, in dem der Informationsaustausch möglich ist, an. Eine Möglichkeit Internetblogs zu erstellen und sich darüber zusätzlich zu präsentieren ergänzt das Angebot.

Unter den Erlösquellen finden sich bei *MyVideo* hauptsächlich Bannerwerbung, Teilnahme an Affiliate-Programmen und Kooperationen mit anderen Websites. Die Bekanntheit bzw. der Erfolg dieses Geschäftsmodells geht soweit, dass eine gleichnamige TV Show mit ausgewählten Videos der Internetplattform im Privatfernsehen ausgestrahlt wird.[1]

Vor allem *active viral Marketing* kommt bei *MyVideo.de* zur Anwendung bzw. tritt auf. Der Nutzer, der ein Video eingestellt hat, möchte es einem großen Personenkreis zugänglich machen und zieht daher einen Nutzen aus der Weiterempfehlung des Videos und der von ihm verwendeten Web 2.0-Applikation. Weitere User, die das Video aufrufen, haben direkt nach dem Betrachten die Möglichkeit, eine Weiterempfehlung über die Plattform zu verschicken. Auch dieser Weiterempfehlung liegt ein Nutzenanreiz, z. B. die persönliche Selbstdarstellung innerhalb seines sozialen Netzwerkes, zu Grunde (siehe Abschn. 2).

3.2.2 Xing.de

Das Geschäftsmodell von *Xing* basiert auf der Bereitstellung einer Website, den technischen Möglichkeiten zur persönlichen Selbstpräsentation im Internet und dem Aufbau eines Businessnetzwerks (siehe Abb. 4).

Der User hat die Möglichkeit, nach einer kostenlosen Anmeldung einen Account mit relevanten beruflichen bzw. persönlichen Daten und Bilddateien anzulegen. Anschließend wird dem User die Option geboten, andere Benutzer als *eigene Kontakte* hinzuzufügen und so ein persönliches Netzwerk aufzubauen. Auch bei *Xing*

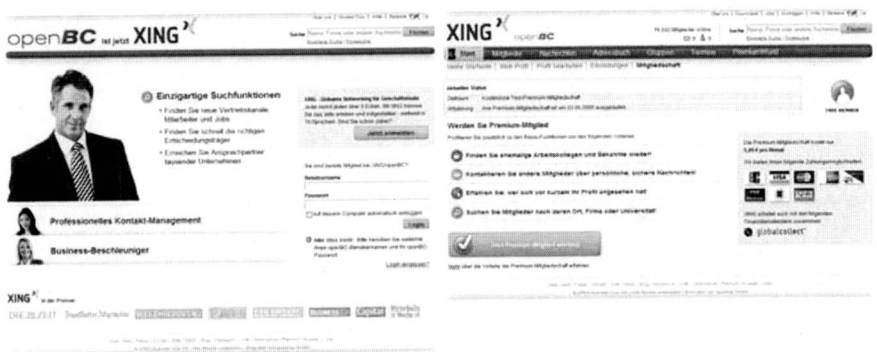

Abb. 4 Startseite und Premium Mitglied Seite von www.xing.de (15.04.07)

---

[1] Informationen wurden direkt von www.myvideo.de entnommen (Stand: 15.04.2007).

wird der relevante Content von den Usern generiert. Zusätzlich sind Sonderfunktionen wie das Anlegen von und Beitreten in Gruppen in die Webapplikation implementiert. Das Geschäftsmodell weist damit Aspekte der Dimension *Connection* auf, indem der Anbieter den Zugang zu einem Netzwerk mit Informationsaustausch zur Verfügung stellt. Die *Content* Funktion ist in dem E-Society Aspekt zu finden, wohingegen die Systematisierungsfunktion der Dimension *Context* eher im Hintergrund steht.

Erlöse generiert *Xing* über die so genannten Premium-Mitgliedschaften. Ein Nutzer, der die volle Funktionsvielfalt der Webapplikation nutzen will (z. B. eine interne Suchfunktion von Mitgliedern, Terminkalender oder Rabatte bei Partnerunternehmen), muss eine Premium-Mitgliedschaft abschließen, für die er einen monatlichen Pauschalbetrag zu zahlen hat. Darüber hinaus arbeitet *Xing* im Rahmen seiner Premium Welt mit unterschiedlichen Partnerunternehmen zusammen, wobei dort eine Erlösgenerierung nicht offensichtlich ist.[2]

Auch beim Businessportal *Xing* spielt das aktive virale Marketing eine entscheidende Rolle. Der Nutzer, der seine Daten eingestellt hat, möchte auf sie aufmerksam machen und gleichzeitig sein Netzwerk sichtbar vergrößern (intrinsische Motive). *Xing* selbst fördert überdies gezielt das aktive virale Marketing, da ein angemeldeter Nutzer nach zehn erfolgreichen Einladungen automatisch und kostenlos eine einmonatige Premium-Mitgliedschaft erhält (extrinsisches Motiv, siehe Abschn. 2).

4 Implikationen für das Web 2.0

Wie dieser Beitrag gezeigt hat, ist die Nutzerintegration ein relevantes Merkmal und gleichzeitig ein wichtiger Erfolgsfaktor von Web 2.0-Geschäftsmodellen und Applikationen. Dabei stellt die Nutzerintegration bei der Contenterstellung nur den ersten Schritt für den Erfolg von Web 2.0 dar. Der nächste Schritt und entscheidende Faktor ist das virale Marketing der Nutzer für sich selbst, die von ihm eingestellten Inhalte und damit die Web 2.0-Applikation. Vor allem auf diese Weise lassen sich die wichtigen Netzeffekte für Web 2.0-Geschäftsmodelle stimulieren (Fritz 2005).

Aus diesem Grund fällt den (extrinsischen und intrinsischen) Motiven der Konsumenten eine bedeutende Rolle für den Erfolg von Web 2.0-Angeboten zu. Ist die Bereitstellung extrinsischer Motive wie Gutscheine etc. eher kritisch zu sehen (Zorbach 2001), bieten vor allem intrinsische Motive und das Verständnis dieser Motive ein großes Potenzial für das Weiterleiten von Inhalten und das Partizipieren am Prozess des viralen Marketing. Bei intrinsischen Motiven ist z. B. an die Vergrößerung des Kommunikationsnetzwerkes des Users zu denken, an den reinen Unterhaltungswert oder die Motivation der Selbstdarstellung (siehe Abschn. 2). Bei den Motiven scheinen vor allem drei Faktoren eine Rolle zu spielen: Das *Video bzw. die Inhalte*, die *Eigenschaften des Empfängers* und die *Eigenschaften des Senders*. So hat sich im Rahmen der hier vorgestellten Studie gezeigt, dass ein Video bzw.

---

[2] Informationen wurden direkt von www.Xing.de entnommen (Stand: 15.04.2007).

der Link darauf eher weitergeleitet wird, wenn das Video als lustig und sympathisch eingeschätzt wird. Überdies wird einer Person ein Video bzw. Link eher weitergeleitet, wenn sie dem Sender gut bekannt ist und relativ nahe steht. Auch scheint ein Grund des Weiterleitens zu sein, dass Sender und Empfänger eine hohe Kongruenz aus Sendersicht aufweisen. Erste Ergebnisse sprechen überdies dafür, dass die Einschätzung des Senders durch den Empfänger wiederum einen Einfluss auf die Einschätzung des Videos, die resultierende Einstellung und die Intentionen hat. Überdies lies sich feststellen, dass Frauen eher zum Träger des viralen Marketing werden. Griese und Oluschinsky (Griese u. Oluschinsky 2006) haben im Rahmen einer aktuellen empirischen Studie gezeigt, dass auch die Art des Humors des Senders, zusammen mit der Einschätzung des Videos einen Einfluss auf das Weiterleiten hat.

Abschließend lässt sich festhalten, dass intrinsische Motive von verschiedenen Faktoren (Video, Wer ist der Sender, Wer ist der Empfänger) abhängen und daher in den Fokus weiterer Forschung speziell mit Web 2.0-Bezug rücken sollten. Dies würde auch eine bessere Nutzung und Beeinflussung des viralen Marketings im Rahmen von Web 2.0-Geschäftsmodellen ermöglichen.

Literatur

Albers S, Clement M (2007) Analyzing the success driver of e-Business companies. IEEE Trans Eng Manag 54:301–314

Boltz DM (2006) Partzipation als Erfolgsmerkmal effizienter Medienangebote. Transfer: Werbeforschung und Praxis 51:42–47

Czepiel JA (1974) Word-of-mouth processes in the diffusion of major technological innovation. J Mark Res 11:172–180

Daconta MC, Obrst LJ, Smith KT (2003) Semantic web: a guide to the future of XML, web services and knowledge management. Wiley, Indianapolis

Dholakia N, Dohlakia RR, Mundorf N, Kshetri N, Park MH (2001) Internet und elektronische Märkte: Ein ökonomischer Bezugsrahmen zum Verständnis marktgestaltender Infrastrukturen. In: Fritz W (Hrsg) Internet-Marketing, 2. Aufl. Schäffer-Poeschel, Stuttgart, S 43–60

Dwyer P (2007) Measuring the value of electronic word of mouth and its impact in consumer communities. J Interact Mark 21:63–79

Engel JF, Kegerreis RJ, Blackwell RD (1969) Word-of-mouth communication by the innovator. J Mark 33:15–19

Frey B (2002) Virus-Marketing im E-Commerce: Von den Erfolgreichen lernen. In: Frosch-Wilke D, Raith C (Hrsg) Marketing-Kommunikation im Internet: Theorie, Methoden und Praxisbeispiele vom One-to-One bis zum Viral-Marketing. 1. Aufl. Vieweg, Braunschweig Wiesbaden, S 233–243

Fritz W (2004) Internet-Marketing und Electronic Commerce: Grundlagen, Rahmenbedingungen, Instrumente, 3. Aufl. Gabler, Wiesbaden

Fritz W (2005) Tendenzen des Internet-Marketing 1995 bis 2005. Technische Universität Braunschweig, Braunschweig

Fishbein M (1967) Attitude and the prediction of behavior. In: Fishbein M (Hrsg) Readings in attitude theory and measurement. Wiley, New York, S 36–118

Fishbein M, Ajzen I (1975) Belief, attitude, intention and behavior: an introduction to theory and research. Addison-Wesley, Mass

Griese KM, Oluschinsky T (2006) Lachen steckt an: humor im marketing. transfer: Werbeforschung und Praxis 51:48–51

Grunder R (2003) Das aktuelle Stichwort: Viral Marketing. Wirtschaftswissenschaftliches Studium 9:539–541

Hammer P (2004) Noch nicht angesteckt. werben & verkaufen (23/2004):42–43

Haywood KM (1989) Managing word of mouth communications. J Serv Mark 3:55–67

Helm S (2000) Viral Marketing: Kundenempfehlung im Internet. http://www.competence-site.de/marketing.nsf/E8DA7EECD81A46BAC125694B007793FD/$File/artikel_viral%20marketing.pdf#search=%22Sabrina%20Helm%22. Zugegriffen: 01. Apr 2007

Henning-Thurau T, Hansen U (2001) Kundenartikulation im Internet. Die Betriebswirtschaft 60:560–580

Henning-Thurau T, Gwinner KP, Walsh G, Gremler DD (2004) Electronic word-of-mouth via consumer-opinion platfoms: what motivates consumers to articulate themselves on the internet. J Interac Mark 18:38–52

Herkner W (1993) Lehrbuch der Sozialpsychologie, 5. Aufl. Verlag Hans Huber, Bern

Katz ML, Shapiro C (1985) Network externalities, competition, and compatibility. Am Econ Rev 75:424–440

Kotler P, Armstrong G (2006) Principles of Marketing, 11. Aufl. Academic Internet Publishers Incorporated, New Jersey Prentice Hill

Langner S (2005) Viral Marketing: Wie Sie Mundpropaganda gezielt auslösen und Gewinn bringend nutzen. 1. Aufl. Gabler, Wiesbaden

Mangold WG, Miller F, Brockway GR (1999) Word of mouth communication in the service marketplace. J Serv Mark 13:73–89

Mummendey A (1997) Verhalten zwischen sozialen Gruppen: Die Theorie der sozialen Idantität. In: Frey D, Irle M (Hrsg) Theorien der Sozialpsychologie Band II, 3. Aufl. Verlag Hans Huber, Bern, S 185–216

Mummendey HD, Bolten HG (1998) Die Impression Management Theorie. In: Frey D, Irle M (Hrsg) Theorien der Sozialpsychologie Band III, 1. Aufl. Verlag Hans Huber, Bern, S 57–78

O'Reilly T (2005) What Is Web 2.0: Design Patterns and Business Models for the Next Generation of Software. http://www.oreillynet.com/pub/a/oreilly/tim/news/2005/09/30/what-is-web-20.html. Zugegriffen: 01. Apr 2007

Riemer K, Totz C (2002) Virales Marketing: Eine Werbebotschaft breitet sich aus. In: Schögel M, Schmidt I (Hrsg) eCRM mit Informationstechnologien: Kundenpotenziale nutzen. Symposion Publishing, Düsseldorf, S 415–442

Riemer K, Totz C (2005) Der Onlinemarketingmix: Maßnahmen zur Umsetzung von Internetstrategien. ERCIS, Münster

Subramani MR, Rajagopalan B (2003) Knowledge-sharing in online social networks via viral marketing. Commun ACM 46:300–307

Tajfel H, Turner JC (1979) An integrative theory of intergroup conflict. In: Austin WG, Worchel S (Hrsg) The social psychology of intergroup relations. Cal: Brooks/Cole, Monterey, S 33–47

Tajfel H, Billig MG, Bundy RP, Flament C (1971) Social categorization and intergroup behavior. Eur J Soc Psychol 1:149–178

Urban GL (2005) Customer advocacy: a new era in marketing? J Public Pol & Mark 24:155–159

Wicklund RA, Gollwitzer PM (1998) Symbolische Selbstergänzung. In: Frey D, Irle M (Hrsg) Theorien der Sozialpsychologie Band III, 3. Aufl. Verlag Hans Huber, Bern, S 31–56

Wilson RF (2002) Viral Marketing: Wie ansteckend ist Ihre Online-Werbung? http://www.ecin.de/marketing/w-viral/. Zugegriffen: 07. Okt 2006

Wirtz BW (2003) Geschäftsmodelle in der Net Economy. In: Kollmann T (Hrsg) E-Venture Management. Gabler, Wiesebaden, S 101–130

Zorbach T (2001) Vorsicht, Ansteckend!!! Marketingviren unter dem Mikroskop. GDI Impuls 4:14–23

Teil IV
Anwendungen in den Medien

Public Relations im Social Web

Thomas Pleil

Inhalt

1   Einleitung

Aus Kommunikationssicht ist das so genannte Web 2.0 mehr als eine Sammlung populär gewordener Anwendungen. Vielmehr hat sich das Internet dank neuer Möglichkeiten der Partizipation, Interaktion und Meinungsbildung (Pleil u. Zerfaß 2007) zu einem Katalysator für einen Wandel gesellschaftlicher Kommunikation entwickelt. Dominierten bis vor einigen Jahren die klassischen Massenmedien und deren Berichterstattung die Bildung öffentlicher Meinung, so ist mittlerweile daneben ein vormedialer Raum entstanden, in dem nicht nur Medieninhalte diskutiert werden, sondern in dem jeder Internetnutzer die Möglichkeit hat, sein eigenes Wissen und seine Meinung zu teilen, zur Diskussion zu stellen – oder sich mit Hilfe der Aktivitäten anderer Nutzer eine Meinung zu bilden. Diese Entwicklung geht einher mit dem Trend zu fragmentierten Öffentlichkeiten: Ständig neue Online-Tools schaffen neue Kanäle und Kommunikationsnetze, so dass für die Bezugsgruppen

T. Pleil (✉)
Hochschule Darmstadt, Max-Planck-Straße 2, 64807 Dieburg, Deutschland
E-Mail: thomas.pleil@h-da.de

G. Walsh et al. (Hrsg.), *Web 2.0*,
DOI 10.1007/978-3-642-13787-7_16, © Springer-Verlag Berlin Heidelberg 2011

235

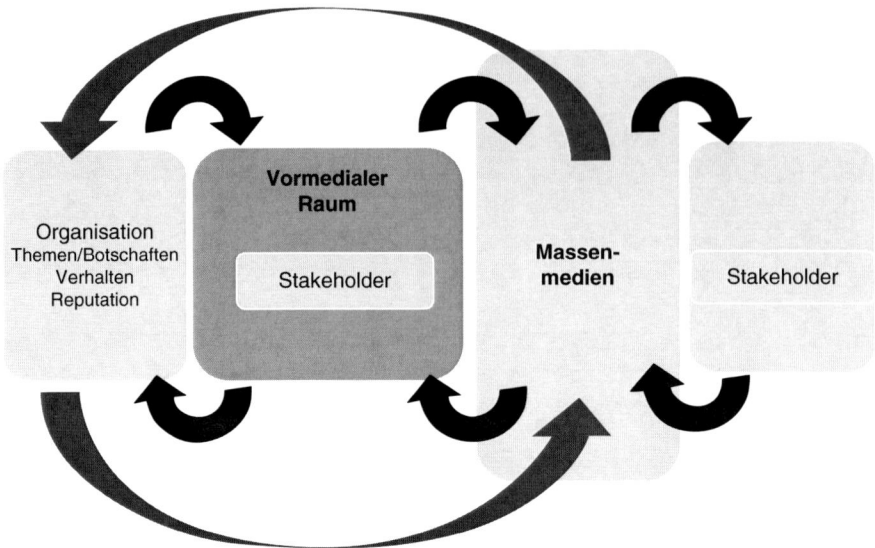

Abb. 1 Die öffentliche Sphäre in Zeiten von Social Media

einer Organisation immer mehr Möglichkeiten der Partizipation an immer kleineren Öffentlichkeiten bestehen. Dies führt zu einer Relativierung der Rolle der etablierten Medien: Hatten sie bisher auf breiter Ebene Öffentlichkeit hergestellt, so sind sie nun nur noch einer von vielen Akteuren – wenngleich nach wie vor mit besonderem Gewicht (siehe Abb. 1).

Für die Kommunikation von Organisationen birgt diese Entwicklung Chancen und Risiken zugleich. Klar ist jedenfalls, dass diese sich auf einige Veränderungen einstellen müssen. „Naked Conversations" nannten Robert Scoble und Shel Israel (Scoble u. Israel 2006) ihren Bestseller, der Unternehmen erklären soll, wie fundamental sich allein durch Weblogs die Beziehung zu Kunden verändern kann. Die beiden Autoren betonten vor allem, dass Menschen laufend im Internet über Unternehmen, ihr Verhalten und ihre Produkte diskutieren. Diese Botschaft ist inzwischen in den meisten Organisationen angekommen – ebenso, dass User Generated Content keine geringe Rolle in der Meinungsbildung vieler Onliner spielt. Internet-Monitoring ist deshalb zumindest bei größeren Unternehmen inzwischen selbstverständlich. Denn schnell können im vormedialen Raum Themen bzw. Issues entstehen, die Organisationen zur eigenen Profilierung nutzen können, während andere Issues aus einer kleinen Kommunikationsnische heraus breite Öffentlichkeiten erreichen und binnen weniger Stunden zum Reputationsrisiko werden können.

Begreift man Public Relations als Management der Kommunikation mit den Stakeholdern einer Organisation, so hat der vormediale Raum nicht nur mit Blick auf die Umweltbeobachtung Bedeutung. Denn in ihm besteht – zumindest theoretisch – die Chance einer direkten Kommunikation, eines direkten Beziehungsaufbaus mit

Stakeholdern. Zuvor war dies nur in kleinerem Rahmen – etwa durch Corporate Publishing oder Events – möglich. Dominierend jedoch war die medienvermittelte Kommunikation, in der Journalisten als Gatekeeper fungierten und für viele PR-Aktivitäten als Mittler zu den Stakeholdern erste Ansprechpartner der PR waren. Inzwischen wird davon ausgegangen, dass die einst so dominanten Media Relations im Kommunikationskonzert durch die zunehmend bedeutsame Online-Kommunikation relativiert werden (Zerfaß et al. 2007).

Ziel dieses Betrags ist eine Beschreibung der veränderten Kommunikationsbedingungen im Social Web aus Sicht der Public Relations. Hierzu wird der Wandel der Öffentlichkeit diskutiert. Für Organisationen besteht natürlich die große Herausforderung darin, erfolgreiche Strategien für den Umgang mit dieser veränderten Öffentlichkeit zu finden. Aus der Feldforschung lassen sich hierzu erste Linien erkennen. Aus ihnen lassen sich Thesen für die künftige praktische Arbeit und die Organisation von Kommunikation ableiten.

2 Kommunikationsmanagement und Mediennutzung

2.1 Wettbewerbsfaktor Kommunikation

Die Kommunikation von Unternehmen und Nonprofit-Organisationen ist ein Wettbewerbsfaktor. Für beide Organisationstypen gilt: In Zeiten nahezu unüberschaubarer, konkurrierender und oft vergleichbarer Angebote kommen Aufmerksamkeit und Akzeptanz (Szyszka 2004) der Marken, der Organisationen, ihrer Repräsentanten und ihrer Ziele eine besondere Rolle zu. Kommunikation ist in diesem Zusammenhang als Beitrag zur Wertschöpfung zu verstehen. Zerfaß (2007) unterscheidet hierbei vier Ansatzpunkte bzw. Aufgaben der PR:

- die Unterstützung der laufenden Leistungserstellung (Erfolg),
- der Aufbau immateriellen Kapitals (Erfolgspotenziale),
- das Sichern von Wettbewerbsvorteilen, Rentabilität und Liquidität (ökonomische Dimension)
- sowie das Sichern der „licence to operate" (Legitimität).

Kommunikation kann also einen Betrag zur Schaffung materieller wie immaterieller Werte leisten. Ein Beispiel für einen durch Kommunikation erzeugten immateriellen Wert ist die Reputation. Sie aufzubauen und zu schützen ist eines der wichtigen Ziele des Kommunikationsmanagements (Pleil u. Zerfaß 2007). Je stärker das Internet die Realitätswahrnehmung seiner Nutzer beeinflusst, desto mehr Bedeutung kommt der digitalen Reputation (Zerfaß u. Boelter 2005) zu. Sie ist jener Teil der Reputation, den sich eine Organisation innerhalb des Internets erarbeiten kann (Pleil u. Zerfaß 2007). Durch die zunehmende Rolle des Internets in der Mediennutzung der Stakeholder gewinnt die digitale Reputation kontinuierlich an Gewicht, zumal einige Stakeholdergruppen bevorzugt oder nur noch im Internet zu erreichen sind.

2.2   Orientierung im Netz

Öffentliche Kommunikation ist im Wesentlichen medial vermittelte Kommunikation, lange Zeit vorwiegend hergestellt durch die klassischen Massenmedien. Hier verschieben sich allerdings derzeit die Gewichte klar zu Gunsten des Internets. Als multioptionales Medium ist es für einen immer größer werdenden Teil der Bevölkerung zum Begleiter in den unterschiedlichsten Lebenssituationen geworden. Vor allem wird es im Zusammenhang mit Arbeit, Bildung und in der Freizeit (von der Freizeitplanung bis zum Einkauf) genutzt, selbstverständlich auch, um über neueste Nachrichten informiert zu sein. Relativ neu ist die große Bedeutung des Internets zur Pflege sozialer Beziehungen, wie sich vor allem im Boom der Social Networks zeigt. Zwar bieten „traditionelle" Communities wie Foren und Mailinglisten schon lange Möglichkeiten des Austauschs, doch schaffen Social Networks neue Qualitäten der Gemeinschaft, wobei zu berücksichtigen ist, dass die Zugehörigkeit zu Gemeinschaften oder Gruppen als wichtiger Faktor der Orientierung – und damit wiederum der Meinungsbildung – zu sehen ist.

Während in dezidierten Social Networks (wie auch in anderen Social Web-Umfeldern) die Orientierung durch das soziale Umfeld von besonderer Bedeutung ist, schafft die medial hergestellte Öffentlichkeit durch professionellen Journalismus eine weitere Orientierungsebene – wobei beide oft in Wechselwirkung stehen. Inzwischen zeigt sich klar, dass es durch die zunehmende Internetnutzung zu Verschiebungen im Wettbewerb zwischen den Mediengattungen kommt und „neue Zugangswege der Rezipienten zu den Inhalten" entstehen (Oehmichen u. Schröter 2007, S 406). Konkret geht die zunehmende Online-Nutzung zu Lasten der klassischen Massenmedien (Oehmichen u. Schröter 2007). Seit 2001 ist die Häufigkeit der Nutzung von Radio, Zeitung, Zeitschriften und CDs/Kassetten spürbar zurückgegangen. Deutlich gewandelt haben sich die Nutzungsgewohnheiten besonders in der Altersgruppe der 20 bis 29-Jährigen: Bei ihnen hat vor allem die Nutzung der Tageszeitung innerhalb von fünf Jahren einen drastischen Einbruch erlebt (2001: 73 % und 2006: 64 % mehrmals in der Woche, ebd.). Deutlich ist in dieser Gruppe auch der Rückgang bei der Nutzung von Zeitschriften und beim Radiohören – während gleichzeitig die Nutzung des PCs (und damit auch des Internets) in dieser Gruppe drastisch zugenommen hat: Nahezu jeder in dieser Altersgruppe nutzt nun regelmäßig das Internet.

Hier zählen Suchmaschinen zu den wichtigsten Gatekeepern, denn in der habitualisierten Internet-Nutzung wird praktisch jede Alltagsfrage einer Suchmaschine anvertraut. Gleichzeitig bestehen im Internet Informationsströme, die zwar im weitesten Sinne mit der aktuellen klassischen Medienberichterstattung vergleichbar sind, sich aber darin unterscheiden, dass potenziell alle Nutzer – also nicht nur journalistische Akteure – die Möglichkeit zur Beteiligung haben. Insgesamt trägt damit das Internet deutlich zur Realitätskonstruktion seiner Nutzer bei (Neuberger u. Pleil 2006; Röttger u. Zielmann 2006; Pleil u. Zerfaß 2007).

3 Die Öffentlichkeit im Netz

Entscheidend für die erfolgreiche Erfüllung ihrer Aufgaben ist für die PR die Auseinandersetzung mit der Frage, wie Öffentlichkeit beziehungsweise öffentliche Meinung entstehen und wie sich deren Entstehen im Lauf der Zeit wandelt. Aktuell stellt sich die Frage, inwiefern neue Kommunikationstechniken und ihre Anwendungen sowie die veränderte Mediennutzung den Entstehungsprozess öffentlicher Meinungsbildung verändern. Klassischerweise wird in der Kommunikationswissenschaft zwischen drei Ebenen der Öffentlichkeit unterschieden (Donges u. Imhoff 2001; Theis-Berglmair 2007):

1. Die Ebene der einfachen Interaktionssysteme, auf der typischerweise interpersonale, spontane Kommunikation stattfindet, beispielsweise auf dem Marktplatz, im Café, am Arbeitsplatz oder in der Familie. Typisch hierbei ist, dass Rollen wie Publikum, Vermittler oder Kommunikator nicht festgelegt sind, sondern dynamisch wechseln; zudem kann man auf dieser Ebene „fließende Übergänge zwischen privater Kommunikation (…) und öffentlicher Kommunikation" feststellen (Donges u. Imhoff 2001, S 106). Themen haben auf dieser Ebene vorwiegend eine subjektive Bedeutung (Theis-Berglmair 2007).
2. Typisch für die Themen- oder Versammlungsöffentlichkeit ist die räumlich und thematisch konzentrierte Interaktion z. B. in Form von Versammlungen oder Demonstrationen. Auf dieser Ebene sind die Leistungs- und Publikumsrollen ausgeprägter differenziert, und Rollenwechsel sind seltener. Die Funktion der Themen- oder Versammlungsöffentlichkeit besteht vor allem im Initiieren gesellschaftlicher Themen (Theis-Berglmair 2007).
3. Medienöffentlichkeit: Hier stellen Spezialisten wie Journalisten oder PR-Fachleute Themen nach berufsprofessionellen Regeln der Öffentlichkeit zur Verfügung. Damit verbunden ist eine deutliche Differenzierung in Leistungs- und Publikumsrollen und zum überwiegenden Teil das Kommunikationsmodell der Einwegkommunikation. Auf dieser Ebene kann man im Gegensatz zu den anderen Ebenen der Öffentlichkeit von einem dauerhaft vorhandenen Publikum sprechen, „da Medien potentiell alle Mitglieder der Gesellschaft erreichen" (Donges u. Imhoff 2001, S 107). Funktion dieser Öffentlichkeit ist insbesondere die Verbreitung und Zuspitzung von Themen (Theis-Berglmair 2007).

Das Besondere an der gegenwärtigen Entwicklung der Öffentlichkeiten ist, dass sich durch die Verbreitung des interaktiven Internets im Sinne von Web 2.0 diese Ebenen immer weniger trennscharf unterscheiden lassen bzw. dass diese grundlegende Veränderungen erfahren. Zunächst ist festzuhalten, dass Online-Kommunikation alle drei Ebenen der Öffentlichkeit herstellen kann, wobei nicht unbedingt Grenzen zwischen diesen Öffentlichkeiten bestehen müssen: Bisher wurde davon ausgegangen, dass die Partizipationsmöglichkeiten der Beteiligten in einfachen Öffentlichkeiten am größten sind und entsprechend bei massenmedialer Öffentlichkeit besonders gering sind (Theis-Berglmair 2007). Gleichzeitig verbreiten sich Informationen in der massenmedialen Öffentlichkeit nach herkömmlichem Verständnis am besten.

Mit zunehmender Bedeutung des so genannten User Generated Content (UGC) im Internet wird jedoch klar, dass die bisher angenommene Trennung der öffentlichen Sphären im Internet so eindeutig nicht mehr gilt. Denn Internet-Öffentlichkeit unterliegt praktisch keinen Beschränkungen in Bezug auf Inhalte, Formen oder Mitteilungskanäle, so dass das Web als „Sphäre einer ungehinderten gesellschaftlichen Kommunikation" (Theis-Berglmair 2007, S 123) zu sehen ist. Wird beispielsweise den Besuchern einer Webseite ein Rückkanal angeboten, kann hierbei die Brücke zur Themen- und Versammlungsöffentlichkeit geschlagen werden. Möglichkeiten hierzu gibt es in der Praxis viele: Sie reichen von Kommentar- oder Bewertungsmöglichkeiten auf einer Website bis hin zu eigenen Publikationsmöglichkeiten, wie sie beispielsweise in Verbrauchercommunities und Online-Shops zu finden sind („Kundenrezensionen") oder auf speziellen Nachrichtensites, an denen sich jeder beteiligen kann (z. B. Wikinews oder indymedia).

Publikationsformate wie Weblogs, Foren oder Communities wie YouTube bringen die althergebrachte Systematik der Öffentlichkeiten nun völlig durcheinander. Klar ist, dass mit diesen Formaten Inhalte veröffentlicht werden können, die losgelöst von den Schranken des Raumes und der Zeit verfügbar sind. Auch rechtliche oder wirtschaftliche Einschränkungen für das Bereitstellen von Informationen verlieren an Bedeutung. Doch betrachtet man beispielsweise Weblogs näher, zeigt sich, dass sie alle drei Typen der Öffentlichkeit abdecken können: So lässt sich beispielsweise ein privat geführtes Weblog, das nur von Familienmitgliedern oder engen Freunden gelesen wird und in dem offen diskutiert wird, als einfaches Interaktionssystem verstehen. Ein Weblog zu einem Fachthema stellt dagegen Themenöffentlichkeit her, und einige wenige Weblogs erreichen massenmedialen Charakter. Im Extremfall kann sogar ein einziges Weblog zwischen diesen öffentlichen Sphären pendeln.

Bei der Analyse solcher Publikationen ist zu berücksichtigen, dass die Kommunikation nicht nur innerhalb des jeweiligen Angebots stattfindet, sondern aufgrund der besonderen Vernetzungsmöglichkeiten (z. B. mit Hilfe von Trackbacks) auch zwischen unterschiedlichen Publikationen. Entscheidender Faktor für die Rolle einer solchen Publikation innerhalb der öffentlichen Sphäre ist die Aufmerksamkeit, die ihr entgegengebracht wird. Ausdruck findet diese nicht allein in Leserzahlen, sondern auch in ihrer Vernetzung. Im Social Web sind also eine Vielzahl mehr oder weniger stark vernetzter Mikroöffentlichkeiten anzutreffen. Insgesamt könnte im Internet allgemein, besonders aber im Social Web, von skalierter Öffentlichkeit[1] gesprochen werden. Dies hängt damit zusammen, dass das Internet nicht ein Massenmedium darstellt, sondern eine „technische Infrastruktur, die soziale Kommunikation jeder Art ermöglicht" (Schweiger u. Weihemüller 2008, S 545).

Die Vernetzung ist damit das Leitmotiv der Internetkommunikation – nicht nur auf technischer oder hypertextueller Ebene, sondern auch auf der interaktional-

---

[1] Ob und unter welchen Bedingungen Öffentlichkeit im Internet auch skalierbar ist (also geplant beeinflusst werden kann), ist eine andere Diskussion, die bisher noch nicht systematisch stattgefunden hat.

sozialen Ebene (Bucher et al. 2008): Vor allem Formate wie Weblogs, Microblogs (z. B. Twitter) oder Social Networks wie MySpace, Facebook oder Xing dienen ihren Nutzern dazu, soziale Netze zu pflegen und weiterzuentwickeln. Solche Teilgemeinschaften (ebd.) entstehen nicht ad hoc, sondern sie sind dauerhaft vorhanden, befinden sich jedoch in einem ständigen Fluss. Das bedeutet, dass sie sich kontinuierlich weiterentwickeln, Teile daraus sich unter Umständen auch wieder auflösen können oder eine bisher aus PR-Sicht kaum bekannte Dynamik entwickeln können: In digitalen sozialen Netzwerken lassen sich beispielsweise Diskussionsprozesse sehr einfach weltweit verteilt organisieren, aber auch bündeln. Unterstützt wird letzteres u. a. durch zahlreiche Online-Tools zur Aggregation von Informationen, während gleichzeitig neue Möglichkeiten der Beobachtung von Organisationen entstanden sind (z. B. in Form von Watchblogs) (Theis-Berglmair 2007). Welchen Weg und welche Verformung bzw. Anreicherung eine Information durch das Netz nimmt, hängt vom einzelnen sozialen Netz und zum Beispiel vom Involvement seiner Mitglieder gegenüber der Information und ihrer Quelle ab. Deshalb erscheint es aus PR-Sicht kaum möglich, die Bedeutung einer Web 2.0-Anwendung für das Kommunikationsmanagement pauschal oder auf der Basis ihrer Funktionalitäten zu beurteilen. Entscheidend ist letztlich, wie Blogs & Co. angewandt werden und welche Rolle sie im Einzelfall in der Bildung öffentlicher Meinung haben.

Aus Sicht der PR lassen sich die dabei entstehenden sozialen Online-Netzwerke als vormedialer Raum verstehen. Dieser vormediale Raum (Eck u. Pleil 2006) kann als die Gesamtheit zahlreicher untereinander mehr oder weniger stark vernetzter Mikroöffentlichkeiten betrachtet werden, die durch User Generated Content entstehen. Damit ist die Blogosphäre ein Teil des vormedialen Raumes, zu nennen sind aber auch die (Teil-) Öffentlichkeit von Social Networks, Nachrichtencommunties, Lifestreams[2] etc. Orientierung in diesem vormedialen Raum schaffen auf technischer Ebene im Wesentlichen die Suchmaschinen sowie Verlinkungen. Gleichzeitig bilden sich neue Bezugsgruppen und Meinungsführer heraus (Pleil u. Zerfaß 2007), die für andere Nutzer Orientierung schaffen.

Themen, die in diesen vielfältigen virtuellen Räumen diskutiert werden, stehen unter Umständen vor einer rasanten Entwicklung. Anders ausgedrückt: Im vormedialen Raum können aus Kommunikationssicht Krisen ihren Ausgang nehmen. Beispielsweise, wenn der Kunde eines Unternehmens über seine negativen Erfahrungen mit der Telefonhotline der Firma in seinem Weblog oder im Microblogging-Dienst Twitter berichtet. Aber es kann dort auch starkes Unterstützungspotenzial entstehen, etwa im Sinne der Word of Mouth-Kommunikation oder wenn sich Fans einer Marke in einer Gruppe innerhalb eines Social Network zusammenschließen (s. dazu u. a. Walsh et al. in diesem Band) und womöglich Ansprüche an oder Verbesserungsvorschläge für Produkte konkret formulieren.

---

[2] Lifestreams bündeln die Online-Aktivitäten (z. B. in Blogs oder Social Networks) einer Person oder Organisation.

Mit Hilfe von Verlinkungen und Ergebnislisten von Suchmaschinen werden diese Themen auffindbar und gegebenenfalls weitertransportiert. Wobei Verlinkungen
letztlich Ergebnis der Einbindung des Autors in soziale Netzwerke sind: Je stärker
er in solche Netzwerke eingebunden ist, desto größer ist die Wahrscheinlichkeit,
dass Themen, die er für relevant hält, diskutiert und weitertransportiert werden.
Besonders so genannte Hubs, das sind stark vernetzte Akteure oder Social Media-
Plattformen, können als Drehscheibe zwischen unterschiedlichen sozialen Netzen
sowie den Massenmedien gesehen werden.

Auch eine Wechselwirkung mit den klassischen Medien ist festzustellen: Da
Journalisten zunehmend im Internet recherchieren, ist ein rascher Übergang von
Themen aus dem vormedialen Raum in den medialen Raum hinein möglich. Entscheidend hierfür sind die journalistischen Auswahlkriterien für Themen, die so genannten Nachrichtenwerte (Pleil 2005). Umgekehrt werden im vormedialen Raum
auch Themen, die sich in klassischen Medien oder in anderen Bereichen des Internets wie z. B. auf Videoplattformen befinden, diskutiert und weitertransportiert.
Damit ist im Internet[3] aus Sicht des finnischen PR-Forschers Jaakko Lehtonen „the
world's largest and most influential communication arena" entstanden (Lehtonen
2008, S 307). Dies hat zum einen mit der wachsenden Social Media-Welt zu tun
(zunehmende Zahl privater Weblogs, wachsende Social Networks etc.), aber auch
damit, dass Akteure des Social Web zunehmend Vertrauen genießen: So hat die regelmäßige Umfrage „Trust Barometer" der PR-Agentur Edelman 2007 (Pleil 2007)
zum ersten Mal herausgestellt, dass das Vertrauen z. B. in Produkturteile am höchsten ist, wenn diese Beurteilung von „a person like me" ausgesprochen wird. Die
Bedeutung des Journalismus und anderer etablierter Akteure/Institutionen nimmt
also für die Meinungsbildung langsam ab. Es kann unterstellt werden, dass diese
Entwicklung nicht ausschließlich auf einen Vertrauensverlust etablierter Akteure
zurückzuführen ist, sondern auch darauf, dass Peers (also Mitglieder des eigenen
sozialen Netzwerkes) in Zeiten der Informationsflut dem einzelnen Orientierung
geben. Das bedeutet, dass das soziale Netzwerk für seine Mitglieder auch eine Filterfunktion übernimmt und auf relevant erscheinende Themen hinweist[4]. In diesem
Zusammenhang ist von großer Bedeutung, dass auch Themen der Massenmedien
so wiederum in sozialen Netzwerken aufgegriffen und diskutiert werden und diese
dann den vormedialen Raum erreichen.

---

[3] Lehtonen bezieht seine Äußerung konkret auf die Blogosphäre als wichtigen Teil des vormedialen Raumes, wobei in diesem Artikel die Position vertreten wird, dass eine Fokussierung auf die
Blogosphäre dem Phänomen des Social Webs nicht gerecht wird.

[4] In der Kommunikationswissenschaft wurde diese Orientierungsfunktion früher vorwiegend
dem Journalismus zugeschrieben, wenn es um öffentliche Kommunikation geht. Heute ist davon
auszugehen, dass auch nicht-professionelle Akteure wie Blogger oder Nutzer von Social Bookmarking-Diensten etc. diese Rolle ebenfalls besitzen.

4   Strategien der Online-PR im Social Web

Aus den geschilderten Veränderungen der öffentlichen Sphäre ergeben sich aus PR-Sicht neue Anforderungen: Zum einen müssen Organisationen wahrnehmen, ob und wie sie oder ihre Produkte und Leistungen im Social Web thematisiert werden. „Ziel ist die systematische Beobachtung und frühzeitigen Identifikation relevanter Ansprüche und Themen, die eine Begrenzung organisationsstrategischer Handlungsspielräume erwarten lassen" (Röttger 2001). Während das bloße Entdecken solcher Themen vor allem als organisatorische Herausforderung zu sehen ist, die oft zudem Probleme erzeugt, die Quantität zu bewältigen, ist der nächste Schritt strategisch riskant: Denn es gilt, mit den wahrgenommenen positiven oder negativen Äußerungen umzugehen. Hier können falsche Weichenstellungen kontraproduktiv wirken: So kann beispielsweise der Versuch, Interessen juristisch durchzusetzen, im Internet in rasender Geschwindigkeit das Gegenteil der beabsichtigten Wirkung erzielen (Li u. Bernoff 2008; Pleil 2009). Auslöser für diesen so genannten Streisand-Effekt[5] sind häufig Abmahnungen, die darauf abzielen, aus Organisationssicht unliebsame Informationen oder Bilder auf dem Netz zu entfernen, de facto aber erst Recht zu einer lawinenartigen und dauerhaften Verbreitung dieser Information führen – unabhängig davon, ob der Versuch der Interessensdurchsetzung juristisch berechtigt ist oder nicht. Doch was im Netz veröffentlicht ist, kann nicht entfernt werden, möglich ist nur ein professioneller Umgang damit (Li u. Bernoff 2008). Hierzu muss die PR in der Lage sein, kommunikative Szenarien zu entwickeln. Dies wiederum setzt ein differenziertes Verständnis von Kommunikationsmechanismen im Netz voraus und die Fähigkeit, das Verbreitungspotenzial – und damit die mögliche Öffentlichkeit – einer Information abschätzen zu können. Hierzu gehört auch das Abschätzen einer möglichen Wechselwirkung mit den klassischen Massenmedien.

Zum anderen gilt: Wenn Vernetzung das Leitmotiv des Internets und insbesondere des Social Webs ist, muss es Ziel einer Organisation sein, sich zu vernetzen und akzeptierter Teil relevanter Kommunikationsarenen bzw. sozialer Netze zu werden, sofern solche existieren. Gegebenenfalls kann es auch sinnvoll sein, eigene Netze aufzubauen. Beispiele hierfür wären Kundencommunities oder Unterstützer-Communities für Nonprofit-Organisationen.

Besonders herausfordernd hieran ist im Webzeitalter die zunehmende Zersplitterung der öffentlichen Sphäre in Mikroöffentlichkeiten: So wird in vielen Fällen eine Organisation feststellen, dass beispielsweise drei oder vier Videoplattformen ganz eigene Communities schaffen, genauso wie nicht unbedingt nur ein Social Network aus Kommunikationssicht besonders relevant ist, sondern Stakeholder in mehreren Social Networks anzutreffen sind. Dann stellt sich die Frage, wo und wie ökonomisch sinnvolle Vernetzung geschaffen werden und Reputations- und Aufmerksamkeitskapital aufgebaut werden können. Solches Kapital gilt es dann zu

---

[5] Benannt nach der gleichnamigen Schauspielerin beschreibt der Streisand-Effekt das Phänomen, dass Informationen im Internet noch stärker weiterverbreitet werden, eben weil man versucht, sie zu entfernen.

nutzen, beispielsweise wenn neue Produkte auf den Markt gebracht, Wähler mobilisiert oder eine Krise bewältigt werden soll. Entscheidender Erfolgsfaktor hierbei ist jedoch die Erkenntnis, dass die Vernetzung im vormedialen Raum auf Kommunikation und Interaktion basiert. Dies setzt voraus, dass Organisationen dort mit dem alleinigen Platzieren von Botschaften wenig erfolgreich sein dürften, sondern dass sie die Bereitschaft und Fähigkeit zum Dialog zeigen und Nutzen stiften müssen. Dem stehen jedoch häufig lange interne Abstimmungswege bzw. die One-Voice Policy von Organisationen entgegen.

4.1   Online-Monitoring als organisationales Zuhören

Vor allem in großen Unternehmen wird das Konzept des Issues Managements seit Jahren systematisch eingesetzt. Dieses zielt darauf ab, sozialen Wandel zu antizipieren und auf Erwartungen der Öffentlichkeiten angemessen zu reagieren (Lütgens 2001). Der sich immer wieder verändernde Erwartungsrahmen bietet Organisationen Chancen für den Aufbau und die Pflege von Reputation. Indem sie solchen aktuellen Erwartungen in besonderem Maße gerecht werden, können Organisationen ihre Reputation verbessern. Umgekehrt kann Kritik an der Nicht-Einhaltung von Erwartungen (z. B. Kritik an Produktqualität, Preispolitik, Personalpolitik, Sozialverantwortung) zum Reputationsrisiko werden. Je nach Situation lassen Issues (verstanden als für eine Organisation relevante Themen) einen unterschiedlichen Handlungsspielraum zu. In vielen Fällen ist dieser umso größer, je früher ein Issue wahrgenommen wird und je kleiner die Öffentlichkeit ist, in der es diskutiert wird. Issues durchlaufen Phasen, die bis hin zur Diskussion in einer breiten Öffentlichkeit und einer Politisierung und zu einer Krise im Unternehmen führen können. Die Politisierung kann bis zu einer Veränderung von Rahmenbedingungen (z. B. gesetzlichen Vorgaben zum Anbau gentechnologisch veränderter Pflanzen) führen.

Durch die vereinfachten Publikationsmöglichkeiten im Internet hat sich dieser Entwicklungsprozess potenziell deutlich beschleunigt. Hinzu kommt, dass unter Umständen bereits in einem sehr frühen Entwicklungsstadium eines Issues eine grundsätzliche Öffentlichkeit hergestellt ist: Wer beispielsweise von einem Produktfehler betroffen ist, kann dies unmittelbar in Verbrauchercommunities, Foren oder einem privaten Weblog veröffentlichen. Damit kann ein Issue also unmittelbar nach seiner Entstehung den vormedialen Raum erreichen und wird potenziell für eine breitere Öffentlichkeit sichtbar bzw. über Suchmaschinen auffindbar. Dies gilt für negative wie für positive Themen: Während im negativen Zusammenhang aus krisenhaften Einzelereignissen schneller denn je ausgewachsene Krisen entstehen können, kann im positiven Fall ein Thema die Ziele einer Organisation deutlich unterstützen.

Vor diesem Hintergrund ist das Online-Monitoring eine Teilaufgabe eines Issues Managements und kann als Minimalherausforderung der PR im Social Web betrachtet werden, um die Reputation der eigenen Organisation durch entsprechende Aktivitäten zu schützen und Möglichkeiten ihrer Stärkung wahrzunehmen. Der

Aufbau eines Online-Monitoring-Systems geschieht dabei durch systematische Umwelt- und Themenanalysen.

Typischerweise entsteht in diesem Prozess eine Liste als relevant beurteilter Themenfelder. Aus ihnen werden konkrete Schlagworte als Grundlage des kontinuierlichen Online-Monitorings abgeleitet. Definiert werden dabei meist individuelle Stichworte, die einen konkreten Bezug zur Organisationstätigkeit aufweisen sowie ein Set an Stichworten, die sich in ähnlicher Weise für alle Organisationen definieren lassen. Hierzu gehören typischerweise:

- Der Name der Organisation/des Unternehmens[6],
- Markennamen,
- die Namen der Top-Manager,
- die Namen und URLs organisationseigener Websites,
- die je nach Organisationstätigkeit und öffentlichen Erwartungen relevanten individuellen Themen/Stichworte.

Häufig werden in diesem Zusammenhang auch die Wettbewerber beobachtet.

Dabei ist die Definition von Themen und Stichworten und deren Beobachtung ein wichtiger Baustein eines Frühwarnsystems (Avenarius 2001). Dass der zu Grunde liegende Themenkatalog nicht starr ist, sondern kontinuierlich angepasst werden muss, liegt auf der Hand. Übrigens kann dieser Aufwand im Idealfall auch für eine andere Kommunikationsaufgabe nützlich sein: die Suchmaschinenoptimierung (SEO). So kann aus der Liste der positiv konnotierten Issues abgeleitet werden, nach welchen Schlagworten eine Website optimiert werden sollte.

Für die praktische Umsetzung eines Online-Monitorings bestehen unterschiedliche Möglichkeiten, die von manuellem Suchen bis zu automatisierten Verfahren, die auch das Deep Web[7] erfassen, reichen. Auch eine aktive Vernetzung von Organisationsmitgliedern im vormedialen Raum bspw. in Social Communities wie XING unterstützt das Online-Monitoring. Die jeweilige Strategie lässt sich im Einzelfall am besten aus den Ergebnissen einer Organisations- und Umweltanalyse ableiten.

4.2   Beziehungsmanagement im Social Web

Trotz aller Veränderungen durch das Web: PR-Maßnahmen leiten sich aus Kommunikationszielen und -strategien ab, die wiederum aus der Geschäftsstrategie entwickelt werden. Diese eigentlich selbstverständliche Feststellung muss vor der Planung von Corporate Blogs und anderen Maßnahmen in Erinnerung gerufen werden, denn die systematische Analyse einiger Fallbeispiele deckt gerade in der strategi-

---

[6] Bei großen Unternehmen/Organisationen bzw. Marken liefert dies allerdings eine kaum zu bewältigende Trefferliste. Vor allem große Unternehmen setzen deshalb auf Stichwortkombinationen, also z. B. Unternehmensname + negativ konnotiertes Schlagwort (Beispiel: Firma xy + Kinderarbeit).

[7] Der Teil des Internets, der über normale Suchmaschinen nicht erreichbar ist.

schen Konzeption bisheriger Beispiele gelegentliche Mängel auf (Pleil 2007). Natürlich können fallweise Maßnahmen entwickelt werden, um veränderte Kommunikationsmechanismen etc. zu verstehen und zu testen. Doch die Regel sollte sein,
dass Maßnahmen von Organisationen im Social Web strategische Zielsetzungen
unterstützen, so wie alle anderen PR-Maßnahmen auch. Konkret drückt sich dies
im Ziel der sozialen Integration (Zerfaß 2008) durch Kommunikation aus. Der erste
Schritt hierzu ist mit einer systematischen Umweltbeobachtung (s. Kap. 4.1) getan.
Zeigen sich dabei Konflikte, etwa durch sich widersprechende Erwartungen von
Stakeholdern und Interessen der Organisation, so hat die Kommunikation die Aufgabe, die Position der Organisation nach außen zu vertreten und die Erwartungen
der Stakeholder nach innen zu tragen und an einer Konfliktlösung mitzuarbeiten.
Die Erfolgsaussichten hierfür stehen unter anderem mit der Legitimität, der Autori-
tät sowie der Reputation einer Organisation und ihrer öffentlich wahrgenommener
Mitglieder in Zusammenhang (Zerfaß 2008).

Aktivitäten von Organisationen im Social Web dienen damit vor allem der digitalen Reputation, also der Reputation, die in der virtuellen Welt des Internets erarbeitet
werden kann (Pleil u. Zerfaß 2007, S 516). Das bedeutet, dass Maßnahmen im Social
Web wie auch andere Maßnahmen auf die gesamte Reputation wirken und integriert
zu planen sind. Der Bedarf bzw. das Gewicht von Social Web-Strategien hängt vor
allem mit den Möglichkeiten zusammen, mit Stakeholdern dort Beziehungen aufbauen zu können: So lassen sich bestimmte Gruppen bereits heute kaum anders als
im Social Web erreichen, während andere Stakeholder hiervon noch weit entfernt
sind. Durch das Online Monitoring und die dabei stattfindende Analyse des vormedialen Raums aus Organisationssicht sollte diese Frage im Einzelfall zu klären sein.
Hierbei zeigt sich im Idealfall auch, in welchen Bereichen des vormedialen Raumes
eine Organisation ihre Stakeholder antreffen kann. Unter Umständen wird unter Einbezug der strategischen Kommunikationsziele deutlich, dass für die eine Organisation eine fachlich versierte Blogosphäre von besonderer Bedeutung ist, während für
die andere Videoplattformen oder Social Networks eine höhere Priorität haben.

Entscheidend ist letztlich also, Online-PR im Social Web nicht von der Anwendung her zu planen, sondern die Entscheidung, ob ein Blog, ein Podcast oder andere
Anwendungen genutzt werden, ans Ende der Entscheidungsfindung zu stellen. Jede
Entscheidung muss sich dem Ziel unterordnen, Sozialkapital aufzubauen (Hazleton
et al. 2007). Da Sozialkapital durch Beziehungen innerhalb sozialer Netze entsteht
(ebd.) und der vormediale Raum bzw. die darin existierenden (Mikro-) Öffentlichkeiten als Produkte sozialer Netze zu sehen sind, lässt sich das Beziehungsmanagement als zentrale Aufgabe der Online-PR im Social Web ableiten. Beziehungsmanagement als PR-Aufgabe (Ledingham et al. 2001) bedeutet aber zwangsläufig eine
klare Abkehr von Verlautbarung und Einwegkommunikation als dominantem Kom-
munikationsmodus. Stattdessen zwingt die Social Media-Welt zur Dialogfähigkeit
und verpflichtet dazu, den Beteiligten Nutzen zu schaffen (Worley 2007), um langfristige Beziehungen und weitergehend Sozialkapital aufzubauen.

Diese Anforderung lässt sich nicht nur theoretisch ableiten, sondern wird auch
durch einen technischen Hintergrund deutlich: Denn Kommunikation im Social
Web bedeutet Pull-Kommunikation, also das Bereitstellen von Informationen (z. B.
als RSS-Feed) anstatt diese aktiv zu distribuieren, wie es in der Push-Kommunika-

tion (Beispiele: Versenden von Presseinformationen, Newsletter) üblich war. Damit wächst noch einmal der Zwang, Nutzen zu stiften, damit Stakeholder sich z. B. für das Abonnieren eines Feeds entscheiden. Situationsbezogen kann der bereit gestellte Nutzen von konkreten Hilfestellungen über Fachinformationen bis hin zu Unterhaltung reichen, wobei das Angebot nicht losgelöst von der Identität einer Organisation entwickelt werden sollte. So dürfte sich zum Beispiel ein Fachblog besser eignen, die Expertise eines Unternehmens darzustellen als ein Gewinnspiel rund um die unterhaltsamste Videoeinreichung auf YouTube.

Sind einmal die Ziele einer Organisation im Social Web klar formuliert und die relevanten Netzwerke innerhalb des vormedialen Raumes identifiziert, wird wie im PR-Planungsprozess üblich die Taktik festgelegt. Hilfreich für diese Aufgabe ist die Differenzierung der Social Web-Nutzung in fünf Handlungsoptionen (Pleil 2007):

- *Publizieren* (Authoring): Die Bandbreite reicht von der im Weblog veröffentlichten Fachinformation bis zum Videotutorial.
- *Teilen* (Sharing): Gemeint ist die Möglichkeit, Stakeholdern mit Hilfe spezieller Instrumente (z. B. Aggregatoren oder Social Bookmarks) oder inhaltlicher Konzepte (z. B. von Weblogs) Informationen, aber auch persönliche Wertungen, auf einfache Weise zur Verfügung zu stellen.
- *Zusammenarbeiten* (Collaboration): Social Software-Formate bieten neue Wege der Zusammenarbeit sowohl in definierten Arbeitsgruppen wie auch ggf. in sich zufällig bildenden Verbünden. Prominenteste Anwendungsbeispiele hierfür sind Wikis, die beispielsweise die Zusammenarbeit bestimmter Stakeholder (v. a. von Mitarbeitern oder von Kunden) unterstützen können.
- *Vernetzen* (Networking): Das Web 2.0 unterstützt die Vernetzung von Individuen und Organisationen. Hierzu dienen eigene Plattformen (z. B. Social Networks wie Facebook, Xing, StudiVZ), aber auch technische Mechanismen, beispielsweise solche, die zwischen Weblogs eine automatische Vernetzung herstellen (Trackbacks etc.).
- *Bewerten und Filtern* (Scoring and Filtering): In vielen Zusammenhängen erlaubt das Social Web Bewertungs- und Filterprozesse durch ihre Nutzer (z. B. Votings, Tagging), die beispielsweise eine zu Suchmaschinen alternative, auf menschliche Wertung basierende Orientierungsfunktion erlauben.

Unter diesen Optionen dürfte im Einzelfall abhängig von der formulierten Zielsetzung bei der Konzeptentwicklung unterschiedlich gewichtet werden. Ziel ist jedenfalls, einen Weg festzulegen, der Beziehungsmanagement im Social Web erlaubt, und damit eine Strategie, die über das monologische Bekanntgeben von Informationen zur Organisation oder zu ihren Produkten hinaus geht. Stattdessen gelten Aktualität, attraktive Inhalte und Feedback- und Dialogangebote als typische Bausteine des digitalen Beziehungsmanagements (Pleil u. Zerfaß 2007). Damit wird auch deutlich, dass PR im Social Web nur sehr schwer kurzfristige Marktziele unterstützen kann, sondern vor allem langfristig angelegt ist und dem Reputationsaufbau dient. Mit Blick auf die Wirtschaftlichkeit empfiehlt sich also das eher aufwändige Beziehungsmanagement (im Social Web oder in der realen Kommunikationssituation) vor allem, wenn Stakeholder konkrete und relevante Ansprüche an eine Organisation richten (Neuberger u. Pleil 2006; Pleil u. Zerfaß 2007).

4.3   Folgen für die Kommunikationspraxis

Online-PR im Social Web bedeutet aus Organisationssicht zunächst eine große Chance: Denn hier können Stakeholder direkt erreicht und die Erwartungen der Stakeholder ungefiltert erfasst werden. Sowohl für Stakeholder wie für Organisationen ist es heute technisch und wirtschaftlich so einfach wie noch nie, selbst zu publizieren, etwa Weblogs, aber auch durch fernseh- oder radioähnliche Formate (z. B. Video-Logs). Auch der Aufbau von Communities ist heute einfacher und weitreichender als zuvor möglich. Gerade in Zeiten einer nahezu unüberschaubaren Informationsvielfalt haben so genannte Peers (Gleichgesinnte) eine entscheidende Orientierungsfunktion. Sie sind Teil eines „Web of Trust" (Edelman 2005), wobei die Urteile seiner Mitglieder im Vergleich zu den klassischen Massenmedien an Bedeutung gewinnen (Pleil u. Zerfaß 2007).

Neben den oben diskutierten strategischen Entscheidungen ist jedoch von grundlegender Bedeutung, dass Organisationen die sozialen sowie die technischen Mechanismen des Social Web kennen und akzeptieren. Anders ausgedrückt: Der vormediale Raum ist ein Raum der Netzkultur. Organisationen, die diese nicht antizipieren, können darin schnell scheitern. Wichtige Faktoren dabei sind Vertrauen, Transparenz, Dialog, Personalisierung und Tempo. Vor allem Vertrauen gilt als einer der wichtigen Bausteine von Reputation (Phillips 2001), die im Social Web als die entscheidende Währung für den Aufbau von Beziehungen gesehen werden kann. Hieraus wiederum folgen hohe Anforderungen an die Transparenz: So zählt ein transparentes Auftreten von Organisationen im Social Web zu den elementaren Grundbedingungen[8]. Noch ist jedoch kaum diskutiert bzw. erforscht, wo aus Organisationssicht die Grenzen transparenten Auftretens liegen. Klar ist, dass Astroturfing-Strategien tabu sind. Ein Beispiel hierfür wären Kommunikationskampagnen von Organisationen, bei denen der Absender verschleiert wird. Andererseits können nicht alle strategischen Fragen im Sinne der Transparenz öffentlich diskutiert werden. Insofern könnte festgehalten werden, dass sich der Anspruch der Transparenz vor allem auf die Kommunikationssituation bezieht.

5   Ausblick: Einschränkungen der One-Voice-Policy und Social Media Manager

Der Wunsch von Organisationen nach Beziehungsmanagement im Social Web stellt die bisher oft übliche und als absolut geltende One-Voice Policy zumindest in Teilen in Frage: Denn einerseits können PR-Abteilungen kaum in der Lage sein, den vielfältigen Dialoganforderungen im Social Web allein zu begegnen. Andererseits nimmt seit Jahren das öffentliche Vertrauen in Autoritäten wie Politiker oder

---

[8] Selbstverständlich sollte PR immer transparent sein, im Social Web erscheinen jedoch die Risiken einer Nichtbeachtung dieser Anforderung besonders hoch.

Manager ab (Edelman 2005). Daher liegt es nahe, Mitarbeiter systematisch als Botschafter für ihre Organisation einzusetzen (Pleil u. Zerfaß 2007). Dies kann beispielsweise dadurch geschehen, dass Mitarbeiter auf der Corporate Website eigene Weblogs oder Podcasts einrichten können oder dass sie motiviert werden, sich in Social Networks aktiv zu vernetzen. Eine solche Strategie bedeutet natürlich für die Organisation und deren PR-Abteilung einen Kontrollverlust – andererseits die Chance, mit glaubwürdigen Botschaftern aufzutreten. Um inhaltliche Risiken wie die Preisgabe vertraulicher Informationen oder das Veröffentlichen negativer Meinungen zum Arbeitgeber zu reduzieren, werden in einigen Unternehmen Verhaltenskodizes für Mitarbeiter im Social Web verabschiedet.

Auch ein spezielles Coaching von Mitarbeitern, die im Social Web aktiv werden möchten, hat sich in einigen Unternehmen und Nonprofit-Organisationen bereits als sinnvoll erwiesen. Ähnliche Maßnahmen haben mit Blick auf die klassische Presse- und Öffentlichkeitsarbeit im Nonprofit-Bereich seit langem bewährt. Hier kann auch deutlich herausgearbeitet werden, zu welchen Themen ein offizieller Kommunikator oder ein Manager Stellung nimmt und welche Themen auch von Mitarbeitern kommuniziert werden können.

In der Diskussion ist seit neuestem auch eine neue Berufsrolle, die des Social Media Managers. Einzelne Unternehmen – vorwiegend in den USA – haben bereits solche Stellen geschaffen. Ihre Aufgabe ist einerseits, im vormedialen Raum als Repräsentant ihres Unternehmens aufzutreten und eine ähnliche Rolle wie ein Pressesprecher gegenüber den Medien einzunehmen. Andererseits können Social Media Manager als Sherpas gesehen werden, die die neuesten Entwicklungen im Internet und deren Potenzial für die Kommunikation ihrer Organisation erkennen. Außerdem sollten Social Media Manager innerhalb ihrer Organisation Mitarbeiter motivieren und coachen, selbst in den Social Media aktiv zu werden. Und schließlich müssen sie in der Lage sein, ihre Aktivitäten an den Geschäftsstrategien ihrer Organisation und derer Kommunikationsziele auszurichten, damit insgesamt eine integrierte und damit konsistente Kommunikationsstrategie im Social Web, auf der Website und in der Offline-Welt umgesetzt wird.

Literatur

Avenarius H (2001) Issue-Management. In: Bentele G, Piwinger M, Schönborn G (Hrsg) Kommunikationsmanagement. Strategien, Wissen, Lösungen (Losebl. 2001 ff). Art. Nr. 2.02, Luchterhand, Neuwied

Bucher H-J, Erlhofer S, Kallass K, Liebert W-A (2008) Netzwerkkommunikation und Intenet-Diskurse: Grundlagen eines netzwerkorientierten Kommunikationsbegriffs. In: Zerfaß A, Welker M, Schmidt J (Hrsg) Grundlagen und Methoden. Von der Gesellschaft zum Individuum. von Halem, Köln, S 41–61

Donges P, Imhoff K (2001) Öffentlichkeit im Wandel. In: Jarren O, Bonfadelli H (Hrsg) Einführung in die Publizistikwissenschaft. Haupt (UTB für Wissenschaft Kommunikationswissenschaft, 2170), Bern, S 101–133

Eck K, Pleil T (2006) Public Relations beginnen im vormedialen Raum. Weblogs als neue Herausforderungen für das Issues Management. In: Picot A, Fischer T (Hrsg) Weblogs professionell. Grundlagen, Konzepte und Praxis im unternehmerischen Umfeld. Dpunkt, Heidelberg, S 77–94

Edelman R (2005) Edelman Trust Barometer 2005, 24.05.2005. URL: http://www.edelman.com/ image/insights/content/Final_LB.ppt. Zugegriffen: 3. Sept. 2010

Hazleton V, Harrison-Rexrode J, Kennan WR (2007) New technologies in the formation of personal and public relations. Social capital and social media. In: Duhé SC (Hrsg) New media and public relations. Peter Lang, New York, S 91–105

Ledingham JA, Bruning S (Hrsg) (2001) Public relations as relationship management. A relational approach to the study and practice of public relations. Routledge, Mahwah

Lehtonen J (2008) Risks and crises in virtual publicity – can publicity crises be prevented by public relations in cyberspace? In: Zerfaß A, van Ruler B, Sriramesh K (Hrsg) Public relations research. European and International perspectives and innovations. VS, Wiesbaden, S 305–312

Li C, Bernoff J (2008) Groundswell. Winning in a world transformed by social technologies. Harvard Business School Press, Boston

Lütgens S (2001) Das Konzept des Issues Management: Paradigma strategischer Public Relations. In: Röttger U (Hrsg) Issues-Management. Theoretische Konzepte und praktische Umsetzung; eine Bestandsaufnahme, 1. Aufl. Westdeutscher Verlag, Wiesbaden, S 59–77

Neuberger C, Pleil T (2006) Online-Public Relations: Forschungsbilanz nach einem Jahrzehnt. http://www.thomas-pleil.de/downloads/Neuberger_Pleil-Online-PR.pdf. Zugegriffen: 3. Sept. 2010

Oehmichen E, Schröter C (2007) Zur typologischen Struktur medienübergreifender Nutzungsmuster. Erklärungsbeiträge der MedienNutzer- und der OnlineNutzerTypologie. Media Perspektiven 8(8):406–421

Phillips D (2001) Online public relations. Kogan Page, London

Pleil T (2005) Öffentliche Meinung aus dem Netz? Neue Internet-Anwendungen und Public Relations, in: Arnold, Klaus/Neuberger, Christoph (Hrsg): Alte Medien – Neue Medien. Theorien, Beispiele, Prognosen. Festschrift für Jan Tonnemacher, Wiesbaden: VS, S 242–262

Pleil T (Hrsg) (2007) Online-PR im Web 2.0. Fallbeispiele aus Wirtschaft und Politik. UVK, Konstanz

Pleil T (2009) Anti-Campaigning: RWE-Werber tappen in die Falle. Weblog Das Textdepot, 05.04.2009. http://thomaspleil.wordpress.com/2009/04/05/rwe-werber-tappen-in-falle/. Zugegriffen: 03. Sept. 2010

Pleil T, Zerfaß A (2007) Internet und Social Software in der Unternehmenskommunikation. In: Piwinger M, Zerfass A (Hrsg) Handbuch Unternehmenskommunikation, 1. Aufl. Gabler, Wiesbaden, S 511–532

Röttger U (Hrsg) (2001) Issues-Management. Theoretische Konzepte und praktische Umsetzung; eine Bestandsaufnahme, 1. Aufl. Westdeutscher Verlag, Wiesbaden

Röttger U, Zielmann S (2006) Weblogs – unentbehrlich oder überschätzt für das Kommunikationsmanagement von Organisationen? In: Picot A, Fischer T (Hrsg) Weblogs professionell. Grundlagen, Konzepte und Praxis im unternehmerischen Umfeld. Dpunkt, Heidelberg, S 31–50

Schweiger W, Weihermüller M (2008) Öffentliche Meinung als Online-Diskurs – ein neuer empirischer Zugang. Publizistik 53(4):535–559

Scoble R, Israel S (2006) Naked conversations. How blogs are changing the way businesses talk with customers. Wiley, Hoboken

Szyszka P (2004) PR-Arbeit als Organisationsfunktion. Konturen eines organisationalen Theorieentwurfs zu Public Relations und Kommunikationsmanagement. In: Röttger U (Hrsg) Theorien der Public Relations. Grundlagen und Perspektiven der PR-Forschung. VS, Wiesbaden, S 149–168

Theis-Berglmair A-M (2007) Meinungsbildung in der Mediengesellschaft: Grundlagen und Akteure öffentlicher Kommunikation. In: Piwinger M, Zerfaß A (Hrsg) Handbuch Unternehmenskommunikation. 1. Aufl. Gabler, Wiesbaden, S 123–136

Worley DA (2007) Relationship building in an internet age. In: Duhé S (Hrsg) New media and public relations. Peter Lang, New York, S 145–157

Zerfaß A (2007) Unternehmenskommunikation und Kommunikationsmanagement: Grundlagen, Wertschöpfung, Integration. In: Piwinger M, Zerfass A (Hrsg) Handbuch Unternehmenskommunikation, 1. Aufl. Gabler, Wiesbaden, S 21–70

Zerfaß A (2008) Corporate communication revisted: integrating business strategy and strategic communication. In: Zerfaß A, van Ruler B, Sriramesh K (Hrsg) Public relations research. European and international perspectives and innovation. VS, Wiesbaden, S 67–96

Zerfaß A, Boelter D (2005) Die neuen Meinungsmacher. Weblogs als Herausforderung für Kampagnen, Marketing, PR und Medien, 1. Aufl. Nausner & Nausner (FastBook, 4), Graz

Zerfaß A, van Ruler B, Rogojinaru A, Vercic D, Hamrefors S (2007) European communication monitor 2007. Trends in communication management and public relations – results and implications. http://www.zerfass.de/ecm/ECM2007-Charts.htm. Zugegriffen: 3. Sept. 2010

Kundenintegration in die Wertschöpfung am Beispiel des Buchmarkts

Eva Blömeke, Alexander Braun und Michel Clement

Inhalt

1 Bücher als hedonische Produkte

Bücher gehören zu den *hedonischen* Gütern, deren Konsum typischerweise experimenteller Natur ist und Spaß oder Emotionen erzeugt (Tietzel 1995; Dhar u. Wertenbroch 2000). Wichtige Merkmale hedonischer Güter sind der innovative Charakter dieser Produkte, die unvollständige Substituierbarkeit und ein hohes Konsumrisiko.

Die Bewertung der Qualität eines hedonischen Produktes vor dem eigentlichen Konsum ist für Kunden problembehaftet, da es sich um ein *Erfahrungsgut* handelt (Batra u. Ahtola 1990). Während sich die objektiven Eigenschaften – wie Autor, Titel oder Cover – gut analysieren lassen, fällt es einem Interessenten vor dem Konsum schwer, ein Buch inhaltlich adäquat zu bewerten (Lageat et al. 2003). Die hedonischen Eigenschaften von Büchern führen auch dazu, dass jedes neue Buch kaum mit anderen Produkten verglichen werden kann. So ist z. B. ein neues Werk von John Irving ein vollkommen anderes Produkt als sein Vorgänger, weil die neue Geschichte andere Emotionen weckt und so die Konsumerfahrung eine andere ist.

E. Blömeke (✉)
Universität Hamburg, Osterstrasse 122, 20255 Hamburg, Deutschland
E-Mail: evabloemeke@googlemail.com

G. Walsh et al. (Hrsg.), *Web 2.0*,
DOI 10.1007/978-3-642-13787-7_17, © Springer-Verlag Berlin Heidelberg 2011

Zudem stellt jedes Buch eine Produktinnovation dar, so dass sich der Konsument immer wieder neu mit den Eigenschaften des Produkts auseinandersetzen muss, denn selbst unter den Harry-Potter-Bänden lässt sich ein Buch nicht unmittelbar durch ein anderes ersetzen (Clement et al. 2009). Somit liegt nur eine begrenzte Substituierbarkeit vor.

Ein wichtiger Aspekt bei der Charakterisierung von Büchern als hedonische Produkte ist die Subjektivität (Ghose u. Panagiotis 2006). Die Konsumerfahrung für eine Person ist nicht nur von Buch zu Buch anders, sondern unterscheidet sich beim Konsum des gleichen Buches durch unterschiedliche Personen. Dies ist besonders entscheidend bei Rezensionen, da hier der Vertrauensfaktor weniger mit den Produkteigenschaften in Verbindung gebracht wird, sondern vielmehr mit dem Rezensenten selbst. Somit geht es bei der Wertschätzung von Rezensionen hedonischer Güter in erster Linie um die Identifikation von Rezensenten, die einen ähnlichen Einschätzungsrahmen oder Wertmaßstab aufweisen.

Die Qualitätsunsicherheit und das damit verbundene Konsumrisiko sind keine exklusiven Attribute hedonischer Güter, sondern allen Erfahrungsgütern gemein (Akerlof 1970; Nelson 1970). Um dem Risiko-Dilemma zu begegnen, lassen einige Anbieter von hedonischen Produkten eine Erprobung vor dem Kauf zu. Meist nimmt jedoch der Grenznutzen nach dem ersten Konsum (hier die Erprobung) stark ab, so dass beispielsweise Anbieter im Kinofilmbereich versuchen, die Unsicherheit über die Qualität eines Filmes im Vorfeld durch Trailer zu reduzieren (Müller u. Ceviz 1993). Eine Erprobung kann auch hohe Kosten beim Nutzer hervorrufen. So lässt sich ein Buch aufgrund der Lesedauer nur zu hohen Opportunitätskosten probelesen. Daher müssen sich Anbieter frühzeitig mit dem Problem auseinandersetzen, wie die Unsicherheit über die Produktqualität reduziert werden kann.

Die bestehende Informationsasymmetrie motiviert dabei die Nachfrager, glaubwürdige Informationen – z. B. Rezensionen – zu konsultieren, um so das individuelle Risiko zu minimieren (Franck u. Winter 2003). Eine Strategie von Verlagen und Buchhändlern ist es daher, diese Informationen bereit zu stellen, um so zusätzliche Kaufanreize zu schaffen. Die Integration der Nutzer, in diesem Fall der Leser, verfolgt das Ziel, authentisch, glaubwürdig und unabhängig zu wirken. Zugleich haben auch die Leser bestimmte Motive für die Veröffentlichung ihrer Meinung über ein gelesenes Buch.

Der Einbezug des Kunden in die Wertschöpfungskette soll im Folgenden am Beispiel Buch erläutert werden. Der Fokus liegt dabei auf Kundenbewertungen; hier soll insbesondere auf die Motivation der Anbieter und Nutzer abgestellt werden. Da mit *Amazon* bereits seit längerem ein großer und erfolgreicher Online-Buchhändler am Markt aktiv ist, bei dem neben systemunterstützten Empfehlungs-Algorithmen persönliche Rezensionen eine große Rolle spielen, existieren in diesem Bereich bereits einige hochrangig publizierte, wissenschaftliche Untersuchungen. Die Ergebnisse lassen sich aufgrund der ähnlichen Produkteigenschaften jedoch auch auf andere hedonische Güter, wie z. B. Musik oder Filme übertragen.

2   Kundenintegration im Buchbereich

Die neuen Möglichkeiten im Web 2.0 führen zu einer grundlegenden Veränderung der Anbieter-Kunden-Beziehung. Die klassische Aufteilung in Konsument und Produzent verliert zunehmend an Gültigkeit: Potenziell kann jeder zum Anbieter von Inhalten werden. Dies gilt, wie im Folgenden zu zeigen sein wird, für die Inhalte eines Buches ebenso wie für die Bewertung des Buchs durch Rezensionen. Aber auch in weiteren Schritten der Wertschöpfungskette hat das Internet zu einer Erweiterung des Einflusses der Konsumenten gegenüber den Verlagen und Händlern geführt. Die daraus erwachsenden Vorteile müssen jedoch nicht ausschließlich bei den Konsumenten liegen, sondern können bei proaktivem Aufgreifen dieser Marktentwicklungen durch Verlage und Händler durchaus auf allen Stufen der Wertschöpfungskette zu Win-Win-Situationen führen (siehe Abb. 1).

Bei der Erstellung des Buches reicht das Spektrum des Einbezugs der klassischen Konsumenten von Feedback-Schleifen, die ihren Niederschlag im fertigen Buch finden und dieses abrunden, bis hin zu komplett durch die Konsumenten erstellte und durch sie für Verlage ausgewählte Bücher. So bietet Tim O'Reilly Lesern seines Fachbuchverlages tagesaktuelle Einsicht in den Entwicklungsstand eines Buches (O'Reilly 2006). Für einen geringen Aufpreis gegenüber dem festgelegten Ladenpreis des fertigen Produkts kann man ein Paket aus Online-Zugriff und dem physischen Buch erwerben. Neben den damit angestrebten zusätzlichen Einnahmen stehen das Feedback von Lesern und damit ihre Integration in den kreativen Prozess des Autors im Zentrum.

Der Erfolg der freien Enzyklopädie *Wikipedia* zeigt, dass eine Gemeinschaft ohne feste Zuordnung gewisser Themengebiete zu bestimmten Autoren, ohne zentralisierte Planung, Qualitätssicherung und ohne finanzielle Anreize ein relativ verlässliches Lexikon erstellen kann – sowohl vom Umfang als auch hinsichtlich der Qualität (Braun 2009). Der Verlag *Pearson Publishing* hat in Anlehnung an diese Erfahrungen ein Wirtschafts-Fachbuch veröffentlicht, das von einer Autoren-Gruppe in der Überzeugung geschrieben wird, dass die Gemeinschaft zu Ergebnissen kommt, die denen individueller Experten überlegen sind.[1]

Die bisherige Autorität der Verlage bezüglich der Selektion von Inhalten wurde in Nischen bereits durch Print-on-Demand-Angebote aufgeweicht, bei denen Autoren selbst über die Publikation ihres Buches bestimmen. Durch Online-Plattformen, die das freie Veröffentlichen von Texten für jedermann ohne die limitierenden Faktoren des Print-on-Demands ermöglichen, erreicht diese Entwicklung nochmals eine neue Qualität. Sie reichen von teilweise skurrilen Versuchen des Gruppenschreibens[2] bis hin zur Veröffentlichung ganzer Romane, die durch Gruppenauswahl via Zugriffszahlen und Bewertungen zu Verträgen mit Verlagen führen (BBC News

---

[1] Informationen zum ersten „Netzwerk-Buch": http://www.wearesmarter.org

[2] „Wikinovel Experiment" unter: http://www.amillionpenguins.com

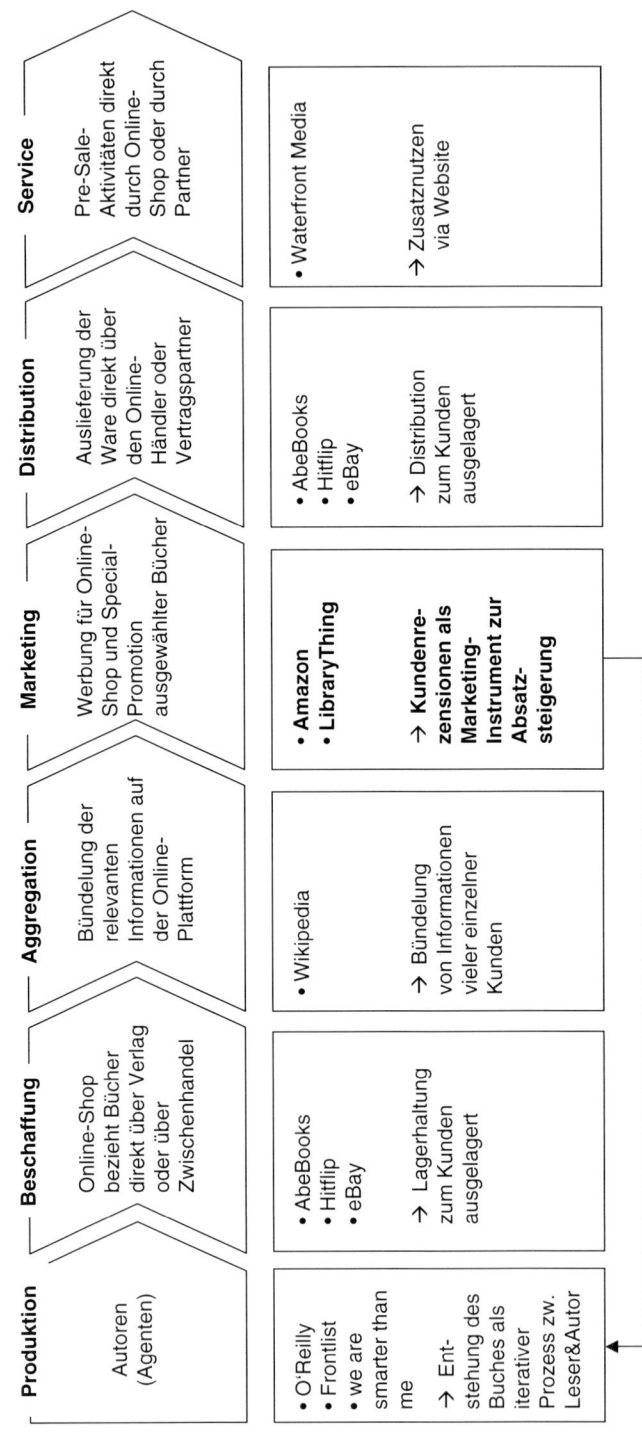

Abb. 1 Einbindung des Kunden in die Wertschöpfungskette

2007). Dazwischen rangieren Plattformen, auf denen die Benutzer die Vorselektion von Inhalten für Verlage und Agenten übernehmen.[3]

Das Prinzip des *Crowdsourcing*, also die Bewertung durch die Gemeinschaft, tritt hier an die Stelle der Selektion durch einige wenige Lektoren in Verlagen. Die breiter fundierte Bewertung von Inhalten durch die Zielgruppe bereits vor dem Druck ermöglicht eine treffsichere Planung der Verlage: Dies scheint vor allem angesichts hoher Remissionsquoten (ca. 8 % in Deutschland und ca. 40 % in Nord-Amerika; Jung 2006; Publishing Trends 2002) und verpasster Chancen bei der Identifikation erfolgreicher Autoren (z. B. J. K. Rowling, deren Harry-Potter-Manuskript zunächst von zwölf Verlagen abgelehnt wurde), als sinnvoll. Jedoch hat das Konzept des Crowdsourcing zu hitzigen Diskussionen geführt, da vor allem aus Lektorenkreisen die angenommene Mittelmäßigkeit der Ergebnisse eines solchen Prozesses bemängelt wird. Ob die durch Lektoren ausgewählten, in den gängigen Bestsellerlisten vertretenen Autoren dabei ausschließlich für literarische Exzellenz stehen, sei dahingestellt.

Auch im Prozess der Produktion des physischen Produkts hat der klassische Konsument durch Nutzung von Print-on-Demand-Anbietern an Einfluss gewonnen. Durch Plattformen wie *eBay*, *Hitflip*, *AbeBooks* und andere sind Konsumenten verstärkt in den Distributionsprozess involviert, indem sie Lagerhaltung und Versand übernehmen und traditionell dem Markt durch den Kauf entzogene Produkte über hoch effizient strukturierte Plattformen ihrer Zweitverwertung zuführen.

Nicht zuletzt jedoch haben die Konsumenten via Rezensionen großen Einfluss im Marketingprozess gewonnen. Dank des Internet können sie ihre Meinung nicht nur einer begrenzten Gruppe von Freunden zugänglich machen, sondern mit enormer Multiplikatorwirkung global verbreiten. Gründe, Effekte und Anreizsysteme der Rezensionen aus Anbieter- und Konsumentensicht sollen Gegenstand der folgenden Betrachtung sein.

Dass insbesondere der Einsatz von Kunden-Rezensionen als Marketinginstrument durchaus erfolgreich ist, zeigen verschiedene wissenschaftliche Untersuchungen. So wurde beispielsweise in einer Studie zum Online-Buchmarkt ein positiver Einfluss von Kundenbewertungen auf den Absatz festgestellt (Chevalier u. Mayzlin 2006). Die Ergebnisse galten sowohl für positive Beurteilungen als auch für eine zunehmende Anzahl an Bewertungen für ein bestimmtes Buch. Sorensen u. Rasmussen (2004) kommen zu dem Ergebnis, dass Rezensionen – unabhängig von ihrer Ausprägung (positiv, negativ oder neutral) – einen positiven Einfluss auf den Buchabsatz haben. Dabei ist die Wirkung jedoch erwartungsgemäß für positive Rezensionen noch stärker als für negative. Ebenso fällt die Wirkung bei unbekannten Autoren höher aus als bei bereits etablierten Autoren. Auch Beck (2006) identifiziert Word-of-Mouth bei heterogenen Käufern als entscheidenden Faktor für den Buchabsatz.

---

[3] Z. B. http://www.thefrontlist.com oder http://firstchapters.gather.com

3 Motive der Unternehmen

Online-Buchhändler verfolgen mit der Bereitstellung der nötigen Infrastruktur zum Verfassen von Kundenrezensionen zunächst ein übergeordnetes Ziel: Langfristig soll eine Absatzsteigerung von Büchern erreicht werden. Dabei nutzt das Unternehmen die Tatsache, dass ein potenzieller Kunde hedonischer Produkte von vorneherein motiviert ist, seine *Unsicherheit* zu *verringern* und daher selbstständig Informationen selektiert und Suchkosten einkalkuliert. Durch die kontextgebundene Bereitstellung zusätzlicher Produktinformationen in der Kaufsituation, also am Point-of-Sale bei Besuchen des Online-Shops, ist ein direkter Bezug und somit ein entsprechendes Involvement gegeben.

Eine Plattform für Kundenrezensionen soll dem Kunden durch die gelieferten Informationen einen *Zusatznutzen* neben der originären und häufig rein objektiven Produktbeschreibung liefern. Sowohl für Kunden mit bereits bestehender Kaufabsicht, die gezielt bestimmte Bücher suchen, als auch für Personen mit vager Vorstellung, die zunächst nur „stöbern" wollen, kann eine Rezension somit zusätzliche Kaufimpulse geben.

Darüber hinaus kann mit dem Angebot von Rezensionen die *Kundenbindung* erhöht werden. In der klassischen Kaufsituation von Büchern gibt es nach Transaktionsabschluss in der Regel keine weitere Interaktion zwischen Anbieter und Kunde. Möchte ein Käufer eine Produktbewertung abgeben, muss er jedoch auf das Portal des Anbieters zurückkommen und es kann somit ein zusätzlicher Kontakt generiert werden. Dies steigert die Loyalität zum Online-Shop und führt im Idealfall zu Folgekäufen.

Kundenrezensionen haben überdies *Signalfunktion*, d. h. unabhängig davon, ob die Bewertung des Buches positiv oder negativ ausfällt, signalisiert insbesondere eine große Anzahl an Rezensionen zu einem bestimmten Buch, dass über dieses Produkt intensiv gesprochen wird, es „in" ist. Dabei können besonders kontroverse Meinungen den Prozess weiter vorantreiben und beschleunigen (Clement et al. 2006). Die Vertrauensbildung wird unterstützt durch die Einschätzung der Leser, wie hilfreich diese Rezension für sie war. Damit einhergehend wird durch das Veröffentlichen der Buchbewertungen Mund-zu-Mund-Propaganda initiiert.

Neben den vorangegangenen Aspekten, die sich in erster Linie auf die Kundenseite beziehen, existieren auch Vorteile, die hauptsächlich unternehmensintern von Relevanz sind. Die inhaltliche Analyse bereits abgegebener Rezensionen gibt Rückschlüsse auf – aus Kundensicht – besonders relevante Produktfacetten (Ghose u. Panagiotis 2006). Basierend auf diesen Ergebnissen kann die Marketing-Strategie angepasst werden. Bedeutende Aspekte sollten zusätzlich in die originäre, vom Shop-Anbieter bereitgestellte Produktbeschreibung einbezogen werden um diese um kaufrelevante Kriterien zu erweitern. Ferner kann durch den Einblick in die Beurteilung des Lesers die Treffsicherheit künftiger Empfehlungen verbessert werden. Darüber hinaus ist ebenso denkbar, dass auf Basis der inhaltlichen Analyse der Bewertungen Ideen für die Neuproduktgestaltung abgeleitet oder *Produktmodifikationen* vorgenommen werden. So entsteht eine Feedback-Schleife, bei der der

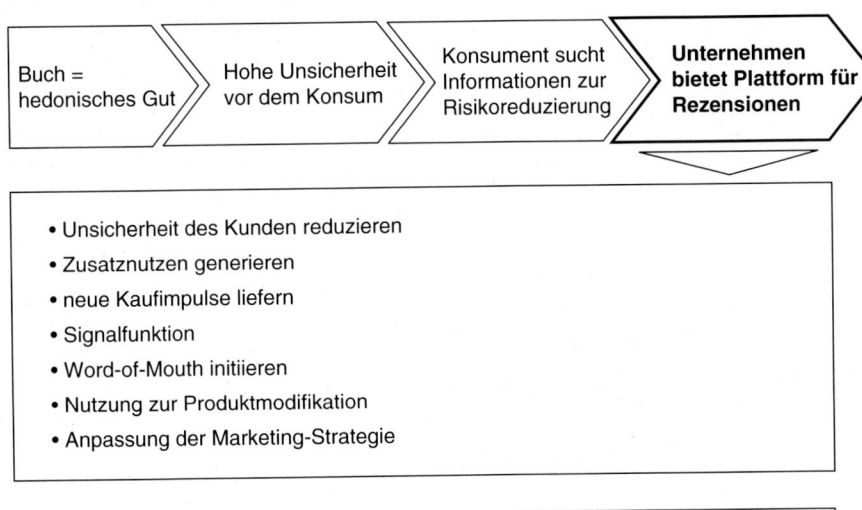

Abb. 2 Ziele des Unternehmens

Kunde aktiv in den Prozess eingebunden ist und seine Meinung Rückwirkungen auf den Erstellungsprozess eines Buches hat. Entsprechende Beispiele wurden bereits in Abschn. 2 erläutert (z. B. O'Reilly 2006). Einen Überblick über die Motive der Unternehmen gibt Abb. 2.

Für Unternehmen ist es wichtig, die vielfältigen Möglichkeiten, die sich durch Kundenrezensionen bieten, umfassend auszuschöpfen. Dabei stellt die technische Umsetzung durch das Bereitstellen der Plattform nur den ersten Schritt dar. Ebenso erforderlich sind geeignete Maßnahmen, die die Relevanz von Rezensionen für den individuellen Kunden transparenter macht bzw. im Idealfall sogar erhöht. Dies kann beispielsweise durch die Funktion „Bewertung von Bewertungen" umgesetzt werden, mit der Leser einer Rezension abstimmen können, ob diese Rezension hilfreich war. Ebenso ist die Bestimmung der Relevanz anhand von Affinitäten durch Einblick in das Rezensentenprofil und die bisherigen Rezensionen denkbar.

Nach der technischen Umsetzung sind ein umfassendes und kontinuierliches Monitoring sowie eine inhaltliche Analyse der publizierten Bewertungen erforderlich. Nur so kann ein Unternehmen zusätzliche, kaufrelevante Informationen über seine Produkte sammeln und Meinungen direkt vom Konsumenten einholen, für die andernfalls kostenintensive Marktforschung betrieben werden müsste. Darüber hinaus ermöglicht die laufende Beobachtung auch ein direktes Eingreifen in Prozesse und die gezielte Steuerung, um so beispielsweise bei einer Vielzahl von Bewertungen die qualitativ hochwertigen weiter oben zu positionieren (Ghose u. Panagiotis 2006). *Amazon* setzt dies bereits in der Funktion „Spotlight Review" um, wobei der prominenten Positionierung einer Rezension die Anzahl der hilfreichen Bewertungen als Auswahlkriterium zugrunde liegt.

Ein grundsätzliches Problem bei der Umsetzung und Etablierung einer Plattform für Kundenbewertungen ist jedoch das Erreichen der *kritischen Masse*. Führende Anbieter wie *Amazon* verfügen bereits über ein sehr umfangreiches Repertoire an Bewertungen, so dass es für neue Anbieter zunächst schwer ist, diesen Vorsprung aufzuholen. Allen Marktteilnehmern gleich ist jedoch das Problem bei Erstveröffentlichungen, zu denen noch keine oder erst sehr wenige Bewertungen vorliegen. Hier ist die überzeugende Ausgestaltung von Anreizsystemen, die besonders Lead-User zur frühzeitigen Abgabe von Rezensionen anregt, von hoher Relevanz.

4 Motive der Nutzer

Die Nutzer von Rezensions-Plattformen lassen sich grundsätzlich in drei Segmente unterteilen: Einerseits gibt es Personen, die sich durch das Lesen von Rezensionen vor einem Buchkauf informieren, dementsprechend ausschließlich Content *konsumieren*. Auf der anderen Seite lebt ein Portal von den Personen, die die Bücher aktiv bewerten und Rezensionen verfassen, d. h. Content *erzeugen*. Darüber hinaus gibt es Nutzer, die sich zwar beteiligen, aber nur in geringem Maße eigene Inhalte erstellen.

Wie sich auf verschiedenen Plattformen gezeigt hat, ist der Anteil von Inhaltsanbietern an der Gesamtgruppe der Nutzer gering (siehe Abb. 3): Nur etwa 1 % initiieren die Erstellung von Inhalten. Etwa 10 % beteiligen sich aktiv, egal ob als Initiator oder nur in Beantwortung oder Diskussion. Die verbleibenden 90 % profitieren von der Aktivität ersterer, ohne jedoch selbst aktiv teilzunehmen (Horowitz 2006). Obwohl die Motive der Plattformnutzung in beiden Nutzungsausprägungen unterschiedlich sind, lebt die gesamte Plattform von der Aktivität weniger.

Dies muss im Aufbau berücksichtigt werden, um die Anreize richtig zu setzen und die kritische Masse zu erreichen, die für den Erfolg einer derartigen Plattform notwendig ist. Im Folgenden gilt es daher die Motive zu beleuchten und Ideen für Anreizsysteme zu entwickeln.

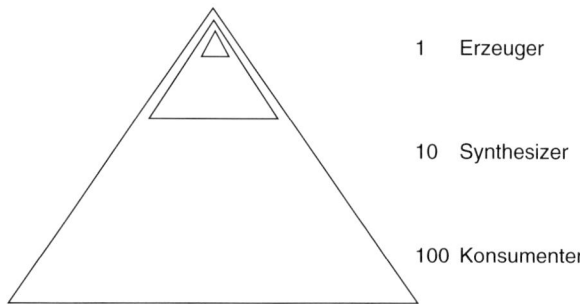

Abb. 3 Pyramide der Nutzer. (Quelle: Horowitz 2006)

4.1   Leser von Rezensionen

Um die hohe Unsicherheit vor dem Konsum eines Buches zu reduzieren, versuchen potenzielle Kunden vorab möglichst viele Informationen zu sammeln. Bereits im Offline-Bereich konnte der positive Einfluss von Kritiken zur Unsicherheitsreduktion nachgewiesen werden (Clement u. Sambeth 2004). Auch die Empfehlung von Verwandten oder Freunden stellt eine sehr häufig genutzte, wertvolle und kaufentscheidungsrelevante Quelle dar. Der positive Einfluss von Word-of-Mouth auf den Absatz wurde in der Literatur mehrfach untersucht (Bayus 1985; Hogan et al. 2004; Beck 2006). Verschiedene Aspekte determinieren diese Wirkung – so insbesondere das Vertrauen und die Glaubwürdigkeit, die Personen zugesprochen wird, die unabhängig und ohne „Verkaufsabsicht" ihre Meinung zu bestimmten Produkten äußern (Braun 2009). Dabei hat die Treffsicherheit vergangener Empfehlungen einen wesentlichen Einfluss auf das Vertrauen und die Wertschätzung, die einem Rezensenten entgegengebracht wird.

Im unmittelbaren Freundeskreis eines Interessenten sind jedoch nicht immer Informationen über Bücher verfügbar. Das Internet ermöglicht eine enorme Vergrößerung des „Bekanntenkreises" und somit einen breiteren Zugang zu relevanten Kaufinformationen – insbesondere auch in Nischengebieten, für die sich im unmittelbaren Umfeld möglicherweise nur wenige Leute interessieren. Dabei ist das Vertrauen aufgrund der Anonymität und der fehlenden persönlichen Verbindung zwischen Sender und Rezipient in der „virtuellen Welt" weniger stark ausgeprägt als in der Offline-Welt. Dies kann jedoch auch positive Effekte haben, da hier die Identifikation anhand der tatsächlichen Vorlieben möglich ist, die man engen Freunden oder Bekannten unter Umständen nicht gestehen möchte (etwa Literatur allgemein als minderwertig oder anstößig anerkannten Inhalts).

Eine Rezension spiegelt die persönliche Meinung eines Lesers wider, was den Identifikationsprozess deutlich erleichtert, da hier im Gegensatz zum anbietenden Unternehmen keinerlei ökonomische Interessen vermutet werden. Es zeigt sich sogar, dass bei Rezensionen von Erfahrungsgütern – im Gegensatz zu Produkten mit objektiv bewertbaren Eigenschaften – eine *subjektive* Formulierung der Rezensionen einen *positiven* Einfluss auf die Kaufentscheidung hat (Ghose u. Panagiotis 2006).

Das Lesen einer Produktbewertung stiftet sowohl originären als auch derivativen Nutzen beim Rezipienten. Der *originäre* Nutzen entsteht durch den Informationsgewinn und die damit verbundene Unsicherheitsreduktion vor dem Kauf eines Buches. Insbesondere die Charakteristiken der „Online-Welt" führen dabei zur Minimierung von Suchkosten und einem hohen Convenience-Faktor, da viele Meinungen zu einem Produkt zentral gebündelt vorliegen. Zusätzlich wird durch Erweiterungen, wie der Funktion „Kennzeichnung der Bewertung als hilfreich", auch die qualitative Einschätzung der Rezensionen erleichtert. *Derivativer* Nutzen leitet sich insbesondere aus zwei Aspekten ab: zum einen besteht bei den Lesern von Rezensionen ein grundsätzliches Interesse an den Erfahrungen und Meinungen anderer. So ist es möglich, auch bereits vor dem (oder ganz ohne den) eigenen Konsum des Buches verschiedene Standpunkte kennen zu lernen und bei inhaltlichen Diskussionen mitreden zu können. Zum anderen werden Rezensionen aus Unterhaltungsmotiven gelesen. So ist zu beobachten, dass einige wenige Rezensenten sehr ausführliche und teilweise sehr kreative und spannende Formulierungen einsetzen. Darüber hinaus sind auch kontroverse oder besonders extreme Positionen (z. B. ein absoluter Verriss eines Buches) interessant zu lesen und wirken unterhaltend für den Rezipienten (Clement et al. 2006).

Dholakia et al. (2004) klassifizieren drei zentrale Motive der Leser von Rezensionen (wobei ersteres der originären Nutzenstiftung zuzuordnen ist, während die beiden weiteren Motive derivativen Nutzen stiften):

- *Zweckerfüllung*: Hier geht es in erster Linie um die Befriedigung eines bestimmten Informationsbedarfs zur Lösung eines existierenden Problems. Die Auswahl des Buches soll durch das Lesen von Rezensionen erleichtert werden.
- *Selbstfindung*: Hier steht das Bedürfnis im Vordergrund, Einblick in die eigene Persönlichkeit zu finden und Neues über sich selbst und andere zu lernen. Durch die Einschätzung eines Buches durch Andere erlangen Leser Einblick in deren Beurteilungskriterien und können diese mit den eigenen abgleichen.
- *Unterhaltung*: Unterhalten zu werden, zu entspannen und Langeweile zu vertreiben sind weitere wichtige Bedürfnisse der Leser von Rezensionen. Der Austausch mit Gleichgesinnten über den Konsum bereits gelesener Bücher stiftet dem Leser Nutzen (vergleiche z. B. quillp.com).

4.2 Verfasser von Rezensionen

Wie eingangs bereits erwähnt, beteiligt sich nur ein geringer Prozentsatz der Nutzer einer Plattform aktiv an der Erstellung von Inhalten. Um die für den Erfolg benötigte kritische Masse zu erreichen, werden daher in letzter Zeit verstärkt finanzielle Anreize eingesetzt: So hat *YouTube* mittlerweile das schon länger von *Metacafe* und *Revver* präferierte Model übernommen, in dem erfolgreiche Video-Ersteller einen Teil der durch sie mit Werbung erzielten Einnahmen erhalten (Horizont 2007; Stelter 2008). Einen ähnlichen Versuch hat *Netscape* unternommen, um die einflussreichsten Lieferanten von Inhalten dominierender Plattformen wie beispielsweise *Digg* abzuwerben (Calacanis 2006).

Umfangreiche Untersuchungen legen nahe, dass finanzielle Anreize positive Auswirkungen auf die Beteiligung haben können, jedoch ebenso der entgegen gesetzte Effekt eintreten kann: Extrinsische Anreize können zu einem Rückgang der intrinsischen Motivation und somit sogar zu einem Rückgang der Gesamtleistung führen (Frey u. Jegen 2001).

So kann man nach Einführung von finanziellen Anreizen, ausgehend vom Gleichgewichtspunkt A (also ohne Belohnung), entweder ein neues Gleichgewicht in Punkt B (Crowding-In) oder aber durch Rückgang der intrinsischen Motivation in Punkt C (Crowding-Out) finden (siehe Abb. 4). Um die möglichen Crowding-

Abb. 4 Interaktion von Crowding-Out und Preis-Effekt. (Quelle: Frey u. Jegen 2001)

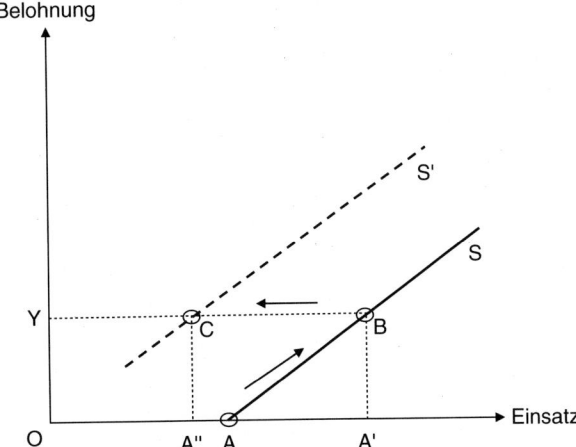

Out-Effekte finanzieller Anreize zu vermeiden, sollten diese eher unterstützenden Charakter haben und nicht als ausschlaggebender Faktor für die Beteiligung verstanden und kommuniziert werden. Der große Erfolg von Plattformen wie *MySpace*, *Facebook*, *Flickr*, *Digg* oder *Delicious* sowie das exponentielle Wachstum des Bloggens basiert ohne Ausnahme auf nicht-monetären Faktoren. Um also ein überzeugendes Angebot mit Erfolgsaussichten zu lancieren, müssen die Anreize folglich einem wesentlich breiteren Bedürfnisspektrum gerecht werden. Dholakia et al. (2004) klassifizieren diese wie folgt:

- *Beziehungsmanagement*: Den Kontakt zu Freunden zu halten, neue zu finden und über deren Alltag informiert zu sein, ist der Aufhänger von Plattformen wie *Facebook* und *MySpace*. Hier besteht im Bereich von Buch-Plattformen noch sehr viel Potenzial, da übereinstimmende Interessen und Einschätzungen von Büchern ein guter Indikator für die interpersonelle Kompatibilität sind und daher zum Finden neuer Freunde instrumentalisiert werden können.
- *Bestätigung des sozialen Status*: Andere zu beeindrucken und so soziale Aufwertung zu erfahren, ist ein weiteres individuelles Bedürfnis, dass Betreibern von Buch-Plattformen neue Möglichkeiten eröffnet. Um möglichst belesen zu erscheinen, werden nicht selten sogar Rezensionen zu Büchern verfasst, die nur „angelesen" wurden. Werden diese Rezensionen mit einem für Plattformnutzer einsehbaren Benutzerprofil verbunden und so mit einer Person verknüpft, können sie der Aufwertung des Status dienen und so einen Anreiz zur aktiven Beteiligung liefern. Hinderlich für die Statusaufwertung ist hier jedoch die Assoziation mit Literatur, die allgemein als minderwertig anerkannt oder anstößig angesehen wird. Um als Unternehmen ein möglichst treffendes Benutzerprofil zu erstellen, das auf den tatsächlichen Vorlieben des Benutzers basiert, sollten Rezensenten daher die Möglichkeit haben, bestimmte Titel im Profil zu verbergen. Sie beeinflussen den sozialen Status damit nicht negativ, fließen aber trotzdem in die Bewertung des jeweiligen Titels mit ein.

5 Zusammenfassung und Ausblick

Die neuen Möglichkeiten im Web 2.0 bieten vielfältige Wege den Kunden aktiv in die bestehende Wertschöpfungskette einzubinden. Die Bereitstellung der Infrastruktur zum Verfassen von Kundenrezensionen ist dabei nur ein Ansatzpunkt. Neben den zahlreichen Vorteilen von Kundenbewertungen sind jedoch auch einige kritische Aspekte zu betrachten. So wurde in der aktuellen Presse verstärkt auf Fälle hingewiesen, bei denen Autoren oder Verlage mit selbst verfassten Rezensionen Schleichwerbung für ihre eigenen Produkte machen oder die Konkurrenz mit negativen Bewertungen abstrafen (Merschmann 2007).

Erste Ergebnisse haben jedoch gezeigt, dass ein proaktiver Umgang der Buchindustrie, insbesondere der Verlage und Händler, mit den technischen Entwicklungen zu einem zentralen Erfolgsfaktor werden kann. Die anfängliche Angst vieler Anbieter vor der Publikation negativer Rezensionen hat sich – von Ausnahmefällen abgesehen – als ebenso unbegründet erwiesen wie die Scheu vor Entwicklungen wie *Google Book Search*, dessen direkter Online-Zugriff auf eine Vielfalt von Büchern zu signifikanten Absatzsteigerungen bei den beteiligten Verlagen geführt hat (Goldfarb 2006). Innovative Versuche einiger Verlage zeigen, dass sie aus den schmerzhaften Erfahrungen der Musikindustrie gelernt haben und nach anfänglichen Anlaufschwierigkeiten Akteure im Wettbewerb unter geänderten Rahmenbedingungen geworden sind, anstatt die Entwicklungen zu bekämpfen und sich aus dem Markt drängen zu lassen. Das Internet bietet heute Zugang zu einem nahezu unerschöpflichen Pool an kreativem Potenzial, welches Lieferant und Abnehmer zugleich ist. Hier innovative Modelle für die Entwicklung und Filterung von Inhalten zu konzipieren, die Relevanz schaffen und einen effizienten Zugang ermöglichen, wird Unternehmen auch in Zukunft die Existenzberechtigung sicherstellen (Braun 2009). Rezensionen stellen dabei ein wesentliches Instrument dar.

Literatur

Akerlof GA (1970) The market for „Lemons": quality uncertainty and the market mechanism. Q J Econ 84:488–500

Batra R, Ahtola OT (1990) Measuring the hedonic and utilitarian sources of consumer attitudes. Mark Lett 2:159–170

Bayus BL (1985) Word of mouth: the indirect effect of marketing efforts. J Advert Res 25:31–39

BBC News (2007) Potter fanfic writer launches first book. http://tinyurl.com/24fmkt. Zugegriffen: 27. Dez 2008

Beck J (2006) The sales effect of word of mouth: a model for creative goods and estimates for novels. J Cult Econ 31:5–23

Braun A (2009) Buchbranche im Umbruch: Implikationen der digitalen Ökonomie. In: Clement M, Blömeke E, Sambeth F (Hrsg) Ökonomie der Buchindustrie. Gabler, Wiesbaden, S 273–292

Calacanis J (2006) Paying the top DIGG/REDDIT/Flickr/Newsvine users (or „$1,000 a month for doing what you're already doing."). http://tinyurl.com/o83r7. Zugegriffen: 27. Dez 2008

Chevalier JA, Mayzlin D (2006) The effect of word of mouth on sales: online book reviews. J Mark Res 43:345–354

Clement M, Sambeth F (2004) Buchkritiker und Bucherfolg: Wie ist der Einfluss wirklich? Medienwirtschaft 3:105–114

Clement M, Proppe D, Sambeth F (2006) Der Einfluss von Meinungsführern auf den Erfolg von hedonischen Produkten. Z. Betriebswirtschaft 76:1–28

Clement M, Blömeke E, Sambeth F (2009) Herausforderungen in der Buchbranche. In: Clement M, Blömeke E, Sambeth F (Hrsg) Ökonomie der Buchindustrie. Gabler, Wiesbaden, S 11–23

Dhar R, Wertenbroch K (2000) Consumer choice between hedonic and utilitarian goods. J Mark Res 37:60–71

Dholakia UM, Bagozzia RP, Klein Pearo L (2004) A social influence model of consumer participation in network- and small-group-based virtual communities. Int J Res Mark 21:241–263

Franck E, Winter S (2003) Das „Parker-Phänomen" im Markt für feine Weine: „Geschäftsmodelle" eines Kritiker-Superstars. Z. Betriebswirtschaft 73:917–940

Frey BS, Jegen R (2001) Motivation crowding theory: a survey of empirical evidence. J Econ Surv 15:589–611

Ghose A, Panagiotis IG (2006) designing ranking systems for consumer reviews: the impact of subjectivity on product sales and review quality. Working Paper of the New York University

Goldfarb J (2006) Union Tribune: Book sales get a lift from Google scan plan. http://tinyurl.com/vbrbg. Zugegriffen: 27. Dez 2008

Hogan JE, Lemon KN, Libai B (2004) Quantifying the ripple: word-of-mouth and advertising effectiveness. J Advert Res 44:271–280

Horizont (2007) YouTube teilt Einnahmen. Horizont 18/2007, S 20

Horowitz B (2006) Creators, synthesizers, and consumers. http://tinyurl.com/qvdfr. Zugegriffen: 27. Dez 2008

Jung H (2006) IT@KNV. http://tinyurl.com/2tdue4. Zugegriffen: 27. Dez 2008

Lageat T, Czellar S, Laurent G (2003) Engineering hedonic attributes to generate perceptions of luxury: consumer perception of an everyday sound. Mark Lett 14:97–109

Merschmann, H (2007) Guerilla-Marketing bei Amazon. Spiegel Online Netzwelt. http://tinyurl.com/2hwgst. Zugegriffen: 27. Dez 2008

Müller H, Ceviz S (1993) Wirkung von Trailern: Ein Feldexperiment zur Werbung für Kinofilme. Market Z Forsch Prax 2:87–94

Nelson P (1970) Information and consumer behavior. J Political Econ 78(2):311–329

O'Reilly T (2006) The long snout. http://tinyurl.com/29s3ku. Zugegriffen: 27. Dez 2008

Publishing Trends (2002) Algorithm, anyone? http://tinyurl.com/yyc4k2. Zugegriffen: 27. Dez 2008

Sorensen AT, Rasmussen SJ (2004) Is any publicity good publicity? A note on the impact of book reviews. Working Paper of the Stanford University

Stelter B (2008) YouTube videos pull in real money, http://tinyurl.com/65aaks. Zugegriffen: 27. Dez 2008

Tietzel M (1995) Literaturökonomik. Mohr Siebeck, Tübingen

Hybride Medienplattformen am Beispiel von myheimat.de

Martin Huber und Matthias Möller

Inhalt

1 Einleitung

Der Begriff Web 2.0 wird derzeit in der Wissenschaft wie in der Praxis intensiv diskutiert. Sehr häufig liegt der Fokus dabei auf Online-Angeboten wie PodCasts, Social Software bis hin zu virtuellen Welten wie dem vielzitierten Second Life. Indes schaffen die mit Web 2.0 assoziierten Technologien, Konzepte und Nutzungsmuster auch neue Potenziale für klassische, physisch ausgeprägte Produkte. Dies gilt zunächst für Marketing und Vertrieb, da Web 2.0 in diesen Bereichen neue Formen der Kundenansprache ermöglicht. Noch gravierender ist der Wandel der Geschäftsmodelle, wenn die Kunden in die Wertschöpfung integriert werden – sei es durch die nutzerdominierte Generierung von Produktinnovationen bzw. Inhalten (User Generated Content) oder die kundenindividuelle Maßschneiderung des Produkts durch den Nutzer selbst (Mass Customization). Da der Leistungskern von Medienprodukten in der transportierten Information besteht (Hass 2003), gilt dies für die Medienbranchen in besonderem Maße. So kommen Smith et al. (2000, S 124) bei

M. Huber (✉)
gogol medien GmbH & Co. KG, Werderstr. 2, 86159 Augsburg, Deutschland
E-Mail: martin.huber@gogol-medien.de

G. Walsh et al. (Hrsg.), *Web 2.0,*
DOI 10.1007/978-3-642-13787-7_18, © Springer-Verlag Berlin Heidelberg 2011

267

Tab. 1 Begriffsdefinitionen

Konvergentes, kollaboratives Medienangebot	In Online und Print ausgeprägtes Medienprodukt, das auf nutzergenerierten Inhalten (UGC) aufbaut
Hybride Medienplattform	Plattform für die effiziente Erstellung kollaborativer, konvergenter Medienangebote durch die Bereitstellung kollaborativer Formate
Kollaborative Formate	Bereitgestellte Kombination aus Anreizen und Möglichkeitsraum, um nutzergenerierte Inhalte zu motivieren und strukturiert zu erfassen

der Abschätzung der Wirkungen neuer Medien für Informationsgüter zu folgendem Schluss:

> Information goods may be most affected by the integration of consumers into the value chain.

Für Verlagsprodukte (Printmedien) stellt das Web 2.0 aber nicht nur eine Bedrohung bestehender Geschäftsmodelle dar, sondern ermöglicht auch die Erschließung neuer Märkte und die Entwicklung neuer Produkte. Besonderes Potenzial besitzt hierbei die Verschränkung von Web 2.0-Konzepten mit traditionellen Printprodukten zu einem *konvergenten, kollaborativen Medienangebot*. Der Beitrag umreißt im Folgenden, welche Märkte und Produktsegmente besonders für ein konvergentes Angebot geeignet sind und wie ein solches Angebot effizient und reproduzierbar durch eine *hybride Medienplattform* erbracht werden kann. Illustriert wird dieser konzeptionelle Rahmen anhand eines im Markt befindlichen konvergenten Angebots für regionale Verlage (*myheimat.de*).

Für ein verbessertes Leseverständnis werden dazu vorab in Tab. 1 noch einmal die zentralen Begriffe definiert.

2 Neue Geschäftsmodelle im Verlagswesen durch Web 2.0

Das klassische Verlagsgeschäft ist geprägt von hohen Fixkosten für die erstmalige Erstellung von Medieninhalten (Hass 2002). Zugleich sind jedoch auch die Kosten für Druck und Vertrieb nicht zu vernachlässigen. Dies gilt insbesondere bei herkömmlichen Druckanlagen, die vielfach eher auf Massenproduktion ausgelegt sind als auf schnelle Umrüstung zwischen kleineren Fertigungslosen. Aufgrund dieser Kostenstrukturen existieren für kleinere Nischenmärkte oftmals keine wirtschaftlich tragfähigen Angebote, da die absetzbare Auflage im Verhältnis zu den Produktions- und Distributionskosten zu gering ist.

Rein online basierte Web 2.0-Dienste haben im Vergleich dazu signifikant unterschiedliche Kostenstrukturen. So können die Kosten für die Erstellung von Inhalten durch user-generated Content, also Beiträge der Nutzer, stark gesenkt werden. Dementsprechend betreiben Web 2.0-Anbieter oftmals keine eigene klassische redaktionelle Arbeit, sondern beschränken sich auf die Moderation und Steuerung der nutzergenerierten Inhalte. Die zugrunde liegende Logik solcher nutzergetriebener

Angebote wird derzeit auch unter Begriffen wie „Die Weisheit der Vielen" (Suro-wiecki 2005) oder „Wikinomics" (Tapscott u. Williams 2006) diskutiert.

Ein weiterer Vorteil des Internet besteht in den im Vergleich zum klassischen Druck drastisch geringeren Distributionskosten. Damit lassen sich online Zielgrup-pen ansprechen, die mit klassischen, physischen Medienprodukten nicht kosten-deckend bedient werden könnten. Dies ist die Ursache für die zunehmende Entste-hung von sogenannten Meso-Medien wie Blogs, PodCasts etc. (Feldmann u. Zer-dick 2003). Im Gegensatz zu Massenmedien richten sich Meso-Medien an deutlich kleinere Zielgruppen – bisweilen nur wenige hundert Personen. Zugleich ist die Anmutung dieser Medienprodukte dank moderner Computertechnik vielfach kaum von einem professionellen Produkt zu unterscheiden.

Neben der Produktion und Distribution ergeben sich weitere Chancen im Be-reich des Marketing. Das Marketing für klassische Printprodukte baut vielfach auf klassischen, reichweitenstarken Werbeformen auf, die aber zugleich sehr teuer sind. Innovative Medienprodukte setzen stattdessen auf Mundwerbung und virales Mar-keting und binden den Kunden bereits bei der Vermarktung mit in die Wertschöp-fungskette ein.

Trotz dieser Vorteile sind reine Online-Produkte nicht immer optimal. Zum einen haben Printprodukte weiterhin viele Vorteile in der Nutzung, da Papier besser lesbar ist als ein Bildschirm, keine Stromversorgung benötigt etc. Zum anderen wird ein Medienprodukt, das nur im Internet präsent ist, bei vielen Zielgruppen nicht akzep-tiert. Der Begriff Zielgruppe umfasst dabei sowohl das Segment der Rezipienten (Konsumenten) als auch das Segment der Werbetreibenden, die ein Medienprodukt für werbliche Zwecke nachfragen. Viele Ansätze bedienen sich daher einer *losen Kopplung* und stellen reine Online-Angebote neben die traditionellen Print-Ange-bote oder reichern das Print-Produkt um Online-Erweiterungen an.

Noch weiter gehen Ansätze, die eine *enge Kopplung* verfolgen. Dabei werden nicht nur zwei Angebote nebeneinander gestellt, sondern sowohl das Angebot als auch die komplette Wertschöpfungskette grundlegend miteinander verschränkt. Durch solch konvergente Medienprodukte lassen sich die Vorteile von Web 2.0-ba-sierten Diensten mit denen klassischer Printtitel intelligent kombinieren.

In „Digitizing the News" zeigt Boczkowski (2004) unter dem Schlagwort „Dis-tributed Construction", wie sich die Aktivitäten der Nutzer und Anbieter z. B. im Prozess der Inhalteerstellung kombinieren lassen. Der Printteil eines konvergenten Medienangebotes bietet dabei eine hochwertig veredelte Zusammenstellung und Aufbereitung der Inhalte. Das physische Produkt schafft Reichweite in der Ziel-gruppe und erhöht damit die Attraktivität für Werbekunden. Der Nutzer erhält ein physisches Produkt und nutzt dieses intensiv (bspw. indem er es im Haushalt wei-tergibt), wodurch sich die Werbewirkung erhöht. Zudem bietet ein Printtitel (Maga-zin, Zeitung) eine abgeschlossene Einheit, die übersichtlich ist, komplett durchge-blättert werden und „ausgelesen" werden kann. Dies reduziert für viele Nutzer die Komplexität und führt zu einem befriedigenderen Nutzungserlebnis.

Wenn diese Vorteile mit den Vorteilen eines online-basierten Ansatzes kombi-niert werden, entsteht ein *konvergentes, kollaborativ erstelltes Angebot*, in dem eine direkte Kopplung der online von den Nutzern erstellten Inhalte an klassische printbasierte Verlagsprodukte erfolgt. Auf diese Weise können bei der Produktion und Aufbereitung der Inhalte sowie im Marketing Kosteneinsparungen erreicht werden und gleichzeitig durch Printwerbung Erlöse generiert werden, die bei einem rein online-basierten Modell nicht möglich sind. Damit kann das Geschäftsmodell wesentlich flexibler aufgesetzt werden, um bisher wirtschaftlich unrentable Zielgruppen mit einem Medienprodukt zu bedienen bzw. in bestehenden Märkten ein verbessertes Produkt anzubieten.

3 Kollaborative Medienprodukte für fragmentierte Zielgruppen

Durch die im vorigen Absatz beschriebenen Möglichkeiten der Kostenreduktion können kollaborative Medienangebote neue Zielgruppen erschließen. Dabei sind nicht alle Bereiche des Verlagswesens gleichermaßen für kollaborative Angebote geeignet. Zentrales Kriterium für die Beurteilung ist die Frage, für wie viele Menschen ein bestimmter Medieninhalt interessant und relevant ist. Je größer die Zielgruppe für einen Medieninhalt ist, desto interessanter ist es für einen Verlag, ein Medienprodukt für diese Zielgruppe anzubieten.

Folgende Grafik beschreibt diesen Zusammenhang: Es gibt eine kleine Menge von Medieninhalten, die für eine große Zielgruppe interessant sind. Daneben gibt es den „Long-Tail" (Anderson 2004; Abb. 1) an Medieninhalten – eine große Anzahl von Medieninhalten, die jeweils nur kleine, stark fragmentierte Zielgruppen ansprechen.

Die oben beschriebenen Verschiebungen der Kostenstrukturen bei kollaborativen Medienangeboten macht es Verlagen nun möglich, neben den bereits bedienten Massenmärkten auf dem Long Tail weiter nach rechts zu rücken und immer fragmentiertere Zielgruppen mit einem kollaborativen Medienangebot zu bedienen.

Abb. 1 Der „Long-Tail" von Medieninhalten

Frühe Entwicklungsfelder für kollaborative Medienangebote zeigen sich in folgenden Bereichen:

- Mikro-regionale Titel für geografisch kleinräumige Gebiete (Kleinstädte, Regionen)
- Special-Interest Titel für kleine Zielgruppen aufgrund heterogener Konsumentenpräferenzen
- Nachschlage- bzw. Verzeichnistitel mit einer hohen Zahl an Gesamtinhalten bei gleichzeitiger Tiefe bzw. Breite einzelner Inhaltselemente

In der Literatur wird diese zunehmende Fragmentierung von Zielgruppen schon länger unter dem Titel „Demassification" diskutiert (Redmond u. Trager 1998). Im Kontext des Web 2.0 gewinnt dieses Phänomen durch neue technische Möglichkeiten eine neue Qualität. Im Folgenden soll hierzu das Beispiel der mikro-regionalen Medien für Klein- und Kleinststädte genauer beleuchtet werden.

3.1 Mikro-regionale Medien: Ein „Long-Tail-Massen-Markt"

Der Markt für (bezüglich der Inhalte eigenständige) regionale Medienangebote beschränkt sich im Wesentlichen auf das Segment der Städte und Gemeinden mit mehr als 50.000 Einwohnern (insgesamt ca. 40 % der deutschen Bevölkerung; GeroStat 2007). Im Segment der Städte und Gemeinden zwischen 10.000 und 50.000 Einwohnern sind aber insgesamt rund ein Drittel der Bevölkerung in Deutschland wohnhaft und somit ein annähernd gleich großer Teil wie der, der in Städten mit mehr als 50.000 Einwohnern lebt (siehe Abb. 2). Obwohl etwa bei Tageszeitungen lokale und regionale Inhalte die intensivste Nutzung aufweisen (Heinrich 2001)

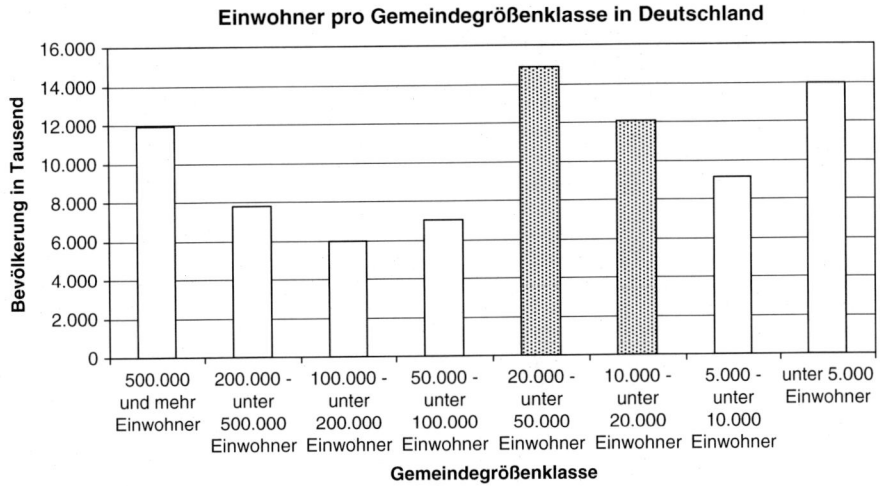

Abb. 2 Einwohner pro Gemeindegrößenklasse in Deutschland

setzen traditionelle Kostenstrukturen Grenzen wenn es darum geht, regionale Einheiten (Kleinstädte, Stadtteile) adäquat und ökonomisch zu bedienen. Um kostendeckend zu arbeiten, werden daher bei regionalen Zielgruppen unterhalb von ca. 50.000 Einwohnern überwiegend Produkte angeboten, die inhaltlich mehrere kleinere Regionen zusammenfassen oder im Zeitungsbereich mit Mantelkonzepten arbeiten. Durch die oben beschriebenen veränderten Kostenstrukturen kann mit einem kollaborativen Medienprodukt jedoch ein zielgruppenspezifisches Angebot für die Vielzahl dieser Zielgruppen geschaffen werden.

Regionale Inhalte für kleine Zielgruppen sind klassische Long-Tail-Inhalte. Sie sind in der Regel maximal für die Einwohner der Stadt oder Gemeinde interessant, denn das Leben und der Konsum spielen sich in der Region ab. Eine in England durchgeführte Studie (MyUK 2003) zeigt für den Durchschnitt der Bevölkerung einen mittleren Bewegungsumkreis von ca. 22 km. Betrachtet man die Strecken, die Menschen im Schnitt für gewisse Bedürfnisse bereit sind in Kauf zu nehmen, so kommt die Studie zu folgenden Ergebnissen:

- Unter 10 km Entfernung von ihrem Zuhause: Schule, Gesundheit, Fitness, Lebensmittel, Elektrokleingeräte, Autowerkstatt, Heimwerker- und Gartenzubehör;
- zwischen 10 und 20 km von ihrem Zuhause: Kino, Restaurantbesuch, Computerzubehör, Kleidung, Elektrogroßgeräte, Möbel;
- über 20 km Entfernung vom Zuhause: Theater, Autokauf, Pendeln zur Arbeit.

Schon in den angrenzenden Nachbargebieten verliert ein Großteil der Inhalte seine Relevanz und deckt damit nicht die Bedürfnisse der fragmentierten Zielgruppe. Dies gilt nicht nur für den redaktionellen Teil, sondern auch für die Anzeigenwerbung (Heinrich 2001).

Durch die Integration des Nutzers bei der Erstellung der Inhalte werden fragmentierte Zielgruppen für Verlage wirtschaftlich bedienbar. Denn die Inhalte werden durch den Nutzer bzw. die Community erstellt, der Verlag beschränkt sich darauf, die Plattform bereit zu stellen.

Betrachtet man, wie viele Menschen sich für spezifische Themen interessieren, ist dieser Markt also ein Long-Tail Markt mit stark heterogenen Kundenpräferenzen. Aus Sicht eines Anbieters, der ein Angebot über eine gemeinsame Plattform erbringen kann, ist er jedoch ein Massenmarkt, der ein Drittel der deutschen Bevölkerung erreicht.

3.2 Fallbeispiel: Regionale Zeitung bzw. Zeitschrift als konvergentes, kollaboratives Medienangebot (myheimat.de)

Zur Illustration des hier dargestellten konzeptionellen Rahmens wird das Fallbeispiel *myheimat.de* beschrieben, das ein konvergentes Medienangebot für regionale Medienmärkte bietet. *Myheimat.de* ist ein schnell wachsender Verbund von Stadtmagazinen, die in ein konvergentes Gesamtangebot eingebettet sind. Die den

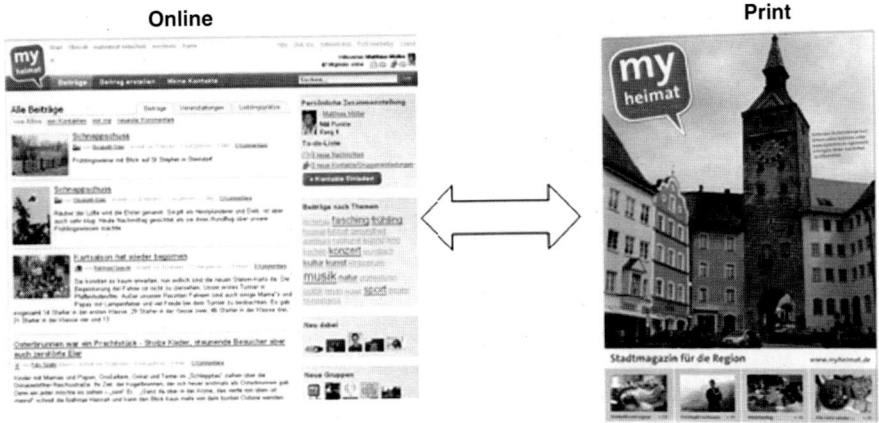

Abb. 3 Illustration des *myheimat.de* Angebots

Lesern von *myheimat* zur Verfügung gestellte Medienplattform erfüllt verschiedene Funktionen: Sie initiiert Kommunikation und Austausch, motiviert die Menschen mitzumachen, eigene Beiträge zu verfassen, sich zu unterhalten und zu informieren, moderiert die sich ergebenden Interaktionen der Menschen untereinander und dient schließlich auch dazu, die Inhalte in leicht konsumierbarer Weise in Form von Print-magazinen zu publizieren.

Für den Leser gibt es verschiedene Einstiegspunkte für die Nutzung der Medien-plattform (siehe Abb. 3):

- Ein hochwertiges monatlich erscheinendes Print-Magazin, das komplett in Far-be, bildreich und kurzweilig Inhalte von Lesern für Leser liefert und in der je-weiligen Region an alle Haushalte verteilt wird. Das Print-Magazin bietet einen veredelten Ausschnitt aller (im Web) verfügbaren Inhalte der Medienplattform und dient der Orientierung (Navigation), als Impuls zur Partizipation und als unterhaltsames Lesevergnügen.

- Ein Internet-Portal, das Partizipation und Interaktion ermöglicht sowie eine regionale Informationsdrehscheibe darstellt. Dem Nutzer wird im Internet die Möglichkeit geboten, direkt Beiträge und Inhalte (Texte, Bilder, Video) einzu-stellen, auf die Impulse der Redaktion und anderer Leser zu reagieren, Bilderga-lerien zu betrachten und zu erstellen, an Diskussionen teilzunehmen, Newsletter zu bestellen, oder Beiträge und Autoren zu bewerten, um so mitzubestimmen, welche Beiträge in gedruckter Version im Magazin erscheinen. Die Webseite präsentiert alle verfügbaren Inhalte der Leser-Community. Sie dient damit als aktuelles, unterhaltsames und informatives Medium. Durch einen individuellen Login können auf dem Internet-Portal personalisierte Funktionen und klassische Social-Software-Services genutzt werden (Kontaktnetzwerk, Merklisten, eigene Bild- und Beitragsverwaltung).

Die Erlöse generiert *myheimat* zu über 90 % durch Umsätze aus dem Anzeigen-geschäft der Printtitel, die in den jeweiligen Regionen kostenlos an alle Haushalte verteilt werden. Damit positioniert sich *myheimat* im Markt der Anzeigen- und Wochenblätter, in dem in Deutschland jährlich rund 1,8 Mrd. € umgesetzt werden (ZAW 2004).

Die Refinanzierung durch Online-Werbung macht hinsichtlich der Erlöse für *myheimat* nur einen vernachlässigbaren Anteil aus. Kostenseitig ermöglicht der kollaborative und konvergente Ansatz erhebliche Einsparungen und führt zu radikal veränderten Kostenstrukturen des Produktes. Durch die umfassende Einbindung der Nutzer in die Wertschöpfung reduzieren sich die Kosten für die Inhalteerstellung sowie der Aufwand für die Konfiguration des Produkts. Zudem ermöglicht der Einsatz einer hybriden Medienplattform zur effizienten Erbringung eines konvergenten Angebotes weitere Kosteneinsparungen in der Herstellung des Produktes durch einen vollständig bruchfreien und weitestgehend automatisierten Verarbeitungsprozess (Workflow). Die bestimmenden Kostenpositionen sind damit der Druck sowie der Personalaufwand für den Anzeigenverkauf.

4 Verlage als Anbieter von konvergenten Medienapplikationen

Für konvergente Medienangebote verändert sich das Tätigkeitsfeld der Redaktion grundlegend. Bereits Dan Gillmor (2004) weist in „We the media" darauf hin, dass der professionelle Redakteur eher als Teilnehmer einer „Conversation" fungieren sollte, um gemeinsam mit den Nutzern Themen zu erarbeiten. Die Tätigkeit des Redakteurs ist damit nicht mehr die Kreation und Selektion von Inhalten, sondern die Erstellung von Medienformaten, die jeweils eine Repräsentation im Online- und Printbereich haben und deren Summe für den Nutzer das wahrgenommene Produkt darstellen. Hierunter fallen zum Beispiel das redaktionelle Konzept und Profil des Printproduktes, das einen optimalen Zuschnitt auf die Zielgruppe sicherstellt, oder einzelne Rubriken, die die Nutzer auf der Webseite befüllen können und die in der gedruckten Ausgabe als Inhaltselemente regelmäßig wiederzufinden sind.

Die Bausteine des Medienangebots, die im Weiteren als *kollaborative Formate bzw. kurz Formate* bezeichnet werden sollen, definieren letztlich den unverwechselbaren Charakter des Produktes und damit auch die Marke. Die Kreation und Kodifizierung der Formate für das Medienangebot erfolgt auf einer Plattform. Diese Medienplattform stellt einen „Baukasten" zur Verfügung, der es der Redaktion ermöglicht, einfach und schnell neue Formate zu schaffen. Solche Plattformen bieten die Chance zur weitreichenden Integration von Kunden in den Wertschöpfungsprozess (Huber 2004).

Die Fokussierung auf redaktionelle Formate und Systeme erleichtert und ermöglicht überdies die Skalierung des Konzeptes auf andere Anwendungsfelder: Zwar ändert sich die konkrete Ausprägung des Inhalts pro Zielgruppe, die Medienplattform und die verwendeten Formate bleiben jedoch gleich.

Der Nutzer bzw. die Gemeinschaft der Nutzer befüllt diese Formate mit Roh-inhalten unterschiedlicher Qualität und Zusammenstellung, typischerweise Texte, Bilder, Videos, Orts- und Zeitangaben sowie Tags. Diese Rohinhalte werden von anderen Nutzern durch die Abgabe von Bewertungen, Empfehlungen, Kommen-taren und Tags angereichert. Zusammen mit weiteren direkten Kriterien (Beitrags-oder Userbewertungen) und indirekt abgegeben Qualitätsindikatoren (Klickraten, Weiterempfehlungen u. a.) werden die Rohinhalte auf diese Weise veredelt zu qua-litativ höherwertigen und relevanteren Inhalten. Zudem prägen die Formate durch Anreize die Ausrichtung der Rohinhalte, den Veredelungsprozess und schließlich durch ein intelligentes Matching den Ausschnitt an Inhalten, der im Printprodukt aufgeht.

Betrachtet man die Inhaltserstellung, -auswahl und -zusammenstellung prozes-sual, so lassen sich für konvergente, kollaborative Medienangebote folgende Wert-schöpfungsstufen identifizieren:

- Entwicklung und Bereitstellung von Formaten (anbietergetrieben)
- Setzen von Impulsen und Anreizen zur Bearbeitung der Formate (anbietergetrie-ben)
- Kontinuierliche Generierung von Rohinhalten durch Nutzer gestützt auf Forma-te (nutzergetrieben)
- Anreicherung der Rohinhalte und Optimierung durch präferenzgesteuerte Emp-fehlungen in Form von sogenanntem kollaborativem Filtern (Zerdick et al. 2001) (nutzergetrieben)
- Matching der kollaborativ veredelten Inhalte auf Formate (nutzer- und anbieter-getrieben)

Für diese Wertschöpfungsschritte wurde jeweils eine Tendenzaussage getroffen, inwieweit der Prozess von einem Akteur (Anbieter, Nachfrager) dominiert ist. An-gelehnt an Hippel (1988) lassen sich dabei „nutzerdominierte" (Customer-Active-Paradigm) und „herstellerdominierte" (Manufacturer-Active-Paradigm) Aktivitäten bzw. Prozesse unterscheiden. In Abb. 4 sind die Stufen in einer Übersicht abgebil-det.

Anhand der dargestellten Wertschöpfungsstufen lässt sich zum einen die not-wendige Verzahnung des Print- und Online-Kanals zeigen, zum anderen das Inein-andergreifen von anbieter- bzw. nutzerdominierten Aktivitäten.

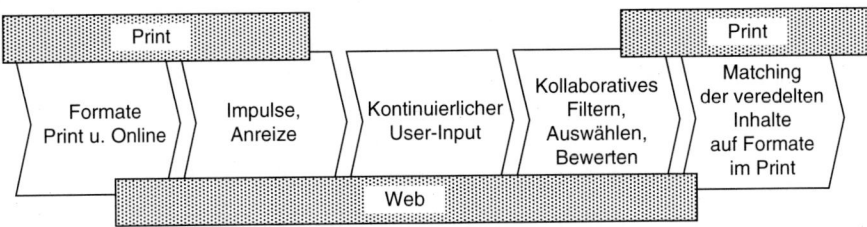

Abb. 4 Wertschöpfungsstufen auf einer hybriden Medienplattform

Sowohl für den Nutzer als auch für den Redakteur als Anbieter ist die veränderte Aufgabenteilung zunächst neu. Die wesentliche Herausforderung für den
Anbieter ist es, dem Nutzer ein durchgängiges Produkterlebnis bieten zu können,
das unabhängig vom Kanal vollständig auf die obige Wertschöpfungskette ausgerichtet ist. Es ist nicht möglich, die Gemeinschaft der Nutzer über Vorschrif-
ten oder harte Restriktionen zu steuern. Daher müssen die angebotenen Formate
mit positiven Anreizen arbeiten und dem Nutzer einen entsprechenden Freiraum
bieten.

Diesen großen Gestaltungsspielraum haben die Nutzer in der Phase der Generierung von Rohinhalten. Durch diesen großen Möglichkeitsraum wird sichergestellt,
dass die Nutzer ihre verschiedensten Bedürfnisse aufgegriffen bzw. dargestellt finden. Um aus der Fülle der Inhalte die auf das redaktionelle Profil passenden Beiträge zu finden und auf die entsprechenden Formate zu übertragen, wird ein mehr-
stufiger Prozess durchlaufen. In diesem wird der Rohinhalt über kollaborative Filter
und einer von Nutzern und Redakteuren durchgeführten Auswahl und Bearbeitung
zu einem abdruckbaren Format veredelt.

Der mehrstufige Aufbau deckt sich mit dem heterogenen Nutzungsverhalten
(Konsumentenpräferenzen) verschiedener Nutzer. So gibt es Segmente von Nutzern, die primär Rohinhalte erstellen, andere, die vermehrt Bewertungen abgeben
oder wieder andere, die durch ein eher passives Nutzungsverhalten indirekte Indi-
katoren für kollaborative Filter liefern.

Die Übertragung der von den Nutzern erzeugten Inhalte auf die festen Print-
formate impliziert möglicherweise Konflikte zwischen publizistischer Ausrichtung
und notwendigem Freiraum bzw. Autonomie der Gemeinschaft der Nutzer mit sich.
Die Plattform und die Formate können iterativ in diesem Spannungsfeld durch das
Feedback der Nutzer und den Input der Redaktion weiterentwickelt werden. Für den
Umgang mit den Nutzern bedeutet dies – ähnlich wie bei reinen Online-Communities – dass eine hohe Transparenz, eine schnelle Reaktion auf Bedürfnisse der Nutzer und eine gute Kommunikation zentrale Anforderungen für die Entwicklungs-
redaktion sind.

Die Wertschöpfungskette illustriert zudem, wie die teils komplementären Merkmale von Online und Print ineinandergreifen. Im Online-Angebot sind der Vielfalt
der Inhalte keine Grenzen gesetzt. Zudem reichern sich die Artikel durch die Beiträge anderer Nutzer in Form von Kommentaren etc. stetig an und verändern sich
somit stetig. Die Abgrenzung zwischen Rezipient und Produzent wird aufgelöst,
weil auch der Leser zum Autor werden kann und sich der Übergang gar nicht mehr
scharf abgrenzen lässt (Beitrag, Kommentar, Bewertung, Klickverhalten). Online
erhält der Nutzer ein direktes bzw. zeitnahes Feedback, was wiederum anregt zu
weiteren Iterationen. Gerade die fehlende Begrenzung im Online-Angebot kann
ein zugehöriger Printtitel komplementär ergänzen, indem er eine abgeschlossene
Übersicht und Navigationshilfe bietet. Im Printformat findet sich der Nutzer auch
leichter zurecht, weil die Vielfalt eingeschränkter ist, das Heft gewohnte Formate
und Rubriken bietet und die Inhalte zuvor in einem mehrstufigen Qualitätssiche-
rungsprozess veredelt wurden.

5 Ausblick

In diesem Artikel konnte gezeigt werden, dass die jüngsten Entwicklungen im Internet, die unter dem Stichwort Web 2.0 zusammengefasst werden, nicht nur eine Bedrohung für klassische Verlage darstellen, sondern auch neue Geschäftsfelder und Zielgruppen für Medienprodukte eröffnen. Durch ein hybrides Medienangebot, welches die Vorteile des klassischen Prints mit den Mechanismen des Web 2.0 kombiniert, können diese neue Nischen erschlossen werden.

Für Verlage, die in diese neuen Anwendungsfelder vorstoßen wollen, ergeben sich einige Änderungen im Selbstverständnis und in der Arbeitsorganisation. Die im Medienbereich oft zitierte Regel „content is king" muss für hybride Medienangebote differenziert betrachtet werden. Für die Masse an schwerpunktmäßig nur rezipierenden Nutzern ist sicherlich der Inhalt nach wie vor entscheidend. Allerdings sind für die aktiven, inhaltegenerierenden Nutzer die kollaborativen Formate einer Medienplattform ausschlaggebend für die Nutzung und die Aktivität auf einer entsprechenden Plattform. Zudem verändern sich die eingesetzten Werkzeuge (Technologien und Systeme) und Prozesse, wenn für Redaktionen bzw. Verlage nicht mehr die Inhalte im Zentrum der Tätigkeit stehen sondern Formate. Und schließlich wandeln sich auch die Kernaufgaben der Verlage: weg von der Erstellung von Inhalten hin zu der Kreierung attraktiver, kollaborativer Formate und zum Management von Medienplattformen.

Literatur

Anderson C (2004) The long tail. http://www.wired.com/wired/archive/12.10/tail.html. Zugegriffen: 11. Juni 2007

Boczkowski P (2004) Digitizing the news: innovation in online newspapers. MIT Press, Cambridge

Feldmann V, Axel Z (2003) E-Merging Media: die Zukunft der Kommunikation, in: Axel Z, Picot A, Schrape K (Hrsg). E-Merging Media. Berlin [u.a.]: Springer 19–30

GeroStat (2007) Daten für 2002 nach Basisdaten des statistischen Bundesamtes, Mikrozensus. http://www.destatis.de. Zugegriffen: 07. Aug 2007. Informationssystem GeroStat – Deutsches Zentrum für Altersfragen, Berlin

Gillmor D (2004) We the media: grassroots journalism by the people, for the people. O'Reilly Media, Sebastopol

Hass BH (2002) Geschäftsmodelle von Medienunternehmen: Ökonomische Grundlagen und Veränderungen durch neue Informations- und Kommunikationstechnik. Deutscher Universitäts-Verlag, Wiesbaden

Hass BH (2003) Desintegration und Reintegration im Mediensektor: Wie sich Geschäftsmodelle durch Digitalisierung verändern. In: Zerdick A et al. (Hrsg) E-Merging Media: Kommunikation und Medienwirtschaft der Zukunft. Springer, Berlin, S 33–57

Heinrich J (2001) Medienökonomie (1): Mediensystem, Zeitung, Zeitschrift, Anzeigenblatt, 2. Aufl. Westdeutscher Verlag, Wiesbaden

Hippel E (1988) The sources of innovation. Oxford University Press, Oxford

Huber M (2004) Kollaborative Wertschöpfung: Kundenaktivitäten als Basis neuer Wertschöpfungskonstellationen für E-Services. Gabler, Wiesbaden

MyUK (2003) myuk – 2003. http://www.newspapersoc.org.uk/documents/Publications/Reports/ myuk-intro.htm. Zugegriffen: 11. Juni 2007

Redmond J, Trager R (1998) Balancing on the wire: the art of managing media organizations. Coursewise Publishing, Inc., Boulder

Smith MD, Bailey J, Brynjolfsson E (2000) Understanding digital markets: review and assessment. In: Brynjolfsson E, Kahin B (Hrsg) Understanding the digital economy: data, tools, and research. MIT Press, Cambridge, S 99–136

Surowiecki J (2005) Die Weisheit der Vielen. Bertelsmann, München

Tapscott D, Williams AD (2006) Wikinomics: how mass collaboration changes everything. B&T, New York

ZAW (2004) Netto-Werbeeinnahmen erfassbarer Werbeträger in Deutschland. http://www. interverband.com/dbview/owa/IGservsearch1.opt4middlerow?   puid=2194575&paid=184& pccat=15060&pscat=4247&purl=/zaw. Zugegriffen: 11. Juni 2007

Zerdick A, Picot A, Schrape K (2001) Die Internet-Ökonomie: Strategien für die digitale Wirtschaft, 3. Aufl. Springer, Berlin

Strategien der Mundwerbung im Web 2.0 am Beispiel von Medienprodukten

Gianfranco Walsh, Thomas Kilian und René Zenz

Inhalt

1   Einleitung

Bei der Diffusion von Produkt- und Dienstleistungsinnovationen spielt die interpersonale Kommunikation eine wichtigere Rolle als traditionelle unternehmensgesteuerte Kommunikation wie z. B. Werbung (Walsh 1999). Die interpersonale Kommunikation – also die Kommunikation zwischen Konsumenten – ist bedeutsam, weil Konsumenten Freunde und Bekannte als vertrauens- und glaubwürdiger empfinden als kommerzielle Informationsquellen. Für Konsumenten bietet die interpersonale Kommunikation die Möglichkeit, sich sachlich über Produkte zu informieren, um das wahrgenommene Kaufrisiko zu reduzieren. Gerade vor dem Hintergrund produkt- und informationsgesättigter Märkte, die es dem Konsumenten zunehmend erschweren, alle Alternativen zu kennen und zu verarbeiten,

G. Walsh (✉)
Institute for Management, Chair of Marketing and Electronic Retailing,
University of Koblenz-Landau, Universitaetsstrasse 1, 56070 Koblenz, Deutschland
E-Mail: walsh@uni-koblenz.de

G. Walsh et al. (Hrsg.), *Web 2.0,*
DOI 10.1007/978-3-642-13787-7_19, © Springer-Verlag Berlin Heidelberg 2011

um optimale Kaufentscheidungen zu treffen (Walsh et al. 2007), wird der interpersonalen Kommunikation zukünftig eine noch größere Bedeutung zukommen.
Stärker als bisher wird diese Kommunikation über das Internet und Web 2.0-Platt-
formen erfolgen, weshalb sie für das unternehmerische Marketing von großer Relevanz ist.

Die gestiegene Relevanz elektronischer Kommunikation wird bei der Betrachtung virtueller Communities und Blogs im Internet deutlich, in denen sich die Kommunikation zwischen Individuen intensiviert. Laut technorati.com gibt es bereits
rund 190 Mio. Blogs im Internet. Durch die damit einhergehende zunehmende Vernetzung der Konsumenten wird ein Umdenken der Unternehmen aus zwei Gründen
notwendig: 1) Gut informierte, selbstbewusste Verbraucher, die über das Internet
in der Lage sind, sich mittels Verbrauchermeinungen, Testberichten und Foren vor
einer Kaufentscheidung umfassend zu informieren, sind weit weniger empfänglich
für die Lockrufe der Werbung oder den Charme von Verkäufern. 2) Positive und
negative Kommentare von Konsumenten über Unternehmen oder deren Leistungen
sind durch das Internet einer enormen Zahl an potenziellen Kunden zugänglich, was
einen signifikanten Einfluss auf den Erfolg von Produkten und Dienstleistungen
haben kann (Hennig-Thurau u. Walsh 2003).

Ziel dieses Beitrags ist die Analyse der digitalen bzw. elektronischen Mundwerbung im Internet und deren Erfolgsfaktoren. Mundwerbung bzw. „Word-of-Mouth"
wird die gesamte Kommunikation von Konsumenten untereinander genannt, die
sich auf den Besitz, die Benutzung oder Eigenschaften von Gütern und Dienstleistungen oder deren Verkäufer bezieht (Westbrook 1987). Die Besonderheit von
Word-of-Mouth liegt darin, dass ein Ereignis, ein Unternehmen, ein Produkt oder
eine Dienstleistung unmittelbar zwischen zwei oder mehreren Verbrauchern besprochen wird. Die Kommunikation muss dabei nicht unbedingt mündlich erfolgen. Vielmehr kann Mundwerbung auch via Körpersprache, Symbolen, Briefen
oder Internet verbreitet werden.

Das Wirkungspotenzial digitaler Mundwerbung wird im Kontext von Medien-
produkten anhand des Fallbeispiels des Kinofilms „Borat" illustriert. Ziel dieser
Analyse ist das Aufzeigen von Möglichkeiten der Steuerbarkeit von elektronischer
Mundwerbung durch Unternehmen sowie der Ableitung von Fragestellungen, die
Gegenstand zukünftiger Forschung sein können.

Die Medienindustrie im Allgemeinen und die Kinoindustrie im Speziellen bietet
ein ideales Umfeld zur Untersuchung von elektronischer Mundwerbung, da Konsumenten gerade bei Entertainmentgütern wie Filmen ein Bedürfnis haben, über ihre
Erfahrung mit dem Medienprodukt zu reden (Eliashberg et al. 2006). Kritisch sind
solche konsumentenseitigen Meinungsartikulationen immer dann, wenn negative
Erfahrungen weitergetragen werden. Insbesondere bei großen kommerziellen Hol-
lywood-Produktionen wird negative Mundwerbung durch Kinogänger (aber auch
von professionellen Kritikern) von den Verleihgesellschaften als Problem wahrgenommen. Der Film „Stealth" beispielsweise, produziert mit einem Budget von
geschätzten 130 Mio. US-$, konnte in der ersten Woche in den USA noch 13 Mio.
US-$ einspielen, doch dann begann die negative Mundwerbung zu wirken. Insge-
samt spielte der Film in den USA in 3 Monaten nur 31 Mio. US-$ ein und ist daher

angesichts des Produktions- und des Marketingbudgets als kommerzieller Flop zu klassifizieren (IMDB 2007a).

Die Kinoindustrie hat neben ihrer unbestreitbaren kulturellen auch eine hohe ökonomische Relevanz: Im Jahr 2004 betrug der weltweite Umsatz der Kinos knapp 20 Mrd. US-\$ (Eliashberg et al. 2006). Die Kinos in Deutschland nahmen 2003 beachtliche 849,8 Mio. € ein (SPIO 2005, S 89). Diese ökonomische Relevanz macht eine Auseinandersetzung mit solchen Größen notwendig, die erfolgsmindern oder erfolgssteigernd wirken können, wie die Kommunikation zwischen Konsumenten, die zunehmend im Internet stattfindet.

Aber auch in anderen Medienbereichen wurde die Bedeutung internetbasierter Kommunikation inzwischen erkannt. So wird der elektronischen Mundwerbung insbesondere im Kontext trendabhängiger Medienprodukte mit kurzem Produktlebenszyklus – wie bspw. Musik – ein hohes Beeinflussungspotenzial zugesprochen (Walsh u. Mitchell 2010).

2 Entstehung und Wirkung von Mundwerbung

Im Bereich des klassischen Marketing ist insbesondere die Gestaltung des Kommunikationsprozesses zwischen Sender und Empfänger, also in der Regel zwischen Unternehmen und Kunden, von Interesse. Bei der Gestaltung von Kommunikationsprozessen ist u. a. zu berücksichtigen, welche Empfänger erreicht werden sollen, welche Reaktionen hervorgerufen werden sollen (z. B. Änderungen im Verhalten und der Einstellung des Empfängers) und wie die Botschaft zu verschlüsseln ist, so dass die Zielgruppe die Botschaft auch wie beabsichtigt interpretiert.

Weiterhin ist im Kommunikationsprozess ein geeignetes Medium zur Verbreitung der Botschaft zu verwenden, um die gewünschte Zielgruppe zu erreichen (ausführlich z. B. Kotler et al. 2007). Unternehmen haben daneben die Möglichkeit, interpersonelle Beziehungen zwischen Konsumenten im Rahmen von Mundwerbung zu stimulieren, um ihre Produkte positiv darzustellen, etwa im Rahmen des viralen Marketing (Langner 2005). Häufig vertrauen Unternehmen jedoch darauf, dass ihre Botschaften auf indirektem Wege – also über die ausgewählten Kommunikationskanäle – in die Zielgruppe hinein diffundieren.

Dabei bildet die *Informationsquelle* den Anfang des Kommunikationsprozesses (bspw. ein Markenhersteller oder eine Filmproduktionsgesellschaft). Die Informationsquelle sendet nun eine Mitteilung an den *Sender* (i. d. R. Mediaagentur, Werbeagentur), welche diese Nachricht nun codiert und als Signal über einen bestimmten *Kanal* versendet. Das Signal kann ein Werbespot oder ein Trailer sein, das über das Internet oder ein anderes Medium ausgestrahlt wird. An dieser Stelle des Kommunikationsprozesses können Störungen bzw. „Geräusche" auftreten, die verhindern, dass das empfangene Signal nicht oder nicht richtig beim *Empfänger* ankommt. Solche Störquellen können u. a. andere Werbebotschaften, die gleichzeitig versandt werden, sein. Im Idealfall wird der Empfänger sich mit dem Signal (z. B. Trailer) gedanklich auseinandersetzen und es im *Gedächtnis* behalten.

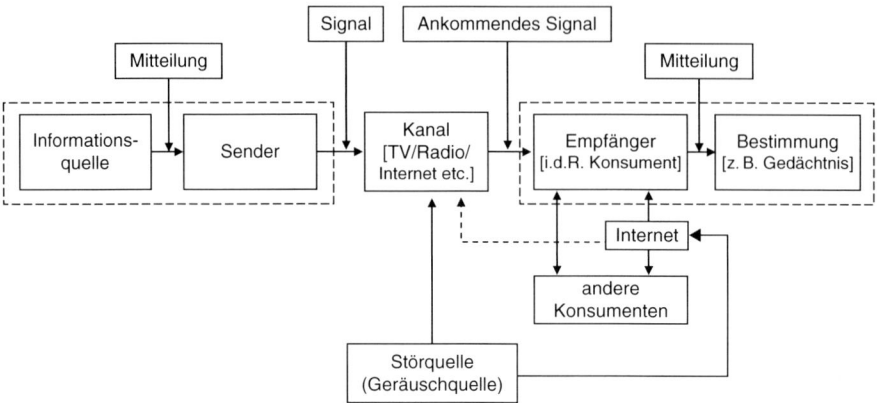

Abb. 1 Kommunikationsmodell (in Anlehnung an Shannon u. Weaver 1949)

Mit Blick auf die elektronische Mundwerbung ist nun von Interesse, dass der Empfänger die Botschaftsinhalte im persönlichen oder internetbasierten Gespräch an andere Konsumenten weitergeben kann (vgl. Abb. 1). Es entsteht also ein Multiplikationseffekt, der meist nicht mehr vom Unternehmen (Sender) im Sinne der Kommunikationsziele kontrolliert werden kann. Dies ist vor allem dann kritisch wenn Konsumenten nach Konsum des betreffenden Produkts bzw. der Dienstleistung zu einem negativen Urteil gelangen und dieses an andere kommunizieren. Weiterhin führt die interpersonale Kommunikation zwischen Konsumenten zu einem wechselseitigen Austausch von Informationen, die die beabsichtigte Mitteilung durch die Informationsquelle konterkarieren können. Mitunter werden sogar im Internet eingestellte Informationen von anderen Medien bzw. Kanälen aufgegriffen und weiterverbreitet. Aus diesem Grund ist es für Unternehmen von zentraler Bedeutung, Kommunikationsströme zwischen Konsumenten und daraus erwachsende Kommunikationseffekte zu verstehen, und wenn möglich im Sinne der eigenen Kommunikationsziele zu steuern.

Gerade im Zeitalter des Internets gewinnt die Mundwerbung an Bedeutung (Walsh u. Mitchell 2010). Der neue, entscheidende Aspekt der Mundwerbung im digitalen Zeitalter ist die Möglichkeit der Archivierung. Erzählt z. B. eine Person in einem Restaurant jemandem von seinen Erfahrungen mit einem Produkt, so hören das nur wenige weitere Personen. In einem Blog oder auf sogenannten consumer communities wie bspw. *ciao.de* ist diese Information jedoch für nahezu jedermann auch noch in einigen Jahren abrufbar (Hennig-Thurau u. Walsh 2003). Bei Kinofilmen können bspw. im Internet hinterlegte schlechte Kritiken (z. B. auf Internet-Kinowebsites wie www.imdb.de) den langfristigen Erfolg über das Eröffnungswochenende hinaus und in der sequentiellen Vermarktung mindern – also bei der Vermarktung als DVD und später bei der Ausstrahlung im Pay- und Free-TV.

Die digitale Mundwerbung ist damit in seiner Gesamtheit wirkungsvoller als die nicht-digitale Variante. Digitale Mundwerbung kann aktiv (z. B. per e-Mail) oder passiv erfolgen, wenn Konsumenten sie interessierende Informationen in Blogs oder auf Meinungsplattformen „abholen". Potenzielle Kunden können sich so im Internet gezielt über Unternehmen und Produkte informieren, was einen direkten Einfluss auf die Kaufentscheidung nach sich ziehen kann (Edwards 2006).

Elektronische Mundwerbung kann für betroffene Unternehmen grundsätzlich negativ oder positiv sein. Bei der negativen Form sind i. d. R. das Unternehmen, seine Marken oder Mitarbeiter Gegenstand kritischer Äußerungen (z. B. Wal-Mart auf www.walmartsucks.org), während positive Mundwerbung häufig gleichbedeutend mit einer Unterstützung des Unternehmens ist, da Konsumenten in positiver Weise über Produkte (z. B. über das Mini-Automobil auf www.miniclan.com) berichten oder gar konkrete Kaufempfehlungen abgeben. Positive Mundwerbung ist meist eine Folge von Kundenzufriedenheit, die entsteht, wenn die tatsächlich erlebte Bedürfnisbefriedigung den subjektiven Erwartungen des Kunden entspricht oder diese übersteigt (Churchill u. Suprenant 1982; Oliver 1997). Ein zufriedener Kunde, so wird geschätzt, erzählt drei Personen von seinen guten Erfahrungen mit einem Produkt, ein unzufriedener Kunde erzählt hingegen elf Personen von seinen schlechten Erfahrungen mit dem jeweiligen Produkt (Kotler et al. 2007). Im Internet ist diese Multiplikatorwirkung um ein Vielfaches größer.

Die Motivation Mundwerbung zu äußern entsteht insbesondere bei sehr zufriedenen oder sehr unzufriedenen Kunden (Godes u. Mayzlin 2004). Hauptansatzpunkt für Unternehmen hinsichtlich der Stimulierung positiver Mundwerbung, ist also die Erzeugung hoher Kundenzufriedenheit. Während es für klassische Serviceunternehmen durchaus möglich ist, einzelne zur Unzufriedenheit des Kunden verlaufene Dienstleistungsepisoden auszugleichen, stellt die Erzeugung dauerhafter Kundenzufriedenheit für Produzenten von Medienprodukten eine Herausforderung dar. Ein Grund dafür ist, dass Wiederholungskäufe und damit die Möglichkeit, Fehler in der Serviceerbringung zu korrigieren, kaum möglich sind.

Damit es zu einer wirksamen Word-of-Mouth-Kommunikation kommt, muss allerdings auch der Adressat empfänglich für Mundwerbung sein mit der er konfrontiert wird, was am ehesten der Fall ist, wenn er sich sowieso auf Informationssuche befindet. Durch Informationsaufnahme vor dem Kauf versuchen die Kunden das Risiko eines Fehlkaufs zu reduzieren und die Suchzeit zu verkürzen (Dellarocas 2003; Hennig-Thurau u. Walsh 2003). Daneben kann es auch zu zufälligen, beiläufigen Empfehlungen im Gespräch kommen, etwa wenn der Empfehlungsempfänger den Kauf bzw. das Ergebnis einer Leistung beim Sender sieht.

3   Determinanten des Erfolgs von Medienprodukten

Die Forschung zu den Erfolgsfaktoren von Medienprodukten ist mittlerweile recht umfangreich. Über verschiedene Medien hinweg wurden teilweise ähnliche Erfolgsfaktoren identifiziert. So gelten sowohl bei Büchern wie auch bei Kinofilmen Kritikerurteile und Bekanntheit der künstlerisch Verantwortlichen als erfolgsdeterminierend (Hennig-Thurau et al. 2006). Vergleichsweise umfangreich ist die Erfolgsfaktorenforschung für Kinofilme.

Eine Vielzahl von Studien untersucht bspw. den Einfluss von Oscarnominierungen und -auszeichnungen, von Werbung vor und nach dem Kinostart, von Filmkritiken und der Anzahl von Kinos, in dem der Film (an-)läuft und den Einfluss von Stars auf den Erfolg von Filmen (zusammenfassend Eliashberg et al. 2006; Hennig-Thurau et al. 2006; Hennig-Thurau et al. 2007). Aus ökonomischer Sicht dient die Heranziehung von Faktoren wie Stars oder Regisseuren (ähnlich wie die Mundwerbung) bei der Kaufentscheidung der Reduktion der Unsicherheit auf Seiten des Konsumenten. Stars oder Regisseure, verkörpern häufig einen gewissen Stil. Es ist bspw. anzunehmen, dass Kinobesucher denen der Schauspieler Tom Hanks wegen Rollen in Filmen wie „Forrest Gump" oder „Castaway" gefällt, sich auch von schlechten Filmkritiken nicht davon haben abhalten lassen, den Film „Sakrileg" (Da Vinci Code) anzusehen.

Ob ein Film ein Erfolg oder ein Flop wird, hängt aber besonders stark davon ab, ob die Besucher bereit sind, positive Mundwerbung zu verbreiten. Die Verkaufszahlen von so genannten Kreativgütern wie Musik-CDs, Büchern oder Kinofilmen haben typischerweise direkt nach dem Start ihren Höhepunkt und verlaufen danach mehr oder weniger stark abfallend. Durch positive Mundwerbung kann das Nachfrageniveau bei Kinofilmen für einige Wochen stabilisiert werden, während massive negative Mundwerbung i. d. R. zu unmittelbaren Nachfrageeinbrüchen führt (Beck 2006).

Im Hinblick auf den Entscheidungsprozess von Kinogängern, sind es vor allem die Eigenschaften des Guts Kinofilm, die eine hohe Bedeutung der Mundwerbung implizieren. Kinofilme als Wirtschaftsgüter weisen vor allem Dienstleistungseigenschaften auf, obwohl die Leistung auf physischen Datenspeichern materialisiert wird. Jedoch wird bei der Kinovorführung selbst das sogenannte „uno-acto-Prinzip" eingehalten und für die Kunden stellt die Vorführung ähnlich einem Theaterbesuch eine immaterielle Leistung dar. Zwar wird der Prozess der Erstellung der Dienstleistung Kinofilm (im Gegensatz etwa zu Theaterstücken) auf einem physischen Produkt gebannt, der Kern der Leistung im Rahmen der Vorführung bleibt aber stets immaterieller Natur (Hennig-Thurau u. Wruck 2000). Kinofilme sind darüber hinaus als Erfahrungsgüter zu klassifizieren, da der Konsument sich vor dem Konsum des Films nicht über dessen Eigenschaften, insbesondere seiner Qualität, sicher sein kann.

Sowohl bei Dienstleistungen als auch bei Erfahrungsgütern verspüren Konsumenten häufig eine Informationsunsicherheit, die evtl. durch Mundwerbung reduziert werden kann, was den Kaufentscheidungsprozess erleichtert. Erhält der potenzielle Kinobesucher positive Mundwerbung zu einem Film, wird ein Kinobesuch wahrscheinlicher, bei negativer Mundwerbung unwahrscheinlicher (Haucap 2006). Mundwerbung ist dabei für Konsumenten wegen ihrer relativ hohen Glaubwürdigkeit, etwa im Vergleich zur Werbung der Filmverleiher, besonders wertvoll.

Weiterhin werden Kinogänger in einem hohen Maße durch die Meinung und Vorlieben anderer Menschen beeinflusst (Eliashberg et al. 2006). Da Kinofilme häufig gemeinsam mit Freunden und Bekannten gesehen werden, ist die Entscheidung über die Auswahl eines Films oft eine Mehrpersonenentscheidung. Elektronische Mundwerbung mit Bezug auf Kinofilme findet sich in Chatrooms, Blogs, in speziell auf Filme zugeschnittenen Portalen wie *imdb.com* und auf Konsumentenportalen wie *ciao.de*. Daneben werden auch in Videoportalen wie *YouTube* Trailer Ausschnitte aus den entsprechenden Filmen von Nutzern und den Verleihgesellschaften zur Verfügung gestellt, die von den Nutzern der Portale kommentiert und weiterverbreitet werden. Der potenzielle Kinobesucher kann dadurch seine Entscheidungsunsicherheit weiter reduzieren, weil er bereits einen Eindruck vom Film gewinnen und filmbezogene Erwartungen bilden kann. Diesem Phänomen ist der nächste Abschnitt gewidmet.

4 Elektronische Mundwerbung am Beispiel von „Borat"

4.1 Studio-induzierte elektronische Mundwerbung

Für US-amerikanische Filmproduktionen ist es üblich, 50 % des Gesamtbudget auf die Vermarktung des Films zu verwenden, wobei der Großteil des Werbebudgets in den zwei Wochen vor dem Kinostart (sog. Release Date) und dem Eröffnungswochenende aufgewendet wird (Hennig-Thurau et al. 2006). Ein anschauliches Beispiel für die Möglichkeit, diesen beträchtlichen Kostenblock zu vermeiden bietet der Film „Borat".

„Borat" ist eine US-amerikanische Filmproduktion mit dem englischen Schauspieler Sacha Baron Cohen in der Hauptrolle. Die Hauptfigur des Films „Borat Sagdiyev", ein kasachischer Fernsehreporter, wird vom kasachischen Innenministerium beauftragt, die Gebräuche und Gewohnheiten von US-Amerikanern zu dokumentieren und begibt sich hierzu auf eine Reise durch die USA.

Das Beispiel „Borat" zeigt, wie sich Kinofilme durch die Stimulierung von Mundwerbung über Social Media wie *YouTube* auch ohne großes Werbebudget vermarkten und sich ein Millionenpublikum gewinnen lassen. Bevor der Film in den USA in die Kinos kam, veröffentlichte die Filmeverleihgesellschaft *20th Century Fox* Szenen, die nicht im Film zu sehen sind, so genannte „deleted scenes", auf der Internet-Videoplattform *YouTube*[1].

Die Veröffentlichung dieser Szenen (sog. Teaser) führte jedoch nicht dazu, dass das Publikum nicht mehr ins Kino ging, um den Film zu sehen. Vielmehr ist „Borat" als großer finanzieller Erfolg zu bezeichnen, was nicht zuletzt auf die durch *YouTube* induzierte Mundwerbung zurückgeführt werden kann (Morozov 2006). Bei einem Produktions-Budget von 18 Mio. US-$ hatte „Borat" bis zum 11.05.2007 weltweit 260 Mio. US-$ eingespielt (IMDB 2007b). Damit weist „Borat" eine Umsatzrentabilität von über 90 % auf[2].

---

[1] Darüber hinaus wurde „Borat" auch durch andere Mundwerbungmaßnahmen von *20th Century Fox* flankiert. In den USA konnten registrierte User von *MySpace* ein Bild von Borat unter ihren „Top 8 Freunde" einstellen. Diese User erhielten eine spezielle Einladung zu Vorabaufführungen (sog. Pre-Screenings) bevor der Film landesweit in die Kinos kam.

[2] Umsatzrentabilität = Gewinn/Umsatz × 100 (Gewinn: 260 Mio. − 18 Mio. = 242 Mio. US-$; Umsatz = 260 Mio. US-$).

Um zu analysieren, wie sich die Mundwerbung bei „Borat" verbreitet hat, wurde auf *YouTube* am 5.01.2007 für den vorliegenden Beitrag eine Recherche durchgeführt. Auf *YouTube* sind zu jedem Video Statistiken darüber verfügbar, wie viele und welche Seiten direkt auf das jeweilige Video verlinken[3]. Ferner besteht für die Nutzer von *YouTube* die Möglichkeit, Kommentare zu den Videos einzutragen.

Eine erste Suche zum Thema „Borat" auf *YouTube* ergab 6.221 Suchtreffer. Daraufhin wurden nur die von *20th Century Fox* eingestellten (aus dem Film gelöschten) Szenen gesucht.

Es handelt sich dabei also streng genommen, um keine klassische, reine Weiterempfehlung – der Ausgangspunkt ist eher viral. In der Literatur wird der Begriff „virales Marketing" häufig synonym zu Mundwerbung verwendet. Jedoch umfasst das virale Marketing das gezielte Auslösen und die Kontrolle von Mundwerbung, um ein Unternehmen und dessen Leistungen zu vermarkten. Im Unterschied zur Mundwerbung basiert virales Marketing nicht auf Kundenempfehlungen, die aus einer intensiven individuellen Auseinandersetzung mit dem Empfehlungsobjekt erwachsen. Stattdessen sind hierbei insbesondere Gelegenheitsempfehlungen relevant, die kurzfristig und situativ entstehen und durch Unternehmen nutzbar sind (Langner 2005). Die Strategie von *20th Century Fox* war, dass User die Videos anschauen, bewerten und an andere Konsumenten weiterleiten. Letzteres entspricht dann einer Verhaltensweise im Sinne der Mundwerbung.

Tabelle 1 zeigt eine Übersicht über die vier offiziell von *20th Century Fox* in *YouTube* eingestellten Videos[4]. Ursprünglich wurden fünf Videos eingestellt, jedoch wurde das Video „Prayer" von *YouTube* entfernt. Alle vier Videos wurden im Zeitraum zwischen dem 26.09. und 06.10.2006 eingestellt und damit ca. einen Monat vor dem offiziellen Kinostart am 02.11.2006. Somit konnte sich die Mundwerbung schon vor dem Kinostart verbreiten.

Die Anzahl der „Views" gibt an, wie oft das jeweilige Video von den *YouTube*-Nutzern aufgerufen bzw. angesehen wurde. Anhand der Anzahl der Views lässt sich abschätzen wie „populär" das Video ist. Die Anzahl der Kommentare gibt Auskunft darüber, über welches Video, in Relation zu den anderen in der Analyse verwendeten Videos, am meisten diskutiert wurde. Die Anzahl der Treffer in *Google* gibt Hinweise darauf, wie viele Webseiten Informationen, Links etc. zu dem jeweiligen

Tab. 1 Offizielle, von *20th Century Fox* in *YouTube* eingestellte Videos

Video	Views (Aufrufe)	Anzahl der Kommentare	Treffer in Google
Cheese	446.222	54	883
Gonorrhea	406.818	46	564
Dog	690.799	475	500
Police	221.157	83	1.860

[3] Beispielsweise wurde der Borat-Teaser „Borat Hunting" bis Anfang Dezember 2008 mehr als 3 Mio. Mal aufgerufen.

[4] Die Videos wurden zwischenzeitlich von *20th Century Fox* entfernt.

Video enthalten. Hierunter befinden sich allerdings einige mehrfach gefundene Seiten, so dass die Verbreitung der Mundwerbung effektiv kleiner ist.

Die durchschnittliche Anzahl der Views lag bei knapp über 440.000, wobei das Video „Dog" mit 690.799 Views am häufigsten angesehen wurde. Die Spannweite der Anzahl an Kommentaren auf *YouTube* zu den jeweiligen Videos lag bei 429 Einträgen. Zu dem Video „Dog" wurden 475 und somit die meisten Kommentare hinterlassen. Für das Video „Gonorrhea" sind hingegen lediglich 46 Kommentare eingetragen. Weiterhin wurde unter Verwendung von *Google* jeweils eine Suche nach den Begriffen „Borat" und „Videoname" durchgeführt, um die Ausbreitung der Mundwerbung und damit deren Reichweite im Internet nachvollziehen zu können. Hierbei konnte festgestellt werden, dass mehr als 95 % der Treffer lediglich Links auf das jeweilige Video auf *YouTube* waren. Die Links wurden dabei auf unterschiedlichen Arten von Webseiten eingetragen, u. a. auf Borat Fan-Seiten, in Blogs, in Foren oder Webseiten, die speziell dem „Humor" gewidmet sind. Die Sender sind dabei zumeist unbekannt, wollen auf die Videos aufmerksam machen und lösen folglich als Sender Mundwerbung aus. Auf den jeweiligen Webseiten wurden die Videos nicht mit Real-Names, sondern zumeist unter der Verwendung so genannter Nicknames eingetragen.

Die Mundwerbung zielt auf eine anonyme Zielgruppe ab, die speziell am Kinofilm „Borat" oder „Humor" interessiert ist. Beim Video „Dog" wurde aber auch von einer Hundeliebhaber-Webseite auf das entsprechende Video bei *YouTube* verlinkt, mit dem Hinweis, dass es sich hierbei um Tierquälerei handle. Die Einträge auf den diversen Webseiten datieren hauptsächlich (ca. 90 %) aus den Monaten Oktober bis November. Die tatsächliche Wirkung der Mundwerbung war dabei jedoch weder qualitativ noch quantitativ messbar, da nicht festgestellt werden konnte, wie viele Internet-Nutzer über den Link auf der jeweiligen Webseite zum Video auf *YouTube* geleitet wurden und von den Empfängern der Mundwerbung keine wertenden Kommentare hinterlassen wurden.

Die Mundwerbung, die tatsächlich erfasst werden konnte, fand somit direkt auf *YouTube* statt. Gekennzeichnet war diese dadurch, dass die Videos unmittelbar zwischen mehreren Personen besprochen wurden, die das Video zuvor gesehen hatten. Es kann daher ein gemeinsames Interesse an der Thematik unterstellt werden, da die Personen ansonsten nicht über das jeweilige Video diskutieren würden. Die Analyse der Kommentare ergab, dass der Anteil an positiven und negativen Kommentaren ungefähr gleich war. Diskutiert wurde u. a. über die Qualität des Films, ob die Videos Fakes seien und ob die Videos als antisemitisch, anti-amerikanisch, frauenfeindlich oder im Fall des Videos „Dog" als Tierquälerei zu charakterisieren seien.

4.2 User-induzierte elektronische Mundwerbung

Im nächsten Schritt wurde eine Analyse der Mundwerbung durchgeführt, die durch Videos induziert war die nicht von *20th Century Fox* eingestellt wurden, um evtl.

Tab. 2 Übersicht der nicht von *20th Century Fox* eingestellten Videos auf *YouTube*

Video	Views	Anzahl der Kommentare	Treffer in Google
First 4 min	1.626.668	1.013	152
Shopping	687.818	148	179
Football	658.981	914	522

Unterschiede aufdecken zu können. Die Videos enthalten Szenen, die von Usern illegal aus dem Film geschnitten wurden. Tabelle 2 zeigt eine Übersicht dieser Videos sowie die jeweilige Anzahl der Views, Kommentare und Suchtreffer in *Google*. Die Analyse wurde analog der ersten vier Videos aus Tab. 1 durchgeführt.

Die Anzahl der Views lag zwischen 658.000 und knapp 1.600.000 und damit weit über der entsprechenden Zahl der offiziellen Videos. Ferner lag die Anzahl an Kommentaren über denen der „Deleted Scenes", die Zahl der Suchtreffer in *Google* darunter. Die Verbreitung im Internet erfolgte wie bei den „offiziellen" Videos. Auf diversen Webseiten, wie Borat Fan-Seiten, Blogs, Foren oder humororientierten Webseiten wurden Links auf die *YouTube* Videos eingetragen. Die Sender, die die Mundwerbung auslösten, sind wiederum zumeist unbekannt, auf den jeweiligen Webseiten wurden zumeist Nicknames eingetragen. Die Motive diese Videos zu verlinken lag darin, andere Internet-Nutzer wie bspw. Foren-Benutzer oder Leser des Blogs auf die Videos hinzuweisen. Die Verlinkung erfolgt wiederum in ca. 95 % der Fälle kommentarlos. In den verbleibenden 5 % wurden die Videos mit Hinweisen wie „Kuckt euch das mal an! Lustig" und ähnlichen Kommentaren verlinkt. Ferner erfolgte die Einstellung der Links primär in den Monaten vor dem offiziellen Kinostart. In den Kommentaren wurde u. a. darüber diskutiert, ob der Film gut oder schlecht und ob der Film antisemitisch, rassistisch oder frauenfeindlich sei.

4.3 Zusammenfassung

Insgesamt lässt sich feststellen, dass die digitale Mundwerbung zu Borat auf *YouTube* sehr effektiv war. Allein mit den offiziellen Videos konnte *20th Century Fox* mehr als 1,6 Mio. Personen erreichen. Es stellt sich jedoch die Frage, was die spezifischen Auslöser dieser Mundwerbung sind. Die Gründe für den Erfolg der Videos sind einerseits in der Kommunikationsstrategie von *20th Century Fox* und andererseits in den spezifischen Charakteristika des Films zu sehen.

Zunächst war die Entscheidung von *20th Century Fox*, gelöschte Szenen zur Werbung zu verwenden ein großer Erfolg. *20th Century Fox* hat sich von anderen Filmstudios differenziert, indem sie nicht nur den Trailer vor dem offiziellen Kinostart zur Verfügung gestellt haben, sondern gleichfalls verschiedene aus dem Film herausgeschnittene Szenen. Dass Filme auf Web 2.0-Plattformen durch Trailer beworben werden, ist mittlerweile die Regel. Erfahrenen Kinogängern ist jedoch bewusst, dass es sich bei Trailern keineswegs um die objektive Darstellung der Qualität eines Filmes handelt, sondern um Werbung. Gelöschte Szenen aber bieten einen

guten Eindruck vom beworbenen Produkt und können damit die Entscheidungsunsicherheit der Konsumenten bei der Filmwahl wirksam reduzieren. Gleichzeitig
wird nicht zuviel vom Filminhalt verraten und somit die kundenseitige Vorfreude
auf den Film erhalten.

Weiterhin ist der Film hinsichtlich seiner inhaltlich-künstlerischen Charakteristika gut geeignet, um durch Weiterempfehlungsmarketing beworben zu werden. Der
Film ist der Kategorie „Humor" zuzuordnen und damit einem Genre, das per se
häufig im Gespräch zwischen Menschen thematisiert wird – man denke nur daran,
wie häufig sich Menschen gegenseitig Witze erzählen, sich von lustigen Begeben-
heiten berichten oder gegenseitig lustige Bilder per e-Mail weiterleiten.

Weiterhin ist Borat in seiner Art des Humors sehr kontrovers, was sich u. a. durch
die Vielzahl der Kommentare zeigt, die Film und Hauptdarsteller Antisemitismus
vorwerfen. Auch hier gilt das bekannte Motto „controversy sells".

Schließlich lässt sich ein „Fit" zwischen *YouTube* und dem Film Borat feststellen. Nutzer von *YouTube* schätzen die kurzweilige Unterhaltung – Videos mit einer
Laufzeit von mehr als 7 oder 8 min sind die absolute Ausnahme. Da „Borat selbst
ein Film in Fragmenten ist", also eine Aneinanderreihung witziger Szenen zu einem
83-minütigem Film, passt er hervorragend zu den Gewohnheiten der Mitglieder von
YouTube.

Das Mundwerbepotenzial der nicht-offiziellen Ausschnitte war allerdings noch
höher als das der offiziellen von *20th Century Fox* veröffentlichten Szenen. Dies
kann seine Ursache darin haben, dass den Beiträgen von privaten Usern eine höhere
Glaubwürdigkeit beigemessen wird, da diesen von anderen Usern keine eigennüt-
zigen oder monetären Motive bei der Verbreitung der Videos unterstellt werden.
Darüber hinaus lassen sie eine effektivere Unsicherheitsreduzierung zu, da es sich
um tatsächliche (und nicht gelöschte) Szenen handelt.

Somit kann der Erfolg der elektronischen Mundwerbung im Fall von „Borat" auf
das Zusammenwirken von Maßnahmen des Studios und von Usern zurückgeführt
werden, da sie jeweils positive Effekte in Hinblick auf die Akzeptanz des Films
hatten (vgl. Abb. 2).

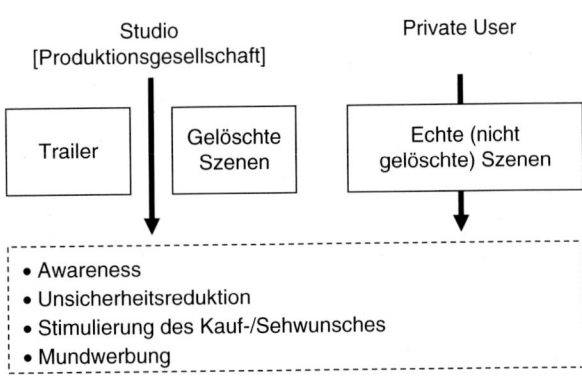

Abb. 2 Studio- und User-
induzierte Bereitstellung von
Filmszenen

5   Implikationen und Fazit

5.1   *Befunde zur elektronischen Mundwerbung bei Medienprodukten und Forschungsimplikationen*

Problematisch bei der Erforschung von Mundwerbung ist seit jeher – und dies betrifft sowohl die Online- als auch die Offlinewelt – deren Messung. Word-of-Mouth wird zumeist im privaten Raum von einem Konsumenten an den nächsten übermittelt und ist damit nicht direkt beobachtbar. Die Marktforschung behilft sich daher bei der Messung von Mundwerbung mit Fragebögen, die die Erinnerung an erhaltene oder abgegebene Mundwerbung abfragen (Godes u. Mayzlin 2004). Internethändler wie amazon, Internetplattformen mit Kaufberatungscharakter (z. B. dooyoo) sowie sog. Social Media (Flickr, Mister Wong, MySpace etc.) bieten neue Möglichkeiten, das Aussenden und die Verbreitung von Mundwerbung tatsächlich zu beobachten. Wobei aber nicht per se davon ausgegangen werden darf, dass Mundwerbung online und offline identisch funktionieren (Walsh u. Mitchell 2010). Genauere Erkenntnisse über die Funktionsweise der Mundwerbung im Internet im Kontext von Kinofilmen versprechen aber nichtsdestotrotz Erkenntnisse darüber, wie Mundwerbung bei Kreativgütern im Allgemeinen funktioniert, also bspw. welche Motive Sender und Empfänger verfolgen und welche Aspekte einer Leistung zu einer Mundwerbung motivieren. Um letzteres zu analysieren ist es nicht ausreichend, nur quantitativ die Anzahl der Kommentare oder Reviews zu zählen. Vielmehr müssen die einzelnen Nachrichten qualitativ-inhaltlich analysiert werden.

Die qualitative Auswertung in diesem Beitrag erfolgte jedoch nur stichprobenhaft und war nicht methodisch fundiert. Postuliert wurde, dass die Motivation der Absender der Mundwerbung vermutlich darin besteht, ihre hohe Zufriedenheit mit dem Video mit anderen Konsumenten zu teilen. Die Motivation der Empfänger die Videos zu betrachten, kann unterschiedlich ausgeprägt sein: Einerseits mag es Empfänger geben, die aktiv nach Informationen suchen, um die Filmauswahl für den nächsten Kinobesuch zu fundieren. Andererseits dürfte gerade bei *YouTube* der Anteil jener Nutzer höher sein, die sich die Videos unabhängig von der Filmauswahl zur kurzzeitigen Unterhaltung ansehen. Allerdings senden auch letztere bei Zufriedenheit mit den Videos und bei Kommentierung positive Mundwerbung aus, was einen positiven Einfluss auf den Erfolg des Films haben kann.

In der Analyse von Word-of-Mouth-Verhalten wird typischerweise davon ausgegangen, dass positive Mundwerbung den Erfolg erhöht und aus Unzufriedenheit resultierende negative Mundwerbung den Erfolg mindert. Dieser Zusammenhang könnte jedoch bei Kreativgütern teilweise ungültig sein, wenn es sich um besonders kontrovers diskutierte Produkte wie den Film Borat handelt. Eine Verbreitung negativer Mundwerbung über das Internet kann dazu führen, dass breite Konsumentenschichten von einem Film erfahren, vom dem sie ansonsten nicht erfahren hätten. Dabei können sie sich von kritisierten und kontroversen Inhalten angesprochen fühlen und den Film gerade deshalb sehen wollen. Dieses Phänomen ist keineswegs unbekannt und ist z. B. auch im Zusammenhang mit Gunther von Hagens' umstrittener Wanderausstellung „Körperwelten" zu beobachten.

Mittels neuerer Online-Marktforschungstools können Unternehmen die für sie relevante Mundwerbung systematisch analysieren (lassen). Beispielsweise ermöglicht der *Nielsen Buzzmetrics*-Service das Tracking und die Analyse von user-generierter Mundwerbung in Blogs. Dennoch ist eine präzise Quantifizierung der aus Mundwerbung resultierenden Effekte schwierig, weil manche User bestimmte filmbezogene Informationen und Inhalte mehrfach erhalten bzw. abrufen und/oder an andere versenden. So ist es möglich, dass sich Personen, die den Film bereits gesehen haben, noch einmal Ausschnitte ansehen um etwaige kognitive Dissonanzen die nach dem Filmkonsum entstanden sind (in Folge von Diskussionen mit Freunden oder Bekannten usw.) zu reduzieren. In solchen Fällen kann die Zufriedenheit mit den Videos auch die Zufriedenheit mit dem Film steigern und die entsprechenden Personen können unter Umständen wieder zu Sendern von positiver Mundwerbung werden.

Trotz dieser Quantifizierungsproblematik herrscht in der Praxis weitgehend Konsens hinsichtlich der Wirkungskraft von Mundwerbung. Eliashberg et al. (2006) behaupten der Umfang an Werbung der für einen Kinofilm betrieben werden müsse und der Umfang an Mundwerbung könne spiegelbildlich gesehen werden, sprich Mundwerbung könne kostenträchtige konventionelle Werbung wirksam ersetzen. Wie die Betrachtung des Beispiels Borat gezeigt hat, ist die Mundwerbung gegenüber der klassischen Werbung als überlegen einzustufen.

Für eine systematische Nutzung von elektronischer Werbung durch Unternehmen sind zunächst weitere Erkenntnisse notwendig. In der vorliegenden Analyse der Wirkung von Mundwerbung wurden nur Daten von der Plattform *YouTube* berücksichtigt. Reviews des Filmes, also Word-of-Mouth in einem engeren Sinne wurde nicht untersucht. Die zukünftige Forschung muss außerdem wesentliche Größen der Erfolgsfaktorenforschung bei Kinofilmen und hier insbesondere Wechselwirkung von marketinginduzierten Größen (insbesondere Werbung), leistungsbezogenen Faktoren (Stars und Regisseure, Genre, Sequel usw.) und externen Faktoren (z. B. Kritiken) mit der Mundwerbung berücksichtigen.

Die Frage, bei welcher Art Filme die Beziehung zwischen elektronischer Mundwerbung und Filmerfolg besonders stark ist und bei welchen Filmen andere Faktoren wie Stars oder der Regisseur wichtiger sind, muss letztlich durch die empirische Forschung erfolgen. Dieser Beitrag liefert jedoch Hinweise darauf, dass inhaltlich kontroverse Independentfilme mit einem starken humoristischen Einschlag besonders geeignet sind, per Word-of-Mouth über Web 2.0-Plattformen vermarktet zu werden.

Da Filmstudios und andere Medienproduzenten – nicht zuletzt wegen der hohen Floprraten in der Medienbranche – ein hohes Interesse an einer schnellen Amortisation ihrer Investitionen haben, muss auch die Wirkung von elektronischer Mundwerbung im Zeitablauf besser verstanden werden. Online-Plattformen bieten die Gelegenheit, die Ausbreitung der Mundwerbung zu verfolgen, indem die Mundwerbung (also bspw. Weiterempfehlungen in Filmportalen oder die Weiterverbreitung von Videos in *YouTube*) an mehreren Messpunkten erhoben wird. Der Faktor Zeit

wird jedoch bei Untersuchungen zum Erfolg von Kinofilmen eher selten beachtet. Eliashberg u. Shugan (1997) konnten für professionelle Filmkritiken empirisch
nachweisen, dass diese mit spätem Einspielergebnis und dem gesamten Einspielergebnis von Kinofilmen korrelieren aber nicht mit dem frühen Einspielergebnis. Es
scheint also als würden Kritiken erst nach einer gewissen Zeit ihre Wirkung entfalten. Illustrieren lässt sich dieses Phänomen anhand des Beispiels des Films „Thelma
& Louise", der trotz exzellenter Kritiken nur mäßig startete (Einspielergebnis in der
ersten Woche in den USA: 4 Mio. US-$), insgesamt mit einem Einspiel von etwa
45 Mio. US-$ in den USA angesichts eines Budget von etwa 16 Mio. US-$ aber ein
großer Erfolg war (Eliashberg u. Shugan 1997).

Schließlich sollte zukünftig erforscht werden, bei welcher Art von Web 2.0-
Community die Mundwerbung besonders stark wirkt. Communities können danach
unterschieden werden, wie stark sie ihre Mitglieder an sich binden und wie stark
die Bindung der Mitglieder der Community untereinander ist (siehe auch den Beitrag von Sassenberg und Scholl in diesem Band). Grundsätzlich besteht bei Internet-Communities die Problematik, dass sich der Aufbau gegenseitigen Vertrauens
unter den Mitgliedern wegen der Unsicherheit über die tatsächliche Identität des
Gegenübers aber auch wegen des Fehlens nonverbaler Kommunikationselemente
schwierig gestaltet, was auch die Glaubwürdigkeit der Mundwerbung beeinträch-
tigt (Dellarocas 2003).

5.2   Fazit

In diesem Beitrag wurde die Bedeutung von elektronischer Mundwerbung in Web
2.0-Medien am Beispiel des Kinofilms „Borat" diskutiert. Die hier vorgestellten
Analyseergebnisse könnten noch mehr Managementrelevanz aufweisen, wenn bei
der Untersuchung von elektronischer Mundwerbung weitere konsumentenbezoge-
nen Informationen herangezogen würden.

Ein wesentlicher Nachteil der Analyse von online geäußerter Mundwerbung ist
das Nicht-Vorliegen demografischer oder gar psychografischer Daten der jeweiligen Person. Dadurch wird es Unternehmen erschwert, bestimmte Gruppen, die im
hohen Maße als Multiplikator tätig sind, mit spezifischen Marketingmaßnahmen zu
erreichen[5]. Insofern existiert Informationsbedarf für Medienunternehmen hinsichtlich der effektiveren Steuerung von Mundwerbung. Denkbar ist aber schon heute
ein Matching von bestimmten Filmen oder Filmgenres mit Usern, die die „richtigen" psychografischen Merkmale aufweisen. Beispielsweise könnten Filmunter-
nehmen bei einem Film wie „W"[6] versuchen, Trailer in politischen Blogs zu platzieren, in denen User mit einem höheren Maß an Politikinteresse anzutreffen sind.
Ein Filmtrailer und filmbezogene Informationen für „Sin City 2" (dessen Kinostart

---

[5]   Eine Ausnahme ist die Mundwerbung auf unternehmenseigenen Webseiten.

[6]   „W" ist ein biografischer Film über US-Präsident George W. Bush von Regisseur Oliver Stone,
der im Herbst 2008 in die Kinos kam.

für 2012 erwartet wird) könnte hingegen in Blogs mit comicbezogenen Inhalten zu der gewünschten Multiplikatorwirkung führen.

Investitionen in Film-Projekte sind äußerst spekulativ. Im Filmgeschäft können Millionen verdient oder verloren werden. Dabei spielt das Budget des jeweiligen Filmes nicht immer die dominante Rolle für den Erfolg. Ein hohes Budget führt nicht automatisch zu (hohen) Gewinnen, wie die Beispiele „Stealth" und „Final Fantasy" belegen. Ferner führt ein niedriges Budget nicht automatisch auch zu niedrigen Einspielergebnissen. Gerade für „kleine" Filme, aber u. U. auch für größere Produktionen, stellt die digitale Mundwerbung eine alternative Marketingform dar. Angesichts der offensichtlich hohen Relevanz von Mundwerbung für den Erfolg von Medienprodukten wie Kinofilmen, verwundert es, dass die Studios und Verleihgesellschaften weiterhin in einem so starken Maße auf das klassische Massenmarketing setzen und damit hohe finanzielle Risiken eingehen.

Literatur

Beck J (2006) The sales effect of word of mouth: a model for creative goods and estimates for novels. J Cult Econ 31:5–23

Churchill GA, Surprenant C (1982) An investigation into the determinants of customer satisfaction. J Mark Res 16:491–504

Dellarocas C (2003) The digitization of word of mouth: promise and challenges of online feedback mechanisms. Manage Sci 49:1407–1424

Edwards S (2006) Special issue on electronic word-of-mouth and its relationship with advertising, marketing and communication. J Interact Advert 6:1–2

Eliashberg J, Shugan SM (1997) Film critics: influencers or predictors? J Mark 61:68–78

Eliashberg J, Elberse A, Leenders M (2006) The motion picture industry: critical issues in practice, current research, and new research directions. Mark Sci 25:638–661

Godes D, Mayzlin D (2004) Using online conversations to study word-of-mouth communication. Mark Sci 23:545–560

Haucap J (2006) Warum einige Spielfilme erfolgreich sind, andere aber nicht: Einige ökonomische Überlegungen. MedienWirtschaft: Zeitschrift für Medienmanagement und Kommunikationsökonomie 3:6–15

Hennig-Thurau T, Walsh G. (2003) Electronic word of mouth: motives for and consequences of reading customer articulations on the internet. Int J Electron Commer 8:51–74

Hennig-Thurau T, Wruck O (2000) Warum wir ins Kino gehen: Erfolgsfaktoren von Kinofilmen. Mark ZFP 22:241–256

Hennig-Thurau T, Houston M, Walsh G (2006) The differing roles of success drivers across sequential channels: an application to the motion picture industry. J Acad Mark Sci 34:559–575

Hennig-Thurau T, Henning V, Sattler H, Eggers F, Houston MB (2007) The last picture show? Timing and order of movie distribution channels. J Mark 71:63–83

IMDB (2007a) Box office/Business für Stealth (2005). http://german.imdb.com/title/tt0338526/business. Zugegriffen: 15. Mai 2007

IMDB (2007b) Box office/Business für Borat: Cultural Learnings of America for Make Benefit Glorious Nation of Kazakhstan (2006). http://www.imdb.com/title/tt0443453/business. Zugegriffen: 15. Mai 2007

Kotler P, Armstrong G, Saunders J, Wong V (2007) Grundlagen des Marketing, 4. Aufl. Pearson Education, München

Langner S (2005) Viral Marketing: Wie sie Mundpropaganda gezielt auslösen und Gewinn bringend nutzen. Gabler, Wiesbaden

Morozov E (2006) „Borat" nutzt YouTube geschickt. Rhein-Zeitung, 279/2006, S 27

Oliver RL (1997) Satisfaction. A behavioral perspective on the consumer. McGraw-Hill, New York

Shannon CE, Weaver W (1949) The mathematical theory of communication, 4. Aufl. University of Illinois Press, Urbana

Spitzenorganisation der Filmwirtschaft – SPIO (2005) Filmstatistisches Jahrbuch 2005, zusammengestellt und bearbeitet von Wilfried Berauer. Nomos, Baden-Baden

Walsh G (1999) Der Market Maven in Deutschland: Ein Diffusionsagent für Marketinginformationen. Jahrb Absatz- Verbrauchsforschung 45:418–434

Walsh G, Mitchell V-W (2010) Identifying, segmenting and profiling online communicators in an internet music context. Int J Internet Mark Advert 6(1):41–64

Walsh G, Hennig-Thurau T, Mitchell V-W (2007) Assessing consumer confusion proneness: scale development and model testing. J Mark Manag 23:697–721

Westbrook RA (1987) Product/consumption-based affective responses and postpurchase processes. J Mark Res 24:258–270

Video-Distribution 2.0 – Strategien für dezentrale Medienmärkte

Thomas Schinabeck, Benedikt von Walter und Jürgen Hopfgartner

Inhalt

1 Einleitung

Die digitale Distribution ist ein wesentlicher Auslöser des grundsätzlichen Transformationsprozesses, in dem sich die Medienbranche derzeit befindet. Die Ursache dieses Transformationsprozesses – die steigende Leistungsfähigkeit der Computer sowie des Internets – sind vielfach diskutiert worden (von Walter u. Quiring 2006). Auch die Folgen der Digitalisierung, insbesondere im Hinblick auf Geschäftsmodelle und Wertschöpfungsketten, wurden thematisiert (Picot et al. 2007).

Kaum diskutiert sind hingegen die Auswirkungen von Web 2.0-Anwendungen auf die Distribution von Inhalten. Die Nutzer beeinflussen jedoch mittlerweile nicht nur durch ihr Verhalten im Web 2.0 maßgeblich die Distribution von Inhalten (Ratings, Kommentare, Blogs), sondern werden auch zunehmend selbst Teil dieser Inhalte-Distribution (Social Networks, Filesharing). Mit steigender Computerleistung

T. Schinabeck (✉)
Sorauer Str. 14, 10997 Berlin, Deutschland
E-Mail: thomas@digitalwaveriding.com

G. Walsh et al. (Hrsg.), *Web 2.0*,
DOI 10.1007/978-3-642-13787-7_20, © Springer-Verlag Berlin Heidelberg 2011

und Bandbreite erreicht dieser Wandel nach und nach alle Zweige der Medienindustrie.

In den Jahren vor der Durchsetzung von Portalen wie YouTube war die Lage im Markt für die Distribution von Videos vergleichsweise übersichtlich. Wenige zentrale Unternehmen erzielten ihre wesentlichen Erlöse mit einer begrenzten Anzahl an Künstlern. Es herrschte traditionell hohes Risiko bei der Auswahl, Produktion und Vermarktung von Inhalten, das von diesen Intermediären abgefangen wird und wofür diese im Gegenzug über hohe Vertriebsmacht verfügen.

Durch den Einfluss der Digitalisierung und die zunehmende Bedeutung der Online Video Distribution verändert sich diese Situation. Mit der Verbreitung von Breitband-Anschlüssen in Verbindung mit leistungsfähigeren Computern hat die Bedeutung der Online-Distribution von Videoinhalten in den letzten Jahren deutlich zugenommen. Es gibt zunehmend Alternativen zur Distribution durch etablierte Unternehmen. Entwicklungen wie Tauschbörsen, Stream on Demand oder Link-Datenbanken bedrohen die Bewegtbildbranche in ähnlichem Maße wie seinerzeit die Musikindustrie – nur aufgrund des höheren Bandbreitenbedarfs mit einer gewissen Verzögerung.

Hinsichtlich geeigneter Geschäftsmodelle befindet sich der Markt ähnlich wie der Musik-Markt vor einigen Jahren immer noch in einer Experimentierphase. Im Vergleich zum klassischen Fernsehen handelt es sich für Nutzer, aber auch insbesondere für Werbekunden um einen relativ neuen Distributionsweg. Im Markt herrschen vielfältige Unsicherheiten in Bezug auf Übertragungstechnik und -form, Marktaufteilung zwischen den Anbietern, Qualitätsansprüche der Nutzer und nicht zuletzt vor allem auch in Hinblick auf das Potenzial des Werbemarktes für Online-Videos. Das Volumen des Online Werbemarktes ist trotz deutlichem Wachstum (29 % von 2007 auf 2008 lt. BITKOM 2009) immer noch relativ klein (EUR 1,3 Mrd. in 2008 lt. BITKOM 2009). Auch die Investitionsbereitschaft der Werbekunden in Online-Werbung ist trotz inzwischen hochwertiger, ausgereifter und vielfältiger Werbeformen noch zurückhaltend.

Angesichts der aktuellen Entwicklungen werden in diesem Beitrag zunächst in Abschn. 2 die wesentlichen aktuellen Herausforderungen für die Distribution von Video-Inhalten im Internet detaillierter analysiert, um anschließend in Abschn. 3 einige Einschätzungen zu geeigneten Strategien für den Umgang mit diesen Herausforderungen zu geben.

2 Dezentralisierung: Herausforderungen für Distribution von Video-Inhalten

Die Digitalisierung trug mit Innovationen wie der Compact Disc in ihrer ersten Phase wesentlich zur Effizienzsteigerung bei traditionellen Medienunternehmen bei. Anders verhielt es sich mit der zweiten Phase der Digitalisierung, bei der der Konsum von Medieninhalten über Computer und Internet (Web 1.0) in einem deutlich höheren Maße Zugang zu leistungsstarken und kostengünstigen digitalen

Technologien hatte. Die Folge waren grundlegende Veränderungen bei Produktion wie Produkten der gesamten Medienindustrie (von Walter 2007). Wie dieser Abschnitt zeigen wird, führen nun diese Technologien unter dem Schlagwort Web 2.0 in eine dritte Phase, deren wesentliche Eigenschaft ein Trend zur Dezentralisierung ist (Quiring et al. 2008). Die Entwicklung wird dazu unter den Stichworten *dezentrale Marktmacht, dezentraler Content* und *dezentrale Aufmerksamkeit* skizziert.

2.1   Dezentrale Marktmacht

Digitale Technologien und insbesondere Netzwerkstrukturen wie das Internet und das darauf aufsetzende Web 2.0 eröffnen Nutzern neue Möglichkeiten im Umgang mit Content, die im Folgenden skizziert werden.

- *Vernetzung:* Die Vernetzung der Menschen über das Internet hat in den letzten Jahren deutlich zugenommen. Dabei ist zu unterscheiden zwischen der technischen Vernetzung im Sinne einer Penetrationsrate mit Internet-Anschlüssen und der darauf aufsetzenden tatsächlichen Vernetzung der Nutzer über soziale Netzwerke, Blogs, Social Bookmarking, Foren, Instant Messaging, Rating-Plattformen und anderen Anwendungen. Diese zweite Art der Vernetzung ist erst seit wenigen Jahren zu beobachten und durch ihren bilateralen und dezentralen Charakter als zentrale Eigenschaft von Web 2.0-Anwendungen zu nennen (Kilian et al. 2008a). Die anfangs in ihrer „Usability" eher beschränkten Plattformen und Foren zeichneten sich durch einen eher auf Spezialisten begrenzten Nutzerkreis aus. Erst jüngst sind durch Social Networks mit komplexeren User Interfaces und Funktionen die Nutzerzahlen im großen Maßstab gestiegen. So sind bereits die Hälfte der zehn weltweit am meisten genutzten Webseiten der Rubrik Social Media zuzuordnen und „soziale Anwendungen" im weiteren Sinne machen bereits heute 60 % der Aktivitäten am Computer aus (Universal McCann 2008).
- *Sharing Culture:* Aufbauend auf den Möglichkeiten zur Vernetzung kommt es insgesamt zu einem hohen Grad an Gegenseitigkeit bei der Mediennutzung. Während Nutzer in traditionellen TV-Märkten in erster Linie passive Rezipienten von Inhalten waren, bieten sie zunehmend auch aktiv Inhalte an. Dieser Trend kann unter dem Begriff der Sharing Economy oder Sharing Culture zusammengefasst werden. Für das Beispiel der Video-Inhalte bedeutet das, dass sich User über Filmmaterial austauschen, Video-Inhalte bewerten, kommentieren und empfehlen, Links zu Videos oder Inhalte auf persönlichen Webseiten oder Blogs bzw. in ihrem Profil in sozialen Netzwerken selbst zum Stream oder Download anbieten. Dank steigender Bandbreite können zunehmend auch die Video-Inhalte selbst weitergeleitet werden. Der Erfolg von Social Media erklärt sich dabei zu großen Teilen durch den Nutzen, den der einzelne Teilnehmer aus seiner Teilnahme zieht (Benkler 2006; Quiring et al. 2007; Stöckl et al. 2008).
- *Atomisierung:* Die Vernetzung der Nutzer in Kombination mit der Tendenz zur Sharing Culture führt zu einer Atomisierung von Medienmärkten und damit auch

zu einer Neuverteilung von Macht auf Medienmärkten. Sind die letzten technischen Barrieren (Stichworte: Bandbreite, Anwendungen) beseitigt, ist eine ähnlich starke Atomisierung des Marktes für Online-Videos zu erwarten, wie sie im
Bereich der Musik-Inhalte bereits seit mehreren Jahren in Form von Tauschbörsen zu beobachten ist. Die Entwicklung geht somit auch im Bereich der Bewegt-
bilder vom Sender-Empfänger-Modell hin zum Sender-Sender-Modell (Peer-to-
Peer-Paradigma) (Schoder et al. 2002).

• *Begrenzte rechtliche Durchsetzungskraft:* Angesichts der geschilderten Entwicklungen scheint es aus Sicht der klassischen Anbieter angemessen, bestehende Rechte entweder auf innovative und effiziente Weise durchzusetzen oder sie
  gegebenenfalls anzupassen. Der Umgang der Musikindustrie mit Filesharing-
  Systemen zeigte in den letzten Jahren, dass das derzeit geltende Urheberrecht
  für das digitale Zeitalter in mehreren Bereichen nicht mehr zeitgemäß zu sein
  scheint. Trotz des über die Jahre durchaus entstandenen Drohpotenzials konnte
  die Nutzung und weitere Entstehung von Tauschbörsen bislang nicht umfassend
  verhindert werden. Inzwischen hat die Branche die Klagewelle gegen die User
  weitgehend eingestellt. Anstelle der direkten Konfrontation suchen sie jetzt die
  Kooperation mit den Internet Service Providern, um ihre Rechte indirekt über
  diese durchzusetzen bzw. gegen Verstöße effizient vorgehen zu können. Seit einigen Jahren gibt es bereits innovative und teilweise kontrovers diskutierte Ansätze wie das alternative Rechtesystem *Creative Commons* oder die Forderung
  einer Kultur-Flatrate (Creative Commons 2009; EMR 2009).
• *Begrenzte technologische Durchsetzungskraft:* Ergänzend zu rechtlichen Schritten versuchte die Musikindustrie, durch die Etablierung technischer Systeme die
  Durchsetzung des traditionellen Rechtsanspruchs zu erreichen. Doch auch hier
  fällt die aktuelle Bilanz nicht zu positiv aus. So genannte Digital-Rights-Ma-
  nagement-Systeme (DRMS) zur Sicherung von Content im Internet setzten sich
  zunächst für Musik-Content durch, wurden zugleich aber von Anfang an kriti-
  siert. Die Kritik richtete sich einerseits gegen die im Vergleich zur physischen
  Distribution eingeschränkten Nutzerrechte (von Walter u. Hess 2004). Andererseits wurde unterstellt, dass DRMS systematisch nicht funktionieren können, da
  nur eine einzige entschlüsselte digitale Inhalte-Datei reicht, um dann die Inhalte
  frei im Internet verbreiten zu können (Doctorow 2004). In Reaktion auf diese
  Entwicklung ist die Musikindustrie aktuell dabei, ihre Einstellung zu DRMS anzupassen. Es ist zu beobachten, dass Musik-Content zunehmend ohne DRMS
  angeboten wird (Dörr et al. 2009). Als grundsätzliche Erkenntnis scheint sich
  durchzusetzen, dass sich die gewohnte Kontrolle der Inhalte im Internet nicht
  mehr effizient durchsetzen lässt.

2.2 *Dezentraler Content*

Die dezentrale Marktmacht ermöglicht eine Dezentralisierung von Content. Mit der
steigenden Souveränität der Nutzer aufgrund der zunehmenden Ausstattung mit ge-

eigneten Technologien ist Content nicht mehr – wie aus der klassischen TV-Welt bekannt – an einem, sondern an vielen verschiedenen Orten verfügbar (Video-Webseiten, Blogs, soziale Netzwerke). Im Folgenden werden am Beispiel von Video-Inhalten einige Trends entlang der Medien-Wertschöpfungskette von der Produktion und Vervielfältigung über die Suche bis zur Nutzung aufgezeigt, die diese Entwicklung beeinflussen.

- *Produktion und Vervielfältigung:* Digitale Technologien ermöglichen die perfekte Kopie von Medieninhalten. Für Musik-Inhalte ist dies technologisch mithilfe von CD-Brennern schon seit langem möglich, aber erst durch Tauschbörsen ist es für einzelne Konsumenten jederzeit möglich, perfekte Kopien in großer Menge zu verbreiten. Aufgrund des technologischen Fortschritts wird der Mehrzahl der Rezipienten auch die Erstellung und Verbreitung perfekter Kopien von Video-Inhalten immer weiter vereinfacht. Zudem entwickeln sich auch dort, wo noch keine perfekte Qualität erreichbar ist, Herausforderungen. So entstehen derzeit Plattformen, die Usern das Live-Video-Streaming vereinfachen. Usern wird es dort nicht nur ermöglicht Inhalte über ihre Mobiltelefone zu streamen, sondern sie können zum anderen auch bei exklusiven, nur kostenpflichtig live übertragenen Veranstaltungen in Konkurrenz zu kommerziellen Distributoren treten (Beispiel: Pay-TV Fußball-Live-Übertragung). Die Inhalte aus dem Paid-Content-Bereich oder Pay-TV werden mithilfe von kostenlosen Live-Video-Streaming Plattformen zur Verfügung gestellt. Begrenzt ist hier derzeit noch die Qualität der Übertragung. Diese Entwicklung wird aber mit weiter steigender Bandbreite spürbar wachsen.
- *Suche:* Erst wenn Content, der dezentral von Nutzern bereitgestellt wird, auch einfach von anderen Internet-Nutzern gefunden werden kann, kann es zu einer dezentralen Distribution in bedeutendem Umfang kommen. Somit tragen elaborierte Suchtechnologien maßgeblich zur Durchsetzung des Web 2.0 bei. Text-Inhalte können bereits sehr effizient über das Internet gefunden werden. Demgegenüber steht das Auffinden von Bild-, aber insbesondere von Video-Inhalten noch in der Entwicklung. Vor allem das Abfragen von nicht oder nur gering mit Meta-Content versehenen Videos (Titel, Tags, Beschreibung des Inhalts) oder ggf. zuvor unbekannten Videos fällt schwer (Beispiel: „Finde ein Video, in dem der Werdegang eines Popstars skizziert wird."). Ähnlich rückständig ist der Bereich der Video-Inhalte mit Hinblick auf kollaborative oder content-basierte Filtersysteme, wie sie für Buchinhalte (Beispiel: Amazon) oder Musik (Beispiel: Last.fm) schon erfolgreich im Einsatz sind. Um den speziellen Charakteristika des Formats Video zu entsprechen, experimentieren erste Anbieter aktuell mit Ansätzen zur Stimm- und Gesichtserkennung.
- *Distribution:* Auch wenn die für die Dezentralisierung von speicherintensivem Video-Content notwendige Bandbreite nicht gegeben ist, bestehen Möglichkeiten, diese Begrenzung zu umgehen. Es kommen dabei Technologien zum Einsatz, die die Nutzung des Content schon vor der kompletten Übertragung der Datensätze möglich machen. Die neuen Möglichkeiten des „Cloud Computing" erlauben es Usern, speicherintensive Inhalte meist kostenlos und anonym auf

Videoportale oder Server hochzuladen, von wo sie einfach verwaltet und durch Streaming-Technologien einfach abgerufen werden können. Die Inhalte müssen in diesem Falle nicht mehr direkt von User zu User übertragen werden. Stattdessen wird lediglich Meta-Content in Form von Links zu Webseiten übertragen (z. B. über Emails, Instant Messaging und Micro-Blogging), auf denen der Content als Stream verfügbar ist. Auf diese Weise trägt auch die Distribution von Links und anderen Arten von Meta-Content zur Dezentralisierung von Content bei.

• *Nutzung:* Auch im Bereich der Nutzung von Content kommt es zu zwei Entwicklungen, die wesentlich zur Dezentralisierung von Content beitragen und mit den Begriffen Timeshifting und Placeshifting bezeichnet werden können. Zum Einen überwindet die dezentrale Distribution mittels Stream und Download die aus der traditionellen TV-Welt bekannten Phänomene der Knappheit der Sendezeiten und Programmplätze und ermöglicht non-linearen, quasi unbegrenzten Konsum von Video-Inhalten (Timeshifting). Zum Anderen unterstützt die steigende Verbreitung moderner mobiler Endgeräte (Nuthall 2008) die örtliche Unabhängigkeit beim Konsum von Inhalten (Placeshifting). Beide Entwicklungen tragen zur Dezentralisierung von Content bei.

2.3   Dezentrale Aufmerksamkeit

Kommt es zu dezentraler Verteilung von Content, so muss man sich als klassischer Anbieter Gedanken machen, wie man Erlöse sichert. Für werbefinanzierte Erlösmodelle wie sie auch beim privatwirtschaftlichen Free-TV üblich sind, gilt es zunehmend zu beachten, dass dezentral verteilter Content auch dezentral verteilte Aufmerksamkeit nach sich zieht. Auch dieses Phänomen hat verschiedene Aspekte, die im Folgenden erläutert werden.

• *Intermediale Konkurrenz:* Das Internet gesellt sich als neues Medium zu den klassischen Medien. Insgesamt steht ein begrenztes und relativ konstantes Gesamt-Zeitbudget für die Nutzung von Medien zur Verfügung, was zu erhöhter Konkurrenz zwischen unterschiedlichen Medien führt. Internet-Nutzung bewirkt eine geringere Nutzung anderer Medien, sofern nicht – wie in einigen Fällen gerade junger Rezipienten – Parallelnutzung mehrerer Medien stattfindet. Dieser Effekt verstärkt sich dadurch, dass das Internet zunehmend auch zum Prime-Time-Medium (=steigende Nutzung in den Abendstunden) wird, somit vom Sekundär- zum Primärmedium aufsteigt und klassische Primärmedien wie Fernseher oder Zeitung immer mehr verdrängt. Alle großen Medienmarken versuchen daher ihre Marken auch im Distributionskanal Internet zu positionieren, um die Aufmerksamkeit der Rezipienten nicht zu verlieren. Für den Bewegtbild-Markt bedeutet das, dass nicht nur TV-Sender als Anbieter auftreten, sondern auch Marken aus anderen Medienbereichen wie Print oder Radio. Aus einem Markt mit wenigen Content-Anbietern ist somit bereits im Web 1.0 ein Markt mit vielen Anbietern geworden.

- *Intramediale Konkurrenz:* Die Struktur des Internet ist sehr offen und die Kosten für technische Umsetzung sinken konstant. So können Konkurrenten aus anderen Bereichen der Wertschöpfungskette und anderen Branchen einfacher als zuvor in Märkte eintreten bzw. sind bereits eingetreten und „absorbieren" das gestiegene Internet-Zeitbudget und somit auch die Aufmerksamkeit der Nutzer. Beispiele für erhöhte intramediale Konkurrenten für klassische Content-Anbieter sind Unternehmen wie *Apple*, *Google* oder *Amazon*, aber auch große Markenartikler wie *RedBull*, die eigenproduzierte Bewegtbild-Inhalte zur Verfügung stellen.

  Das Web 2.0 erhöht nun die Anzahl der verfügbaren Content-Angebote auf eine schier unüberschaubare Zahl. Suchmaschinen ermöglichen den einfachen Zugriff auf alle weltweit verfügbaren Inhalte. Über eigene Webseiten, Social-Network-Profile, Blog-, Foto-, oder Videoplattformen kann jeder Internet-Nutzer – und damit natürlich auch der Künstler/Produzent/Journalist selbst – auch ohne Programmierkenntnisse weltweit Inhalte und damit auch Videos bzw. Links zu Video-Inhalten zur Verfügung stellen.

- *Ökonomie der Aufmerksamkeit:* Die vielfältige inter- und intramediale Konkurrenz führt zu einer Situation, in der die Aufmerksamkeit der Nutzer ein zunehmend knappes Gut wird, um das viele Anbieter konkurrieren – es entsteht eine Ökonomie der Aufmerksamkeit (Franck 2007). Konnten in den vergangenen Jahrzehnten große Fernsehanbieter aufgrund ihrer Entscheidungshoheit über knappe Sendezeiten und Fernsehkanäle nahezu uneingeschränkt als „Gatekeeper" fungieren, so drohen sie zukünftig im Web 2.0 nur noch einer von vielen Anbietern zu sein. Die dezentrale Aufmerksamkeit bezieht sich dabei nicht nur auf redaktionelle Inhalte, sondern gleichermaßen auf Werbebotschaften. Aus der Ökonomie der Aufmerksamkeit erwächst für klassische zentrale Anbieter ein „Eyeball War". Wenn es sich als unmöglich gestaltet, die Aufmerksamkeit der Seher zu halten, so stellt es eine Herausforderung dar, die dezentrale Aufmerksamkeit zu vermarkten. Auf den ersten Blick erscheint es nur konsequent, einer dezentralen Distribution von Inhalten eine ebenso dezentrale Distribution von Werbebotschaften zur Seite zu stellen (Bsp. *Google Adsense*). Werden jedoch Videos dezentral distribuiert, so ist der Kontext, in dem diese präsentiert werden, vom Werbepartner schwer oder gar nicht kontrollierbar. Die bislang zögerliche Nutzung sozialer Netzwerke für Werbeschaltungen deutet darauf hin, dass hier noch Überzeugungsarbeit zu leisten ist.

- *Information Overload:* Während auf der einen Seite die Anbieter verstärkt um die zunehmend dezentrale Aufmerksamkeit der Nutzer buhlen, stehen die Nutzer umgekehrt vor der Herausforderung ein stetig wachsendes Content-Angebot effizient zu nutzen. Bereits vor der Verbreitung von Computern und Internet hatte der durchschnittliche Konsument sein Zeitbudget für Mediennutzung bereits weitgehend ausgeschöpft. Die Verbreitung der vielfältigen Dienste und Anwendungen führt beim Nutzer zu einer Überforderung durch die Menge der verfügbaren Inhalte und Kommunikationskanäle (Information Overload, z. B. Walsh et al. 2009, S 74). Anbieter von Medieninhalten sind gefordert, dem Nutzer durch das Angebot qualifizierter Selektions-Mechanismen zu helfen.

Tab. 1 Zentrale Herausforderungen für die Video-Distribution

Dezentrale Marktmacht	Dezentraler Content	Dezentrale Aufmerksamkeit
Vernetzung	Produktion/Vervielfältigung: Perfekte Kopien und Real-Time	Intermediale Konkurrenz
Sharing Culture	Suche: Auffinden dezentraler Inhalte	Intramediale Konkurrenz
Atomisierung	Distribution: Meta-Content und Cloud Computing	Ökonomie der Aufmerksamkeit
Begrenzte rechtliche und technologische Schlagkraft	Nutzung: Timeshifting und Placeshifting	Information Overload

2.4 Zwischenfazit

Zusammenfassend verstärkt das Web 2.0 als Mitmach-Internet die Effekte deutlich, die schon im Web 1.0 zu beobachten waren. Insbesondere kommen einige der Potenziale des Internets erst mit der Durchsetzung von Anwendungen des Web 2.0 voll zum Tragen. Auf Basis von Technologien und Anwendungen, die die verteilte Vernetzung von Nutzern ermöglichen, verlagert sich die Marktmacht auf Medienmärkten langfristig tendenziell weg von zentralen Anbietern und hin zu vielen einzelnen Nutzern (Dezentralisierung). Das vielfältige Content-Angebot auf einer rasant wachsenden Anzahl von Plattformen sorgt aus Sicht der Werbeindustrie für eine Dezentralisierung der Aufmerksamkeit, aus Sicht der Rezipienten für einen systematischen Information Overload. Die einzelnen Herausforderungen sind in Tab. 1 zusammengefasst dargestellt.

3 Drei strategische Handlungsempfehlungen für die Video-Distribution 2.0

Im Folgenden werden drei strategische Handlungsempfehlungen für den Umgang mit den in Abschn. 2 geschilderten Herausforderungen gegeben. Die Handlungsempfehlungen schließen sich nicht aus, sondern ergänzen sich gegenseitig und stellen gemeinsam eine geeignete Reaktion auf die geschilderten Herausforderungen dar.

3.1 Syndication 2.0: Multi Homepage-Strategie ohne Angst vor Kannibalisierung

Ein mögliche Reaktion eines Online-Video-Distributors auf die derzeitige Situation, mit der nicht mehr durchsetzbaren Exklusivität für Content und dem Kampf um die knappe Aufmerksamkeit der Nutzer, ist es, eine offensive Multi-Homepage-Strategie bei der Distribution von Inhalten zu verfolgen (Anding 2004). Das bedeutet konkret, von der alleinigen Fokussierung auf die eigene und mit exklusivem Content ausgestattete Homepage abzuweichen und die Nutzung mehrerer verschiedener Kanäle, Geschäftsmodelle und Plattformen anzustreben. Dabei gilt es, die Vor- und Nachteile einer solchen Strategie abzuwägen.

Zu den Vorteilen zählen die Erweiterung der Reichweite, positive Sampling-Effekte auf die Kundenbindung (Einladung zum Kennenlernen des Produkts), die Erhöhung des Produktnutzens durch Bereitstellung in einem interaktiven Kanal (z. B. durch Konsummöglichkeiten unabhängig von festen Sendezeiten) sowie die aus diesen Möglichkeiten folgenden positiven Auswirkungen auf die Kundenbindung. Schließlich kann die Erschließung neuer User-Gruppen durch neue Nutzungssituationen erreicht werden und speziell im Internet die effiziente Nutzung von Netzwerkeffekten durch die größere Nutzerbasis erreicht werden. Bei potenziell stark nachgefragtem Content liegt ein weiterer Vorteil in dem größeren Einfluss auf die Verbreitung der Inhalte, da sie auf vielen kontrollierbaren und legalen Plattformen platziert sind. Dort ist nicht nur mit Hilfe von Syndication-Partnern die Möglichkeit der Vermarktung geboten, sondern zugleich sinkt auch der Anreiz für die User, den Content auf illegalen Plattformen zu konsumieren. So sank beispielsweise der Traffic auf einigen illegalen Plattformen zum Thema „Southpark" seit dem Start der offiziellen Plattform „Southparkstudios.com".

Im Ergebnis führt eine höhere Reichweite nicht nur zu erhöhtem Ad-Inventar oder Lizenzeinnahmen, sondern auch zu Linkback-Traffic auf die eigene Plattform, einer besseren Suchmaschinen-Platzierung und damit einhergehend einer erhöhten Bekanntheit von Inhalten und Marke.

Die große Chance einer offensiven Strategie liegt allerdings in der Ausschöpfung des vollen Potenzials des Web 2.0, indem der User selbst als Distributionspartner gewonnen werden kann. Umso mehr Möglichkeiten man für den User schafft, den Content flexibel zu nutzen und etwa über Widgets, Empfehlungsplattformen oder „Embed-Optionen" (z. B. Integration eines Videoplayers auf externen Web 2.0 Plattformen) selbst zu verbreiten, desto größer ist dieses Potenzial. Nach dem Prinzip „Provide sharing platforms, not walls" kann die stark dezentrale Vernetzung der User genutzt werden. Wie groß dieses Potenzial ist, zeigen zahlreiche Beispiele von sogenannten „Viral Videos"[1]. Aber auch im Rahmen von „Longform Content" oder auf der Ebene von Videoplattformen konnten bei diversen Web 2.0-Innovationen positive Reichweiten-Entwicklungen festgestellt werden. So konnte beispielsweise durch die Einführung der Embedded-Funktion auf dem *BBC* iPlayer eine Steigerung des Traffics um 50 % erreicht werden (Guardian 2008).

Die Nachteile lassen sich unter dem Begriff der Kannibalisierung subsumieren. Mit der parallelen Nutzung mehrerer Verwertungskanäle besteht die Gefahr, dass

---

[1] Ein Beispiel für die Reichweiten Potenziale von viralen Videos: Ein Mitschnitt des Auftritts von Susan Boyle in der *BBC* TV-Show „Britain's Got Talent 2009" erzielte auf *YouTube* in sechs Tagen nach TV Erstausstrahlung 22 Mio. Views, nach fünf Wochen (Stand 22.05.09) über 66 Mio. Views.

die Mehrnutzung von Inhalten auf dem neuen Kanal zu einer geringeren Nutzung des Content auf klassischen Kanälen führt. Insbesondere wenn es sich um neue Medienkanäle handelt, die zu Beginn noch nicht die Rentabilität eines etablierten Angebots versprechen, entsteht für Content-Distributoren der Anreiz die neuen Kanäle nicht zu fördern oder diese sogar zu blockieren. Während dieses Risiko sicherlich vorab einkalkuliert werden muss, dürfen die Effekte der Kannibalisierung gleichzeitig auch nicht überschätzt werden. In Studien konnte nachgewiesen werden, dass die Internet-Nutzung zu großen Teilen die TV-Nutzung ergänzt (MTV Networks 2007). Laut den Nutzern der deutschen Musik-Webseiten von MTV Networks (MTV.de, VIVA.tv) nimmt deren Nutzung des TV-Kanals MTV sogar zu, seitdem sie die Webseiten besuchen, was positive gegenseitige Effekte vermuten lässt. Hier ist weitere Forschung zu leisten, wobei zu beachten gilt, dass die genaue Wechselwirkung von verschiedenen Medienkanälen aufeinander schwer zu berechnen ist, da sich zahlreiche Effekte überlagern und gegenseitig beeinflussen. Es ist aber zumindest nicht ausgeschlossen, dass die positiven Effekte die negativen Effekte der Kannibalisierung im Einzelfall sogar überkompensieren können (Gopal et al. 2006; Peitz u. Waelbroeck 2005).

So wird auch in der Musikindustrie, in der die durch illegales Filesharing verursachte Kannibalisierung offensichtlich zu sein scheint, der Effekt des Filesharings aufgrund der starken Reichweiten-Erweiterung kontrovers diskutiert (z. B. Koleman u. Oberholzer 2004; Liebowitz 2003, 2005; Quiring et al. 2008; Rafael u. Waldfogel 2004). Eine allgemeine Aussage über Kannibalisierungseffekte für die Distribution von Video-Inhalten zu treffen, ist jedoch auf kurzfristige Sicht nicht möglich und muss für jeden Einzelfall individuell getroffen werden. Dies ist abhängig von vielen Faktoren wie Art, Qualität und Genre der Inhalte, der Zielgruppe und selbstverständlich auch von der aktuellen Rentabilität der einzelnen Verwertungskanäle.

Unabhängig jedoch von der tatsächlichen Wirkung des Kannibalisierungseffekts stellt sich mittelfristig die Frage, welche die Alternativen zur Bereitstellung des Content auf mehreren Plattformen sind. Selbst mit sehr hochwertigem Content ist es nicht einfach, die Aufmerksamkeit der Nutzer zu erreichen. Durch einen offenen Umgang mit Content über möglichst viele Kanäle erreicht man nicht nur eine höhere Aufmerksamkeit der Nutzer, sondern es ist zunehmend schlicht die einzige Möglichkeit, hohe Aufmerksamkeitswerte zu erreichen. Die Alternativen liegen derzeit darin, dass die Inhalte entweder kaum wahrgenommen werden oder dass bei Inhalten mit großer Nachfrage diese ohne Zustimmung und ohne Vermarktungsoption illegal vertrieben werden. Content wird dann auf die Art und Weise angeboten, wie der User ihn gerne konsumieren möchte – unabhängig davon welcher Kanal ggf. aus Sicht der Content-Inhaber rentabler wäre. Der langfristige Einfluss des Content-Inhabers auf die Kannibalisierung seiner Inhalte wird somit zumindest nach derzeitigem Stand stetig geringer. Eine Optimierung der Verwertungskette gegen die neuen Ansprüche der User ist langfristig nicht mehr erfolgreich. Es besteht zudem die Gefahr bei einer zu restriktiven Strategie mit dem Ziel der kurzfristigen Erlösmaximierung – wie im Falle der Musikindustrie – wesentliche Marktanteile an neue oder illegale Marktteilnehmer zu verlieren, die in einem solchen Falle günstige Voraussetzungen zum Markteintritt vorfinden. Die Problematik der Kannibalisierung verliert also umso mehr an Bedeutung, je langfristiger man die Strategie ausrichtet.

Im Zeichen dieser Erkenntnis setzen zunehmend mehr traditionelle Akteure auf eine offensive Strategie. Einen großen Schritt weiter hinsichtlich des offenen Umgangs mit Content gehen derzeit einige Nachrichtenportale wie die *New York Times* oder *The Guardian* mit einer Open-Platform-Strategie. Sie stellen für externe Developer eine Schnittstelle (sog. Application Programming Interface, API) zur Verfügung, die nicht nur den Zugriff auf den Content der Webseite ermöglicht, sondern insbesondere auch dessen Weiterverwertung. Entwickler haben damit die Möglichkeit, im Rahmen gewisser rechtlicher Einschränkungen sog. Mashup-Applikationen zu entwickeln, in denen sie Inhalte und Daten neu präsentieren, mit anderen externen Daten verknüpfen und so neue innovative Webservices bieten können. Auch im Bereich der Videodistribution gibt es bereits zahlreiche Applikationen und Mashups, die mit offenen APIs von Videoplattformen erfolgreich arbeiten. Die rechtliche Grundlage vieler dieser Player ist allerdings umstritten.

Aus strategischer Sicht ist die kurzfristige von der langfristigen Perspektive zu unterscheiden. Kurzfristig mag die Optimierung der Verwertungskette mit Hinblick auf eine mögliche Kannibalisierung bislang rentabler Verwertungskanäle wichtig sein. Langfristig gilt zu bedenken, dass eine Strategie mit dem Ziel Kannibalisierung zu kontrollieren, die Nutzer mit einbeziehen muss. Somit kann der Versuch, bestimmte unerwünschte bzw. illegale Kanäle zu blockieren, die für den User von hohem Nutzen sind, langfristig kontraproduktiv sein. Es entsteht die Gefahr, sich durch sinkende Marktanteile für die Zukunft in eine schlechte Ausgangslage zu bringen. Langfristig ist somit eine offensive Distributionsstrategie unter Nutzung des vollen Potenzials des Web 2.0 und der Gewinnung des Users als Distributionspartner zu empfehlen.

3.2 Exklusivität 2.0: Konzentration auf digital nicht kopierbare Leistungen

Eine offensive Strategie bei der Content-Distribution ist aufgrund der entstandenen Dezentralität langfristig unumgänglich. Bei der Planung von Geschäftsmodellen muss von der Annahme ausgegangen werden, dass im Markt immer ein kostenloses und unter Umständen illegales Substitutionsprodukt vorhanden sein wird. Content-Distributoren müssen sich daher im nächsten Schritt die Frage stellen, ob es überhaupt noch möglich ist, sich vom Wettbewerb zu differenzieren, um ein erfolgreiches Geschäftsmodell aufzubauen. Eine Produktdifferenzierung ausschließlich aufgrund des Inhalts gestaltet sich immer komplizierter. Um sich gegen die kostenlose (ggf. illegale) Konkurrenz langfristig durchsetzen zu können, muss folglich das kommerziell angebotene Produkt einen größeren Nutzen aufweisen als die kostenlose und werbefreie Alternative.

Um dies zu erreichen, muss man sich bei der Wertschöpfung auf Leistungsbestandteile konzentrieren, die anders als die Inhalte selbst nicht oder nur sehr aufwendig kopierbar sind und mit denen man eine neue Form der Exklusivität aufbauen kann. Es ergeben sich zwei Möglichkeiten:

- Leistungen, die ergänzend zu den reinen Inhalten angeboten werden (z. B. in Form von Dienstleistungen)
- Immaterielle Werte (z. B. Vertrauen oder Identifikation mit Marke)

Die Wertschöpfungsstufe der Distribution kann hierbei eine zentrale Rolle spielen und die Möglichkeiten des Web 2.0 nutzen, um schwer kopierbare Leistungen anzubieten und immaterielle Werte aufzubauen.

Dabei erscheint die Strategie, sich auf eine neue Form der Exklusivität zu fokussieren, auf den ersten Blick widersprüchlich zur vorangegangenen Empfehlung einer offensiven Content-Syndication. Es handelt sich jedoch in Abschn. 3.1 ausschließlich um die Distribution des reinen Kerninhalts, nicht anderer Service- und Markenleistungen. Die beiden Empfehlungen ergänzen sich somit, da die durch die offensive Multi-Plattform-Strategie gewonnene Aufmerksamkeit im besten Fall auf die eigene Plattform umgelenkt und dort durch die im folgenden detaillierten exklusiven Leistungseigenschaften gebunden werden kann.

Andere Branchen mit ähnlichen Problemen wie quasi kostenlosen Substitutionsprodukten (Wasserindustrie) (Leonhard und Kusek 2005) oder starker Piraterie (Mode/Fashion) (Raustiala und Sprigman 2006) können hier als anregende Vorbilder dienen. Es zeigt sich in diesen Beispielbranchen eindrucksvoll, welche Bedeutung Added Value für Produkte und eine ganze Branche haben kann, wie erheblich solche weichen Differenzierungsmerkmale den Produktnutzen beeinflussen können und welch große Zahlungsbereitschaft sie schaffen können. In beiden genannten Branchen können trotz ähnlicher Herausforderungen mit Markenprodukten erhebliche Gewinnmargen aufgebaut und großes Wachstum generiert werden. Als Werkzeuge dienen meist Leistungseigenschaften, die über einen längeren Zeitraum aufgebaut, kultiviert und gepflegt werden müssen und damit nur schwer kopiert werden können. Kevin Kelly definiert sie als „Generative Values" (Kelly 2008a, b). In Tab. 2 sind einige Beispiele für Leistungseigenschaften und ihre mögliche Umsetzung in der Online-Video-Distribution aufgeführt.

Hervorzuheben ist, dass die Produktdifferenzierung durch den Aufbau dieser Werte nicht nur gegenüber dem Konsumenten erfolgt, sondern auch gegenüber dem Werbekunden. Das Angebot von hochwertigen Werbeumfeldern und genauer Kenntnis der Zielgruppe – insbesondere durch die zusätzlich gewonnene Nähe – kann große Anreize für Werbekunden schaffen, höhere Werbepreise zu bezahlen.

In der Medienindustrie gibt es bereits einige erfolgreiche Beispiele für die Schaffung von erhöhter Zahlungsbereitschaft in der Distribution durch Added Value. Viele sind allerdings bislang nur in Nischenmärkten erfolgreich. Ein Beispiel für eine im Massenmarkt sehr erfolgreiche Plattform im Paid-Content-Bereich ist die Video- und Musikplattform *iTunes* (von Walter u. Hess 2004), die ein besonderes Einkaufserlebnis entstehen lässt, das bei einer bestimmten Zielgruppe trotz der Verfügbar-

Tab. 2 Relevante Intangible Goods zum Aufbau von Exklusivität im Internet

Leistungs-Eigenschaften	Beispiele für Online Video Distribution
Convenience/Service/ Usability	Geringe Suchkosten, hochwertiger Support (ggf. über moderierte Community), einfaches User-Interface (Plug & Play), Unterstützung aller Betriebssyteme und Datenformate, einfache Synchronisation mit mobilen Geräten, hohe Übertragungsgeschwindigkeit/Schnelligkeit, einfache Content Verwaltung
Experience	Design/Layout angepasst an spezifische Zielgruppen, hochwertige Präsentation der Inhalte, geringe Unterbrechungen durch Werbung, keine PopUps bzw. „dubiose" Werbebanner, kein Spam
Sicherheit	Keine Viren/Trojaner, automatisches Back-Up, keine Herausgabe der Userdaten, ggf. sicheres Zahlungsverfahren, Symbolisierung von Sicherheit über Garantien
Qualität	Hochwertiger Content, großes Sortiment, Einbindung der User in die Produktionsphase, User Rating, optimale Ton-/Bildqualität Technik des Users
Good Karma (legal)	Transparente Darstellung des Abrechnungsverfahrens mit Verwertungsgesellschaften bzw. Künstlern, enge Zusammenarbeit mit Künstlern, keine Angst vor rechtlichen Folgen
Tonalität/Authentizität	Höhere Authentizität durch Kontakt der User zu Machern der Plattform aber auch Produzenten des Contents, Blick hinter die Kulissen, Redaktionelle Unabhängigkeit, Zielgruppen affine Markenkommunikation
Interaktivtät/ Gemeinschaftserlebnis	Gemeinsames Konsumerlebnis schaffen, Einbindung von Social Networks, Chat-Funktionen, Comment-Funktionen, Weiterempfehlungsfunktionen
Relevanz/Kontext	Personalisierung des Contents und der Präsentation, Content Filter Systeme, Recommendation Systeme, Empfehlung/ Beratung beim Produktkauf, Redaktionelle Inhalte

keit kostenloser Substitutionsprodukte eine hohe Zahlungsbereitschaft abschöpft. Zu nennen sind im Fall iTunes folgende Merkmale, die zum nicht leicht kopierbaren Value Added beitragen: sehr starke Markenkommunikation, hochwertige Präsentation der Inhalte, hohe Convenience beim Einkauf, hochwertiges Sortiment, perfekte Synchronisation von Software und Hardware, hohe Qualität und schnelle Datenübertragung, einfacher Payment-Prozess sowie, Integration von Recommendation-Systemen.

In der Online-Distribution von Bewegtbild gibt es in den USA das Erfolgsbeispiel *Hulu*. Hier ist es gelungen, ein großes Sortiment von hochqualitativem Video-Content zu bündeln. Durch hochwertige Präsentation der Videoinhalte und gute Übertragungsqualität hat die Plattform zum einen hohen Zuspruch bei den Usern gefunden, hat aber auch zum anderen durch das hochwertige Werbeumfeld große Nachfrage bei den Werbekunden geschaffen (FT.com 2008).

Hulu geht noch einen Schritt weiter, als Apple mit iTunes und integriert derzeit auch immer mehr Web 2.0 Funktionen, die über Recommendation-Systeme hinausgehen. Zu nennen ist hier beispielsweise Social TV. Durch zusammen mit Kooperationspartnern entwickelte Widgets schafft *Hulu* den Zugang zu den eigenen Inhalten über soziale Netzwerke wie *Facebook* oder *MySpace* und ermöglicht es den Nutzern dadurch neben dem Konsum der Inhalte auch gleichzeitig, untereinander über diese Inhalte zu kommunizieren. Social TV ist nur eines von vielen Beispielen, wie schwer kopierbare Leistungseigenschaften – in diesem Falle die Community – mit dem eigentlichen Content verbunden werden können, um so für den Content-Distributor eine neue Form der Exklusivität aufzubauen.

3.3 Kundenbeziehung 2.0: Konversation, Partizipation & Individualisierung

Eine weitere zentrale Frage ist wie man einmal gewonnene Nutzer in der Situation ubiquitärer Verfügbarkeit kostenloser Substitutionsprodukte langfristig an eine Plattform bindet, um so Potenzial für alternative Geschäftsmodelle neben den werbefinanzierten Modellen zu schaffen.

Auch zur Beantwortung dieser Frage kann es hilfreich sein, einen Blick auf andere Märkte wie etwa Telekommunikation oder Versandhandel zu werfen, in denen es ebenfalls zu einem verstärkten Konkurrenzkampf durch die Existenz von Substitutionsprodukten kommt. Dort ist das Customer Relationship Management (CRM, dt. Kundenbeziehungsmanagement) mit dem Ziel des Aufbaus einer Kundenbindung ein wichtiger Wettbewerbsvorteil. CRM ist ein viel zitierter Begriff und in vielen Branchen schon lange ein zentraler Erfolgsfaktor (Walsh et al. 2009, S). In der Medienindustrie allerdings haben viele Unternehmen diese Thematik bislang stark vernachlässigt, da man sich auf die Exklusivität der eingekauften Inhalte verlassen konnte (vgl. Abschn. 1 und 2). Insbesondere im Bewegtbild-Bereich bestehen echte Kundenbeziehungen nur zwischen den einzelnen Formaten/Inhalten und den Sehern, nicht zwischen Sendern/Distributoren und Sehern. Im TV-Bereich z. B. gibt es Sendermarken, aber eine starke Kundenbindung gibt es meist nicht. Ähnliches gilt in der Film- oder Musikindustrie, wo die Kundenbindung in erster Linie zwischen Künstlermarke und Kunden, nicht aber zwischen Label oder Filmverleih und Kunden besteht.

Beim Übergang zu digitalen Geschäftsmodellen kann es nun für Video-Distributoren eine große Chance sein, mit Hilfe der Möglichkeiten des Web 2.0 und der möglichen größeren Nähe zum Konsumenten eine enge Beziehung zu diesem aufzubauen, sein Vertrauen zu gewinnen und ihn an sich zu binden (Dous et al. 2005; Sassenberg 2008).

Hierzu ist bei digitalen Produkten ein wichtiges Instrument der Aufbau von Lock-In-Effekten, bspw. mittels einer intensiven Kundenbeziehung, Personalisierung des Produkts oder auch durch Kontakte zu anderen Usern. Der Lock-In-Effekt entsteht durch die steigende Bindung des Konsumenten, da ein Wechsel des Anbieters mit hohen Kosten verbunden wäre (Shapiro u. Varian 1998).

Das Web 2.0 schafft beim Aufbau einer solchen Kundenbeziehung im Rahmen der Distribution von Online-Content viele neue Möglichkeiten. Nachfolgend sollen die drei wichtigsten Optionen kurz vorgestellt werden: Konversation, Partizipation und Personalisierung.

- *Konversation:* Die Offenheit, Transparenz und Interaktivität einer Marke ist eine wichtige Voraussetzung für eine hohe Identifikation des Kunden mit Marke und Produkt. Das Web 2.0 brachte in den letzten Jahren zahlreiche Tools hervor, die nicht nur die Information der Konsumenten ermöglichen („unidirektionale Kommunikation"), sondern nun auch eine „echte Konversation" mit den Usern erlauben („bidirektionale Kommunikation"). Kostengünstige Kommunikationskanäle schaffen neue Möglichkeiten des Dialogs und ermöglichen effizienteres Kundenmanagement.

  Im Bereich der Online-Bewegtbild-Distribution kann eine solche Kommunikation beispielsweise zwischen den Redaktionen und Machern der Inhalte wie Regisseuren, Schauspielern etc., und dem User entstehen. Eine andere Möglichkeit ist bspw. die Möglichkeit eines regelmäßigen Blicks hinter die Kulissen der Redaktion in Verbindung mit einer Kommentierungfunktion für die Nutzer.

  Wie auch immer die Konversation mit der Zielgruppe gestaltet ist, führt sie doch immer zum Aufbau von Vertrauen, Authentizität und Glaubwürdigkeit des Content-Distributors und das nicht nur bei der kleinen Gruppe an Nutzern, die sich aktiv an der Konversation beteiligen, sondern auch bei all denjenigen, die die Konversation verfolgen.

- *Partizipation:* Eine Folge dieser zweiseitigen Kommunikation ist die Option der User, sich an verschiedenen Stellen der Wertschöpfungskette immer stärker beteiligen zu können, wie z. B. in der Produktion (Crowdsourcing), Marketing (Mundwerbung) und Distribution (Peer-to-Peer-Netze). Für viele User ist die Partizipation und die dadurch potenziell entstehende Anerkennung durch die Community sogar ein wichtiger Teil des Konsums. Im Allgemeinen kann man sagen, dass jegliche Form der Partizipation sich überwiegend positiv auf die Distribution auswirkt, egal in welcher Wertschöpfungsstufe. Sie führt neben der Entwicklung eines verbesserten Produktes oder der Erzielung von Kosteneinsparungen auch zu einer Kundenbindung durch die Investition des Users in Form einer Zusammenarbeit.

  Speziell im Rahmen der Distribution ist die Partizipation sehr wertvoll aufgrund des bekannten starken Einflusses des Word of Mouth (Mundwerbung), der sich durch die hohe Glaubwürdigkeit von Kundenempfehlungen begründet (Edwards 2006; Kilian et al. 2008b). Die starke Vernetzung der Konsumenten und die vielen Kommunikationsmöglichkeiten des Users im Web 2.0 verschaffen dem Prinzip des Word of Mouth jedoch nun ein komplett neues Potenzial.

  Dieses riesige Distributionspotenzial zu nutzen, stellt insbesondere im Rahmen eines werbefinanzierten Geschäftsmodells eine große Chance dar. Es kann zu deutlichen Reichweitensteigerungen kommen, wenn es zum einen dem User auf einfache Art ermöglicht wird, den Content zu verbreiten oder zumindest weiterzuempfehlen und es zugleich technisch ermöglicht wird, den Content dennoch zu vermarkten. Die Vermarktung kann beispielsweise durch eine feste Integration der Werbebotschaften oder dem Verweis auf weitere Inhalte in dem verwendeten Player oder Widget erfolgen.

- *Individualisierung:* Weitere Möglichkeiten für den Aufbau einer Kundenbindung ergeben sich über die Personalisierung bzw. Individualisierung des Produkts (Piller 2003; Rauscher 2008). Das Web 2.0 ermöglicht vielfältige Formen der Individualisierung des Bewegtbild-Konsums. Alle nachfolgend genannten Möglichkeiten schaffen für Content-Distributoren die Chance, durch die Optimierung des Kontextes, in dem die Inhalte angeboten werden, einen hohen Zusatznutzen für den Konsumenten zu schaffen. Individualisierung kann sich dabei auf Inhalte, auf die Nutzungssituation, die Erscheinungsweise, das User Interface oder die Werbung beziehen.

  Zunächst kann die Individualisierung von Inhalten durch Filterung erfolgen, wobei zwischen aktiver Filterung durch den User (z. B. RSS-Feeds, Widget-Plattformen) und passiver, anbietergetriebener Filterung (z. B. Recommendation-Systeme auf Basis des Nutzerverhaltens) unterschieden werden kann. Daneben kann dem Nutzer in Abhängigkeit von seinen aktuellen Nutzungsbedürfnissen eine individualisierte Programmnutzung bzw. -aufbereitung angeboten werden, je nachdem ob er lieber Content „Lean-Forward" (aktive Programmgestaltung) oder „Lean-Backward" (passive Programmgestaltung) konsumieren möchte. In enger Verbindung dazu steht das Angebot verschiedener individueller Erscheinungsweisen des Content in Abhängigkeit vom Endgerät, mit dem der Nutzer den Content konsumiert (Mobile, Desktop, Online, Offline). Noch einen Schritt weiter kann man mit einer Open-Platform-Strategie gehen. Durch ein offenes Application Programming Interface (API) kann man externen Entwicklern Zugriff auf die Inhalte ermöglichen und so weitere personalisierte Tools, Webseiten und Mashups entwickeln lassen. Schließlich kann neben dem Content selbst und dessen Aufbereitung für vorliegende Nutzungssituation und Endgeräte auch das den Content umgebende User Interface (Beispiel: Navigation, Layouts) kundenindividuell angepasst werden. Dies ist beispielsweise für Computer-Betriebssysteme schon längst bekannt, ist aber zunehmend auch für Webseiten üblich.

  Aus Sicht der Werbetreibenden ist schließlich die Individualisierung der Werbebotschaft relevant. Die durch die Personalisierung gesammelten Informationen über den Konsumenten können nicht nur zur Optimierung des redaktionellen Content genutzt werden, sondern auch zur Optimierung des Zielgruppen-Targeting und damit zur Minimierung von Streuverlusten für Werbekunden. Neue Technologien ermöglichen eine kontextbezogene und auf das User-Profil bezogene Auslieferung von Werbung, was grundsätzlich zu erhöhtem Nutzen der Werbung für den Konsumenten und damit potenziell zu einer höheren Akzeptanz und Wirkung der Werbung führen kann. Innovative Ansätze sind jedoch noch in der Entstehungsphase und müssen Themen wie Datenschutz, Nutzer-Akzeptanz und Messung der Werbewirkung berücksichtigen.

Insgesamt zeigen die drei vorgestellten Optionen der Konversation, Partizipation und Individualisierung, dass es zahlreiche Möglichkeiten der digitalen Kundenbindung gibt. Im Ergebnis bringen sie den Kunden auch dann zur intensiven und langfristigen Nutzung einer zentralen (kommerziellen) Plattform, wenn der Content gleichzeitig kostenlos dezentral an vielen anderen Stellen im Netz erhältlich ist.

4   Fazit & Ausblick

Die Medienbranche befindet sich nach wie vor in einem systematischen Transformationsprozess, der durch Computer-Technologien und Internet ausgelöst ist und nun auch die Video-Branche erreicht hat. Für die Bewegtbild-Industrie ergeben sich dadurch im Wesentlichen drei miteinander verknüpfte Herausforderungen (Abschn. 2): Eine *dezentrale Machtverteilung* durch erhöhte Souveränität des Nutzers begünstigt eine *dezentrale Verfügbarkeit des Content* im Netz, die bislang nicht effizient verhindert werden kann. In der Folge führt diese Entwicklung zu einer stetig *dezentraler verteilten Aufmerksamkeit* der User, was die Kontaktaufnahme über Werbebotschaften schwieriger gestaltet. Diese Entwicklungen lassen das Web 2.0 zunächst als Problem für die klassischen Akteure erscheinen, da sie aktuelle Erlösmodelle in Frage stellen. Dieser Beitrag zeigt jedoch Strategien auf, die es Medienunternehmen ermöglichen, nicht nur den Herausforderungen zu begegnen, sondern vielmehr das Web 2.0 proaktiv zur Weiterentwicklung ihres Geschäftsmodells zu nutzen.

Grundsätzlich kann man den Herausforderungen mit passiven wie aktiven Strategien begegnen. Mithilfe einer passiven Verteidigungsstrategie kann man sich mit dem Ziel der Optimierung der Erlöse aus der gelernten Verwertungskette auf die aktuelle Urheberrechtssituation berufen. Solange wesentliche Umsätze des Unternehmens auf dem klassischen Wege generiert werden, ist es kurzfristig effizient, diese Strategie zu verfolgen. Jedoch gilt es zu bedenken, dass man sich durch zu restriktives Auftreten schon heute den neuen Wünschen und Nutzungsmustern der User entgegen stellt und so Marktanteile an Wettbewerber verliert. Ergänzend oder alternativ bietet sich eine offensive Innovatorenstrategie an, die einen nutzerzentrierten Ansatz verfolgt. Eine solche offensive Strategie antizipiert zukünftige Entwicklungen und reagiert auf aktuelle Entwicklungen proaktiv – selbst wenn dabei kurzfristig eine Verminderung der aktuellen Erlöse aus der klassischen Verwertungskette akzeptiert werden muss. Im Ausgleich wird aber eine Verbesserung der strategischen Ausgangssituation in der Zukunft erreicht und damit die langfristige Überlebensfähigkeit des Unternehmens vorbereitet. Die in diesem Beitrag entwickelten Strategieempfehlungen (Abschn. 3) konzentrieren sich auf diese langfristige Perspektive, indem sie aufzeigen, wie die Position eines Video-Content-Distributors mit Hilfe der Möglichkeiten des Web 2.0 verbessert werden kann.

Hierbei konnten drei Handlungsempfehlungen für eine erfolgreiche proaktive Strategie für Medienunternehmen identifiziert werden. Die erste Empfehlung ist in Zeiten der Ökonomie der Aufmerksamkeit eine sehr offensive Content-Syndication-Strategie zu verfolgen und aktiv seinen Content dort zu platzieren, wo hoher Traffic ist (*Syndication 2.0*). Dies bedeutet nicht nur, starke Syndication-Partner zu finden, sondern mit Hilfe des Web 2.0 Möglichkeiten zu schaffen, den User selbst sowie unabhängige Entwickler als Distributionspartner zu gewinnen. Die zweite Empfehlung lautet, angesichts der zunehmend nicht mehr zu schützenden Exklusivität von digitalem Content mit einer neuen Form der Exklusivität zu arbeiten (*Exklusivität 2.0*). Dies kann erfolgen durch die Fokussierung auf serviceorientierte Leistungen/

Added Value sowie auf den Aufbau immaterieller Werte (z. B. starke Marke). Eine dritte Empfehlung ist die in der Medienindustrie oft vernachlässigte Fokussierung auf den Aufbau einer engen Beziehung zum einzelnen Kunden durch Konversation, Partizipation oder Personalisierung (*Kundenbeziehung 2.0*).

Alle genannten Handlungsempfehlungen sollten einen wichtigen Beitrag dazu leisten, sich auf einem Markt mit kostenlosen Substitutionsprodukten erfolgreich zu positionieren und langfristig einen hohen Marktanteil an der Aufmerksamkeit des Konsumenten zu sichern. Wie gut diese Aufmerksamkeit direkt über digitale Güter zu kapitalisieren ist, bleibt abzuwarten und hängt von zahlreichen Faktoren ab wie z. B. den Entwicklungen im Werbemarkt. Grundsätzlich ist jedoch die Aufmerksamkeit des Nutzers das zukünftig kostbarste Gut. Es gilt, diese Aufmerksamkeit zu sichern und sie langfristig auch auf innovative Weise zu vermarkten.

Literatur

Anding M (2004) Online Content Syndication: Theoretische Fundierung und praktische Ausgestaltung eines Geschäftsmodells der Medienindustrie. Gabler, Wiesbaden

Benkler Y (2006) The wealth of networks: how social production transforms markets and freedom. Yale University Press, Boston

BITKOM (2009) Großes Marktpotential für Breitband. http://www.bitkom.de/59085_59076.aspx. Zugegriffen: 22. Mai 2009

Creative Commons (2009) Was ist CC?. http://de.creativecommons.org/was-ist-cc/. Zugegriffen: 22. Mai 2009

Doctorow C (2004) Microsoft research DRM talk. http://craphound.com/msftdrm.txt. Zugegriffen: 22. Mai 2009

Dörr J, Benlian A, Grau C, Wilde T (2009) Musikdistribution ohne Digital Rights Management: Eine empirische Analyse der Lock-in- und Netzeffekte im Ecosystem iTunes. In: Proceedings of the 9th International Conference Wirtschaftsinformatik, Bd 2, Vienna, S 813–822

Dous M, Kempf M, Prehn M, Richter M, Rösch F, Salomann H, Schmid M, von Walter B (2005) Die Rolle von Vertrauen in vernetzten Wertschöpfungssystemen. Working Paper des BMBF-Forschungsschwerpunkts Internetökonomie, Berlin

Edwards S (2006) Special Issue on electronic word-of-mouth and its relationship with advertising, marketing and communication. J Interact Advert 6:1–2

EMR = Institut für Europäisches Medienrecht (2009) Die Zulässigkeit einer Kulturflatrate nach nationalem und europäischem Recht. http://www.gruene-bundestag.de/cms/medien/dokbin/278/278059.kurzgutachten_zur_kulturflatrate.pdf. Zugegriffen: 08. Juni 2009

Franck G (2007) Ökonomie der Aufmerksamkeit: Ein Entwurf. DTV, München

FT.com (2008) Rival forecast to catch YouTube. http://www.ft.com/cms/s/0/74ab11da-b415-11dd-8e35-0000779fd18c.html?nclick_check=1. Zugegriffen: 22. Mai 2009

Gopal RD, Bhattacharjee S, Sanders GL (2006) Do artists benefit from online music sharing? J Bus 79:1503–1534

Guardian (2008) BBC's embedded player boosts traffic by 50%. http://www.guardian.co.uk/media/pda/2008/may/09/bbcsembeddedplayerbooststr. Zugegriffen: 22. Mai 2009

Kelly K (2008a) 1,000 true fans. http://www.kk.org/thetechnium/archives/2008/03/1000_true_fans.php. Zugegriffen: 22. Mai 2009

Kelly K (2008b) Better than free. http://www.kk.org/thetechnium/archives/2008/01/better_than_fre.php. Zugegriffen: 22. Mai 2009

Kilian T, Hass BH, Walsh G (2008a) Grundlagen des Web 2.0. In: Hass BH, Walsh G, Kilian T (Hrsg) Web 2.0: Neue Perspektiven für Marketing und Medien, 2. Aufl. Springer, Berlin, S 3–21

Kilian T, Walsh G, Zenz R (2008b) Word of mouth im Web 2.0 am Beispiel von Kinofilmen. In: Hass BH, Walsh G, Kilian T (Hrsg) Web 2.0: Neue Perspektiven für Marketing und Medien, 2. Aufl. Springer, Berlin, S 321–338

Koleman S, Oberholzer F (2004) The effect of file-sharing on record sales: an empirical analysis. http://www.unc.edu/~cigar/papers/FileSharing_March2004.pdf. Zugegriffen: 22. Mai 2009

Leonhard G, Kusek D (2005) Die Zukunft der Musik: Warum die digitale Revolution die Musikindustrie retten wird. Musikmarkt-Verl., München

Liebowitz S (2003) Will MP3s Annihilate the record industry? The evidence so far. http://www.pub.utdallas.edu/~liebowit/knowledge_goods/records.pdf. Zugegriffen: 22. Mai 2009

Liebowitz S (2005) Pitfalls in measuring the impact of file-sharing on the sound recording market. CESifo Econo Stud 51(2–3):439–477

MTV Networks (2007) Circuits of cool. http://www.viacombrandsolutions.de/de/research/studien/international.html. Zugegriffen: 22. Mai 2009

Nuthall P (2008) Mobile broadband USB modems take off in europe. http://www.forrester.com/Research/Document/Excerpt/0,7211,44577,00.html. Zugegriffen: 22. Mai 2009

Peitz M, Waelbroeck P (2005) Why the music industry may gain from free downloading: the role of sampling. International University in Germany, Working Paper No. 41/2005

Picot A, Schmid M, Kempf M (2007) Die Rekonfiguration der Wertschöpfungssysteme im Medienbereich. In: Hess T (Hrsg) Ubiquität, Interaktivität, Konvergenz und die Medienbranche: Ergebnisse des interdisziplinären Forschungsprojektes intermedia. Univ.-Verl. Göttingen, Göttingen, S 205–257

Piller F (2003) Mass customization, 3. Aufl. Gabler, Wiesbaden

Quiring O, von Walter B, Atterer R (2007) Sharing Files, Sharing Money: Ein experimenteller Test des Nutzerverhaltens in Musiktauschbörsen unter verschiedenen ökonomischen Anreizbedingungen. Medien & Kommunikationswissenschaft 55:45–61

Quiring O, von Walter B, Atterer R, Hess T (2008) Decentralizing electronic commerce: exploring the effects of revenue splitting inside file sharing systems. Electronic Mark 18(2): 175–186

Rafael R, Waldfogel J (2004) Piracy on the high C's: music downloading, sales displacement, and social welfare in a sample of college students. National Bureau of Economic Research Working Paper 10874. http://papers.nber.org/papers/W10874. Zugegriffen: 22. Mai 2009

Rauscher B (2008) Nutzen der Individualisierung digitaler Medienprodukte – Entwicklung und Anwendung eines Erklärungsmodells. Verlag Dr. Kovac, Hamburg

Raustiala K, Sprigman CJ (2006) The piracy paradox: innovation and intellectual property in fashion design. Va Law Rev 92:1687

Sassenberg K (2008) Soziale Bindungen von Usern an Web 2.0-Angebote. In: Hass BH, Walsh G, Kilian T (Hrsg) Web 2.0: Neue Perspektiven für Marketing und Medien, 2. Aufl. Springer, Berlin, S 57–72

Schoder D, Fischbach K, Teichmann R (2002) Peer-to-Peer: Ökonomische, technologische und juristische Perspektiven. Springer, Berlin

Shapiro und Varian (1998) Information rules: a strategic guide to the network economy. Harvard Business School Press, Boston

Stöckl R, Rohrmeier P, Hess T (2008) Why customers produce user generated content. In: Hass BH, Walsh G, Kilian T (Hrsg) Web 2.0: Neue Perspektiven für Marketing und Medien, 2. Aufl. Springer, Berlin, S 271–288

Universal McCann (2008) Wave.3: Power to the people. http://www.universalmccann.com/Assets/wave_3_20080403093750.pdf. Zugegriffen: 22. Mai 2009

von Walter B, Hess T (2004) A property rights view on the impact of file sharing on music business models: why iTunes is a remedy and MusicNet is not. Proceedings of the 10th Americas Conference on Information Systems (AMCIS), New York, S 2496–2506 von Walter B, Quiring O (2006) The transformation of media – economic and social implications. In: Preissl B, Müller J (Hrsg) Governance of communication networks: connecting societies and markets with IT, Physica-Verlag, Heidelberg, S 243–271

von Walter B (2007) Intermediation und Digitalisierung: Ein ökonomisches Konzept am Beispiel der konvergenten Medienbranche. Dt. Univ.-Verl., Wiesbaden

Walsh G, Klee A, Kilian T (2009) Marketing – Eine Einführung auf Grundlage von Case Studies. Springer, Heidelberg u. a.

Linked Open Data für die Exploration von Wissen im Web 2.0 mit SemaPlorer

Ansgar Scherp, Simon Schenk, Carsten Saathoff und Steffen Staab

Inhalt

1 Hintergrund

Mit dem Übergang vom Web 1.0 zum Web 2.0 ist das Internet und sein Inhalt noch einmal spürbar gewachsen: Internetnutzer sehen sich einer kaum zu überschaubaren Flut an Informationen, Bildern und Applikationen gegenüber. Vor diesem Hintergrund erwächst auf Seiten von Nutzern aber auch kommerziellen Anbietern der Wunsch, Internetinhalte besser handhabbar zu machen. Ein Beispiel: Informationen über Reiseziele werden heutzutage selbstverständlich im Internet gesucht. Dazu werden zahlreiche Wikis, Portale und Webseiten aufgesucht, die eine unüberschaubare Anzahl von Texten, Bildern und Metainformationen enthalten, die von Internetnutzern online gestellt werden. Diese für den Benutzer schnell, sinnvoll und optisch ansprechend nutzbar zu machen, ist eine Herausforderung, der mit der von den

A. Scherp (✉)
Institute for Web Science and Technologies, University of Koblenz-Landau,
Universitaetsstrasse 1, 56070 Koblenz, Deutschland
E-Mail: scherp@uni-koblenz.de

G. Walsh et al. (Hrsg.), *Web 2.0*,
DOI 10.1007/978-3-642-13787-7_21, © Springer-Verlag Berlin Heidelberg 2011

Autoren entwickelten Java-basierten, Web 2.0 Anwendung SemaPlorer Rechnung getragen wird. Die SemaPlorer-Anwendung verknüpft verschiedene, sehr große Datenquellen unterschiedlicher Herkunft und Qualität auf intelligente Art und Weise und stellt sie dem Benutzer als so genannten Web 2.0 Mashup dar. Eine zentrale Herausforderung ist dabei die Skalierbarkeit der sehr großen Datenmengen. Anstatt sich manuell durch Suchmaschinen und Portale begeben zu müssen, zeigen wir mit SemaPlorer eine Möglichkeit auf, die von Internetnutzern zur Verfügung gestellten Informationen sinnvoll und ihrem inhaltlichen Zusammenhang gemäß zu sortieren, anwenderbezogen und in einem angemessenen Zeitrahmen in einem einzigen System zu präsentieren und interaktiv erfahrbar zu machen. Die Datengrundlage von SemaPlorer bilden große semantische Datenbestände wie DBpedia, GeoNames, WordNet und persönliche FOAF-Dateien. Mit FOAF-Dateien können Benutzer ein Profil im Internet veröffentlichen, wie es mittels bekannter sozialer Netzwerkplattformen möglich ist. Über semantische Beschreibungen sind die einzelnen Datenbestände miteinander verknüpft. Sie sind außerdem verbunden mit einem großen Flickr-Datensatz, der mittels des Resource Description Frameworks (RDF)[1] semantisch beschrieben wird.

Ziel dieses Beitrages ist es, die wissenschaftlichen Hintergründe, die Entwicklung und den Nutzen der Java-basierten, Web 2.0 Mashup-Anwendung SemaPlorer für den Endanwender vorzustellen. Der Beitrag ist also sowohl aus wissenschaftlicher Sicht als auch aus Praxisgründen interessant und relevant. So wird mit der SemaPlorer-Anwendung eine der führenden Technologien im Bereich der verteilten Anfrage von semantischen Datenquellen vorgestellt. Der Artikel demonstriert den Einsatz dieser Technologie in einem konkreten, praxisrelevanten Szenario und schafft damit den Transfer von der Forschung in die Praxis.

2 Motivation

Das Internet ist eine wichtige Quelle für Informationen über Städte, Urlaubsorte oder andere interessante Regionen. Heutige Anwendungen, die Nutzern für diese Aufgabe zur Verfügung stehen, sind zentralisiert und monolithisch, z. B. Reise-Websites wie Tripadvisor (http://www.tripadvisor.com) und Wikitravel (http://wikitravel.org) oder Wissensplattformen wie Freebase (http://www.freebase.com). Mit unserer neuartigen Infrastruktur und Web 2.0 Mashup-Anwendung SemaPlorer greifen wir auf ein Netz verbundener Datenbestände zu. Diese sind nahtlos in einer einzigen verteilten Infrastruktur integriert, um generischen Zugang zu den semantischen Multimedia-Daten zu erhalten. Die verschiedenen Datenbestände werden über SPARQL[2]-Endpunkte zur Verfügung gestellt. Über solche Endpunkte können semantische Datenbanken über die Anfragesprache SPARQL

---

[1] Resource Description Framework, http://www.w3.org/RDF/
[2] SPARQL Query Language, http://www.w3.org/TR/rdf-sparql-query/

angesprochen werden. Damit können nahezu beliebige Datenquellen ad hoc zur Dateninfrastruktur von SemaPlorer hinzugefügt werden. Um Informationen aus dieser verteilten Infrastruktur abzurufen und zu visualisieren, bedienen wir uns mit der SemaPlorer-Anwendung dem sogenannten „Blended Browsing and Querying"-Ansatz (Munroe, Ludscher u. Papakanstantinou 2000). Die Nutzer können sich durch nahezu beliebige Datensätze unter Verwendung verschiedener Ansichten (Facetten) wie Ort, Zeit, Personen und Tags navigieren (Hearst 2006). Wenn der Benutzer mit der Anwendung interagiert, werden dabei gleichzeitig mehrere Anfragen an die zugrunde liegende Speicherinfrastruktur gesendet, um die entsprechenden Ergebnisse zu berechnen. Die Ergebnisse werden mittels einer Karte, Medien und verschiedenen Kontextansichten, die die verschiedenen Facetten repräsentieren, dargestellt.

Für SemaPlorer haben wir verschiedene semantische Datenquellen wie DBpedia (http://dbpedia.org), eine semantische Version von Wikipedia, GeoNames (http://geonames.org), eine umfangreiche Datenbank mit geo-referenzierten Orten, WordNet (http://wordnet.princeton.edu) mit einer Abbildung des englischen Sprachvokabulars und persönliche FOAF-Dateien aus der semantischen Suchmaschine Swoogle (http://swoogle.umbc.edu) integriert. Darüber hinaus haben wir einen partiellen Crawl, also eine partielle lokale Kopie von Flickr (http://flickr.com) erstellt und als einen sehr großen, nicht-semantischen Datensatz, der umgerechnet auf 700 Mio. RDF Triple kommt, eingebunden. Der Datensatz umfasst alle Annotationen von Fotos auf Flickr von ca. Mai 2005 bis April 2006. Zusammen bilden diese Datenbestände einen sehr großen, semantisch heterogenen Datensatz von gemischter Qualität, die zusammen über eine Milliarde Triples ergeben. Die Verknüpfung dieser Daten erfordert eine flexible und skalierbare Speicherstruktur. Die SemaPlorer-Infrastruktur besteht aus 25 RDF-Datenbanken. Die Datenbanken werden in virtuellen Maschinen auf Amazons Elastic Computing Cloud (EC2, http://aws.amazon.com/ec2) gehostet. Die EC2 ist ein Dienst von Amazon, um eigene Anwendungen im Internet auszuführen und anzubieten. Der Simple Storage Service von Amazon (S3, http://aws.amazon.com/s3) wird genutzt, um die semantischen Datensätze zu speichern. Er stellt eine zu EC2 passende Infrastruktur zur Verfügung um große Datenmengen über das Internet bereitzustellen. Die Speicher können wie ein einziger, virtueller RDF Speicher über einen Federator angesprochen werden. Der Federator verwendet die von den Autoren entwickelte Technologie NetworkedGraphs (Schenk u. Staab 2008), einen SPARQL-basierten, verteilten View-Mechanismus für RDF und verteilte Auswertung von SPARQL-Anfragen (Schenk u. Petrak 2008; Zemaniek, Schenk u. Svatek 2008). NetworkedGraphs erlaubt einfaches, regelbasiertes Schließen zur Laufzeit, zum Beispiel für die Integration semantisch heterogener Daten. Das Verteilen von Anfragen innerhalb der Infrastruktur wird durch eine – ebenfalls RDF-basierte – Konfiguration gesteuert, die im Repository des Federators gespeichert ist. Diese Konfiguration kann zur Laufzeit des Systems angepasst werden. Daher wird das Hinzufügen neuer Datenquellen durch die Anpassung der Federator-Einstellungen extrem einfach, während sie für die SemaPlorer-Anwendung vollkommen transparent ist.

3 SemaPlorer-Anwendung

Die Suche nach Informationen über eine interessante Region, wie eine Stadt oder
eine Ferienregion, ist eine Aufgabe, die oft über das Internet erledigt wird. Je komplexer diese Fragen sind, desto schwerer können heutzutage Suchmaschinen und
Plattformen nützliche Informationen liefern. So lassen sich beispielweise Webseiten über Städte wie Berlin sehr einfach über Standard-Suchmaschinen wie Google
finden. Andererseits ist es z. B. fast unmöglich, Orte mit Straßenkunst in Berlin zu
finden. Diese Anfrage auf eine andere Stadt wie z. B. Paris zu übertragen, stellt eine
zusätzliche Herausforderung für die die Anwendung dar, die die traditionellen Ansätze nicht lösen können. Mit der Java-basierten, Web 2.0 Mashup-Anwendung Sema-
Plorer unterstützen wir die Anwender bei der Durchführung solch komplexer Daten-
explorationen über verschiedene Datenquellen hinweg. Dabei integrieren wir das
Navigieren mit Hilfe von Facetten und die traditionelle Volltextsuche und erlauben
dem Nutzer somit eine frühe Auflösung von möglicherweise mehrdeutigen Suchter-
men. SemaPlorer unterstützt vier generische Facetten, nämlich Ort, Zeit, Personen
und Tags. Andere Facetten können einfach konfiguriert und hinzugefügt werden.

Eine Facette kann verstanden werden als ein Filter für große Datenmengen. Zum
Beispiel kann SemaPlorer die Sehenswürdigkeiten einer bestimmten Stadt oder Ge-
gend unter der Verwendung der Ort-Facette filtern und darstellen und dabei ausschließlich Fotos von bestimmten Benutzern zeigen. Während der Benutzer mit
SemaPlorer interagiert, werden unmittelbar verschiedene Anfragen im Hintergrund
erstellt. Die Ergebnisse der Anfragen werden sofort in der visuellen Ansicht in der
Anwendung hinzufügt und dargestellt. Dieser Ansatz ermöglicht eine vom Nutzer gesteuerte Darstellung und interaktive Exploration der verwendeten semantischen Daten. In der SemaPlorer-Anwendung formuliert der Benutzer zunächst eine
einfache Anfrage in Textform, die in der oberen linken Ecke von Abb. 1 dargestellt
ist. Die Ergebnisliste enthält verschiedene Orte, Personen und Tags, die der Anfrage
entsprechen. Klickt der Benutzer beispielsweise auf die Stadt Berlin, aktualisiert
SemaPlorer die Ansicht in der Mitte von Abb. 1, welche eine Stadtkarte von Berlin
zeigt. Gleichzeitig werden Anfragen ausgeführt und die Ergebnisse als Pins in der
Karte dargestellt. Wiederum gleichzeitig werden Anfragen ausgeführt, die den rech-
ten Teil von Abb. 1 mit Kontextinformationen füllen.

Für jede Facette in SemaPlorer ist eine Kontextansicht definiert. Die Ort-Facette bietet z. B. Informationen aus DBpedia wie Bevölkerung und Land. Es werden
Sehenswürdigkeiten und Orte in der Nähe gezeigt („nearby places"). Die Perso-
nen-Facette enthält Persönlichkeiten, die mit diesem Ort in Verbindung stehen,
Flickr-Benutzer, die geo-referenzierte Bilder aus dieser Region hochgeladen haben
und Internet-Nutzer, die in dieser Region leben – identifiziert anhand ihrer FOAF-
Dateien. Die Zeit-Facette kann für die Auswahl eines speziellen Zeitraums wie
beispielsweise Jahreszeiten wie Sommer und Winter genutzt werden. In der Tag-
Facette werden Schlagworte von Flickr (Englisch: tags) dargestellt. Alle Facetten,
wie Sehenswürdigkeiten, nahe gelegenen Orte, Persönlichkeiten und Tags, sind
interaktiv. Dies bedeutet, dass die Benutzer über diese Facetten in den Kontext-

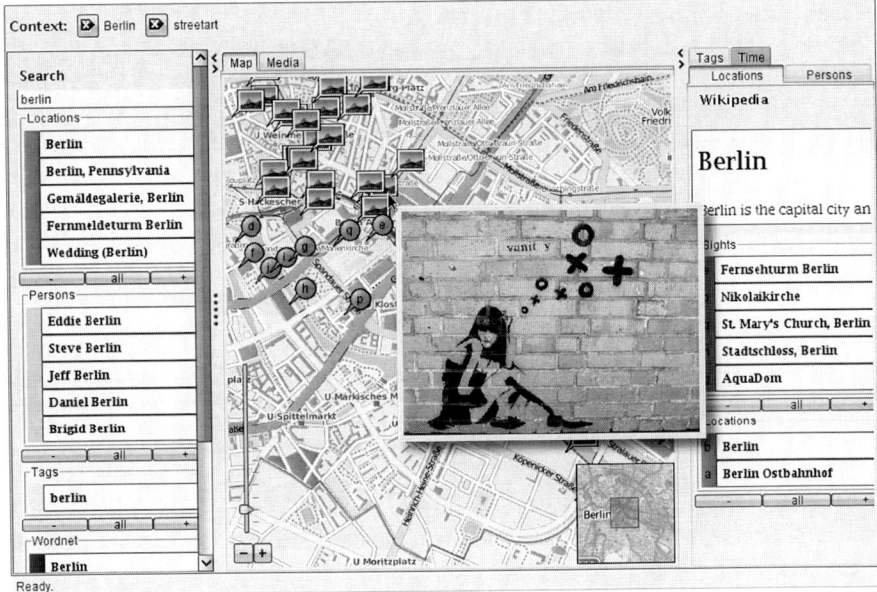

Abb. 1 Screenshot der SemaPlorer-Anwendung mit Straßenkunst in Berlin

ansichten navigieren können. Zum Beispiel können die Benutzer, wenn die Karte in SemaPlorer die Stadt Berlin zeigt, auf den Tag „street art" (Straßenkunst) klicken. Sofort wird die Kartenansicht aktualisiert und die Standorte der Flickr Fotos welche mit „streetart" annotiert sind, angezeigt. Durch die Eingabe einer Suche nach Paris kann der Nutzer zwischen dem aktuellen Kontext, nämlich Straßenkunst in Berlin, zu Straßenkunst in Paris wechseln und miteinander vergleichen.

4   Datensatz und Vernetzung der Daten

Um die facettierte, interaktive Suche und Visualisierung in SemaPlorer zu unterstützen, werden verschiedene Arten von semantischen Daten kombiniert. Wir verwenden einen signifikanten Teil der Datensätze, die für die Billion Triples Challenge[3] zur Verfügung gestellt worden sind, nämlich DBpedia (120 Mio. Triples),

---

[3] Ziel des Billion Triples Challenge (der internationalen Semantic Web Konferenz 2008 in Karlsruhe (http://challenge.semanticweb.org) war es, Anwendungen basierend auf großen semantischen Datensätzen zu entwickeln, die eine Echtzeitnutzung erlauben und dabei gleichzeitig einen deutlichen Mehrwert gegenüber bisher üblichen, einfachen Datenbankanfragen bieten. Der verwendete Datensatz musste dabei mindestens eine Größe von einer Milliarde (Englisch: 1 billion) atomaren Aussagen (Englisch: triples) im RDF-Format haben. Eine solche atomare Aussage beziehungsweise Triple besteht dabei aus drei Informationseinheiten, einem Subjekt, ein Prädikat und einem Objekt. So hat beispielsweise das Subjekt „Person" das Prädikat „istGeborenIn" mit dem Objekt „Stadt" und sagt aus, dass Personen in einer Stadt geboren sind.

GeoNames (70 Mio. Triples), WordNet (2 Mio. Triples) und Swoogle (175 Mio. Triples). Darüber hinaus verwenden wir einen großen Datensatz von Flickr, der über mehrere Monate in den Jahren 2005–2006 gesammelt und in RDF übersetzt wurde (700 Mio. Triples). Wie in Abschn. 2 beschrieben, haben wir verschiedene Kontextansichten für SemaPlorer definiert. Diese Kontextansichten ergeben sich aus den Eigenschaften beziehungsweise den zur Verfügung gestellten Informationen der verwendeten Daten. Im Folgenden beschreiben wir die verwendeten Daten entlang der vier in SemaPlorer definierten Facetten und wie sie miteinander verbunden sind.

Ort Elemente dieser Facette beziehen sich auf die geographischen Koordinaten. Wir setzen GeoNames für Orte aller Art ein wie beispielsweise Städte, Länder und andere. Für Sehenswürdigkeiten verwenden wir eine Kombination der Volltext-Suche auf Artikelbeschreibungen aus DBpedia und deren Kategoriebeschreibungen, welche mit dem SKOS-Vokabular (Simple Knowledge Organization System, http://www.w3.org/2004/02/skos) beschrieben sind. Mit SKOS können Systeme zur Wissensorganisation beschrieben werden wie Thesauri, Klassifikationsschemas und Taxonomien. Zur Erkennung von Sehenswürdigkeiten betrachten wir die SKOS-Kategorien in DBpedia, insbesondere das Konzept SKOS:broader welches hierarchische Beziehungen zwischen SKOS Konzepten beschreibt und berechnen die transitive Hülle aller Kategorien. Außerdem nutzen wir eine Volltext-Suche auf den Kategorienamen und schränken die Ergebnisse auf Einträge ein, die in der Kategorie dbpedia:Visitor_attractions einsortiert sind. Für die Anzeige der nahegelegenen Orte und Sehenswürdigkeiten wählen wir alle Geschwister eines gewählten Standortelements und sortieren sie auf der Grundlage der geografischen Distanz. Wenn z. B. der Arc de Triomphe in Paris ausgewählt wurde, werden als nahe Orte der Eiffelturm und Notre Dame angezeigt. Zusätzlich werden Bilder von Flickr dargestellt, die mit Geoinformationen versehen sind und sich im relevanten Kartenausschnitt befinden.

Zeit Für die Zeit-Facette sind keine expliziten Daten definiert. Stattdessen können Inhalte aus einem bestimmten Zeitraum ausgewählt werden, z. B. Bilder aus einem bestimmten Monat aus Flickr. Darüber hinaus können Inhalte nach bestimmten Jahreszeiten wie Sommer und Winter gefiltert werden. Die Zeit-Facette ist nicht für die SemaPlorer-Anwendung implementiert worden und als zukünftige Erweiterung vorgesehen.

Person In den von SemaPlorer verwendeten Datensätzen haben wir drei Arten von Personen identifiziert: Diese sind Persönlichkeiten aus DBpedia, Flickr-Benutzer die Bilder eingestellt haben und Internet-Nutzer, die ihre FOAF-Dateien veröffentlicht haben und über Swoogle zugreifbar sind. Für jede dieser Kategorien von Personen verwenden wir eine andere Kombination der Daten. Für Persönlichkeiten wählen wir Bilder, die die ausgewählten Persönlichkeiten zeigen, basierend auf einer Volltext-Suche auf den Flickr-Tags. In Bezug auf einen Flickr-Nutzer suchen wir nach Inhalten, die durch den Benutzer veröffentlicht wurden. Für Internet-Nutzer betrachten wir den Geostandort in der FOAF-Datei (falls vorhanden) und verbinden sie mit Bildern von diesem Ort aus Flickr.

Tags Tags stehen direkt im Zusammenhang mit den Flickr-Inhalten. Wir bieten Volltextsuche über die Tags. Wenn ein Tag von einem Nutzer ausgewählt wurde, zeigen wir verwandte Tags von Flickr sowie WordNet. Hinsichtlich Flickr sind dies alle Tags der aktuell dargestellten Photos. Verwandte Tags in WordNet sind die Synonyme des aktuellen Tag.

Komplexität der Anfragen Um die oben beschriebenen Facetten mit Inhalten zu füllen werden mehrere Anfragen gleichzeitig ausgeführt. Für die initiale Suche mittels Stichworten, wie in Abschn. 3 beschrieben, werden gleichzeitig drei Abfragen nach Orten, Personen und Tags durchgeführt. Bei einem Klick auf einen der gefundenen Einträge in der Ergebnisliste werden acht gleichzeitige Anfragen ausgeführt, um die Medien- und die Kartenansicht zu füllen, die nahegelegenen Orte zu berechnen, Sehenswürdigkeiten, Prominente und Flickr-Benutzer, Internet-Nutzer und Tags auszuwählen und die Zusammenfassung aus DBpedia zu erhalten. Die gleichen Anfragen werden durchgeführt, wenn der Kontext mit der aktuellen Ansicht geändert wird, z. B. wenn der Standort geändert wird, indem auf ein Bild oder einen Ort in der Nähe oder eine spezielle Person geklickt oder ein Tag in der entsprechenden Kontextansicht gewählt wird. Dieser Ansatz ermöglicht eine sehr flexible Änderung der SemaPlorer-Anwendung um z. B. bestimmte Elemente der Ansichten hinzuzufügen oder zu entfernen. Die Anfragen nutzen die volle Ausdruckskraft von SPARQL. Darüber hinaus ermöglichen wir über die Textsuchmaschine Lucene bzw. LuceneSail eine Volltextsuche in SPARQL (http://dev.nepomuk.semanticdesktop. org/wiki/LuceneSail). Wir haben das LuceneSail erweitert, um Anfragen zu unterstützen, die die Form „A ODER B" haben, und Anfragen nach geographischer Nähe zu ermöglichen. Die Anfragen bestehen typischerweise aus vier bis neun Joins, das heißt im Durchschnitt verbinden sie also bis zu vier Datensätze in einer einzigen Abfrage. Da die GeoNames- und Flickr-Datensätze über mehrere Repositories verteilt sind, werden für diese Datensätze jeweils mehrere Anfragen ausgeführt. Diese sind jedoch unkritisch, da sie leicht parallelisiert werden können. Je nach Kontext, den der Benutzer wählt, können die Anfragen komplexer werden, z. B. indem der Benutzer die Bilder auswählt, die mehrfach getagt sind und zusätzlich räumlich eingeschränkt sind.

Erfolge und Erfahrungen Bei der Erstellung des Datensatzes für unsere Sema-Plorer-Anwendung haben wir bemerkt, dass die Datensätze oft nicht vollständig und manchmal auch bezüglich der Semantik nicht eindeutig genug sind: Zum Beispiel fehlen in GeoNames zu einem beliebigen Eintrag Informationen über Sehenswürdigkeiten und Orte in der Nähe – Informationen, die in der HTML-Version vorhanden sind. Trotzdem konnten wir diese Informationen durch die Verbindung der einzelnen Datensätze, wie oben beschrieben, gewinnen. Des Weiteren haben wir beobachtet, dass die Daten auch innerhalb eines einzelnen Datensatzes heterogen sind. Zum Beispiel gibt es keinen klaren Lösungsansatz für die Angabe des Geburtsortes einer Person in DBpedia. Manchmal ist es dbpedia:cityofbirth und manchmal dbpedia:placeofbirth. In SemaPlorer lösen wir diese Unklarheiten durch die Zusammenfassung der beiden Eigenschaften in einem View. Ein View erlaubt eine bestimmte Sicht auf einen Datensatz zu legen und ermöglicht somit die Vereinheitlichung der beiden Modellierungsvarianten der DBpedia durchzuführen. Während Linked Open Data, also die Verknüpfung von semantischen Datenbeständen, fortschreitet, ist es immer noch eine offene Frage, wie es für die Verwaltung von Ressourcen wie Flickr-Bilder zu nutzen ist. Wie SemaPlorer zeigt, ist eine Kartierung der Linked Open Data und die semantische Beschreibung der Flickr-Daten in RDF möglich und funktioniert z. B. mit GeoNames gut. Doch statt der Kennzeichnung von Bildern mit Tags und anschließender Kartierung dieser Tags in Zusammenhang mit Open Data wäre es gewinnbringender, direkt Linked Open Data zur Annotation, also Beschreibung der Bilder mittels semantischer Konzepte zu verwenden. Zum Beispiel könnte ein Bild, das den Eiffelturm zeigt, direkt mit dem entsprechenden Konzept für den Eifelturm aus der DBpedia annotiert werden.

5 SemaPlorer-Architektur

Die Architektur der SemaPlorer-Anwendung und Infrastruktur ist in Abb. 2 dargestellt. Sie gliedert sich in zwei Sub-Systeme: Das erste Sub-System besteht aus dem K-Space Annotation Tool (KAT, https://launchpad.net/kat) und seinen SemaPlorerspezifischen Erweiterungen, den KAT-Plugins. Es wird auf den Client-Computern eingesetzt und bietet die Benutzerschnittstelle und die Anwendungslogik von SemaPlorer. Das zweite Sub-System implementiert die verteilte Dateninfrastruktur und eine administrative Komponente für RDF-Repositories. Dies beinhaltet den NetworkGraphs-basierenden Federator und die verschiedenen RDF-Repositories für die semantischen Daten für die DBpedia-Abstracts und Flickr-Tags. Die Verwaltung der Komponenten und der Federator werden auf unserer EDV-Infrastruktur gehostet. Alle anderen Komponenten werden auf Amazon EC2 Knoten gehostet. Die Architektur von SemaPlorer und die einzelnen Komponenten werden im Detail im Folgenden beschrieben.

Das erste Subsystem, bestehend aus KAT und seinen Plugins, ist eine generische Architektur, die für die Entwicklung von Anwendungen für die Recherche und (semi-automatische) Annotation von Multimedia-Daten entwickelt worden ist. Es kann durch allgemeine Funktionalitäten wie einer interaktiven Karte oder den Zugriff auf Flickr-Bilder ergänzt werden. Ein Message-Bus erlaubt die Kommunikation der einzelnen Komponenten. KAT bietet einen Plugin-Manager für die Verwaltung anwendungsspezifischer Erweiterungen. Darüber hinaus bietet es einige GUI-Tools und einen GUI-Layouter. Schließlich verfügt KAT über eine lokale Speicherinfrastruktur für die Multimedia-Annotation auf Grundlage der COMM Multimedia Ontologie (Arndt et al. 2007) und SESAME 2 (http://openrdf.org).

Der in Abschn. 3 beschriebene Datensatz wird durch das zweite Subsystem, die auf NetworkedGraphs basierende verteilte Dateninfrastruktur unter Einsatz von Amazon EC2 realisiert. Die Verwaltungskomponente (Administration Component) dieser Dateninfrastruktur kontrolliert die virtuellen Maschinen, die auf EC2 laufen. Über eine einfach zu bedienende Web-GUI, können EC2-Knoten für spezielle Teile der Daten oder der gesamte Datenbestand gestartet und gestoppt werden. Neue

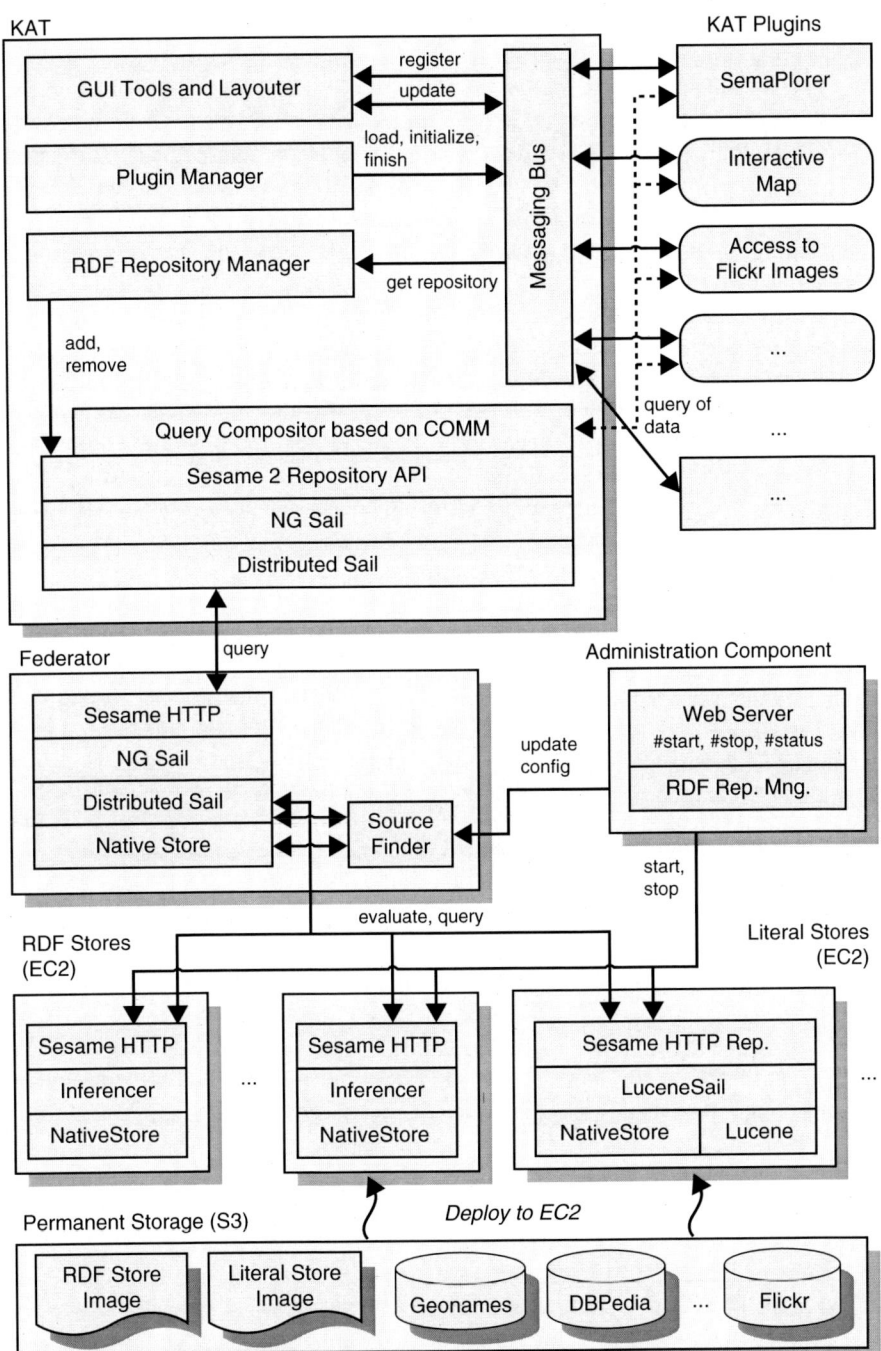

Abb. 2 Architektur von SemaPlorer

Datensätze können durch Hinzufügen einer Beschreibung des Datensatzes zu einer Konfigurationsdatei und den Start des neuen Knotens geschaffen werden. Wenn Knoten gestartet oder gestoppt werden, aktualisiert die Verwaltungskomponente die Federator-Konfiguration. Der Federator ist der einzige SPARQL-Endpunkt den SemaPlorer direkt nutzt und verbirgt die Komplexität der unterliegenden Infrastruktur. Anfragen an den Federator werden analysiert, um festzustellen, welche Endpunkte zur Auswertung der Anfragen genutzt werden können. Anschließend wird die Anfrage in Unterabfragen aufgeteilt, die in den jeweiligen Repositories ausgewertet werden (Schenk u. Petrak 2008; Zemanek, Schenk u. Svatek 2008).

Die Datensätze werden dabei in Speicherknoten der EC2 mittels S3 gespeichert. Wir nutzen drei verschiedene Konfigurationen für EC2 Knoten: Die erste speichert RDF-Daten ohne jegliche Folgerungen. Sie wird z. B. für DBpedia Infobox Daten verwendet. Sie dient auch als Grundlage für die anderen beiden Knotentypen. Die zweite verwendet das LuceneSail und bietet zusätzlich Volltextindizes über die RDF-Literale. Es wird z. B. für die Tags, DBpedia Artikel- und Kategorienamen verwendet. Für die SemaPlorer-Anwendung brauchen wir kein vollständiges RDFS-Reasoning. Im Gegensatz dazu wird die Transitivität in SKOS-Hierarchien benötigt, die nicht in RDFS geboten wird. Daher verwenden wir benutzerdefinierte Regeln in der dritten Konfiguration von S3-Knoten. Da der entsprechende Inferenzer in Sesame nicht für den verwendeten Datensatz skaliert, führen wir eine Vorberechnung der transitiven Hülle von SKOS:broader für DBpedia-Kategorien durch. Vereinfacht gesagt berechnen wir also eine Erweiterung der SKOS:broader Relation, die zusätzlich alle indirekt erreichbaren Paare enthält (und damit transitiv ist). Der Federator erlaubt zudem die Definition von einfachen Views, um homogene Darstellungen aus den verschiedenen Datenquellen anzubieten. Ein Beispiel ist das oben genannte Vokabular für Geburtsorte in DBpedia. Dieses Schema-Mapping erfolgt während der Laufzeit mit NetworkedGraphs. Zum Beispiel haben wir für „Personen" drei verschiedene Darstellungen: FOAF-Dateien, die das FOAF Vokabular-benutzen, DBpedia mit einer Personenkategorie und Flickr-Benutzer. Ähnliche Herausforderungen ergeben sich aus der Modellierung von räumlichen Einheiten und Annotationen von Bildern und bei Einträgen ohne ein klares Schema, wie der Geburtsort in DBpedia. Um SemaPlorer zu ermöglichen, von diesen verschiedenen Darstellungen zu abstrahieren, gestalten wir sie in einer kanonischen Form. Im Falle von Personen wird das FOAF-Vokabular verwendet. Als Ergebnis können wir jeden Datensatz-hinzufügen, der das FOAF-Vokabular einsetzt.

6   Evaluation

Ziel der Billion Triples Challenge ist es, die Skalierbarkeit von Semantischen Webtechnologien auf mehr als eine Milliarden Tripeln zu demonstrieren und damit etwas Sinnvolles zu tun. Als solches wurde die Java-basierte, Web 2.0 Mashup-Anwendung SemaPlorer und ihre zu Grunde liegende Infrastruktur als ein technischer Demonstrator, aber nicht als eine Endbenutzer-Anwendung, die in einer echten pro-

duktiven Umgebung läuft, entworfen. Um in einer solch frühen Phase eine Rückmeldung über die Benutzbarkeit und Nützlichkeit der Anwendung und Verbesserungsvorschläge zu erhalten, wurde eine formative Evaluation durchgeführt. Wir
baten 20 Personen aus dem Institut für Informatik der Universität Koblenz-Landau
(11 Doktoranden, 9 Studierende), SemaPlorer auszuprobieren. Die Personen sind
zwischen 21 und 26 Jahren alt und haben gute bis sehr gute Computer-Kenntnis-
se. 18 Teilnehmer haben bereits Erfahrung mit der Nutzung von Karten-basierten
Anwendungen zur Informationsbeschaffung und Visualisierung wie z. B. Google-
Maps. Sie verwenden diese Anwendungen für Reiseplanungen (75 %), um Informationen über den Ort zu erhalten (55 %) und für berufliche Zwecke (25 %). Demzufolge sind die Testkandidaten typische Benutzer von Anwendungen wie SemaPlorer
und sind gute Kandidaten zur Ermittlung relevanter Rückmeldungen.

6.1   Planung der Evaluation

Die Evaluation der SemaPlorer-Anwendung wurde in drei Phasen unterteilt, nämlich Einführung, Test und Rückmeldung. In der Einführungsphase wurden die Teilnehmer mit SemaPlorer und seinen Features vertraut gemacht. Den Teilnehmern
wurde erklärt, dass es nicht um die Messung ihrer Leistungen bei der Abarbeitung
der Evaluationsaufgaben geht, sondern um die Gewinnung von Erkenntnissen zur
Verbesserung von SemaPlorer. In der nachfolgenden Testphase erfolgte die eigentliche Bewertung. Jeder Teilnehmer hatte eine festgelegte Zahl von Aufgaben auszuführen. Eine solch einheitliche Aufgabenstellung ist wichtig, um eine Vergleich-
barkeit zwischen den einzelnen Testpersonen herstellen zu können und eine valide
Rückmeldung zu erhalten. In der Feedback-Phase füllten die Teilnehmer einen Fragebogen aus. Die Fragen zur Erfassung der Zufriedenheit der Teilnehmer haben
wir in Anlehnung an den IsoMetrics-L Fragebogen erstellt. Es wurde jedoch keine
explizite Gewichtung der einzelnen Fragen vorgenommen, sondern den Benutzern
die Möglichkeit gegeben, punktuell subjektive Rückmeldungen zu den einzelnen
Fragen bzw. Funktionalitäten der Anwendung die sie für wichtig erachten zu geben.
Für die Testphase hatten die Teilnehmer keine Zeitbegrenzung, sie konnten sich so
viel Zeit lassen, wie sie benötigen, um die Aufgaben zu erfüllen.

6.2   Durchführung der Evaluation

Die Dauer der Sitzungen lag zwischen 10 und 60 min (Durchschnitt 30, Median
25). Demzufolge haben die Teilnehmer eine angemessene Zeit mit der Lösung der
Aufgaben verbracht. Die Aufgaben, die ausgeführt werden sollten, sind die Suche
nach der Stadt Berlin und die Verwendung des „Sights"-Features gewesen. Dann
sollte das Ergebnis durch Hinzufügen des „streetart"-Tags auf die Anzeige von Bildern zu Straßenkunst eingeschränkt werden und Bilder mit Straßenkunst rund um

den Berliner Sendeturm unter Benutzung des „nearby places"-Features erkundet werden. Eine spezielle Form der Straßenkunst sind „Space Invaders"-Piktogramme, die durch Hinzufügen des „spaceinvaders"-Tag gefunden werden. Die Teilnehmer sind gebeten worden, „Space Invaders" in Berlin zu finden. Anschließend sollte der Ortsbezug auf Paris abgeändert werden, um dort „Space Invaders" zu suchen. Um Paris weiter zu erkunden, wurden die Testpersonen gebeten, nach bestimmten Flickr-Usern und interessanten Bilder, die diese aufgenommen haben, zu suchen. Zusätzlich sollten die Testpersonen nach Persönlichkeiten in Paris in DBpedia suchen. Schließlich sollten die Benutzer entlang semantischer Relation zu dem Wort Paris in WordNet navigieren.

6.3 Analyse der Evaluationsergebnisse

In der letzten Phase wurden die Testpersonen gebeten, einen Fragebogen auszufüllen, um damit Feedback über die bereits implementierten Features in SemaPlorer und die Anwendung als Ganzes zu bekommen. Tabelle 1 fasst die Fragen und die Beurteilungen zusammen. Die Fragen konnten gemäß IsoMetrics auf einer Skala von 1 bis 5 bewertet werden, bei der 1 „absolut keine Zustimmung", 2 „keine Zustimmung", 3 „teils-teils", 4 „Zustimmung", 5 „absolute Zustimmung" bedeutet. Die einzelnen Features der SemaPlorer-Anwendung sind im Fragebogen im Durchschnitt mit Werten zwischen 0,9 bis 3,3 beurteilt worden. Wir erklären uns diese

Tab. 1 Feedback zur Suchfunktion (S1–S3), Karten- und Medienansicht (A1–A2), sowie den Facetten (F1–F9) und der Performanz (P1) der SemaPlorer-Anwendung

Frage	Mittelwert	Standardabweichung
S1: Die Suchergebnisse entsprechen meinen Erwartungen	3,3	0,9
S2: Die Aufteilung in Orte, Tags und Personen ist intuitiv	2,8	0,7
S3: Der Kontextwechsel mittels der Suchfunktion ist intuitiv	1,8	1,0
A1: Die Kartenansicht ist intuitiv und einfach zu benutzen	3,0	0,6
A2: Die Medienansicht ist eine gute Ergänzung zur Kartenansicht	3,2	0,8
F1: Ist die Funktion zur Auswahl von Sehenswürdigkeiten sinnvoll?	3,4	0,5
F2: Haben Sie interessante Sehenswürdigkeiten gefunden?	2,8	0,7
F3: Ist die Funktion „nearby places" sinnvoll?	3,1	0,6
F4: Haben Sie interessante „nearby places" gefunden?	2,2	0,9
F5: Ist die Navigation mittels WordNet sinnvoll?	2,1	1,0
F6: Haben Sie interessante Persönlichkeiten in DBpedia gefunden?	2,4	1,0
F7: Ist diese Funktion sinnvoll?	2,4	1,0
F8: Haben Sie interessante Flickr-Benutzer gefunden?	0,9	0,8
F9: Ist diese Funktion sinnvoll?	1,7	1,0
P1: Die Anwortzeiten der Anwendung entsprechen meinen Erwartungen	2,5	1,2

Bewertung in den unteren beiden Dritteln der Skala durch die Heterogenität der Daten, die für die SemaPlorer-Anwendung genutzt wurden, die Performanz der Anwendung und die Benutzbarkeit. Die für die SemaPlorer-Anwendung verwendeten Daten stammen aus unterschiedlichen Quellen und sind von unterschiedlicher Qualität. GeoNames, DBpedia und der Flicker-Datensatz sind durch die Mitwirkung einer großen Anzahl an Benutzern entstanden. Für solche Datensätze kann die Qualität der Anfrageergebnisse nicht garantiert werden und ist stark von der jeweiligen individuellen Anfrage abhängig. Dies spiegelt sich in unserer Evaluation wider, dass die Nutzer die Qualität der Suchergebnisse als mittelmäßig einstufen (S1). Die Aufteilung der Suchergebnisse in Orte, Tags und Personen wurde ähnlich bewertet (S2). Der Kontextwechsel durch die Nutzung der Suchfunktion sollte intuitiver gestaltet werden (S3). Die Benutzbarkeit von Karten- und Medienansicht wurde als durchschnittlich beurteilt (A1 und A2). Bei der Beurteilung der einzelnen Features der Facetten wurde die Auswahl der Sehenswürdigkeiten in der Ort-Facette am besten bewertet (F1). Es wurden auch interessante Ansichten gefunden (F2). Das „nearby places"-Feature wurde ähnlich gut wie die Auswahl der Sehenswürdigkeiten bewertet (F3). Allerdings sollte die Qualität der gefundenen „nearby places" verbessert werden (F4). Dazu benötigen wir bessere Daten über benachbarte Orte als uns bisher zur Verfügung stehen. Die Navigation entlang von WordNet (F5) und die Auswahl von Prominenten aus DBpedia (F6 und F7) wurden beide als teils-teils bewertet. Wir denken, dass hier insbesondere das Feature der Navigation entlang WordNet zu hinterfragen ist und eventuell entfernt werden sollte. Nur die Funktion, über Flickr-User zu navigieren, wurde von den Teilnehmern abgelehnt. Anscheinend lieferte diese Suchfunktion nur sehr wenige oder uninteressante Bilder von Persönlichkeiten oder Flickr-Benutzern (F8 und F9).

In der letzten Phase unserer Evaluation konnten die Testpersonen zusätzliches Feedback zu den in den Fragen genannten Funktionen geben sowie Vorschläge für weitere Funktionen machen, die sie gerne in SemaPlorer hinzufügen würden. So wurden grundsätzlich alle existierenden Funktionen zur Suche, Karten- und Medienansicht und den Facetten begrüßt. Lediglich das Browsen über WordNet, die Suche nach Persönlichkeiten in DBpedia sowie nach Flickr-Benutzern wurde von vielen Testpersonen als nicht sinnvoll erachtet, da keine passenden Ergebnisse gefunden werden konnten.

Fünf von 20 Personen schrieben, dass sie eine Erhöhung der Performanz von SemaPlorer begrüßen würden. Obwohl die Antwortzeiten im Allgemeinen gut waren, so haben komplexere Anfragen mehr Zeit gebraucht, als sich die Tester wünschten. Im Fragebogenteil wurde die Antwortzeit von gut bis teils-teils bewertet (P1). Diese Einstufung mag zunächst überraschen, aber wir gehen davon aus, dass den Testpersonen kommerzielle Produkte wie Google Maps als Vergleich dienten. Daher ist es wichtig zu betonen, dass SemaPlorer keine Anwendung ist, die auf einem Produktiv-Server läuft wie z. B. Google Maps, sondern eine technische Demonstration ist, die die Skalierbarkeit von Semantic Web Technologien zeigt. Außerdem wurden einige Vorschläge für Verbesserungen zur Benutzbarkeit der Anwendung gemacht, wie zum Beispiel den Ortswechsel über das Facetten-Menü intuitiver zu gestalten.

Hinsichtlich zusätzlicher Funktionalitäten wurde zum Beispiel eine Verlaufs-funktion genannt, welche das Vor- und Zurückspringen in den Navigationsschritten ermöglicht, die Auswahl mehrerer Orte, um eine Reise zu planen und die Präsentation einer Slideshow der Bilder. Eine Person fügte als Anmerkung hinzu, dass bereits zu viele Features vorhanden sind. Wir fragten die Testpersonen außerdem, welche zusätzlichen Datenquellen wir SemaPlorer hinzufügen sollten. Hier wurden unter anderem die Integration von Satellitenbildern, weitere Medientypen wie Video, Nachrichten, andere Ansichten wie U-Bahn-Stationen, Cafés und Kinos sowie Meta-Informationen über Sehenswürdigkeiten wie Öffnungszeiten genannt. Sehr interessant war der Vorschlag, ein Bewertungssystem für die Vertrauenswürdigkeit der gelieferten Informationen einzubauen.

7   Verwandte Arbeiten

Der Grundgedanke der facettierten, interaktiven Suche ist die Exploration von gro-ßen Datenmengen und ist seit längerem bekannt (Yee et al. 2003). Der Gewinner der Semantic Web Challenge 2006, /facet (Schraefel et al. 2005), hat diese Idee in den Bereich von semantischen Daten eingebracht. Vor kurzem ist die Anwendung Freebase Parallax (http://mqlx.com/~david/parallax) veröffentlicht worden, ein facettierter Browser für Exploration und Visualisierung der strukturierten Daten von Freebase (http://www.freebase.com). Der größte Nachteil von /facet und Freebase Parallax ist, dass sie auf zentralisierten Infrastrukturen basieren, die keinen skalierbaren Einsatz von einer großen Anzahl von Daten aus vielen verschiedenen Datenquellen erlauben. Mit SemaPlorer, basierend auf KAT und NetworkedGraphs, haben wir dies erreicht und sorgen für eine facettierte, interaktive Suche und Visualisierung über einen sehr großen Satz von semantisch heterogenen und verteilten Daten von unterschiedlicher Qualität. Zwar existieren verschiedene Systeme, die hoch skalierbares Management von RDF-Daten ermöglichen, z. B. YARS2 (Harth et al. 2007). Diese Systeme zielen jedoch auf die Steuerung eines großen Volumens von RDF-Daten in einem einzigen, wenn auch möglicherweise hardwaremäßig verteilten Repository ab und nicht auf die Verknüpfung mehrerer verteilter Reposito-ries, wie die für SemaPlorer verwendete Infrastruktur.

Im Gegensatz dazu zielt unsere Infrastruktur auf die Integration von mehreren semantisch heterogenen Repositories im Sinne des Semantic Web in eine einzige virtuelle Repository-Infrastruktur. DARQ, eine Erweiterung des leichtgewichtigen und in PHP geschriebenen SPARQL-Servers ARQ (http://arc.semsol.org), ist ein verwandter Ansatz zur Abfrage mehrerer SPARQL-Endpunkte (Quilitz u. Leser 2008). Im Gegensatz zu unserem System basiert es auf der Grundlage von manuell gepflegten Statistiken über die verteilten Endpunkte, bei denen wir nicht davon ausgehen, dass sie zur Verfügung stehen. Darüber hinaus werden durch die Struktur der Anfragen von DARQ große Beschränkungen auferlegt. Im Rahmen der Linked Open Data Bemühungen, ergeben sich Herausforderungen ähnlich zu unseren in Bezug auf die Speicheranforderungen. Allerdings konzentriert sich die Linked

Open Data Initiative auf das Browsing der Daten und ermöglicht keine komplexen Anfragen. Der relationale Ansatz DynaQuest (Grawunder u. Köster 2003) zielt auf eine verteilte virtuelle relationale Datenbank in Web-Größenordnung. Allerdings kommen relationale Datenbanken nicht gut mit semi-strukturierten, semantisch heterogenen Daten zurecht.

Kartenbasierte Anwendungen wie SemaPlorer sollen interaktiv sein und den Benutzer in der Durchführung einfacher Analyseaufgaben unterstützen (Wisniewski et al. 2009). Existierende Evaluationen haben sich dabei auf unterschiedliche Aspekte konzentriert, wie z. B. die Interkation mit einer Karte auf dem mobilen Endgerät (Wilson et al. 2006), die Navigation in einer kartenbasierten 3D-Umgebung (Swan et al. 2003) oder der Vergleich zwischen einer 2D- und 3D-Kartennavigation (Porathe u. Prison 2008). Zur facettierten, interaktiven Suche und Visualisierung existieren umfangreiche Designempfehlungen basierend auf langjährige Erfahrungen und Evaluationen (Hearst 2006; Wilson et al. 2009). Die Evaluation einer facettierten, kartenbasierten Anwendung wie SemaPlorer, die sich der Verknüpfung sehr großer, semantischer Datenquellen unterschiedlicher Herkunft und Qualität bedient, ist bisher nicht untersucht worden.

8 Zusammenfassung

In diesem Artikel haben wir die SemaPlorer-Anwendung und die zugrunde liegende Dateninfrastruktur präsentiert. Wie gezeigt wurde, ist SemaPlorer ein einfach zu bedienendes Werkzeug, dass dem Endnutzer erlaubt, interaktiv sehr große, verteilte, semantische Datenmengen von unterschiedlicher Qualität interaktiv zu explorieren und zu visualisieren. Die Anwendung setzt einen signifikanten Teil der Daten, die für die Billion Triples Challenge 2008 zur Verfügung standen, ein. Darüber hinaus ist ein großer in RDF umgewandelter Flickr-Datensatz einbezogen worden. Die zugrunde liegende Speicherinfrastruktur ermöglicht einen transparenten Zugriff auf beliebige, verteilte RDF-Repositories, in unserem Fall auf Amazon EC2 betrieben. Mit dieser Speicherinfrastruktur ist die Anwendung in Bezug auf die Zahl der verteilten Komponenten skalierbar. Darüber hinaus können zu einem späteren Zeitpunkt beliebige zusätzliche Daten hinzugefügt werden.

Insgesamt kommen wir mit Amazon EC2 und NetworkedGraphs näher an die Vision des generischen Zugangs zu verteilten semantischen Multimedia-Daten. Insbesondere haben wir gezeigt, dass neben der Skalierung von zentralen Repositories die Verbindung vieler kleiner Repositories in vielerlei Hinsicht ein günstiger, machbarer und erfolgversprechender Ansatz ist, um den Anforderungen des Semantic Web und dessen Skalierbarkeit gerecht zu werden. Auf lange Sicht wird es sinnvoll sein, direkt auf die von den Anbietern der Daten angebotenen SPARQL-Endpunkte zuzugreifen. Die Umstellung auf diese Live-Datenquellen können einfach durch Änderung der Konfigurationen im Federator und ohne Änderung der SemaPlorer-Anwendung oder einer anderen Anwendung, die unsere verteilte Dateninfrastrukturen nutzt, bewerkstelligt werden. Insbesondere wurde inzwischen ein SPARQL-

Endpunkt umgesetzt, der Anfragen in Flickr-API-Aufrufe umsetzt. Die Flickr-API erlaubt den Zugriff auf die Bilder und Metadaten von Flickr mit Hilfe eines normalen Java-Programmes. Der SPARQL-Endpunkt konnte im laufenden Betrieb in das System integriert werden, ohne die eigentliche Anwendung zu ändern.

Danksagung Diese Forschung wurde co-finanziert von der EU im 6. RP in der NoE K-Space (027026) und Neon-Projekt (027595) und dem RP7 im WeKnowIt Projekt (215453).

Literatur

Arndt R, Troncy R, Staab S, Hardman L, Vacura M (2007) COMM: designing a well-founded multimedia ontology for the web. ISWC, Springer, Berlin, S 30–43

Grawunder M, Köster F (2003) The dynaquest-framework for dynamic and adaptive source selection. Collaborative technologies and systems

Harth A, Umbrich J, Hogan A, Decker S (2007) YARS2: A federated repository for querying graph structured data from the web. ISWC, Springer, Berlin, S 211–224

Hearst MA (2006) Design recommendations for hierarchical faceted search interfaces. SIGIR, workshop on faceted search

Munroe KD, Ludscher B, Papakonstantinou Y (2000) Blending browsing and querying of XML in a lazy mediator system. Extending database technology

Porathe T, Prison J (2008) Design of human-map system interaction. Extended abstracts on human factors in computing systems, ACM, New York, S 2859–2864

Quilitz B, Leser U (2008) Querying distributed RDF data sources with SPARQL. ESWC, Springer, Berlin

Schenk S, Petrak J (2008) Sesame RDF repository extensions for remote querying. ZNALOSTI Conf.

Schenk S, Staab S (2008) Networkedgraphs: a declarative mechanism for SPARQL rules, SPARQL views and RDF data integration on the web. WWW, ACM, New York, S 585–594

Schraefel MC, Smith DA, Owens A et al. (2005) The evolving myspace platform: leveraging the semantic web on the trail of the Memex. Hypertext, ACM, New York, S 174–183

Swan JE, Gabbard JL, Hix D et al. (2003) A comparative study of user performance in a map-based virtual environment. In IEEE virtual reality, IEEE Computer Society, Washington, S 259

Wilson M, Russell A, Schraefel MC, Smith DA (2006) mSpace mobile: a UI gestalt to support on-the-go info-interaction. Extended abstracts on human factors in computing systems, ACM, New York, S 247–250

Wilson ML, Schraefel MC, White RW (2009) Evaluating advanced search interfaces using established information-seeking models. J Am Soc Inf Sci Technol 60(7):1407–1422

Wisniewski PK, Pala O, Lipford HR et al. (2009) Grounding geovisualization interface design: a study of interactive map use. Extended abstracts on human factors in computing systems, ACM, New York, S 3752–3762

Yee KP, Swearingen K, Li K, Hearst M (2003) Faceted metadata for image search and browsing. Human factors in computing systems, ACM, New York, S 401–408

Zemanek J, Schenk S, Svatek V (2008) Optimizing SPARQL queries over disparate RDF data sources through distributed semi-joins. ISWC 2008 poster and demo session proceedings, CEUR-WS

Autorenverzeichnis

Dr. Gunnar Bender ist seit Januar 2010 als Director Corporate Affairs und Mitglied der Geschäftsleitung der E-Plus Gruppe verantwortlich für die Interessenvertretung des Unternehmens in der Zusammenarbeit mit Politikern und Vertretern öffentlicher Institutionen.

Der promovierte Jurist sammelte im Rahmen seiner Tätigkeit für Time Warner und AOL Europa sowie zuletzt als Vice President Business Development der Bertelsmann AG langjährige Erfahrungen auf dem politischen Parkett, im Web 2.0 und in der Unternehmenskommunikation. (Director Corporate Affairs, E-Plus Mobilfunk GmbH & Co. KG, Unter den Linden 10, 10117 Berlin, Deutschland, E-Mail: mail@gunnarbender.de)

Stefan Berge ist Consultant bei Greenwich Consulting im Büro München. In den Themenfeldern IPTV, neue Medien und Web 2.0 agiert er als Experte und Projektleiter. (Greenwich Consulting Deutschland, Widenmayerstraße 16, 80538 München, Deutschland)

Dr. Eva Blömeke hat 2009 am Lehrstuhl für Marketing und Medienmanagement der Universität Hamburg zum Thema Customer Relationship Management in der Medienbranche promoviert. Zuvor arbeitete sie für den Bertelsmann Konzern im Bereich Online Marketing und Business Development. Eva Blömeke schloss ihr Studium der Betriebswirtschaftslehre an der Christian-Albrechts-Universität zu Kiel mit der Spezialisierung Innovation, Neue Medien und Marketing ab. (Universität Hamburg, Osterstrasse 122, 20255 Hamburg, Deutschland, E-Mail: evabloemeke@googlemail.com)

Lic. oec. Alexander Braun ist bei Bertelsmann für die Internet-Aktivitäten der kanadischen Buch-Clubs verantwortlich und ist Mitglied des Senior Expert Circle Online. Er studierte Wirtschaftswissenschaften mit besonderer Vertiefung des Medien- und Kommunikationsmanagements an der Universität St. Gallen. (Wöhlerstr. 4, 10115 Berlin, Deutschland)

G. Walsh et al. (Hrsg.), *Web 2.0,*
DOI 10.1007/978-3-642-13787-7, © Springer-Verlag Berlin Heidelberg 2011

Prof. Dr. Michael H. Breitner leitet seit 2002 das Institut für Wirtschaftsinformatik der Leibniz Universität Hannover (www.iwi.uni-hannover.de) und ist Geschäftsführer und Mehrheitsgesellschafter der nisss GmbH Hannover (www.nisss.de).
Prof. Breitner hat an der TU München bis 1990 Mathematik mit BWL studiert, hat
an der TU Clausthal 1995 in Mathematik promoviert und sich 2001 ebd. für Mathematik habilitiert. Seine Forschungs- und Beratungsinteressen der letzten Jahre
liegen auf den Gebieten Standardsoftware, insbes. Wirtschaftlichkeitsanalysen,
Geschäftsprozessmodellierung und -optimierung sowie allg. Systementwicklung
und Softwareengineering, E(lectronic)- und M(obile) Business, Zukunfts- und
Trendforschung, insbes. Technologiefolgenabschätzungen, Operations Management and Research, insbes. Künstliche Neuronale Netze, Neurosimulation und
Finance-Software sowie E(lectronic)-Learning und lebenslanges Lernen. Prof.
Breitner hat seit 2002 zahlreiche größere Forschungs- und Beratungsprojekte
durchgeführt, z. B. für das BMBF, das Land Niedersachsen, die Leibniz Universität Hannover, die TU9, die sgh Hildesheim oder die bhn Hameln.
    Diese E-Mail Adresse ist gegen Spam Bots geschützt, Sie müssen Java-
script aktivieren, damit Sie es sehen können. (Institut für Wirtschaftsinformatik
der Leibniz Universität Hannover, Königsworther Platz 1, 30167 Hannover,
Deutschland, E-Mail: breitner@iwi.uni-hannover.de)

Arne Buesching ist Principal bei Greenwich Consulting im Büro München. Er
berät Telekommunikations- und Medienunternehmen beim Eintritt in neue Geschäftsfelder. (Greenwich Consulting Deutschland, Widenmayerstraße 16, 80538
München, Deutschland, E-Mail: arne.buesching@greenwich-consulting.com)

Prof. Dr. Michel Clement ist Inhaber des Lehrstuhls für Marketing und Medienmanagement an der Universität Hamburg. Zuvor forschte er an den BWL-
Fakultäten der Universitäten Kiel und Passau. Er war drei Jahre in verschiedenen Managementpositionen im Bertelsmann Konzern tätig, im Think Tank
der Bertelsmann AG (mediaTechnologies) angestellt und Gründer eines Peer-
to-Peer-Software Unternehmens mit Bertelsmann. (Institut für Marketing und
Medien, Lehrstuhl für Marketing und Medienmanagement, Universität Hamburg,
Welckerstraße 8, 20354 Hamburg, Deutschland,
E-Mail: michel.clement@uni-hamburg.de)

Petra Cyganski ist im IT Quality Management der SAP AG tätig. Zuvor war sie
als wissenschaftliche Mitarbeiterin am Institut für Management der Universität
Koblenz-Landau im Rahmen des Forschungsprojekts „InterWork" angestellt. Ihr
Studium absolvierte sie im Fach Network Computing an der TU Bergakademie
Freiberg und Informationsmanagement an der Universität Koblenz-Landau.
(SAP AG, Dietmar-Hopp-Allee 16, 69190 Walldorf, Deutschland,
E-Mail: petra.cyganski@sap.com)

Sven Dörrenbächer studierte Betriebswirtschaftslehre an der Ludwig-Maximilians-Universität in München und verantwortete parallel Marketing und Finanzen
bei der romling.com AG, einer von ihm mitgegründeten Karriere-Community

im Internet. Seit 2001 leitete Sven Dörrenbächer die Digitale Kommunikation von Mercedes-Benz und verantwortete neben Produkt- und Markenwebsites die Konzeption und Umsetzung von internationalen Kampagnen sowie die Entwicklung von Plattformen zur Ansprache neuer Zielgruppen für Mercedes-Benz bei der Daimler AG. Zwischen 2007 und 2010 fungierte er als Head of Global Media und war sowohl für Online- als auch Offline-Media verantwortlich. Seit April 2010 ist Sven Dörrenbächer Beratungs-Chef für Mercedes-Benz sowie Geschäftsführer auf Seiten Jung v. Matt/basis in Hamburg. (Jung von Matt/basis GmbH, Glashüttenstraße 79, 20357 Hamburg, Deutschland, E-Mail: sven.doerrenbaecher@jvm.de)

Dipl.-Kfm. Christian Erhard verantwortet als Head of Partner Relationship Management Europe im Bereich Internet Marketing eBay's pan-europäische Marketing Strategie für Media Kampagnen und strategische Partnerschaften. Er ist seit 2000 im E-Commerce tätig und arbeitete zuvor für die Lycos-Tochter Pangora im Bereich Business Development und Online Marketing. (Head of Partner Relationship Management EU, eBay International Marketing GmbH, Westpark Pfingsweidstr. 60, 8005 Zürich, Schweiz, E-Mail: cerhard@ebay.de)

Dr. Martin Fabel ist Partner bei der Top-Managementberatung A.T. Kearney und Leiter des Bereichs Medienmanagement in Zentraleuropa. Nach Wirtschaftsstudium und Promotion begann Fabel seine berufliche Karriere 1993 bei A.T. Kearney und wechselte 1998 zur DEAG Deutsche Entertainment AG, wo er zuletzt als Vorstand Entertainment Media & Commerce fungierte. 2003 erfolgte der Wiedereinstieg bei A.T. Kearney als Principal im Bereich Communications, Media & High Tech. Hier liegen seitdem seine Beratungsschwerpunkte in den Bereichen Corporate- und Business Unit-Strategien, Marketing sowie Customer Relationship Management und eBusiness. Fabel betreut vor allem Klienten aus dem Bereich Medienunternehmen und der Telekommunikationsindustrie. Er ist zudem Gründungsmitglied der neuen globalen A.T. Kearney Marketing & Sales Practice und Initiator zahlreicher Initiativen rund um die Themen Verbraucherverhalten, Digitalisierung sowie Marketing-Effektivität. Fabel ist zudem Leiter einer weltweiten Research-Initiative zu „Customer Energy" sowie Autor zahlreicher Publikationen und regelmäßiger Referent zum Themenkreis Web 2.0 und „Customer Energy". (A.T. Kearney GmbH, Charlottenstraße 57, 10117 Berlin, Deutschland, E-Mail: martin.fabel@atkearney.com)

Prof. Dr. Berthold H. Hass ist Inhaber der Professur für Medienmanagement und Marketing am Internationalen Institut für Management der Universität Flensburg. In Forschung und Lehre beschäftigt er sich mit der Betriebswirtschaftslehre neuer Medien, u.a. mit den Grundlagen von Geschäftsmodellen, Gestaltungsmöglichkeiten der Online-Kommunikation sowie der Akzeptanz neuer Medienangebote. (Professur für Allgemeine Betriebswirtschaftslehre, insb. Medienmanagement und Marketing, Universität Flensburg, Munketoft 3b, 24937 Flensburg, Deutschland, E-Mail: berthold.hass@uni-flensburg.de)

Dipl.-Oek. Nadine Hennigs ist als wissenschaftliche Mitarbeiterin am Institut für Marketing und Management der Leibniz Universität Hannover beschäftigt. Im Rahmen ihrer Tätigkeit widmet sie sich insbesondere den Forschungsschwerpunkten Finanzdienstleistungsmarketing, netzwerkorientiertes Zielkundenmanagement und Konsumentenverhalten. Überdies betreut sie u. a. das „Center for Financial Services Marketing & Management" – ein Kompetenz-Center zur Förderung der Entwicklung und Umsetzung moderner Marketing- und Managementkonzepte in der Finanzdienstleistungsbranche. (Institut für Marketing und Management, Wirtschaftswissenschaftliche Fakultät, Gottfried Wilhelm Leibniz, Universität Hannover, 30167 Hannover, Deutschland, E-Mail: nhennigs@m2.uni-hannover.de)

Mag. Jürgen Hopfgartner ist Mitglied der Geschäftsleitung von MTV Networks North Europe und verantwortet als Vice President Digital Media & Network Development die Strategie und das operative Geschäft für alle Online und Mobile Aktivitäten der Sendergruppe MTV Networks (MTV, VIVA, NICK, Comedy Central) in den Regionen DACH, Benelux und Skandinavien. Zuvor arbeitete er als Strategieberater für The Boston Consulting Group in Berlin und New York. (Senior Vice President – Strategy, Interactive & Operations, MTV Networks Europe North, Stralauer Allee 7, 10245 Berlin, Deutschland, E-Mail: hopfgartner.juergen@mtvne.com)

Dr. Martin Huber, Geschäftsführer gogol medien GmbH & Co. KG, Entwicklung und Betrieb von Mikrosegment-Publishing-Lösungen die einem Community-to-Print-Ansatz folgen. Forschungsschwerpunkte: Kundenintegration, Innovationsprozesse, Produkt-/Service-Entwicklung, User-Medien. Zentrale Publikation: „Kollaborative Wertschöpfung" (Gabler 2004). (gogol medien GmbH & Co KG, Werderstr. 2, 86159 Augsburg, Deutschland, E-Mail: martin.huber@gogol-medien.de)

Dr. Thomas Kilian ist wissenschaftlicher Mitarbeiter und Habilitand in der Arbeitsgruppe Marketing und elektronischer Handel am Institut für Management der Universität Koblenz-Landau. Seine Forschungsschwerpunkte liegen in den Bereichen Konsumentenverhalten, E-Commerce und qualitative Methoden der Marktforschung. (Institute for Management, Chair of Marketing and Electronic Retailing, University of Koblenz-Landau, Universitaetsstrasse 1, 56070 Koblenz, Deutschland, E-Mail: kilian@uni-koblenz.de)

Prof. Dr. Alexander Deseniss studierte Betriebswirtschaftslehre an der Universität Mannheim und promovierte an der Universität Hannover. Er blickt auf eine langjährige Berufserfahrung als Unternehmensberater zurück, davon 6 Jahre als Geschäftsführungsmitglied. Prof. Deseniss war und ist tätig als Redner für Vorträge, Schulungen und Seminare an verschiedenen Hochschulen und Institutionen im In- und Ausland. Seit 2006 ist er Inhaber einer Professur für Marketing an der FH Flensburg, wo er u. a. ein Pilotprojekt zum Podcasting in der Hochschullehre initiierte und leitet. Seine Arbeits- und Forschungsschwerpunkte liegen in den Bereichen Markenführung, Konsumentenverhalten und Relationship Marketing. (Fachhochschule Flensburg, Kanzleistraße 91-93, Gebäude C, Raum 25, 24943 Flensburg, Deutschland, E-Mail: deseniss@fh-flensburg.de)

Prof. Dr. Tobias Kollmann studierte an den Universitäten Bonn und Trier Volkswirtschaftslehre. Er promovierte 1997 mit einer Arbeit zur Akzeptanz innovativer Telekommunikations- und Multimediasysteme. Zwischen 1997 und 2001 arbeitete er in der Praxis und unterstützte dort insbesondere den Aufbau von virtuellen Marktplätzen im Rahmen der Aktivitäten der Scout24-Holding, Schweiz. Im Oktober 2001 folgte er zunächst dem Ruf an die Christian-Albrechts-Universität zu Kiel, wo er Inhaber einer C4-Professur für E-Business wurde. Seit April 2005 ist er Inhaber des Lehrstuhls für BWL und Wirtschaftsinformatik, insb. E-Business und E-Entrepreneurship an der Universität Duisburg-Essen, Campus Essen. Innerhalb der Forschung konzentriert er sich hier insbesondere auf das Thema „E-Entrepreneurship" und damit auf alle Fragen rund um die Unternehmensgründung und -entwicklung in der Net Economy. (Lehrstuhl für E-Business und E-Entrepreneurship, Fachbereich Wirtschaftswissenschaften, Universität Duisburg-Essen, Universitätsstr. 9, 45141 Essen, Deutschland, E-Mail: kontakt@ebusiness-lehrstuhl.de)

Prof. Dr. Ayelt Komus ist Professor für Organisation und Wirtschaftsinformatik an der Fachhochschule Koblenz. Als Experte für Social Software und Web 2.0 ist er gemeinsam mit Franziska Wauch Autor des Buches „Wikimanagement". Frühzeitig setzte er sich mit den Chancen von Web 2.0 für Unternehmen in der Praxis auseinander. Als Experte für Geschäftsprozessmanagement und Prozessorientiertes Organisations- und Informationsmanagement leitete er verschiedene Studien zum Business Process Management im deutschsprachigen Raum und entwickelte Ansätze zur Nutzung von Web 2.0 im Geschäftsprozessmanagement. (Fachbereich Betriebswirtschaft, Fachhochschule Koblenz, Konrad-Zuse-Str. 1, 56075 Koblenz, Deutschland, E-Mail: komus@fh-koblenz.de und franziska@wauch.de; Web: www.komus.de)

Dipl.-Oek. Sascha Langner ist wissenschaftlicher Mitarbeiter am Institut für Marketing & Management der Leibniz Universität Hannover. Seine Arbeitsschwerpunkte liegen in den Bereichen Mundpropaganda, Soziale Netzwerke und Konsumentenverhalten. Er ist bekannter Buchautor und schreibt für eine Vielzahl von angesehenen On- und Offline-Magazinen. Zudem gibt er das Online-Magazin „marke-X" heraus. Der kostenlose Marketing-Newsletter des eZines informiert monatlich mehr als 7.000 Entscheider aus Marketing und Vertrieb über neue Online-Strategien und -Taktiken. (Institut für Marketing und Management, Wirtschaftswissenschaftliche Fakultät, Gottfried Wilhelm Leibniz, Universität Hannover, Königsworther Platz 1, 30167 Hannover, Deutschland, E-Mail: langner@m2.uni-hannover.de)

Dr. Scherp leitet die Fokusgruppe Interactive Web der Arbeitsgruppe Informationssysteme und Semantic Web an der Universität Koblenz-Landau. Herr
Scherp hat in Oldenburg studiert und dort mit Auszeichnung promoviert. Er war
2006–2008 als EU Marie Curie Fellow an der University of California in Irvine,
USA tätig. Seine Interessensgebiete sind Multimedia, die semantische Modellierung von Multimedia-Inhalten, Event-basierte Multimedia-Systeme und Human-
centered Computing. (Institute for Web Science and Technologies, University of
Koblenz-Landau, Universitaetsstrasse 1, 56070 Koblenz, Deutschland,
E-Mail: scherp@uni-koblenz.de)

Stella Löffler Als Consultant bei mm1 Consulting und Management unterstützt
Stella Löffler technologie- und innovationsorientierte Großunternehmen bei ent-
scheidenden Zukunftsfragen. Zuvor arbeitete sie als Consultant bei der Strategie
& Marketingberatung Simon-Kucher & Partners in Bonn. An der Georg-August-
Universität Göttingen studierte sie Betriebswirtschaftslehre mit den Schwer-
punkten Marketing, Statistik, Produktion & Logistik und Unternehmensrechnung
und -organisation. (mm1 Consulting & Management PartG, Königstr. 10c, 70173
Stuttgart, Deutschland, E-Mail: s.loeffler@mm1-consulting.de)

Dr. Gunnar Mau ist Geschäftsführer von SHOPPERMETRICS, einem Institut für
Forschung und Beratung rund um den Point of Sale (www.shoppermetrics.com).
Der studierte Psychologe lehrte und forschte zuvor am Marketing-Institut der
Universität Göttingen unter anderem zur Psychologie der Kaufentscheidung und
zur Wirkung der Werbung in Computerspielen. Daneben ist er auf die Entwicklung
empirischer Methoden und statistischer Analyseverfahren spezialisiert. Dr. Mau ist
zudem Dozent an verschiedenen Hochschulen. (Shoppermetrics GmbH & Co. KG,
Lindenallee 44, 20259 Hamburg, Deutschland,
E-Mail: mau@shoppermetrics.com)

Dr. Matthias Möller, Leitung Marketing und Produkt, gogol medien GmbH &
Co. KG, Entwicklung und Betrieb von Mikrosegment-Publishing-Lösungen die
einem Community-to-Print-Ansatz folgen. Forschungsschwerpunkte: Innovationsprozesse, Produktentwicklung, diskontinuierliche Innovationen, Kundenintegration, User-Medien. Zentrale Publikation: „Innovationsexperimente" (Gabler
2007). (gogol medien GmbH & Co. KG, Werderstraße 2, 86159 Augsburg,
Deutschland, E-Mail: matthias.moeller@gogol-medien.de)

Prof. Dr. Thomas Pleil leitet den Studiengang Online-Journalismus an der Hochschule Darmstadt. Seit 2004 ist er Inhaber einer Professur für Public Relations
mit Schwerpunkt Online-PR. Zuvor arbeitete er mehr als zehn Jahre in der PR:
als Leiter der PR-Abteilung der Katholischen Universität Eichstätt-Ingolstadt,
als freier PR-Berater (u. a. für Siemens und die Björn Steiger Stiftung) sowie als
Mitarbeiter der PR-Agentur Sympra. In der Forschung beschäftigt sich Pleil vor
allem mit dem Social Web und seiner Bedeutung für das Kommunikationsmanagement und für die Lehre sowie mit Corporate Social Responsibility. (Hochschule

Darmstadt, Campus Dieburg, Max-Planck-Straße 2, 64807 Dieburg, Deutschland,
E-Mail: thomas.pleil@h-da.de)

Carsten Saathoff ist als wissenschaftlicher Mitarbeiter in der Forschungsgruppe
Informationssysteme und Semantic Web an der Universität Koblenz-Landau tätig
und promoviert dort gerade zum Thema Semantische Annotation von Multimedia-
Inhalten. Er hat an der Universität Oldenburg studiert und dort sein Diplom im
Bereich Data Warehouses und Data Mining gemacht. Seine Forschungsinteressen
liegen im Bereich Ontology Engineering, Multimedia Reasoning und (halb-)auto-
matischer Annotation. (Institute for Web Science and Technologies, University of
Koblenz-Landau, Universitaetsstrasse 1, 56070 Koblenz, Deutschland,
E-Mail: saathoff@uni-koblenz.de)

Prof. Dr. Kai Sassenberg ist Professor an der Universität Tübingen und Leiter
der Arbeitsgruppe Sozial Motivationale Prozesse am Leibniz Institut für Wis-
sensmedien in Tübingen. Seine Forschungsschwerpunkte sind Psychologische
Internetforschung, Bindung an und Motivation in sozialen Gruppen, Führung und
Kreativität. (Knowledge Media Research Center, Konrad-Adenauer-Str. 40, 72072
Tübingen, Deutschland, E-Mail: k.sassenberg@iwm-kmrc.de)

Simon Schenk ist Doktorand in der Arbeitsgruppe Informationssysteme
und Semantic Web an der Universität Koblenz-Landau. Er hat an der FH
NORDAKADEMIE und der Universität Karlstadt, Schweden Wirtschaftsinformatik studiert. Vor dem Start seiner Promotion war Herr Schenk als Unternehmensberater tätig. Herr Schenk forscht im Bereich Views und Regeln, Anfragesprachen
und Trust Inference im Semantic Web. (Institute for Web Science and Technologies, University of Koblenz-Landau, Universitaetsstrasse 1, 56070 Koblenz,
Deutschland, E-Mail: sschenk@uni-koblenz.de)

Dipl.-Kfm. Thomas Schinabeck ist Doktorand an der Wirtschaftsuniversität
Wien am Lehrstuhl für Wirtschaftsinformatik und beschäftigt sich dort mit dem
Einfluss der Digitalisierung auf die Medienbranche im Bereich Pricing und
Produktpolitik. Zuvor war er für drei Jahre als Consumer Marketing Manager
für MTV Networks Germany tätig. Er studierte Betriebswirtschaftslehre an der
Ludwig Maximilians Universität in München. (Sorauer Str. 14, 10997 Berlin,
Deutschland, E-Mail: thomas@digitalwaveriding.com)

Dr. Jan Schmidt ist wissenschaftlicher Referent für digitale interaktive Medien
und politische Kommunikation am Hans-Bredow-Institut für Medienforschung in
Hamburg. Forschungsschwerpunkte: Online-Forschung, insbesondere Social Soft-
ware/Web 2.0. Zentrale Publikation: „Das neue Netz. Merkmale, Praktiken und
Folgen des Web 2.0". (Hans-Bredow-Institut, Dependance, Warburgstraße 8-10,
20354 Hamburg, Deutschland, E-Mail: j.schmidt@hans-bredow-institut.de)

Dipl.-Psych. Annika Scholl ist wissenschaftliche Mitarbeiterin in der Arbeits-gruppe Sozial-motivationale Prozesse am Leibniz Institut für Wissensmedien in Tübingen. Ihre Forschungsschwerpunkte umfassen Computervermittelte Kommunikation, Macht und Selbstregulatorische Prozesse während der Arbeit und der Freizeit. (IWM – Institut für Wissensmedien, Konrad-Adenauer-Str. 40, 72072 Tübingen, Deutschland, E-Mail: a.scholl@iwm-kmrc.de)

Dr. Sebastian Schulz ist Vorstandsassistent für Vertrieb und Marketing bei der Hannoverschen Lebensversicherung AG. Bis Ende 2008 war er wissenschaftlicher Mitarbeiter am Institut für Marketing und Handel der Georg-August Universität Göttingen. Seine Forschungs- und Interessenschwerpunkte liegen in den Bereichen Dialogmarketing, Verhaltenstracking im Internet und Usabilty-Research. (Hannoversche Marketing, VHV-Platz 1, 30177 Hannover, Deutschland, E-Mail: sebastian.schulz@hannoversche-leben.de)

Dipl.-Ök. Karsten Sohns ist wissenschaftlicher Mitarbeiter und Doktorand am Institut für Wirtschaftsinformatik der Leibniz Universität Hannover. Im Rahmen seiner Promotion erforscht er moderne Informationssysteme, die die Zusammen-arbeit von Mitarbeitern über die Abteilungsgrenzen hinaus verbessern können und entwickelt Strategien für die effektive Erfassung, Auswertung und Nutzung von Kundenmeinungen im Web 2.0. (Institut für Wirtschaftsinformatik, Wirtschafts-wissenschaftliche Fakultät, Universität Hannover, Königsworther Platz 1, 30167 Hannover, Deutschland, E-Mail: sohns@iwi.uni-hannover.de)

Dr. Martin Sonnenschein ist Partner und weltweiter Leiter der Communicati-ons, High Tech & Media Practice der Top-Managementberatung A.T. Kearney. Darüber hinaus ist er Mitglied in A.T. Kearneys Operating Committee für Central & Eastern Europe und Mitglied des Global Partner Selection Committee. Sonnen-schein ist schwerpunktmäßig in den konvergenten Industrien, Telekommunikation, High Technology, Consumer Electronics und Electronic Media tätig. Die von ihm betreuten Projekte befassen sich vor allem mit Fragen in den Bereichen Strate-gie, Wachstum und Innovation, Marketing und Produktmanagement, Vertriebs-effektivität und -management, Operations, Effizienz, Unternehmens-Start-up und Organisationstransformationen. Sonnenschein ist Co-Autor verschiedener Bücher, unter anderem von „Digital Value Network", „Ne(x)t Economy", „Innovative Re-gulierung", „Fünf Wege zu organischem Wachstum" und „Customer Energy – Wie Unternehmen lernen, die Macht des Kunden für sich zu nutzen". Sonnenschein studierte Wirtschaftsingenieurwesen und promovierte in Wirtschaftswissenschaf-ten. Bevor er sich im Jahr 2000 A.T. Kearney anschloss, war er über zehn Jahre in verschiedenen Geschäftsführungspositionen führender Telekommunikations- und Dienstleistungsunternehmen tätig. (A.T. Kearney GmbH, Charlottenstraße 57, 10117 Berlin, Deutschland, E-Mail: martin.sonnenschein@atkearney.com)

Dipl.-Ök. Jon Sprenger ist wissenschaftlicher Mitarbeiter und Doktorand am In-stitut für Wirtschaftsinformatik der Leibniz Universität Hannover. Seine Interessens-gebiete und Forschungsthemen liegen im Bereich des IT-Projektmanagements, der informationstechnischen Unterstützung räumlich getrennter Projektteams und der Wirtschaftlichkeitsbetrachtung solcher Lösungen. (Institut für Wirtschaftsinformatik, Wirtschaftswissenschaftliche Fakultät, Universität Hannover, Königsworther Platz 1, 30167 Hannover, Deutschland, E-Mail: sprenger@iwi.uni-hannover.de)

Prof. Dr. Steffen Staab hat in Erlangen und Philadelphia studiert, wurde in Freiburg promoviert und hat sich in Karlsruhe habilitiert. Seit 2004 ist er Professor für Datenbanken und Informationssysteme an der Universität Koblenz-Landau. Seine Forschungsinteressen liegen im Bereich der Web Forschung und semantischer Technologien und ihrer Anwendungen für Zwecke des Wissensmanagement, des Software Engineering und der Verwaltung von Multimedia-Inhalten. (Institute for Web Science and Technologies, University of Koblenz-Landau, Universitaetsstrasse 1, 56070 Koblenz, Deutschland, E-Mail: staab@uni-koblenz.de)

Dr. Christoph Stöckmann ist akademischer Rat a. Z. am Lehrstuhl für E-Business und E-Entrepreneurship der Universität Duisburg-Essen. Er studierte Wirtschaftsinformatik und wurde 2009 an der Universität Duisburg-Essen mit einer Arbeit über entrepreneuriales Management promoviert. (Lehrstuhl für E-Business und E-Entrepreneurship, Fachbereich Wirtschaftswissenschaften, Universität Duisburg-Essen, Universitätsstr. 9, 45141 Essen, Deutschland, E-Mail: christoph.stoeckmann@icb.uni-due.de)

Prof. Dr. Gianfranco Walsh ist Inhaber der Professur für Marketing und elektronischen Handel am Institut für Management der Universität Koblenz-Landau. Darüber hinaus ist er Visiting Professor an der Strathclyde Business School, Glasgow, Großbritannien. Seine jüngeren Publikationen sind in den führenden internationalen Management- und Marketing-Fachzeitschriften erschienen, wie z. B. Academy of Management Journal, British Journal of Management, Journal of the Academy of Marketing Science, Journal of Advertising, Journal of Business Research und International Journal of Electronic Commerce. Neben seiner wissenschaftlichen Tätigkeit berät er Unternehmen zu den Themen Strategie, E-Commerce und Marktforschung. (Institute for Management, Chair of Marketing and Electronic Retailing, University of Koblenz-Landau, Universitaetsstrasse 1, 56070 Koblenz, Deutschland, E-Mail: walsh@uni-koblenz.de)

Dr. Benedikt von Walter ist als Manager Digital Media Research für strategische Marktforschung zu den digitalen Plattformen von MTV Networks in Nordeuropa zuständig. Mit Hinblick auf zukünftige Geschäftsmodelle beschäftigt er sich unter anderem mit Trendforschung, Wettbewerbsanalysen und Usability. Er studierte und promovierte an der Ludwig-Maximilians-Universität in München und ist Verfasser zahlreicher Publikationen zum Wandel von Medienunternehmen durch Digitalisierung. (MTV Networks, Stralauer Allee 6-7, 10245 Berlin, Deutschland, E-Mail: vonwalter.benedikt@mtvne.com)

Franziska Wauch, Diplom-Betriebswirtin (FH), arbeitet als Projektleiterin in der IT der Thomas Cook AG und war zuvor als Unternehmensberaterin bei der IDS

Scheer AG mit den Schwerpunkten Organisation und Geschäftsprozessmanagement tätig. Die Beschäftigung mit dem Thema Web 2.0 begann bereits mit der Diplomarbeit. Mit Ayelt Komus zusammen veröffentlichte sie u. a. das Buch Wikimanagement, das sich mit der Übertragung der Erfolgsfaktoren von Social Software-Systemen auf das Management beschäftigt. (Franziska Wauch Humboldstr. 30, 60318 Frankfurt, Deutschland, E-Mail: franziska@wauch.de)

Prof. Dr. Klaus-Peter Wiedmann ist Leiter des Instituts für Marketing und Management an der Leibniz Universität Hannover und wissenschaftlicher Direktor des Strategy & Marketing Institute, Prof. Wiedmann + Partners Management Consultants GmbH. Seine zahlreichen Bücher und Beiträge sind im In- und Ausland mehrfach ausgezeichnet worden. Neben der universitären Tätigkeit liegt eine langjährige Erfahrung als Unternehmensberater vor. Er ist ferner als erfolgreicher Top-Management-Coach sowie als Mitglied verschiedener Aufsichtsräte tätig. (Institut für Marketing und Management, Wirtschaftswissenschaftliche Fakultät, Gottfried Wilhelm Leibniz, Universität Hannover, 30167 Hannover, Deutschland, E-Mail: wiedmann@m2.uni-hannover.de)

René Zenz M.Sc, ist Consultant bei Altran CIS mit den Schwerpunkten Data Mining und CRM. Herr Zenz absolvierte an der Universität Koblenz-Landau den Master-Studiengang Informationsmanagement mit besonderem Augenmerk auf die Integration der Bereiche Informatik und Wirtschaftswissenschaften. (Ohne Adresse)

Dr. Christian Zietz ist Senior Professional bei E.ON IT GmbH, Hannover. Er ist im SAP Application Management tätig und berät als interner IT-Dienstleister Kunden bei der Anwendung und dem Betrieb von SAP-Lösungen. Im Rahmen seiner Promotion am Institut für Wirtschaftsinformatik der Leibniz Universität Hannover hat sich Herr Zietz mit Erfolgsfaktoren und Barrieren im Bereich des portalbasierten Wissensmanagements beschäftigt. (An der Hahnenburg 50, 30559 Hannover, Deutschland, E-Mail: christian_zietz@hotmail.com)